CHEMISCHE TECHNOLOGIE

IN EINZELDARSTELLUNGEN

HERAUSGEBER: PROF. DR. FERD. FISCHER(†), GÖTTINGEN=HOMBURG

ALLGEMEINE CHEMISCHE TECHNOLOGIE

ZERKLEINERUNGS= VORRICHTUNGEN

UND MAHLANLAGEN

VON

CARL NASKE
ZIVILINGENIEUR

ZWEITE, ERWEITERTE AUFLAGE

MIT 316 FIGUREN IM TEXT

Springer-Verlag Berlin Heidelberg GmbH
1918

ISBN 978-3-662-42162-8   ISBN 978-3-662-42431-5 (eBook)
DOI 10.1007/978-3-662-42431-5

Spamersche Buchdruckerei in Leipzig.

Vorwort zur ersten Auflage.

Die Automatisierung der gewerblichen Großbetriebe — der Ersatz der menschlichen Handarbeit durch mechanische Vorrichtungen — schreitet unaufhaltsam vor. Fabriken, die vor zehn, fünfzehn Jahren noch Hunderte von Händen nötig hatten, haben inzwischen, trotz unverminderter oder gar noch gesteigerter Leistung, die Zahl ihrer Arbeiter auf einen Bruchteil der damaligen einzuschränken vermocht. Dabei ist die Kontrolle einfacher, die Arbeit für den einzelnen leichter, das Erzeugnis meist vollwertiger geworden.

Diese Erscheinung tritt — nicht in letzter Linie — bei sämtlichen Industrien auf, die die Zerkleinerung von Natur- oder Kunstprodukten als Selbstzweck oder als Mittel zum Zweck betreiben und zu denen fast alle Erwerbszweige gehören, wo dem Chemiker eine führende Rolle zugeteilt ist. Will er also in seinem Reich nicht nur herrschen, sondern auch regieren, so ist dafür eine genaue Kenntnis der maschinellen Hilfsmittel, die die Zerkleinerungsarbeit verrichten, unerläßliche Bedingung. Die Hauptaufgabe, die die vorliegende Arbeit erfüllen soll, ist, ihm zu dieser Kenntnis zu verhelfen.

Sodann leitete mich aber noch die Absicht, auch dem Maschineningenieur, der die Herstellung von Zerkleinerungsanlagen als sein Sondergebiet bearbeitet, die Unterlagen zur kritischen Vergleichung der das gleiche Ziel verfolgenden hauptsächlichsten oder durch besondere Eigentümlichkeiten bemerkenswerten Ausführungsformen ein und desselben Gerätes zu geben.

Somit denke ich, daß das Buch sowohl dem Chemiker als auch dem Ingenieur willkommen sein wird.

Allen, die sich durch freundwillige Überlassung von Werkzeichnungen und durch Mitteilung von Betriebsergebnissen um die Bereicherung des Inhaltes verdient gemacht haben, sei hier nochmals bestens gedankt.

Berlin - Wilmersdorf, im Dezember 1910.

Der Verfasser.

Vorwort zur zweiten Auflage.

Bei der Bearbeitung der zweiten Auflage dieses Werkes ist dessen bewährte Gliederung ebenso beibehalten worden, wie sich nennenswerte Änderungen bzw. Berichtigungen im Text als nicht erforderlich erwiesen haben.

Dagegen habe ich — so gut wie es die ungünstigen Zeitverhältnisse gestatteten — überall dort, wo es nötig erschien, eine Verbesserung der Abbildungen vorgenommen, ohne jedoch die wünschenswerte Einheitlichkeit der zeichnerischen Darstellungsweise erreichen zu können. Wer indessen die damit verknüpften Schwierigkeiten kennt und die hierfür erforderlichen Aufwendungen zu übersehen vermag, wird es an der von mir erbetenen Nachsicht nicht fehlen lassen.

Der Umfang des Buches hat sich auf 278 Seiten vergrößert und die Zahl der Textfiguren ist auf 316 angewachsen, woran alle sechs Abschnitte beteiligt erscheinen. Neu hinzugekommen sind in I drei, in II vier, in III drei und in IV sechs Konstruktionen. Ferner haben im Abschnitt V die selbsttätige Abreinigung schwerer Filterschläuche, die Entstäubung von Rohstofftrocknereien, die einfachsten Gaswäscher und die Niederschlagung des Staubes mittels elektrischer Ströme, im Abschnitt VI eine vervollkommnete Kammerspeicherbauart sowie die mechanischen und pneumatischen Füll- und Entleerungsvorrichtungen von Silospeichern Berücksichtigung gefunden, während zu den Beschreibungen vollständiger Anlagen im Abschnitt VII die Darstellung zweier sehr bemerkenswerter Ausführungsbeispiele hinzugefügt werden konnte.

Durch die vorstehend angeführten Ergänzungen dürfte das Werk dem angestrebten Ziel: ein möglichst getreues Abbild des jeweiligen Standes der Hartzerkleinerungstechnik zu bieten, wieder näher gekommen sein. Den Maschinenbauanstalten sowie den Einzelpersonen, die mich hierbei durch Rat und Tat unterstützten, sei an dieser Stelle nochmals gedankt.

Charlottenburg, im Januar 1918.

Der Verfasser.

Inhalt.

Einleitung und Übersicht.

Die Zahl der gewerblichen Unternehmungen, bei denen die mehr oder weniger weitgehende Zerkleinerung harter Körper in Form von Rohstoffen, Zwischenprodukten oder fertigen Erzeugnissen eine wichtige, nicht selten sogar eine ausschlaggebende Rolle spielt, ist eine ganz hervorragend große. Man denke nur an die rein chemische Industrie und an die zahlreichen, ihr verwandten, auf wissenschaftlich-chemischer Grundlage arbeitenden Industrien der nützlichen Erden und Gesteine, als da sind: die vielen Zement-, Schamotte-, Kali-, Phosphat- und ähnlichen Werke, ferner an die Hüttenanlagen, Brikettfabriken, an die gewaltige Minenindustrie usw. usw., man vergegenwärtige sich, daß in allen diesen gewerblichen Betrieben Jahr um Jahr Milliarden von Zentnern an Gesteinen, Erden und Erzen gebrochen, gepocht, gewalzt und gemahlen werden, daß stündlich Hunderttausende von Pferdestärken aufgewendet werden müssen, um diese ungeheure Summe von Zerkleinerungsarbeit zu leisten, und daß viele Millionen an Werten in den dafür erforderlichen mechanischen Hilfsmitteln angelegt sind — und man wird begreifen, welches außerordentliche Interesse nicht nur der einzelne Unternehmer, sondern die Volkswirtschaft als Ganzes an der rationellen Entwicklung der Werkzeuge nehmen muß, die der Zerkleinerung harter Stoffe in irgendeiner Form dienen.

Um zu veranschaulichen, um welche Summen es sich schon bei einem einzigen der genannten Erwerbszweige handeln kann, die diesem durch eine Vervollkommnung seiner Hilfsmittel zustatten kommen, sei das folgende Beispel angeführt:

Bis in die 90er Jahre des vorigen Jahrhunderts waren zum Mahlen des gebrannten Zementes in Europa — dessen gesamte Jahreserzeugung damals etwa 30 Millionen Faß betrug und heute auf etwa 100 Millionen Faß zu schätzen ist — fast ausschließlich Mahlgänge im Gebrauch, die inzwischen durch Rohr-, Kugel- und Pendelmühlen ersetzt worden sind. Während nun der Mahlgang einen Arbeitsaufwand von etwa 10 PS für das Faß und die Stunde erforderte, kommen die neueren Mühlen im Durchschnitt mit der Hälfte aus, so daß bei einem Faß — die PS-St nur zu 2 Pfg. gerechnet — 10 Pfg. an Betriebskosten gespart werden. Die gesamte jährliche Ersparnis, die die Einführung der verbesserten Mühlensysteme mit sich gebracht hat, beträgt daher für Europa allein 10 Millionen, für die Weltproduktion eines einzigen Jahres aber sicherlich nicht unter 20 Millionen Mark, und diese Zahlen sind noch zu verdoppeln, wenn man berücksichtigt, daß nicht nur der Zementklinker, sondern auch seine Rohstoffe heute überwiegend auf kraftsparenden Mühlen neuerer Bauart vermahlen werden.

Diesem einen Beispiel würden sich leicht weitere aus anderen Industrien anfügen lassen, doch dürfte es genügen, um zu zeigen, welche Bedeutung für die Volkswirtschaft, in Geldeswert ausgedrückt, der fortschreitenden erfinderischen Tätigkeit des Maschineningenieurs beigelegt werden muß.

Fragt man nun nach den Grundsätzen, von denen sich der Konstrukteur beim Entwerfen und beim Bau der Maschinen, die der Zerkleinerung harter Körper dienen sollen, leiten lassen muß, und nach den Gesichtspunkten, von denen er ausgeht, um für jeden besonderen Fall das Zweckmäßige zu finden, so ist darauf zu erwidern, daß die zu konstruierende oder aus der Zahl der bereits bestehenden Typen zu wählende Maschine in allererster Linie den äußerlich körperlichen Eigenschaften des zu zerkleinernden Stoffes angepaßt sein muß. Dies ist die Hauptbedingung, die vor allem anderen zu erfüllen ist. Sodann muß die Maschine die gewünschte quantitative und qualitative Leistungsfähigkeit besitzen, sie muß sparsam im Kraftverbrauch, in den Unterhaltungs- und Erneuerungskosten und möglichst billig in der Herstellung sein. Zugleich ist auf Einfachheit der Konstruktion, leichte Montierung und Demontierung, bequeme Auswechselbarkeit der abnützenden Teile und tunlichst geringe Anzahl der letzteren Wert zu legen und bei allen Vornahmen der oberste Leitsatz: Höchste Nutzwirkung durch geringsten Aufwand — stets im Auge zu behalten.

Die meisten dieser Fragen sind rein praktischer Natur; für sie die richtige Antwort zu finden, ist eine Kunst, die nicht aus Büchern, sondern nur in der Schule der Erfahrung gelernt werden kann. Anders dagegen liegt die Sache, wenn es sich darum handelt, zu untersuchen, ob zwischen dem Zerkleinerungsprinzip einer Maschine und der Form seines vom Erbauer gewählten körperlichen Ausdruckes — der Konstruktion — diejenige Übereinstimmung besteht, die allein als Bedingung und Quelle des höchstmöglichen Leistungserfolges angesehen werden muß. Es kann vorkommen, daß eine nach einem neuen Zerkleinerungsgrundsatz arbeitende Maschine in den Ausdrucksformen des ersteren verfehlt erscheint. (Ich erinnere hier nur an die allerersten Kugelmühlen mit stetiger Ein- und Austragung.) Umgekehrt sind aber auch Fälle zu verzeichnen, wo selbst der Erfinder einer einwandfrei konstruierten Maschine von den Grundsätzen ihrer Wirksamkeit eine schiefe Auffassung hatte, die an dem von ihm nicht im vollen Umfange erkannten Zusammenhang zwischen Ursache und Wirkung ganz oder teilweise vorbeiging. (Als klassisches Beispiel sei hierfür der Anspruch des ersten Rohrmühlenpatentes genannt.) Im ersteren Falle war der Erfinder ein schlechter Konstrukteur, im anderen Falle der gute Konstrukteur ein — sozusagen — nur „unbewußter" Erfinder.

Hier ist nun der Punkt, wo die theoretische Betrachtung einzusetzen hat, um der Praxis den richtigen Weg zu weisen und den halben Mißerfolg in einen ganzen Erfolg umzuwandeln. Allerdings ist der Weg, der zur theoretischen Erkenntnis der Zusammenhänge führt, die bei den in zahllosen Varianten auftretenden Zerkleinerungsvorgängen walten, bisher noch nicht zu häufig beschritten worden, und die Ausbeute an fest gegründeten Regeln und eng-umschriebenen Gesetzen ist, verglichen mit der Größe und Bedeutung des Gegenstandes, nur als eine mäßige anzusprechen. Wichtiger jedoch als die mathematische Formel erscheint die Form der Anschauung, aus der die erstere abgeleitet wurde, weil sie die Art und Weise zeigt, in der die Forscher, sei es durch reine Gedankenarbeit, sei es durch diese in Verbindung mit dem praktischen Versuch, das dunkle Gebiet der Zerkleinerungsvorgänge und ihrer Nebenerscheinungen zu erhellen trachteten.

Rittinger[1] hat zuerst einen mathematischen Ausdruck für das allgemeine Zerkleinerungsgesetz gefunden. Ist A in mkg die Arbeit, die bei der Zer-teilung eines homogenen Würfels von 1 cm Kantenlänge nach einer Fläche, parallel zu einer seiner Seitenflächen, geleistet wird, so erfordert die Zerteilung in 8 Würfel von $^1/_2$ cm Kantenlänge (Fig. 1) eine Spaltung nach 3 Flächen oder $3\,A$ mkg Arbeitsaufwand; in $27\,^1/_3$ cm Würfel (Fig. 2) 6 Flächen oder $6\,A$ mkg, in $64\,^1/_4$ cm Würfel 9 Flächen oder $9\,A$ mkg usw. Allgemein erfordert also die Zerteilung eines Würfels in n^3 Würfel von $\dfrac{1}{n}$ cm Kantenlänge eine Spaltung nach $3\,(n-1)$ Flächen und eine Arbeit von $3\,(n-1)\,A$ mkg, die Zerteilung eines Würfels in m^3 Würfel von $\dfrac{1}{m}$ cm Kantenlänge eine

Fig. 1. Fig. 2.

Spaltung nach $3\,(m-1)$ Flächen und eine Arbeit von $3\,(m-1)\,A$ mkg. Die in zwei verschiedenen Fällen zu leistenden Zerkleinerungsarbeiten verhalten sich daher wie

$$3\,(n-1)\,A : 3\,(m-1)\,A,$$

oder wie

$$(n-1) : (m-1),$$

worin m und n die Reziproken der Kantenlängen der durch die Zerkleinerung erhaltenen Würfel bedeuten. Sind — was meist zutreffen wird — m und n so groß, daß die 1 vernachlässigt werden kann, so ergibt sich als Regel, daß die Arbeit nahezu proportional ist den Reziproken der Kantenlängen, auf die der Würfel zerkleinert werden soll. Verwandelt man z. B. einen 1 cm Würfel in lauter solche von $^1/_{100}$ cm Kantenlänge, so ist die dabei geleistete Arbeit 25 mal so groß, als wenn dieser Würfel in solche von $^1/_4$ cm Kantenlänge ver-wandelt worden wäre.

Hierin liegt die Begründung für die dem Laien unverständliche Er-scheinung, daß ein Steinbrecher, der große Gesteinsblöcke bricht, nur einen kleinen Bruchteil des Arbeitsaufwandes erfordert, der nachher zum Mahlen des vorgebrochenen Gutes nötig ist.

Weiter geht aber aus obigem hervor, daß die zu leistende Arbeit direkt proportional ist der Anzahl der Bruchflächen, die durch sie geschaffen werden

---

[1] *P. R. v. Rittinger:* Aufbereitungskunde. 1867, S. 19.

soll, oder kurz gesagt: die Oberfächenzunahme des zerkleinerten Körpers ist ein unmittelbares Maß für die geleistete Zerkleinerungsarbeit.

In Wirklichkeit sind die bei der Zerkleinerung geschaffenen Partikel aber keine regelmäßigen Würfel, sondern Körper von ganz unregelmäßiger Gestalt, deren Oberflächen zu messen nicht leicht ist. *Rittinger* schlug daher, in Würdigung dieses Umstandes, vor, das Wasser zu wiegen, das zum Befeuchten der Oberflächen des Körpers vor und nach der Zerkleinerung nötig ist, und aus dem gefundenen Verhältnis der Wassergewichte auf die stattgehabte Oberflächenzunahme, d. i. auf die geleistete Zerkleinerungsarbeit zu schließen.

Von demselben Grundsatz wie *Rittinger* ausgehend, daß die Zerkleinerungsarbeit der Größe der Bruchfläche proportional ist, stellte *E. A. Hersam* eine Formel auf, die es, wenn man die Werte gewisser Konstanten durch den Versuch festgestellt hat, ermöglichen soll, die tatsächliche Arbeit in PS zum Zerkleinern einer Tonne Erz oder Gestein überhaupt annähernd genau zu berechnen.

Hersam sagt[1], daß der allein nützliche Teil der Arbeit darauf verwendet wird, die Kohäsion der Moleküle längs der Bruchlinien aufzuheben, und daß das Maß dieser Nutzarbeit wohl auch von dem Prinzip der Maschine, in erster Reihe aber von dem Grade der beabsichtigten Zerkleinerung abhängt, daß also die wirkliche Zerkleinerungsarbeit gemessen werden muß durch die Zunahme an Oberfläche, die der zerkleinerte Körper erfahren hat. Diese Zunahme wird praktisch so gemessen, daß man das Zerkleinerte siebt und seine Oberfläche aus der Größe der Sieböffnungen und dem mittleren Durchmesser der Partikel abschätzt. Da man es nun ausschließlich mit Partikeln von unregelmäßiger Gestalt zu tun hat, so muß ein theoretischer Würfel als Grundlage der Messung zu Hilfe genommen werden und ferner ein konstanter Faktor K, der das Verhältnis darstellt zwischen der Gesteinsmasse, die aus Partikeln besteht, die durch eine gegebene rechtwinklige Öffnung hindurchgehen, im übrigen aber unregelmäßig sind, und jener Gesteinsmasse, die aus theoretischen Würfeln zusammengesetzt gedacht ist, die durch dieselbe rechtwinklige Öffnung hindurchgehen würden. Nach *Hersam* ist K mit 1,2 bis 1,7 anzunehmen.

Wird ein 1 Zoll-Würfel (also ein Würfel von 1 Zoll Kantenlänge) in 8 Würfel von $1/2$ Zoll Kantenlänge zerteilt und bezeichnet A die Arbeit, die nötig ist, um 1 Quadratzoll Bruchfläche hervorzubringen, so ist für ersteres ein Arbeitsaufwand von $3A$ erforderlich. $3KA$ stellt die Zerkleinerungsarbeit dar für jeden Kubikzoll des Aufschüttgutes, dessen Stücke von 1 Zoll Sieböffnung auf $1/2$ Zoll Sieböffnung verkleinert worden sind. Dann kann KA überall dort, wo K konstant und bekannt ist, für A eingesetzt werden. Wenn n die Anzahl der Stücke ist, bezogen auf die lineare Ausdehnung des zu zerkleinernden Stückes, so ist $(n — 1)$ die Anzahl der parallelen Bruch-

---

[1] The Mining and Scientific Press. San Francisco 1907, S. 621.

flächen in irgendeiner Richtung und 3 $(n-1)$ die Gesamtzahl der Bruchflächen. Demzufolge ist $3\,A\,(n-1)$ die Arbeit für das Zerteilen eines 1 Zoll-Würfels in irgendeine Anzahl kleinerer Würfel. Dieses angewendet auf irgendeinen Würfel von der Kantenlänge D und die Teilwürfel von der Kantenlänge d, ergibt $n = \dfrac{D}{d}$. Die Schnittfläche des ersteren ist D^2 und die Arbeit, die durch das Zerteilen eines Würfels in irgendeine Anzahl kleinerer Würfel geleistet wird, ist

$$3\,AD^2\left(\frac{D}{d}-1\right).$$

In einem Kubikzoll sind $\dfrac{1}{D^3}$ Würfel von der Kantenlänge D enthalten.

Dann ist die Arbeit pro Kubikzoll für das Zerteilen eines Würfels beliebiger Größe in eine beliebige Anzahl kleiner Würfel

$$\frac{1}{D^3}\cdot 3\,A\,D^2\left(\frac{D}{d}-1\right)=3\,A\left(\frac{1}{d}-\frac{1}{D}\right),$$

oder für irreguläre Partikel, wo K bekannt ist,

$$3\,KA\left(\frac{1}{d}-\frac{1}{D}\right).$$

Beispiel: Eine Maschine zerkleinere mit einem Kraftaufwand von 20 PS eine gewisse Menge eines Gesteins von 2 Zoll auf $^1/_8$ Zoll und man will erfahren, welcher Aufwand nötig ist, um dieselbe Menge auf $^1/_{32}$ Zoll zu zerkleinern. Wegen der Gleichartigkeit des Gesteins und der Zerkleinerungsweise in beiden Fällen darf $3\,A$ als konstant angesehen werden. Dann ist

$$20:x=3\,A\left(\tfrac{1}{8}-\tfrac{1}{2}\right):3\,A\left(\tfrac{1}{32}-\tfrac{1}{2}\right)$$
$$x=84\ \text{PS}.$$

Soll die Arbeit berechnet werden, die zur Zerkleinerung eines gegebenen Gewichtes an Gestein nötig ist, so muß dessen spez. Gewicht S bekannt sein oder die Anzahl der Kubikzoll des dichten Gesteins, die in einer Tonne enthalten sind. Die Tonne einer Substanz vom spez. Gew. $= 1$ enthält 55 320 Kubikzoll, die Tonne des dichten Gesteins also $\dfrac{55\,320}{S}$ und die Zerkleinerungsarbeit berechnet sich zu

$$\frac{55\,320}{S}\cdot 3\,A\left(\frac{1}{d}-\frac{1}{D}\right)\ \text{Fußpfund für die Tonne}$$

oder

$$\frac{\dfrac{55\,320}{S}\cdot 3\,A\left(\dfrac{1}{d}-\dfrac{1}{D}\right)}{33\,000\cdot 60}=A\cdot\frac{0{,}08382}{S}\left(\frac{1}{d}-\frac{1}{D}\right)\ \text{PS-St für die Tonne}.$$

Um den Wert von A zu finden, ist es nötig, eine hinreichende Menge des Gesteins zu zerkleinern, die PS-Stunden pro Tonne zu messen und das erhaltene Produkt sorgfältig zu sichten. Durch Einsetzen der gefundenen Werte ergibt sich ohne weiteres der Faktor A als feststehende Unterlage.

Versuchsnummer	Bezeichnung der Maschinen	Umdr.-Minute	Aufschüttgut Größe	Arbeit in einer Sekunde				
				Leerlauf	Arbeit, total	Nutzarbeit	Brutto	Netto
			mm	mkg			PS	
1	Steinbrecher	230	64, Erz	177	425	248	5,7	3,3
2	Walzen, 657 mm ⌀, eng gestellt	31	64, „	202	501	299	6,7	4,0
3	„ „ „	31	32, „	202	472	270	6,3	3,6
4	„ „ „	31	22, „	202	398	196	5,3	2,6
5	„ „ „	31	16, „	202	307	105	4,1	1,4
6	„ „ „	31	8, „	202	257	55	3,4	0,72
7	„ „ „	31	4, „	202	228	26	3,0	0,33
8	„ „ „	16	16, „	119	167	48	2,2	0,64
9	„ „ „	19	8, „	119	158	39	2,1	0,52
10	„ „ „	20	4, „	119	158	39	2,1	0,52
11	„ „ mit 8 mm Spalt	33	32, „	111	452	341	6,0	4,6
12	„ „ „	33	16, „	111	318	207	4,2	2,8
13	„ „ „	33	16,Kalkst.	111	302	191	4,0	2,5
14	„ „ „	15	16, Erz	49,5	137	87,5	1,8	1,2
15	„ „ „	15	16,Kalkst.	49,5	117	67,5	1,6	0,90
16	„ „ eng gestellt	33	8, Erz	216	367	151	4,9	2,0
17	„ „ „	33	8,Kalkst.	216	395	179	5,3	2,4
18	„ „ „	10	8, „	64	105	41	1,4	0,54
19	„ „ } stark zusammengepreßt {	33	8, Erz	308	441	133	5,9	1,8
20	„ „	33	16,Kalkst.	308	505	197	6,7	2,6
21	Schranz-Mühle	12¹/₂	8, Erz	83	202	119	2,7	1,6
22	„	12¹/₂	4, „	78	163	85	2,2	1,1
23	„	12¹/₂	8,Kalkst.	78	206	128	2,7	1,7
24	„	12¹/₂	4, „	78	204	126	2,7	1,7
25	Horizontal-Mahlgang	162	8, Erz	164–161	337	173	4,5	2,3
26	„ „	162	4, „	164	277	113	3,7	1,5
27	„ „	162	8,Kalkst.	164	240	76	3,2	1,0
28	„ „ } stark zusammengepreßt {	162	8, „	164	304	140	4,0	1,9
29	„ „	162	4, „	164	262	98	3,5	1,3
30	Pochwerk mit 20 Stempeln	50	32, Erz	—	789	700	10,5	9,3
31	„ „ „	50	4, „	—	789	700	10,5	9,3
32	„ „ „	50	32, „	—	789	700	10,5	9,3
33	„ „ „	50	4, „	—	789	700	10,5	9,3
34	Walzen, 520 mm ⌀	37	16, „	109	231	122	3,1	1,6
35	„ „	37	12, „	109	222	113	2,9	1,5
36	„ „	37	8, „	109	203	94	2,7	1,2
37	„ „	37	4, „	109	159	50	2,1	0,66

Pro Minute verarbeitet	wurden verarbeitet in	100 kg		1 PS		Oberfläche					
		benötigten Brutto	benötigten Netto	Brutto	Netto	des Aufschüttgutes pro Minute	Zunahme durch die Verarbeitung aus Partikeln über 0,3 mm	Zunahme durch die Verarbeitung aus Partikeln unter 0,3 mm	Zunahme pro Minute per Brutto PS	Zunahme pro Minute per Netto PS aus Griesen über 0,3 mm	Zunahme pro Minute per Netto PS total
		per Sekunde		verarbeitete per Min.							
kg	Sek.	mkg		kg		qm					
92,31	65	460	268	16,2	27,9	6,18	29,22	99,98	22,6	9,0	39,0
65,35	92	768	458	9,7	16,3	4,38	42,14	133,39	26,2	10,5	43,9
69,17	87	684	391	10,9	19,2	8,02	42,50	100,85	22,7	11,8	39,9
86,23	70	464	228	16,2	33,0	17,25	49,45	153,41	38,1	19,0	77,7
55,91	107	547	187	13,6	39,9	11,74	35,33	68,31	25,2	25,2	74,0
55,02	109	467	99	16,0	75,3	26,96	28,57	70,24	28,9	39,7	137,2
40,71	147	558	63	13,4	117,4	40,71	9,86	62,40	23,8	29,6	218,9
22,45	267	743	213	10,1	35,0	47,14	15,06	40,50	25,9	23,5	86,8
23,09	260	684	169	10,9	44,4	11,31	11,92	38,94	24,2	22,9	97,8
57,72	104	273	67	27,4	111,0	57,72	6,20	64,83	33,8	11,9	136,6
68,96	87	655	494	11,4	15,2	8,00	41,42	101,89	23,7	9,0	31,5
95,30	63	333	217	22,4	34,5	20,01	44,17	117,65	38,1	15,7	58,5
64,36	93	468	296	16,0	25,1	16,09	53,37	125,48	44,4	21,3	70,4
33,23	181	413	263	18,1	28,4	6,98	16,59	34,49	27,9	13,8	43,7
21,27	282	551	317	13,4	23,6	5,32	21,45	47,21	44,0	23,8	76,2
100,86	59	361	149	20,6	50,1	49,42	50,47	146,61	40,3	25,2	98,1
71,55	84	553	250	13,5	29,9	37,85	70,65	158,69	43,6	29,4	96,3
12,60	476	833	325	9,0	22,9	6,67	17,43	36,22	38,3	32,3	97,5
73,13	82	603	181	12,4	41,3	35,83	42,55	174,53	36,9	23,6	122,5
43,90	136	1144	448	6,5	16,7	10,98	62,85	173,22	35,0	24,2	89,8
12,09	496	1670	984	4,5	7,6	5,92	16,54	49,10	24,3	10,3	41,2
11,59	518	1407	733	5,3	10,2	11,59	10,53	29,75	18,6	9,6	35,6
12,69	473	1623	1009	4,6	7,4	6,73	36,53	85,50	44,5	21,5	71,7
9,78	614	2087	1289	3,6	5,8	12,23	20,99	60,25	29,8	12,3	48,4
10,91	550	3090	1585	2,4	4,7	5,35	9,35	44,74	12,1	4,1	23,3
17,84	336	1551	633	4,8	11,7	17,84	3,40	106,98	29,8	2,3	72,6
7,47	803	3212	1017	2,3	7,3	3,96	13,27	29,02	13,1	13,3	41,4
8,03	747	3785	1742	2,0	4,3	4,26	14,74	32,26	11,6	7,7	25,1
10,41	576	2515	941	3,0	7,9	13,01	17,68	21,51	11,2	13,6	29,9
8,63	695	9139	8108	0,82	0,92	1,00	9,87	182,87	18,3	1,1	20,6
11,09	541	7114	6312	1,05	1,18	11,09	5,73	194,07	19,0	0,6	21,4
12,27	488	6417	5260	1,1	1,3	1,42	18,57	194,16	20,2	2,0	22,8
18,09	332	4365	3873	1,7	1,9	18,09	9,01	290,87	28,5	0,9	32,1
51	118	454	240	16,6	31,5	—	—	—	—	—	—
63	95	351	180	21,3	42,3	—	—	—	—	—	—
75	80	271	125	27,6	60,0	—	—	—	—	—	—
92	65	172	54	43,4	139,4	—	—	—	—	—	—

zur Vergleichung, wenn das Gestein auf irgendeiner anderen Vorrichtung oder auf irgendeine andere Feinheit zerkleinert werden soll.

Um zu ermitteln, wie weit die *Rittinger*sche Theorie sich den Zahlen der Praxis nähert, machte *v. Reytt*[1] in Przibram — dem bekannten österreichischen Silberhüttenwerk — eine große Anzahl Versuche mit einem Steinbrecher, mit unter verschiedenen Bedingungen laufenden Walzen, mit einem Horizontal-Mahlgang, einer Schranzmühle und mit Pochwerken. Die Ergebnisse sind aus der vorstehenden Tabelle (S. 6 u. 7) ersichtlich.

Das Aufschüttgut bestand in allen Fällen aus Stücken annähernd gleicher Größe; das Erzeugnis wurde sorgfältig nach Größe sortiert. Die Oberfläche der gröberen Stücke wurde unmittelbar gemessen und die Oberfläche eines Durchschnittspartikels, multipliziert mit der Anzahl dieser Partikel in einem Kilogramm, ergab die Oberfläche eines Kilogramms. Hierbei fand *v. Reytt*, daß bei Rundlochsieben die Oberfläche eines Durchschnittspartikels 3,4 bis 4,12 mal so groß war wie die Fläche der Sieböffnung, bei viereckig (quadratisch) gelochten Sieben 4,0 bis 4,2 mal. Die feinsten Partikel, nämlich von 0,1 bis 0 mm, wurden in eine einzige Klasse gebracht und ihre Oberfläche nach dem Durchschnittpartikel mit Hilfe der bei den gröberen Stücken gefundenen Verhältniszahl zwischen Sieböffnung und Oberfläche berechnet.

Diese Art der Oberflächenbestimmung ist selbstverständlich noch recht weit entfernt davon, Anspruch auf unbedingte Genauigkeit erheben zu dürfen; immerhin ist sie viel genauer als die obenerwähnte *Rittinger*sche Meßart, die, wie *v. Reytt* zeigte, bei Partikeln unter 0,35 mm überhaupt nicht mehr anwendbar ist.

Die verbrauchte Leerlauf- und Nutzarbeit wurde bei diesen Versuchen durch jemals 8 bis 15 Minuten mittels eines *Seyss*-Dynamometers gemessen.

Aus seinen Versuchen zog *v. Reytt* den Schluß, daß der Kraftaufwand zur Vergrößerung der Oberfläche bei gröberen Partikeln sich ziemlich gleich bleibt, daß aber bei feineren Partikeln die Zunahme an Oberfläche rascher steigt als die darauf verwendete Arbeit. Danach scheinen diese Versuche auf die Notwendigkeit hinzuweisen, das *Rittinger*sche Gesetz in einem gewissen Sinne zu berichtigen. Tatsächlich dürfte dazu aber keine Veranlassung vorliegen, wenn man die Schwierigkeit der genauen Oberflächenmessung berücksichtigt, die sich mit der zunehmenden Kleinheit der Partikel steigert und bei den allerfeinsten Teilchen zur Unmöglichkeit, gleichzeitig aber auch zur stärksten Fehlerquelle wird. Auf jeden Fall besitzen die *v. Reytt*schen Versuche dauernden Wert, allein schon deshalb, weil sie zeigen, wie solche Versuche im allgemeinen durchzuführen sind, und weil sie die Anregung dazu geben, auf verbesserte Methoden der Oberflächenmessung zu sinnen.

Die gefundenen Zahlen ermöglichten es *v. Reytt* zu berechnen, welcher Arbeitsaufwand erforderlich ist, um ein gegebenes Gewicht von Przibram-Erz in Stücken gleicher Größe auf irgendeine Größe zu zerkleinern. Die Ergebnisse sind in der nachstehenden Tabelle vereinigt:

---

[1] Österr. Zeitschr. f. Berg- u. Hüttenwesen, Wien 1888, S. 229, 246, 255, 268, 283.

Das Erzeugnis liegt zwischen	Größe des Aufschüttgutes in mm					
	64	32 bis 16	16 bis 8	8 bis 4	4 bis 1	1 bis 0,3
	Arbeitsaufwand pro 1 kg in mkg					
32 und 16 mm . . .	55					
16 „ 8 „ . . .	220	165				
8 „ 4 „ . . .	320	265	100			
4 „ 1 „ . . .	780	725	560	460		
1 „ 0,3 „ . . .	1020	965	800	700	240	
unter 0,3 mm . . .	2020	1965	1800	1700	1240	1000

Es verdient noch bemerkt zu werden, daß die durch die obigen Versuche ermittelten Arbeitswerte günstiger erschienen, als die tatsächlich in Przibram festgestellten Jahresdurchschnitte. Diese Abweichung erklärt sich ungezwungen aus der Tatsache, daß die Maschinen nicht ständig bis zur Leistungsgrenze ausgenützt wurden und daß — infolge mangelhafter Absichtung — genügend feines Gut einer wiederholten Zerkleinerung unterzogen wurde. —

Bei der Besprechung des *Rittinger*schen Zerkleinerungsgesetzes wurde weiter oben (S. 3) angeführt, daß die Arbeit nahezu proportional ist den Reziproken der Kantenlängen, auf die der Würfel (Körper) zerkleinert werden soll. Darauf fußend, schlägt *A. B. Helbig* vor[1], nicht die durch die Zerkleinerung bewirkte Vermehrung der Oberfläche, die — auch nur annähernd — genau zu messen, in der Tat nicht einfach ist, sondern die Kantenlänge des bei der Zerkleinerung erzeugten gröbsten Kornes zur Grundlage der theoretischen Betrachtung zu machen und den *Rittinger*schen Satz wie folgt zu ändern:

„Die Produkte aus Zerkleinerungsarbeit und Kantenlänge des gröbsten Kornes sind für ein und dasselbe Gut gleich."

Die Berechtigung, irgendeine vorhandene Kornlänge als Maßstab für die Zerkleinerung überhaupt anzunehmen, erscheint *A. B. Helbig* dadurch gegeben, daß die Mahlung der verschiedensten Materialien für Handelszwecke als eine gleichmäßige gilt, wenn die Rückstände auf gewissen Normalsieben die gleichen sind, und daß sich der Handel gegen ungenügende Mahlung dadurch schützt, daß er einfach eine gewisse Grenze des Rückstandes auf den geeichten Normalsieben vorschreibt. Das gröbste Korn wird deswegen zum Vergleich herangezogen, weil es die technisch einfachste Möglichkeit darbietet, praktische Mahlversuche theoretisch auszuwerten.

Die Ergebnisse seiner Untersuchungen, auf deren Einzelheiten hier nicht näher eingegangen werden kann, faßt *A. B. Helbig* wie folgt zusammen:

„Das Produkt aus dem Arbeitsaufwand der Zerkleinerung und der größten Kornlänge des Materials ist allgemein für dasselbe Mahlgut eine Konstante. Durch praktisch gewonnene Mahlergebnisse wird die Anwendbarkeit dieses Satzes im besonderen für Kugelfallmühlen sowie die Brauchbarkeit der gleichseitigen Hyperbel als Mühlendiagramm bewiesen."

---

[1] „Zement", J. 1917, Nr. 37—41.

Die Schlüsse, die nunmehr aus dem *Rittinger*schen Gesetz und den ihm von *Hersam* und *v. Reytt* gegebenen Ergänzungen gezogen werden können, lassen sich in zwei Sätze zusammenfassen:

1. Um den Arbeitsaufwand bei der Zerkleinerung nicht unnötig zu steigern, ist es geboten, mit der Erzeugung von Oberfläche nur bis zu derjenigen Grenze zu gehen, die sich aus dem gerade vorliegenden Zweck ergibt, was dadurch erreicht wird, daß diejenigen Partikel, welche die vorgeschriebene Größe erreicht haben, sofort die Maschine verlassen. Diese Forderung der „freien" Zerkleinerung wird von Walzwerken ohne Differenzialgeschwindigkeit und von Schraubenmühlen am besten erfüllt, denen in dieser Beziehung Steinbrecher, die die größte Bewegung im Spalt ausüben, und Kollergänge mit durchbrochener Mahlbahn am nächsten kommen.

2. Die Aufhebung der Kohäsion ist derjenige Teil der ganzen auf die Zerkleinerung aufgewendeten Arbeit, der allein als nützlich angesehen werden darf. Diejenige Maschine also, die nur eine Trennung der Partikel voneinander in dem jeweilig vorgeschriebenen Maße und mit Ausschluß jeder unerwünschten Nebenwirkung vollbrächte, wäre als eine ideale Zerkleinerungsvorrichtung anzusehen.

Es ist überflüssig zu sagen, daß es solche Vorrichtungen, die eine rein spaltende Wirkung ausüben, in der Hartzerkleinerungstechnik nicht gibt und auch nicht geben kann. Der Zerkleinerungsvorgang in unseren Maschinen ist vielmehr ein bedeutend verwickelterer. Dadurch, daß alle unsere Zerkleinerungsvorrichtungen für harte Körper die Partikel nicht voneinanderreißen, sondern sie im Gegenteil zu komprimieren suchen, treten je nach der Art des Angriffes neben Druck- und Scherkräften auch noch Biegungs- und Torsionsmomente auf, die, zusammenwirkend, zwar die Trennung der Partikel voneinander als Endzweck herbeiführen, andererseits jedoch auch erhebliche Arbeitsverluste durch die Reibung der Partikel aneinander (äußere Reibung) und durch deren plastische oder elastische Deformation (innere Reibung) verursachen. Zu diesen äußeren und inneren Partikelreibungsverlusten, die sich in Wärme- und Staubentwicklung kundgeben, gesellen sich außerdem noch die Arbeitsverluste des Zerkleinerungsmechanismus hinzu, bestehend aus der Lagerreibung, der Reibung der Zähne an den Zahnrädern, dem Luftwiderstand und den Erschütterungen des Fundamentes.

Das Bestreben einer zielbewußten Zerkleinerungstechnik muß nun dahin gehen, die genannten Verluste, die sich ja niemals gänzlich werden unterdrücken lassen, auf das erreichbare Mindestmaß einzuschränken. Bei den Verlusten des Zerkleinerungsmechanismus ist das Ziel unschwer zu erreichen. Zweckmäßig gebaute und sorgfältig gewartete Lager, gut geschmierte, auf Genauigkeitsformmaschinen hergestellte Zahnräder, dichte Einkleidung der bewegten äußeren Teile und ein gediegener Unterbau sind hierfür die besten Mittel. Auch der Wärme- und Staubentwicklung, hervorgerufen durch die äußere Reibung der Partikel, ist durch freie Zerkleinerung, d. h. — wie oben gesagt — sofortige Beseitigung des genügend Gefeinten, gegebenenfalls unter Zusatz von Wasser (Naßmahlen), beizukommen. Dagegen wird man mit den Arbeitsverlusten durch innere Reibung, wobei die plastische Deformation immer, die elastische aber überwiegend effektvermindernd wirkt, um so mehr rechnen müssen, je mehr sich die Arbeitsweise der Vorrichtung von der oben gekennzeichneten, idealen, entfernt.

Hiermit sind die Richtlinien für die Beurteilung der Konstruktion und Arbeitsweise von Hartzerkleinerungsvorrichtungen gegeben, und es erscheint naheliegend, die für eine ins einzelne gehende Beschreibung ihrer Typen unentbehrliche Einteilung von dem Gesichtspunkte aus vorzunehmen, in welcher Art und Weise der Angriff auf das zu zerkleinernde Gut erfolgt, ob durch das Zusammenwirken von Druck und Abscherung, oder von Druck und Biegung, oder von Druck und Torsion, oder als noch mehrgliedrige Kombination dieser Kräfte; ferner ob der Druck durch die lebendige Kraft des Werkzeuges gesteigert oder nur durch sein Eigengewicht erzeugt wird usw. usw. Vom praktischen, für den Gebrauchszweck allein maßgebenden Standpunkt aus muß jedoch jene Einteilung vorgezogen werden, die allein nach dem Grade der erzielten Zerkleinerung entscheidet.

Es werden daher im folgenden in getrennten Abschnitten behandelt werden:

    I. Die Maschinen zum groben Vorbrechen (Vorbrecher).
    II. Die Maschinen zum groben und feinen Schroten (Schroter).
    III. Die Maschinen zum Feinmahlen (Mühlen).

Von vornherein sei aber bemerkt, daß die Praxis die hier gezogenen Unterscheidungsgrenzen nicht immer genau einhält, worauf bei späteren Gelegenheiten noch besonders hingewiesen werden wird.

Hieran anschließend werden die Vorrichtungen zum Sieben der zerkleinerten Stoffe, ferner die Vorkehrungen zur Staubloshaltung der Arbeitsräume und die Einrichtungen zum Lagern und Verpacken der fertigen Ware einer eingehenden Besprechung unterzogen werden. Den Beschluß wird die Beschreibung einer Anzahl verschiedenartiger Zerkleinerungsanlagen bilden, um den Zusammenhang und das Zusammenwirken der in den vorhergegangenen Abschnitten im einzelnen beschriebenen Maschinen zu zeigen.

Demnach werden auf die drei vorgenannten Kapitel folgen:

    IV. Siebvorrichtungen.
    V. Entstäubung von Arbeitsräumen.
    VI. Lagerung und Verpackung.
    VII. Beschreibung vollständiger, ausgeführter Anlagen.

I. Vorbrecher.

Die Vorbrechmaschinen empfangen das Gut, so wie es der Steinbruch oder die Lagerstätte liefert, in Blöcken und Stücken verschiedener Größe und zerkleinern es so weit, daß es die darauf folgenden Schroter mit Sicherheit einzuziehen vermögen. Die maximale Stückgröße, in der das Gut den Vorbrechern zugeführt werden darf, ist von den Abmessungen der Aufgabeöffnung — des „Brechmaules" — abhängig. Stücke, deren Größe diese Abmessungen überschreitet, müssen entweder mit dem Hammer zerschlagen oder mit Dynamit u. dgl. gesprengt werden. Die Stückgröße des Erzeugnisses kann in gewissen, gewöhnlich nicht allzuweiten Grenzen, durch Weiter- oder Engerstellen der Ausfallöffnung — des „Spaltes" — geändert werden. Die Beschickung erfolgt meist von Hand oder mit der Schaufel, nur bei ganz großen Leistungen wird eine selbsttätige Beschickung mittels rostartig ausgebildeter Zubringer (*Briart*sche Roste im Kalibergbau) angewendet.

Die Kategorie der Vorbrecher weist zwei hauptsächlichste Arten auf:
    a) die Backenquetschen (auch Kauwerke oder Steinbrecher genannt);
    b) die Kegelbrecher.

Beiden gemeinsam ist die Art des Werkzeugangriffes, der darin besteht, daß ein beweglicher Teil sich einem unbeweglichen Teil des Werkzeuges wechselweise nähert und sich von ihm entfernt. Diese Bewegung wird bei den Backenquetschen in eine absatzweise, bei den Kegelbrechern in eine beständige Zerkleinerungsarbeit umgewandelt.

Bei beiden Arten sind ferner dreierlei Ausführungsformen zu unterscheiden:

1. Vorbrecher mit der größten Bewegung in der Ausfallöffnung (im Spalt);
2. Vorbrecher mit der größten Bewegung in der Aufgabeöffnung (im Maul);
3. Vorbrecher mit gleichmäßiger Bewegung im Spalt und im Maul.

a) Backenquetschen.

Für die Backenquetschen ist der von *Eli Whitney Blake* i. J. 1858 erfundene Steinbrecher vorbildlich gewesen, sämtliche späteren Bauarten haben sich aus dieser Konstruktion entwickelt. Die allerersten *Blake*-Brecher zeigten die größte Bewegung in der Aufgabeöffnung, während bei den nachfolgenden Ausführungen der größte Ausschlag der schwingenden Backe in den Spalt verlegt erscheint. Auf die Wirkungsunterschiede dieser beiden Ausführungsformen wird noch zurückzukommen sein.

Die Einrichtung einer Backenquetsche zeitgemäßer Bauart — die als die übliche angesehen werden kann — sei zunächst an den Fig. 3, 4 und 5 erläutert, die eine Konstruktion der „*Skodawerke*" in Pilsen darstellen. Darin bedeutet a das schwere gußeiserne, durch warm aufgezogene schmiedeeiserne Schrumpfringe gegen Bruchgefahr gesicherte Gehäuse, das in langen Ölkammerlagern die mit zwei Schwungrädern o ausgerüstete Exzenterwelle b trägt. Die Übertragung der Bewegung der mittels Riemscheibe n angetriebenen Welle auf die bewegliche Backe e wird durch die oszillierende Hubstange c vermittelt, die mit den Druckplatten d_1 und d_2 ein Kniehebelsystem bildet, unter dessen Wirkung die allmählich fortschreitende Zertrümmerung des Gesteins in dem von der festen Backe g und dem auswechselbaren Teil f der schwingenden Backe e gebildeten Maul erfolgt. Der Brecher verrichtet nur Arbeit, wenn die Hubstange c sich nach aufwärts bewegt und die schwingende Backe der festen nähert; bei der Abwärtsbewegung von c öffnet sich der Spalt und ermöglicht so das freie Durchfallen des genügend zerkleinerten Gutes.

Um die Spaltweite, die für die Stückgröße des Erzeugnisses maßgebend ist, in gewissen Grenzen verändern zu können, ist der Gleitklotz k, gegen den sich die Druckplatte d_2 stützt, mittels Stellkeiles j und Schraube m verschiebbar angeordnet. Das sichere Zurückziehen der schwingenden Backe e wird mit Hilfe der Zugstange h und der starken Spiralfeder i bewirkt.

Die in auswechselbaren Gußstahlpfannen gelagerten Druckplatten d_1 und d_2 sind als schwächster Teil der Konstruktion ausgebildet. Im Falle also, daß ein Körper von ungewöhnlicher Härte (ein Hammer, Eisenstück o. dgl.) in das Brechmaul gelangt, geben die Druckplatten der dann auftretenden übermäßigen Beanspruchung nach und schützen durch ihren Bruch die Maschine vor weitergehender Zerstörung.

Die Backen e und f müssen, um der Abnutzung wirksam begegnen zu können, aus dem widerstandsfähigsten Material, über das die Technik verfügt, also entweder aus Schalenhartguß oder besser noch aus Hartstahl hergestellt sein, und auch die Teile des Gehäuses, die die seitliche Begrenzung des Maules bilden, werden durch auswechselbare Hartguß- oder Stahlkeile gegen den Angriff des harten Aufschüttgutes geschützt. — Von Wichtigkeit ist auch noch die Form der Rifflung, mit der die Backen versehen sind und die je nach der Beschaffenheit des Aufschüttgutes hoch- oder flachkantig, oder wellenförmig u. ä. zu gestalten ist.

Von der Breite und Tiefe des Maules ist — neben der Widerstandsfähigkeit des Gesteins und dem gewünschten Grade der Zerkleinerung — die Leistungsfähigkeit dieser Maschine abhängig. Die kleinsten — noch maschinell zu betreibenden — Modelle besitzen etwa 200×100, die größten 1000×600 mm Maulweite; dementsprechend bewegt sich die Stundenleistung in den Grenzen von etwa 500 bis 60 000 kg und der Kraftbedarf schwankt zwischen $^1/_4$ und 40 PS.

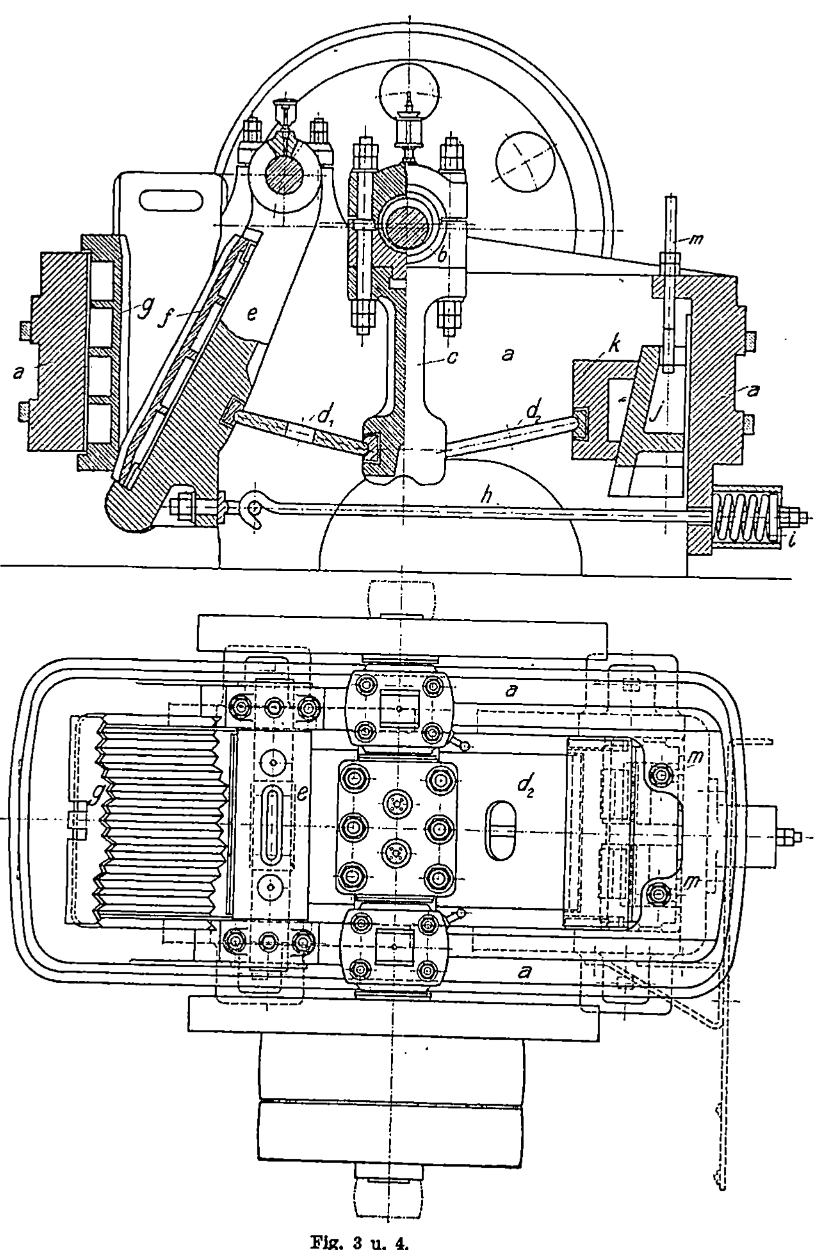

Fig. 3 u. 4.

Der Kniehebel, auf dem, wie oben dargelegt, die Konstruktion des Steinbrechers beruht, ist ein Mittel zur Erzeugung ganz gewaltiger Druckkräfte, über deren Größe man sich durch die nachstehende kleine Rechnung leicht Aufklärung verschaffen kann[1].

---

[1] *Kirschner:* Grundriß der Erzaufbereitung **1,** 40. 1898.

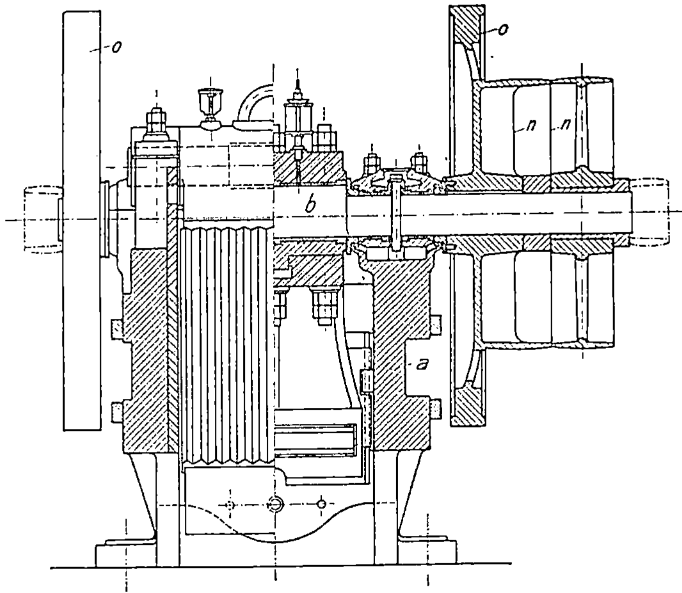

Fig. 5.

In Fig. 6 bedeutet e die Exzentrizität, h die Pfeilhöhe des offenen Knie-hebels, $h—2e$ die der höchsten Hubstellung der letzteren entsprechende Pfeilhöhe. Nimmt man ferner die Länge $y_1 z_1 = y z = l$, wobei bei höchster Hub-stellung der Punkt z_1 nach rechts und hinauf verschoben erscheint, dann den $\sphericalangle a_1 y_1 z = \alpha$ und zerlegt man endlich die durch die Hubstange ausgeübte Zug-kraft p nach den beiden Kniehebelarmen in die Komponenten P und P_1, so ergibt sich aus der Gleichung

$$\frac{P}{p} = \frac{\sin \alpha}{\sin (180 — 2\alpha)} .$$

der größte Seitendruck

$$P = p \cdot \frac{\sin \alpha}{\sin 2\alpha} = \frac{p}{2 \cos \alpha}$$

oder, da

$$\cos \alpha = \frac{h — 2e}{l}$$

auch

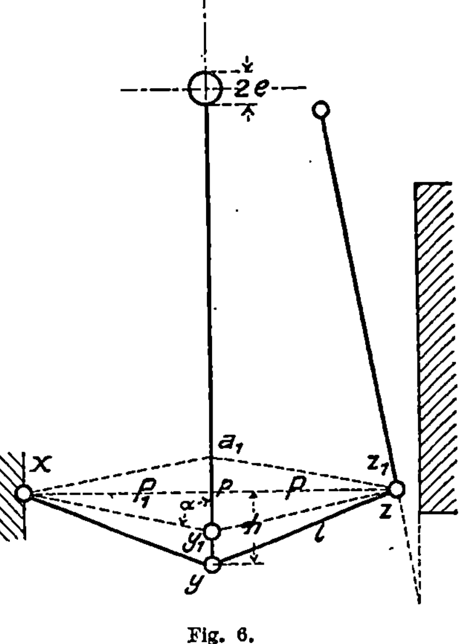

Fig. 6.

$$\boldsymbol{P = \frac{p \cdot l}{2(h — 2e)}} .$$

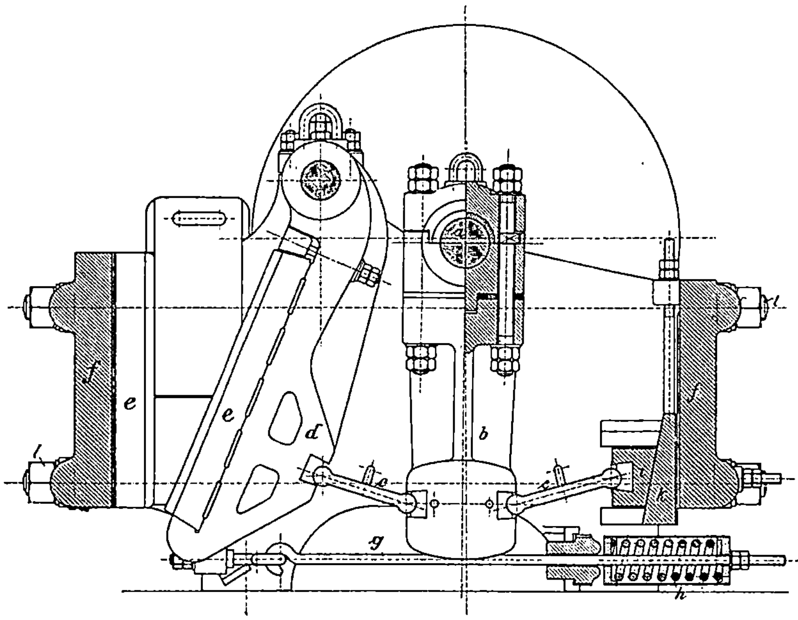

Fig. 7.

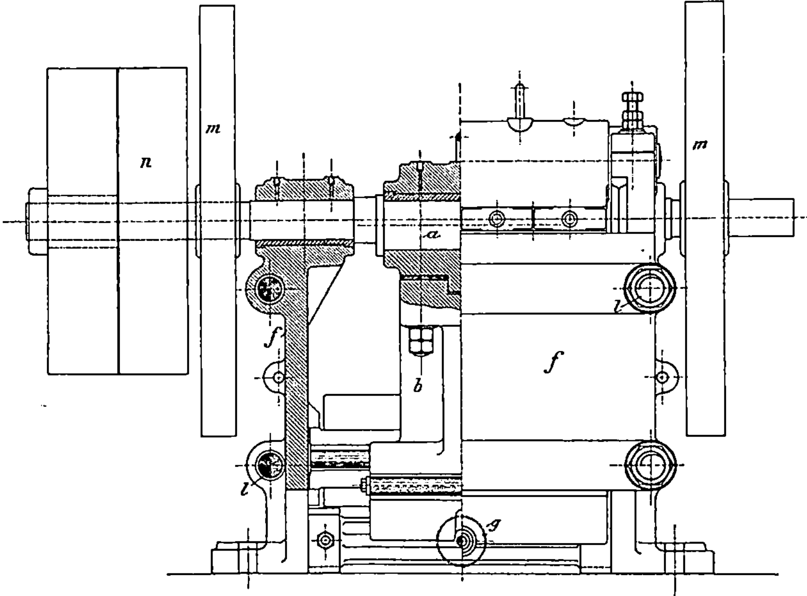

Fig. 8.

Da nun bei dieser Rechnung die in dem System auftretenden dynamischen Wirkungen ganz außer Ansatz bleiben, so müssen erhebliche Sicherheitskoeffizienten eingeführt werden, die aus der Erfahrung heraus zu wählen sind.

Außerdem können sich jedoch Umstände einstellen, unter deren Einfluß ganz andere als die berechneten Beanspruchungen entstehen, beispielsweise das bereits erwähnte Hineingeraten von besonders harten Fremdkörpern in das Maul, was besonders dann gefährlich wird, wenn ein solcher Körper sich im Maul einseitig verlagert hat und damit höchst ungleichmäßige Spannungen im Gehäuse hervorruft. Gußeisen, das Material, aus dem das Gehäuse in der Regel besteht, hat bekanntlich an sich schon gegen Zugbeanspruchung nur geringe Widerstandsfähigkeit, die überdies durch die andauernden Stöße und Erschütterungen bei der Arbeit noch bedeutend herabgesetzt wird. Diese Erwägungen führten manche Konstrukteure dazu, für das Gehäuse anstatt des unzuverlässigen Gußeisens Stahlguß oder Schmiedeeisen zu wählen.

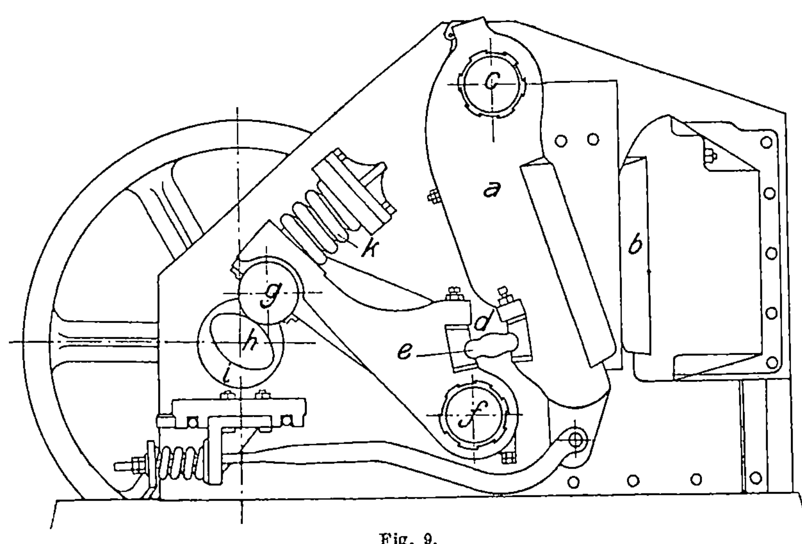

Fig. 9.

Noch anders verfahren *Amme, Giesecke & Konegen*, Braunschweig. Das Gehäuse *f* ihres Steinbrechers (Fig. 7 und 8) wird durch Kopf- und Endstücke gebildet, die miteinander durch kräftige Zuganker *l* verbunden und durch gußeiserne Seitenstücke abgesteift sind. Diese Anordnung hat neben dem Vorteil der leichteren Herstellung und genauen Bearbeitung den Hauptvorzug, daß das Gehäuse von den Zugspannungen vollständig entlastet wird und daß diese auf die Anker übertragen werden, die dafür ja, weil aus Schmiedeeisen, viel besser geeignet sind. Die Anker sind so bemessen, daß sie als schwächstes Glied der Konstruktion erscheinen. Gegebenenfalls wird also nur der Bruch eines Ankers eintreten, dessen Ersatz durch einen neuen leicht zu bewerkstelligen ist. — Im übrigen ist die Bauart dieses Brechers die normale, mit Exzenterwelle *a*, Hubstange *b*, den Druckplatten *c*, der Schwinge *d*, den auswechselbaren Backen *e*, der Zugstange *g* mit Feder *h*, dem Gleitklotz *i* und dem Stellkeil *k*.

In vielen Teilen von den vorbeschriebenen Backenquetschen abweichend erscheint der Brecher der *Sturtevant Mill Company*[1]. Der Kniehebelmechanismus ist hier (Fig. 9) durch einen Hubdaumen h der Welle i ersetzt, auf dem sich die Rolle g des Schräghebels e abwälzt, der um die Achse f schwingt und mittels der starken Feder k gegen den Hubdaumen angepreßt wird. Das kurze, als Sicherheitsglied wirkende Gelenkstück d überträgt die Bewegung auf die in c aufgehängte Schwinge a, wodurch die Zerkleinerung zwischen dieser und der festen Backe b erfolgt. Das Gehäuse (der Rahmen) besteht hier aus Schmiedeeisen. — Bemerkenswert ist die geringe Umdrehungszahl dieses Brechers (140 bis 170 gegen i. M. 250 U/Min. der Kniehebelbrecher), die im Verein mit der abgefederten Bewegung des Schräghebels — gegenüber

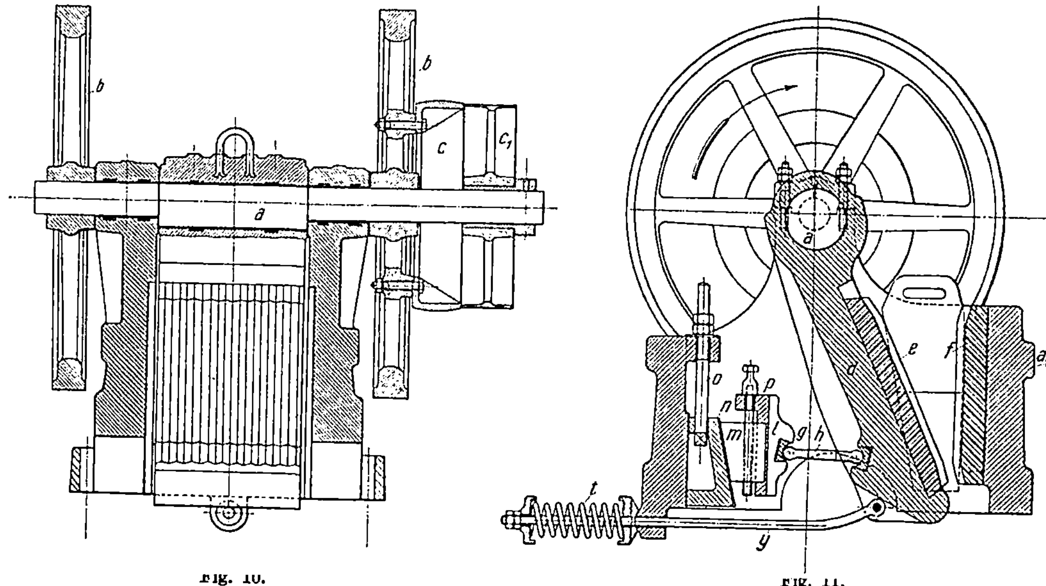

Fig. 10. Fig. 11.

der freien Oszillation der schweren Hubstange bei den Kniehebelbrechern — zweifellos einen ruhigeren, von Erschütterungen freieren Gang der Maschine bewirkt. Ein Nachteil ist dagegen die jedenfalls sehr erhebliche Abnutzung des Hubdaumens h und der Rolle g. —

Es ist weiter oben dargelegt worden, daß die Wirkung der meisten Backenquetschen auf dem Kniehebel beruht. Dieser kann nun entweder doppelt — wie bei den beiden ersten der bisher beschriebenen Konstruktionen — oder einfach sein. Als Ausführungsbeispiel für letztere Bauart diene der **Bulldog-Steinbrecher**, Patent der *Alpinen Maschinenfabriks-Gesellschaft*, Augsburg, Fig. 10 und 11.

In den Abbildungen bedeutet a_1 das Gehäuse, b, b die Schwungräder, c, c die feste und lose Riemscheibe, f die unbewegliche und e die in eine

---

[1] *Sturtevant Mill Company:* Katalog 50 und Flugschriften.

Schwinge d eingelassene Backe, die von der Exzenterwelle a auf und nieder bewegt und dabei durch eine Zugstange y mit Spiralfeder t gegen eine Druckplatte h gepreßt wird.

Die Verstellung der Spaltweite erfolgt in bekannter Weise mittels Gleitklotz m, Stellkeil n und Schraube o. Dagegen ist die Druckpfanne g nicht wie bei anderen Brechern in dem Gleitklotz m, sondern in einem besonderen Schlitten l gelagert, der mit einer Schwalbenschwanzleiste am Gleitklotz geführt ist und mittels der Stellschraube p auf und nieder bewegt werden kann, wodurch eine Veränderung des Neigungswinkels der Druckplatte h zur Schwinge d, und somit auch eine Veränderung des Backenwinkels in gewissen Grenzen ermöglicht wird.

Während beim Brecher mit Doppelkniehebel das Schwingdiagramm der beweglichen Backe durch eine einfache, etwas geschweifte Linie dargestellt wird, beschreiben die einzelnen Punkte der vom Exzenter unmittelbar bewegten Backe Kurven, die je nach der Höhenlage der Druckpfanne verschiedene Lage und Form annehmen. Die Kurven sind Ellipsen, die nach dem Spalt zu sich der Kreisform nähern. Je mehr also die Druckpfanne nach oben verlegt wird, um so mehr nähern sich die großen Achsen der Ellipsen der Senkrechten.

Die praktische Bedeutung dieser Bauart liegt nun darin, daß die Form der Bewegungsbahn der Schwinge auf das Brechgut einerseits eine zertrümmernde, andererseits auch eine nach dem Spalt zu fördernde Wirkung ausübt. Da aber der von den beiden Backen gebildete Winkel bei einer bestimmten Spaltweite festgelegt ist, für die Praxis jedoch dem jeweiligen Reibungswinkel des Aufschüttgutes angepaßt werden muß, so gibt es für jedes Material eine einzige bestimmte Lage der Druckpfanne, bei der die die Brechwirkung hervorrufende Komponente so gerichtet ist, daß sie gerade noch den gedachten Reibungswinkel berücksichtigt, wodurch die Höchstleistung erzielt wird. Ist nämlich der Backenwinkel zu groß, so wird das Gut, anstatt eingezogen zu werden, herausspringen; ist er zu klein, so erfolgt seine Förderung nach dem Spalt hin zu langsam. In beiden Fällen tritt eine Minderleistung ein.

Die leicht zu bewirkende und der jeweiligen Eigenart des Gutes anzupassende Veränderlichkeit des Backenwinkels ist also zweifellos ein Vorteil des Bulldog-Brechers, desgleichen seine gedrungene Bauart. Dagegen ist es ein Nachteil, wenn auch nur ein solcher geringeren Grades, daß die Schwungräder unmittelbar rechts und links an der Einwurföffnung liegen, wodurch sich das Aufgeben des Gutes etwas unbequemer gestaltet. —

Die vorstehend beschriebenen Brecherkonstruktionen gehören zu jenen, bei welchen die größte Bewegung in der Ausfallöffnung — im Spalt — erfolgt. Diese Bauart wird also überall dort am Platze sein, wo es sich darum handelt, groben Bruch mit möglichst wenig Abfall zu liefern, während im anderen Falle, wo der Brecher neben wenig groben Brocken ein sehr mehl- und grießreiches Erzeugnis liefern und als sog. „Granulator" wirken soll, die nach dem gegenteiligen Grundsatz: größte Bewegung in der

Aufgabeöffnung (Maul) arbeitenden Backenquetschen vorzuziehen sein werden.

Als ältester Vertreter dieses Typs ist der *Dodge*-Brecher[1] zu nennen, dessen Einrichtung und Wirkungsweise aus Fig. 12 hervorgeht. Die Maschine besteht aus einem starken gußeisernen Rahmen mit der festen Brechbacke *b*, sowie den Lagern für die Exzenterwelle *e* und die Achse *d*, ferner aus der Schwinge *c* mit der Brechbacke *a* und der Hubstange *f*, die die Bewegungsübertragung von der Exzenterwelle auf die Schwinge vermittelt, wobei eine kräftige Spiralfeder das Zurückziehen der Schwinge bewirkt. Auf der Exzenterwelle sitzt ein schweres Schwungrad neben einer festen und einer losen Riemscheibe. Zur Regelung der Spaltweite sind die Lager der Achse *d* mit auswechselbaren Beilegeplatten versehen; ein besonderes Sicherheitsbruchglied ist nicht vorhanden.

Die Wirkungsweise dieses Brechers, die wohl ohne weitere Erklärungen verständlich sein dürfte, wird von *Richards*[1] nicht günstig beurteilt. *Richards*

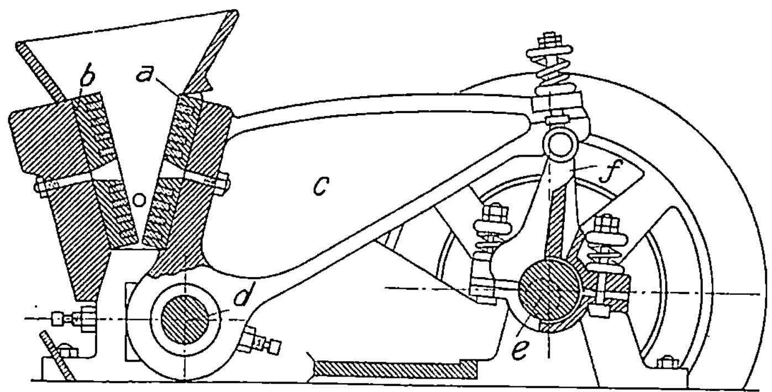

Fig. 12.

kommt auf Grund eines rechnerisch durchgeführten Vergleiches zwischen *Blake*- und *Dodge*brecher zu dem Schluß, daß letzterer im Maul 17,64 mal so viel Arbeit verrichtet als wie im Spalt, der *Blake*brecher aber nur 2,19 mal. Der *Dodge*brecher ist also bedeutend ungleichmäßiger belastet als wie der *Blake*brecher und muß daher viel unruhiger, stoßender und geräuschvoller arbeiten als wie der letztere. — Dem ist in der Tat so. —

Einige neue Einzelheiten von unbestreitbarer Eigenart weist der Brecher der *Rheinischen Maschinenfabrik*, Neuß a. Rh. auf, den die Fig. 13 und 14 veranschaulichen. In einem starken Rahmen *a* ist die mit zwei schweren Schwungrädern, fester und loser Riemscheibe ausgerüstete Exzenterwelle *b* gelagert, die ihrerseits, in ihrem exzentrischen Teil, die als Lade ausgebildete Schwinge *e* trägt. Mit letzterer schwingt eine mit ihr verbundene Mulde *g*, die, als Schüttelrinne wirkend, das Gut selbsttätig dem aus der beweglichen Backe *f* und der festen Backe *d* gebildeten Brechmaul zuführt, wodurch das Einschaufeln gespart und die unmittelbare Beschickung aus Kippwagen er-

---

[1] *R. H. Richards:* Ore dressing **1**, 28. (Hill Publishing Co.) New York 1908.

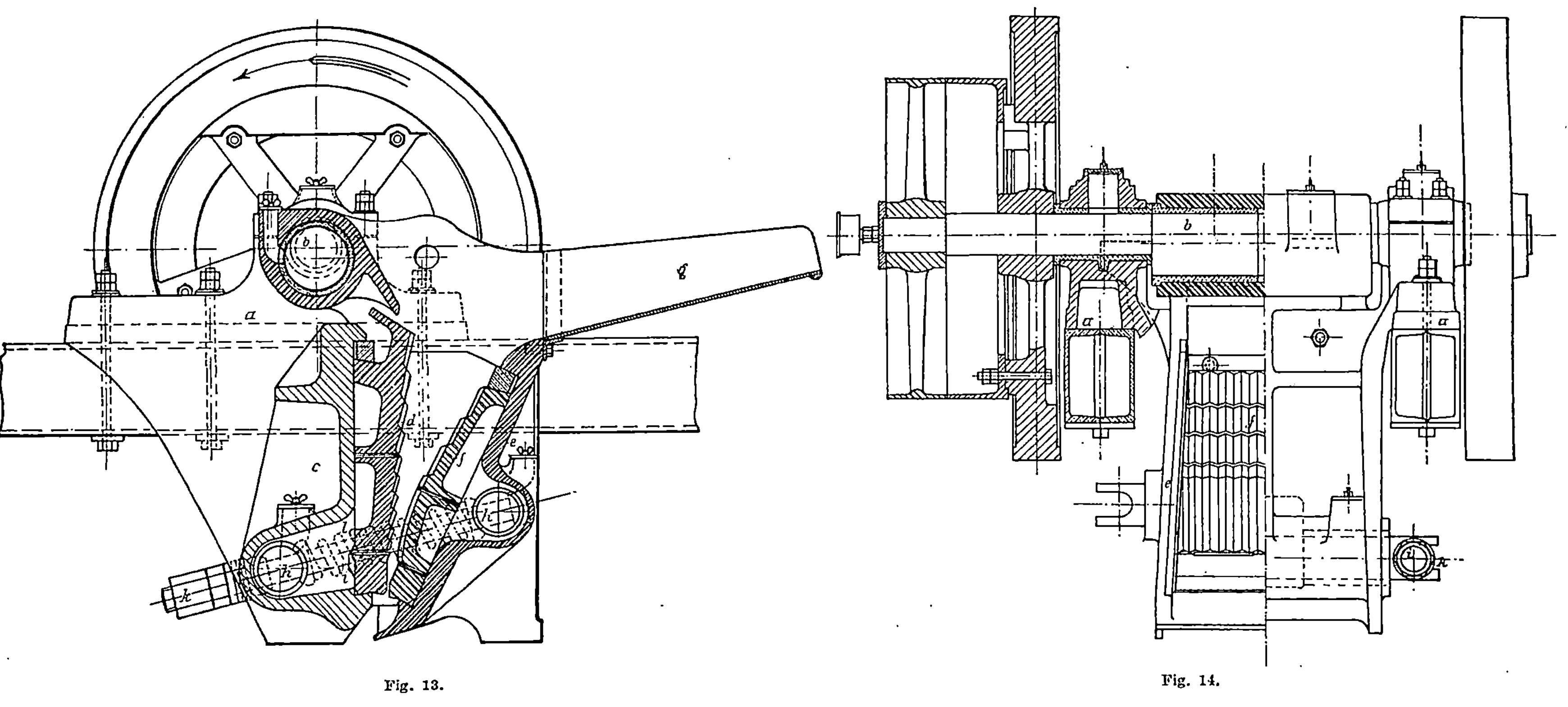

Fig. 13.

Fig. 14.

möglicht wird. Die Schwinge ist mit dem Rahmen durch zwei mittels Drehbolzen *h* angreifende Zugstangen *i* verbunden, die den im unteren Brechraum
auftretenden Druck als Zugspannung in sich aufnehmen, während der Druck
im oberen Teil des Brechraumes unmittelbar von der Exzenterwelle aufgenommen wird. Die Zugstangen, die gleichzeitig zur Regelung der Spaltweite
dienen, sind mit Muttern *k* aus geschmiedeter Bronze versehen, ferner mit
Bruchbüchsen und Spiralfedern *l*, die die Brechbacken auseinanderhalten
während die Bruchbüchsen als Sicherheitsglieder ausgebildet sind.

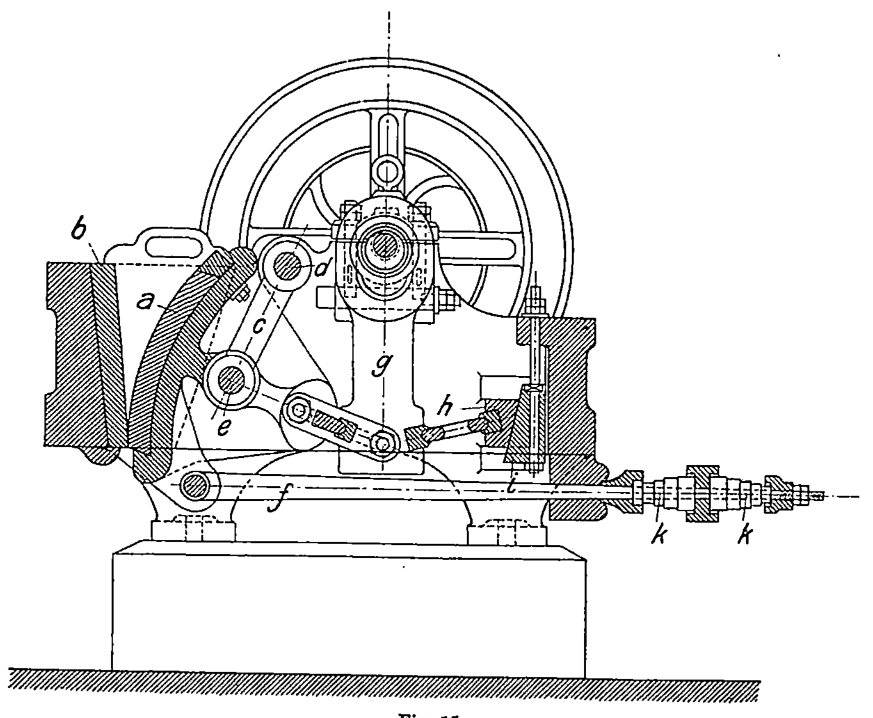

Fig. 15.

Die Brechbacken *d* und *f* sind unten breiter als oben und werden von
je einem starken Keil im Rahmen bzw. in der Schwinge festgehalten. Sie
sind ferner horizontal ein- oder mehrmals durchgeteilt, so daß bei eingetretener
Abnutzung eines der Teile nur dieser allein und nicht die ganze Backe erneuert
zu werden braucht. Bemerkenswert ist die stufenförmige Anordnung der
Backen, die ein Brechen zwischen zwei fast parallelen Flächen und ein sicheres
Einziehen selbst schlüpfrigen Gutes bewirkt.

Die Arbeit geht in der Weise vor sich, daß der obere Teil der beweglichen Brechbacke sich der feststehenden Backe fast um den ganzen
Hub der Exzenterwelle nähert, während der untere Teil derselben Backe
sich lediglich um diesen Hub auf und ab bewegt und daher die Spaltweite
kaum verändert. Die Folge ist eine kräftige Schrot- und Mahlwirkung im

Spalt und die Konstruktion wird daher hauptsächlich in jenen Fällen anzuwenden sein, wo auf die Erzeugung eines grießigen und mehligen Produktes in einem einzigen Arbeitsvorgang Wert gelegt wird und wo die Verhältnisse aus irgendwelchen Gründen die — grundsätzlich richtigere — Arbeitsteilung nicht zulassen. Je weiter das Feinschroten getrieben wird, desto mehr sinkt naturgemäß die quantitative Leistung und steigt der relative Kraftverbrauch.

Es muß jedoch ausdrücklich bemerkt werden, daß bei diesem Brecher durch Verlegung der Drehzapfen in der Schwinge die zerreibende Wirkung fast vollständig aufgehoben und ein möglichst weites Öffnen des Spaltes erzielt werden kann, so daß die Maschine dann nicht mehr als „Granulator" sondern als normale Backenquetsche arbeitet.

Gleichfalls als „Granulator" ist der in Fig. 15 dargestellte *Schranz* - Brecher[1] anzusehen, bei dem die schwingende Backe a infolge ihrer eigenartigen Aufhängung an die Achse d (durch Lenker c und Bolzen e) eine zusammengesetzte Wälz- und Schleifbewegung gegen die feste Backe b vollführt. Das Gut wird

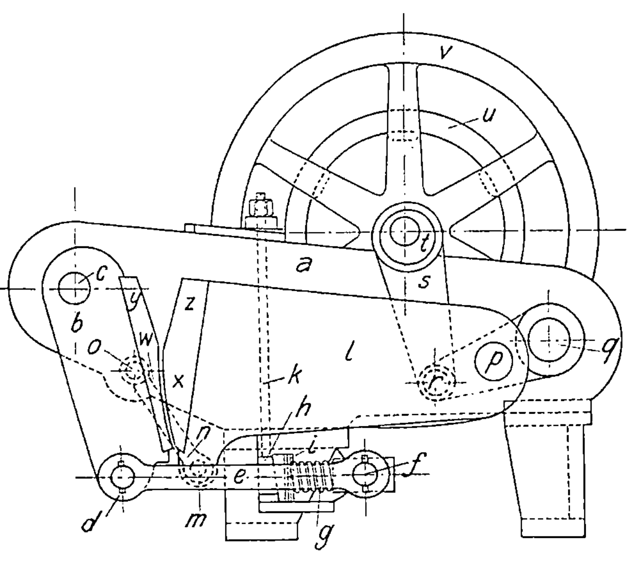

Fig. 16.

also nicht nur gebrochen, sondern auch einer zerreibenden Wirkung ausgesetzt. — Die übrigen Einzelheiten (g = Hubstange, h und i = Keilstellung, f = Zugstange, k, k = zwei Evolutfedern) unterscheiden sich nicht von jenen der normalen Backenquetsche.

In dieselbe Kategorie wie die beiden vorhergehenden gehört der Walzenbackenbrecher der *Sturtevant Mill Company* (s. Fig. 16). Er besteht[2] aus dem Rahmen a und der in c aufgehängten Backe b, die mittels des Gelenkes e, des Zapfens d, der Feder g, des Keiles h mit Stellschraube k und der Beilagen i in gewissen Grenzen beweglich gemacht ist, um zweierlei zu ermöglichen: 1. Das nachgiebige Öffnen der Backen im Falle, daß ein zu harter Körper hineingerät. 2. Das Engerstellen des Spaltes bei eingetretener Abnutzung der Backen. Die Bewegung der schwingenden Backe l geschieht wie folgt:

---

[1] School of Mines Quarterly 1892, S. 226. Columbia College, New York.

[2] *R. H. Richards:* Ore dressing 1, 32. 1908.

Die Kraft wird durch die mit dem Schwungrad v zusammengeschraubte Riemscheibe u eingeleitet und treibt die Hubstange s durch das Exzenter t, was ein senkrechtes Schwingen des Hebels r, q um den Zapfen q verursacht. Dieser wieder teilt die Bewegung der an ihn im Zapfen p angeschlossenen Schwinge l mit, die auf der anderen Seite mittels des Gelenkes n an dem Bolzen o aufgehängt ist. Beim Aufsteigen von r wälzt sich die nach dem Radius p, x gekrümmte Fläche der Schwinge gegen die nach q, w gekrümmte Fläche ab, wodurch alle zwischen diesen beiden Flächen liegenden Stücke zermalmt werden. Bei der Abwärtsbewegung von r dagegen arbeiten die beiden Flächen z und y nach dem Dodge-Prinzip, brechen das Gut vor und lassen das Vorgebrochene zwischen die sich nunmehr voneinander entfernenden

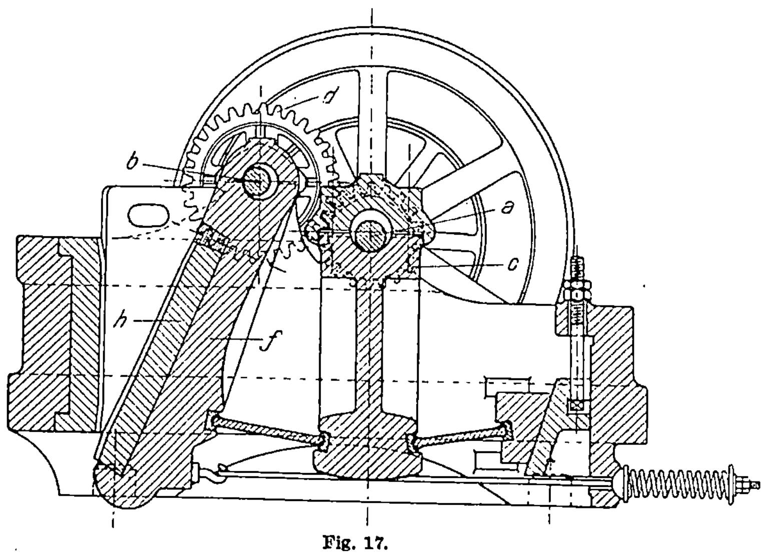

Fig. 17.

Flächen x und w fallen, wo die weitere Zerkleinerung — wie beschrieben — erfolgt.

Richards teilt an derselben Stelle mit, daß ein Granitstück im Gewichte von 2,563 kg binnen 6 Sekunden von einem solchen Walzenbackenbrecher von 5 × 10 Zoll Maulweite oben und $^1/_4$ × 20 Zoll Weite unten auf die folgende Feinheit gebracht wurde: Auf 3 Maschen (im engl. Zoll) 0,2 Proz., durch 3 × 4 M. 2,2 Proz., durch 4 × 8 M. 32,1 Proz., durch 8 × 16 M. 24,5 Proz., durch 16 × 30 M. 14,8 Proz., durch 30 × 60 M. 11,0 Proz., durch 60 × 120 M. 7,5 Proz., durch 120 M. 7,7 Proz.; zusammen 100 Proz.

Dieses Ergebnis erscheint qualitativ sehr befriedigend, doch vermag es nicht darüber hinwegzuhelfen, daß die Konstruktion mit ihren vielen Bolzen und Hebeln als recht verwickelt bezeichnet werden muß. Je weniger bewegte und der Abnutzung unterworfene Teile solche Maschinen aufweisen, die einer so überaus rohen Behandlung ausgesetzt sind, wie das bei Vorbrechern für Gesteine, Erz u. dgl. meist der Fall ist, desto besser und zweckentsprechender sind sie. Die Einfachheit ist hier alles. Wenn nun der Sturtevant-Walzenbrecher auch quantitativ Gutes leistet, so hat er das in erster Linie dem Umstand zu verdanken, daß er im Spalt doppelt so breit ist wie im Maul, und in diesem oder einem ähnlichen Verhältnis sollten alle Backenquetschen gebaut werden, die es sich zur Aufgabe gestellt haben, zwei Arbeiten: das Brechen und das Schroten, die, wie schon früher bemerkt, besser getrennt vorgenommen werden sollten, gleichzeitig zu bewältigen.

Als Vertreter der dritten Ausführungsart der Backenquetschen, welche durch eine — ganz oder annähernd — gleichmäßige Bewegung im Spalt wie im Maul gekennzeichnet ist, ist der in Fig. 17 dargestellte Steinbrecher, Patent *Max Friedrich & Co.*, Leipzig, anzusehen[1]. Bei diesem Brecher ist die Schwinge *f* mit der Brechbacke *h* anstatt auf einer Welle, auf einem Exzenter *l* aufgehängt, das von der Welle *a* durch die Zahnräder *c* und *d* angetrieben wird. Die Backe vollführt also hier nicht eine einfach pendelnde, sondern eine doppelseitig schwingende, kräftige Bewegung, was die Leistungsfähigkeit des Brechers günstig beeinflußt und ihn außerdem zur Verarbeitung feuchten und zähen Gutes befähigt. Dagegen kann die Anwendung von Zahnrädern bei Backenquetschen im allgemeinen nicht als Verbesserung bewertet werden.

b) Kegelbrecher.

Die Kegel- oder Kreiselbrecher bestehen in der Hauptsache aus einem auf einer senkrechten Welle befestigten, an seiner Oberfläche mit Rippen versehenen oder auch glatten Kegel, der bei seiner exzentrisch umlaufenden Bewegung innerhalb eines zweiten, gleichfalls gerippten oder glatten Hohlkegels das in den Zwischenraum zwischen Kegel und Hohlkegel eingeführte Gut erfaßt und zerkleinert. Der Kegel wirkt, wie aus der schematischen Skizze Fig. 18 hervorgeht, auf die kleineren Stücke durch Druck, auf die größeren durch Druck und Biegung, und da diese Arbeitsweise mit nur geringer Schrot- und Mehlbildung verbunden ist, so ist der Kegelbrecher hauptsächlich dort anzuwenden, wo ein überwiegend stückiges Erzeugnis verlangt wird.

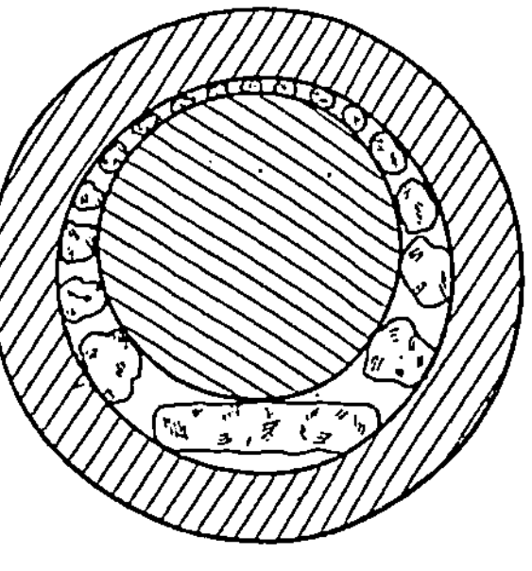

Fig. 18.

Die Leistung des Kegelbrechers ist, abgesehen von der Umdrehungszahl der Spindel, die ein gewisses, durch die Erfahrung bestimmtes Maß nicht über- oder unterschreiten darf, in erster Reihe von den Abmessungen der zerkleinernden Organe abhängig, zugleich auch von der verlangten Stückgröße des Erzeugnisses. Wird letztere mit 50 mm angenommen, so beträgt die Stundenleistung eines Kegelbrechers von 400 mm Füllöffnungsdurchmesser etwa 3000 kg, von 800 mm Durchmesser etwa 24 000 kg und von 1250 mm Durchmesser etwa 100 000 kg eines harten Gesteins. Der Kraftbedarf beläuft sich auf 5 bzw. 20 bzw. 90 PS.

---

[1] Int. Zentralbl. f. Baukeramik, J. 1911, S. 4329 u. ff.

Wie bei den Backenquetschen sind auch bei den Kegelbrechern drei Ausführungsarten zu unterscheiden:

1. Kegelbrecher, die die größte Wirkung im Spalt ausüben;
2. Kegelbrecher, die die größte Wirkung im Maul ausüben, und
3. Kegelbrecher, die die gleiche Wirkung im Spalt und im Maul ausüben.

Die vorbildliche Konstruktion für die unter 1. gekennzeichnete Ausführungsart ist der *Gates*-Brecher, Fig. 19 und 20. In letzteren bedeutet a

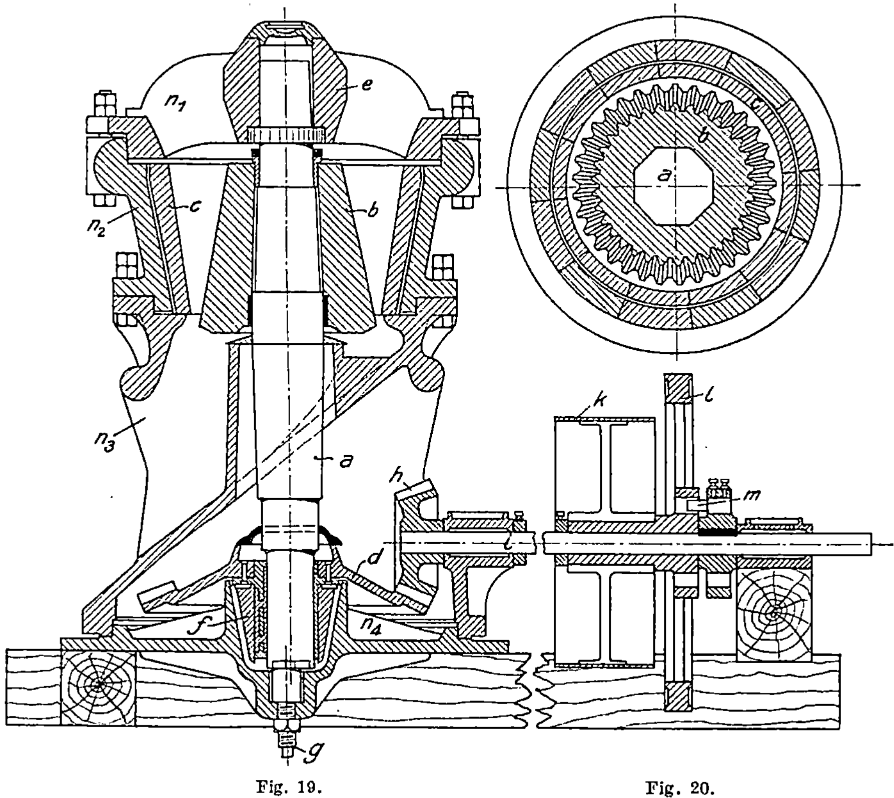

Fig. 19.　　　　　　　　　　　　　Fig. 20.

die Spindel mit dem Brechkegel b, während c den gleich b aus Hartguß oder Manganstahl hergestellten Hohlkegel oder Mahlrumpf bezeichnet.

Die Spindel ist unten in eine zu dem Zahnrad d exzentrische Büchse eingesetzt und kann zwecks Ausgleichs der Spurabnutzung mittels einer Stellschraube g gehoben werden. Der Antrieb erfolgt mittels des Kegelräderpaares d und h, der Vorgelegewelle i und der auf der verlängerten Nabe des Schwungrades l aufsitzenden Riemscheibe k. Die beiden letzteren sind auf der Welle i nicht festgekeilt, sondern nehmen sie mit Hilfe einer Bajonettkupplung mit, deren als Sicherheitsglieder dienende Bolzen im Falle eintretender Überlastung abgeschert werden. Das Gehäuse ist dreiteilig; der oberste Teil n_1

enthält das Halslager e für die Spindel, der mittlere Teil n_2 dient zur Aufnahme des Hohlkegels (Mahlrumpfes), und der untere Teil n_3 bildet den Auslauf und gleichzeitig die Verbindung mit der Grundplatte.

Die den Brechkegel tragende Spindel ist, wie schon erwähnt, oben in einem Halslager, unten in einer zu dem Antriebsrad d exzentrisch gebohrten Büchse geführt und vermag sowohl eine einfach drehende Bewegung um ihre eigene Achse als auch eine kreispendelförmige Bewegung auszuführen. Das Drehen um die eigene Achse geht nur beim Leerlauf der Maschine vor sich; sobald der Brecher aber beschickt wird, hört diese Drehung auf, und es tritt die kreispendelförmige Bewegung ein, die zur Folge hat, daß der Kegel sich dem Mahlrumpf abwechselnd nähert und sich von ihm entfernt, wodurch die zerkleinernde Wirkung hervorgerufen wird. Die Spindel wirkt dann als einarmiger Hebel, dessen Stützpunkt sich im Halslager befindet, während die Kraft an seinem unteren Ende angreift. Im unten liegenden Spalt ist die Einwirkung auf das Gut also eine größere als in der Einfüllöffnung, die dem Stützpunkt des Hebels ja um die ganze Höhe des Mahlrumpfes näher liegt als die Ausfallöffnung. Selbstverständlich darf die Führung im Halslager keine starre sein, sondern die Spindel muß im Halslager etwas Spielraum haben (siehe Fig. 19), oder das Halslager muß als Kugellager ausgebildet sein.

Wie aus den obigen Darlegungen hervorgeht, ist die Arbeitsweise des Kegelbrechers — weil ununterbrochen — jener der Backenquetsche — weil absatzweise — zweifellos überlegen. Diese Überlegenheit zeigt sich aber mehr in einem ruhigeren, stoßfreieren Lauf des ersteren als in der quantitativen Mehrleistung, die — gleiche Abmessungen vorausgesetzt — schon deswegen nicht sehr groß sein kann, weil die Backenquetsche zwar nur annähernd die halbe Zeit, aber mit der ganzen Arbeitsfläche, der Kegelbrecher dagegen zwar die ganze Zeit, aber mit nur annähernd der halben Arbeitsfläche zerkleinernd wirkt. Immerhin ist dort, wo es sich um ganz große Leistungen handelt, der Kegelbrecher wegen seiner ruhigeren Gangart besser am Platze als die Backenquetsche. Für letztere dürfte eine Stundenleistung von 60 t die oberste Grenze sein, während Stundenleistungen von 100 t und darüber bei Kegelbrechern nicht selten sind. Nachteilig ist bei letzteren nur ihre größere Empfindlichkeit gegen feuchtes, schmierendes Aufschüttgut. —

Mit einigen recht praktischen Neuerungen erscheint der Kreiselbrecher der *G. Luther-A.-G.* in Braunschweig ausgestattet, wie aus dem Längenschnitt Fig. 21 hervorgeht. Der Brechkegel a hat hier, ebenso wie der Mahlrumpf b, eine geschweifte Querschnittform, die ein vollständiges, unstatthaftes Durchrutschen ganzer Stücke verhindert, wie solches bei Kegelbrechern mit geradliniger Querschnittsform von Kegel und Rumpf häufiger vorkommt. Außerdem ist der Brechkegel zweiteilig gemacht, so daß er bei Bedarf leicht ausgewechselt und durch einen neuen Mahlkörper ersetzt werden kann. Vorteilhaft ist ferner die Einrichtung, daß der umwendbare Mahlrumpf eine vollständige Ausnützung gestattet. — Die übrige Einrichtung des Brechers ist die normale (c = oberes Halskugellager, d = Spindel mit Mutter und Gegenmutter e zur Regelung der Höhenlage bzw. der Spaltweite, f = untere

Führungsbüchse mit zwangsweisem Ölumlauf, g = Antriebsriemscheibe und h = Bajonettkupplung).

Der Kreiselbrecher der Maschinenbauanstalt *Humboldt*, Kalk bei Köln, weist vollkommen zylindrischen Brecheinsatz, der in der Mitte wagerecht durchgeteilt ist und ebenso geteilten Brechkegel auf, was die Auswechslung der abgenutzten Teile natürlich sehr erleichtert. Eine weitere Eigentümlichkeit dieser Bauart ist es, daß die Exzentrizität der Spindel leicht verändert werden kann, so daß man es in der Hand hat, die Größe des Ausschlages der jeweilig gewünschten Korngröße des Gutes anzupassen.

Beim Kreiselbrecher der *Gebr. Pfeiffer*, Kaiserslautern, haben, über-

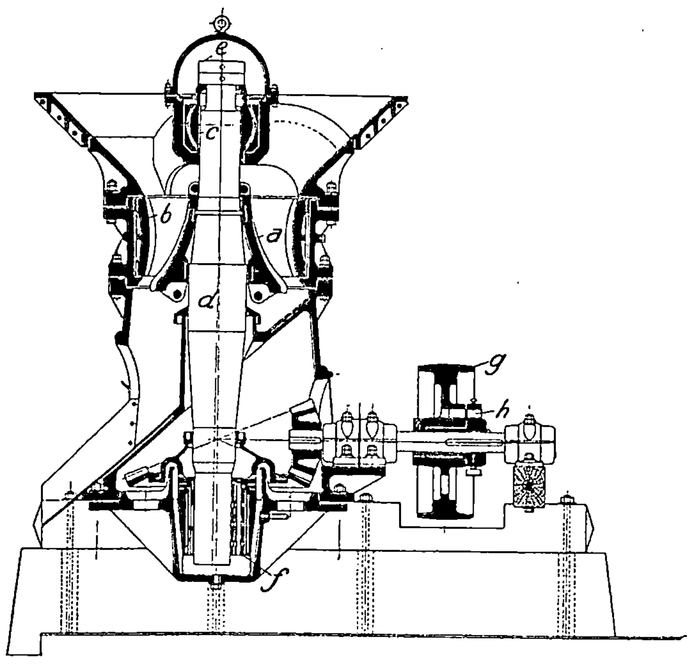

Fig. 21.

einstimmend mit Fig. 21, Brechkegel und Mahlrumpf gleichfalls geschweifte Form. Dagegen ist der Querschnitt der Einwurföffnung nicht rund, sondern viereckig. Viereckig ist auch der obere Teil des Brechraumes, der erst nach unten hin allmählich in den runden Querschnitt übergeht. Der Vorteil dieser Form besteht zunächst darin, daß das Brechgut infolge der größeren Reibung in den Ecken des Vierecks von dem Brechkegel sicher erfaßt und zerdrückt, ein Herumwandern der Stücke also vermieden wird. Da das Viereck in der Richtung der Kanten eine größere Breite aufweist als eine runde Öffnung und das Brechgut vielfach die Form von langen, flachen Stücken hat, so können dem Brecher wesentlich größere Stücke aufgegeben werden als den Kegelbrechern mit runder Einwurföffnung. Der Brecher, dessen Arbeits- und

Wirkungsweise im übrigen mit jener des *Gates*-Brechers übereinstimmt, besitzt daher einige für die Praxis recht wertvolle Verbesserungen. —

Als Vertreter der zweiten Ausführungsart, also nach dem Grundsatz:

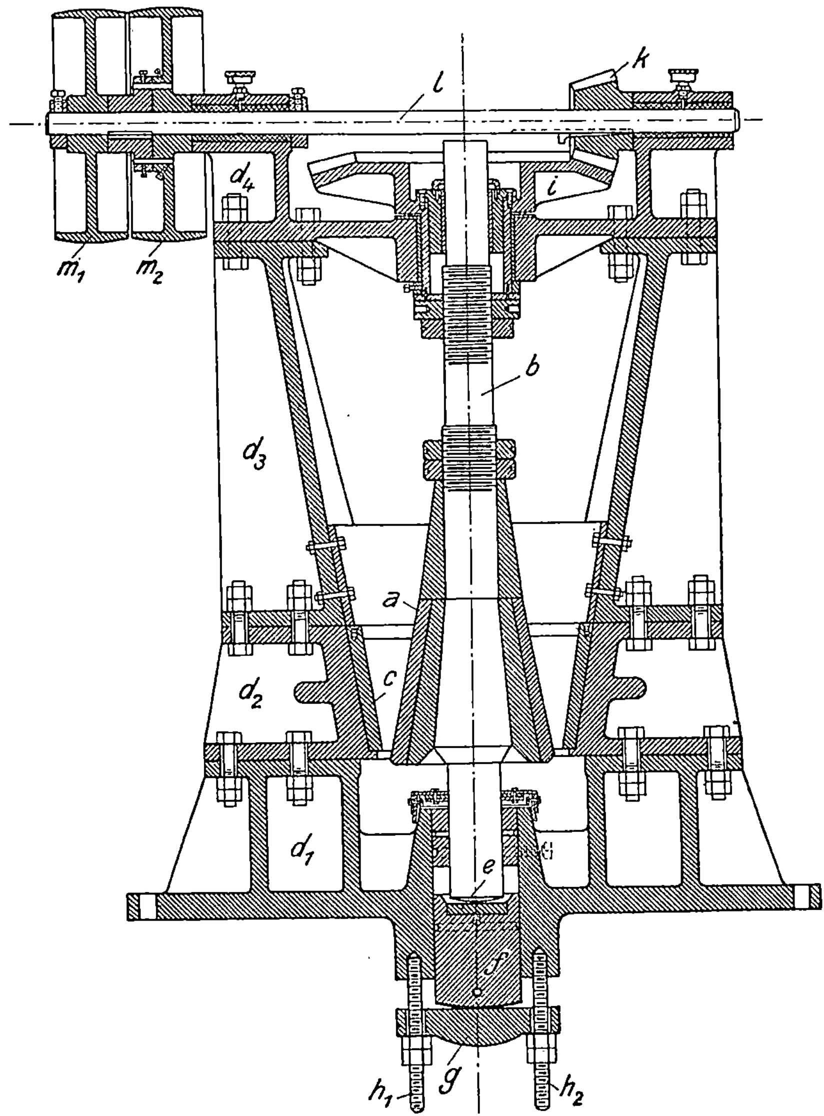

größte Wirkung in der Einlauföffnung (Maul) — arbeitend, sei hier der Kegelbrecher der *C. L. Hathaway Rock Crusher Company*[1] angeführt (s. Fig. 22).

---

[1] The *C. L. Hathaway Rock Crusher Company*, Denver, Colorado: Katalog Nr. 1.

Die Grundplatte d_1 dient zum Tragen des Gehäuses und der Antriebvorrichtung und ist mit der aus den beiden Schrauben h_1, h_2 und dem Bügel g bestehenden Vorkehrung zum Heben der Spindel b versehen, die mit der Spur e und dem Spurblock f auf dem erwähnten Bügel g aufruht. Auf die Grundplatte d_1 setzt sich das Gehäuse d_2 auf, das den Mahlrumpf c umschließt. Seine Fortsetzung nach oben bildet der Gehäuseteil d_3 und der Teil d_4, der die zweimal gelagerte Vorgelegewelle l mit den Riemenscheiben m_1 und m_2 nebst der bereits bekannten Bajonettkupplung trägt. d_4 dient ferner zur Aufnahme des Halslagers für die Spindel b; dieses Halslager sitzt exzentrisch zu dem

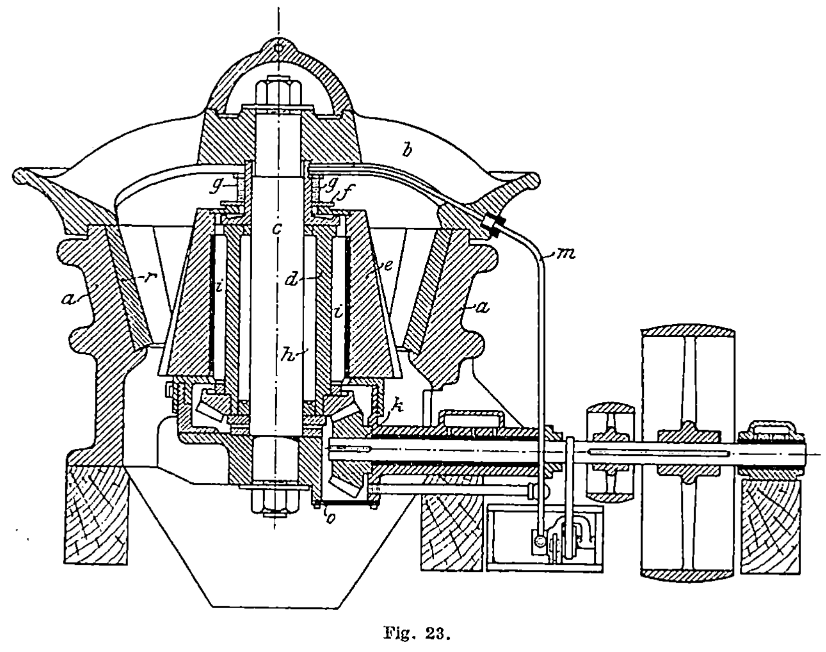

Fig. 23.

Kegelrad i, das, im Eingriff mit dem Kegelrad k, den Antrieb der Spindel vermittelt.

Das untere Führungslager der Spindel, das mit einer Kappe zum Schutz gegen das Eindringen von Staub und Grieß versehen ist, bildet hier den Stützpunkt für den einarmigen Hebel, d. h. für die Spindel b, die infolge der exzentrischen Lage ihrer oberen Führungsbüchse zu dem Antriebsrade i genau dieselbe Bewegung vollführt wie die vorbeschriebenen Brecher der ersten Ausführungsart. Die Wirkungsweise dieser Konstruktion gleicht der des *Dodge*-Brechers, und wie dieser wird auch der *Hathaway*-Kegelbrecher eine unruhigere Gangart zeigen als wie jene Brecher, bei welchen die größte Bewegung in den Spalt verlegt ist. Vorteilhaft erscheint bei ihm dagegen die leichte Zugänglichkeit des oberen Spindellagers, nachteilig aber die große Bauhöhe und der hochliegende Antrieb. — Bemerkenswert ist hier noch, daß der auswechselbare Brechkegel nicht unmittelbar auf der Spindel, sondern auf einem gußeisernen Brechkopf sitzt; beide werden von einer gußeisernen Hülse und zwei Schraubenmuttern in ihrer Lage festgehalten. Die Hülse dient gleichzeitig als Schutz für die Spindel, die, nach Entfernung des Brechkopfes und des Spurlagers mit Zubehör, nach unten herausgezogen werden kann.

Die Kegelbrecher der dritten Ausführungsart, also jener mit gleicher Wirkung im Maul und im Spalt, haben vor den beiden anderen Ausführungsarten den Vorteil der einfacheren Bewegungsform und einer sehr geringen Bauhöhe voraus. Ein solcher Brecher ist in Fig. 23 dargestellt[1]. In der Abbildung bedeutet a das Gehäuse und b die drei kräftigen Arme, von deren Treffpunkt aus die feststehende, senkrechte Achse c nach unten geht, wo sie entsprechend befestigt ist. So dient diese Achse auch als feste Verbindung der oberen und unteren Teile des Brechers. Um die Achse c bewegt sich die Hülse d, deren innerer Umfang einen anderen Mittelpunkt hat als der äußere, so daß der letztere bei der Umdrehung eine exzentrische Bewegung ausführt. Zwischen der Achse c und der Hülse d sind senkrechte Reibungsrollen vorgesehen. Die Hülse d ist fest mit einem Zahnrade verbunden und wird durch dieses und das Gegenrad k von einer Riemscheibe aus in Umdrehung versetzt. Dabei überträgt sie ihre exzentrische Bewegung auf den Körper e, der die Form eines hohlen abgestumpften Kegels mit gezahnter Oberfläche hat, auf kräftigen Winkeleisen lose aufruht und durch den Ring f und die diesen mit den Speichen b fest verbindenden Schrauben g an einer Aufwärtsbewegung gehindert wird. Auch zwischen dem Brechkegel e und der Exzenterhülse d sind senkrechte Reibungsrollen i angebracht. Die Hohlräume zwischen der Achse c, der Hülse d und dem Brechkegel e werden selbsttätig durch die Druckpumpe l und die Rohrleitung m mit Schmieröl versehen. Dieses gelangt endlich in die Kammer o, in welcher sich das Rad k bewegt, und aus dieser nach der Pumpe l zurück. Durch Anziehen der Schrauben g und Nachstellung der Winkeleisen, über die der Brechkegel e hinweggleitet, kann die Weite des ringförmigen Spaltes zwischen dem ersteren und dem Mahlrumpf r nach Bedarf verändert werden. — Die Zerkleinerung des Gutes erfolgt durch die exzentrische Bewegung des Brechkegels gegen den aus Hartstahlplatten bestehenden Mahlrumpf.

Dieser Brecher, dessen Konstruktion von *E. B. Symons* stammt, wird von der *Contractor Supply and Equipment Co.* in Chicago und neuerdings — in manchen Einzelheiten wesentlich verbessert — auch von der *Fr. Krupp-Grusonwerk-A.-G.* in Magdeburg gebaut.

---

[1] Engineering News **57**, Nr. 16, 432.

II. Schroter.

Die Schroter haben die Bestimmung, aus dem von den Vorbrechern
bis auf max. 60 mm vorzerkleinerten oder in dieser und auch in kleinerer
Stückgröße vorkommenden Gute ein Erzeugnis herzustellen, das man — je
nach seiner Beschaffenheit — als Grob- oder Feinschrot bezeichnet. Besteht
das Erzeugnis aus einem Gemisch von gröberen Brocken mit Grieß und nur
wenig Mehl, so hat man es mit Grobschrot zu tun; ist es aber überwiegend
aus Grieß mit etwas Mehl zusammengesetzt, und fehlen die gröberen Brocken
darin ganz, so ist das Produkt als Feinschrot zu bezeichnen. Es muß jedoch
dazu bemerkt werden, daß manche Grobschroter (wie z. B. die Walzwerke
und Kollergänge) auch zum Feinschroten, ja unter Umständen sogar zum
Mahlen Verwendung finden, und daß die weiter unten als Feinschroter bezeichneten Maschinen vielfach Erzeugnisse liefern, die man unbedenklich als
Mehl ansprechen darf. Die Grenzen sind — wie bereits im einleitenden Abschnitt hervorgehoben wurde — gerade bei dieser Kategorie von Maschinen
sehr schwer zu ziehen. Läßt man sich jedoch von dem Grundsatz leiten, daß
die in der Praxis vorherrschende Verwendungsart für die Klassifikation einer
Maschine bestimmend sein muß, so ergibt sich die folgende Einteilung:

a) Walzwerke
b) Brechschnecken (Schraubenmühlen)
c) Kollergänge $\Big\}$ = Grobschroter.
d) Glockenmühlen
e) Schlag- und Schleudermühlen $\quad$ = Feinschroter.

a) Walzwerke.

Brechwalzwerke bestehen aus zwei eisernen oder stählernen Zylindern[1]
A_1, A_2 — Fig. 24 — die, in der angegebenen Pfeilrichtung gegeneinander
laufend, den zu zerkleinernden Körper B erfassen — einziehen — und ihn
— da er größer ist als der Spalt zwischen den beiden Walzen, seine Festigkeit aber kleiner als der von den Walzen auf ihn ausgeübte Druck — zertrümmern. Die bei diesem Vorgang ausgeübte reine Druckwirkung ist abhängig von der Größe des Körpers B und von seiner Festigkeit. Denkt man
sich die Achsen der beiden Walzen starr gelagert, so ist klar, daß, wenn die
Druckwirkung — falls B zu groß oder seine Festigkeit zu bedeutend oder falls
beide Umstände zusammentreffen — zu übermächtig wird, ein Achsenbruch

---

[1] In sehr vereinzelten Fällen auch aus zwei abgestumpften Kegeln.

mit Sicherheit eintreten muß. Um dieses zu vermeiden, wird bei jedem Walzwerk zur Zerkleinerung harter Körper nur die eine Achse unverrückbar, dagegen die andere stets so gelagert, daß sie, wenn nötig, nachgeben und den Spalt um so viel erweitern kann, wie zum freien Durchfallen des gefährlichen Stückes erforderlich ist. Das wird dadurch erreicht, daß man die Lager der einen Achse als Gleitlager ausbildet, die zur Erzielung der notwendigen Pressung unter Feder- oder Gewichtsbelastung stehen. Man zieht indessen für diesen Zweck der Belastung durch Gewichte aus naheliegenden Gründen die Belastung durch Stahl- (Spiral- oder Evolut-, seltener Platten-) Federn vor, die so zu bemessen ist, daß die erreichbar höchste Federspannung den zur Zerkleinerung erforderlichen Druck noch um ein gewisses Maß übersteigt.

Es ist weiter oben gesagt, daß die Walzen das Gut einziehen müssen, um es zerkleinern zu können. Dieses ist offenbar die Grundbedingung für die Arbeit der Walzen überhaupt, und es soll daher untersucht werden, welche Faktoren hier von Einfluß sind und welche Bedeutung ihnen zukommt.

Aus Fig. 24 ist zu ersehen, daß es zwei Kräfte sind, die auf den Körper B einwirken, eine radiale r und eine Tangentialkraft t, die, von ersterer und dem Reibungskoeffizienten μ (Stein auf Eisen 0,3 bis 0,7) abhängig, gleich ist $r \cdot \mu$. Zerlegt man diese beiden Kräfte in je zwei zueinander senkrecht stehende Komponenten und bezeichnet man den Einzugwinkel mit $2\,\alpha$, so ergeben sich folgende Beziehungen:

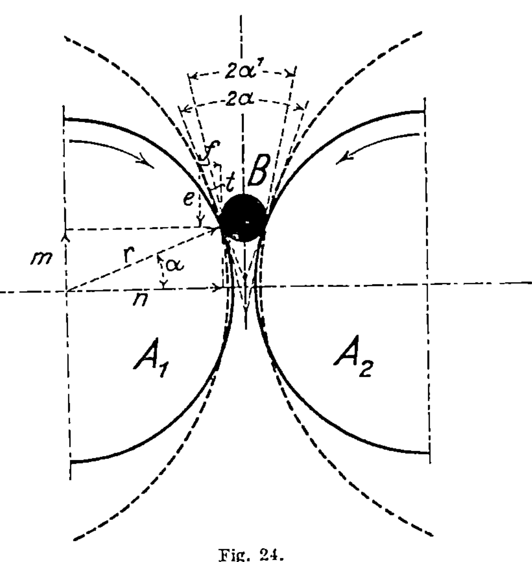

Fig. 24.

$$n = r \cdot \cos \alpha, \qquad m = r \cdot \sin \alpha,$$

$$e = t \cdot \cos \alpha = \mu \cdot r \cdot \cos \alpha, \qquad f = t \cdot \sin \alpha.$$

Die beiden Horizontalkomponenten wirken auf den Körper B drückend, während von den beiden Vertikalkomponenten die eine — e — ihn einzuziehen, die andere — m — ihn dagegen herauszuschieben trachtet. Die Bedingung für das Einziehen ist also:

$$e > m,$$

$$\mu \cdot r \cdot \cos \alpha > r \cdot \sin \alpha,$$

$$\mu > \frac{\sin \alpha}{\cos \alpha} \quad \text{oder} \quad \operatorname{tg} \alpha < \mu.$$

Die Größe des Einzugwinkels ist daher abhängig vom Reibungskoeffizienten. Körper mit glatter Oberfläche, wie Kohle, Graphit, Talk, erfordern einen kleineren Einzugwinkel als wie zähe, harte, bei der Zerkleinerung wenig Grieß gebende Stoffe, letztere wieder einen kleineren Einzugwinkel als wie spröde Körper, die beim Zerdrücken in größere Stücke, untermischt mit Sand und Grieß, zerfallen.

Sodann hängt der Einzugwinkel — wie aus Fig. 24 leicht erkennbar — aber auch noch ab vom Durchmesser der Walzen, von der Stückgröße und der Spaltweite; er wird kleiner, wenn Durchmesser und Spaltweite größer und die Stückgröße kleiner wird.

Richards hat durch die Untersuchung einer großen Anzahl ausgeführter Walzwerke als guten Mittelwert $2 \alpha = 32°$ gefunden und unter dessen Zugrundelegung die folgende Tabelle aufgestellt[1]:

Walzen $\varnothing$	Spaltweite						
	20	16	13	10	6	3	0
	Stückgröße des Aufschüttgutes						
915	57	53	49	47	44	39	37
760	50	47	45	40	38	35	32
660	48	44	40	37	34	30	26
610	44	40	38	34	32	28	24
510	40	37	34	31	27	24	21
410	36	33	30	26	22	19	16
230	28	25	22	19	16	13	9

Der Müller ersieht aus dieser Tabelle leicht, welchen Grad der Zerkleinerung er mit seinen Walzen — unter Einhaltung des praktisch erprobten Einzugwinkels — erreichen kann. Er erkennt z. B. ,daß seine Walzen von 610 mm Durchmesser bei einer Spaltweite von 6 mm ein Aufschüttgut erfordern, dessen Stücke in keiner Richtung größer sein sollen als 32 mm und muß danach die Art seiner Vorbrecherei einrichten.

Für den Walzendurchmesser ist in erster Linie die Stückgröße des Aufschüttgutes maßgebend. *Rittinger*[2] stellt hierfür die Beziehung auf:

$$D > 18\, d\, (1 - u)$$

(in Wiener Zoll, 1 Zoll $= 26{,}34$ mm), worin d die Stückgröße und $u = \dfrac{s}{d}$ den Verkleinerungskoeffizienten, d. i. das Verhältnis der Stückgrößen nach und vor der Zerkleinerung bedeutet.

Ist z. B. $d = 1$, $s = \frac{1}{4}$, so muß

$$D > 18 \cdot 1 \cdot (1 - \tfrac{1}{4}) \text{ oder}$$

$$D > 13{,}50 \text{ Zoll oder } D > 355 \text{ mm}$$

---

[1] *R. H. Richards:* Ore dressing **1**, 92. 1908.
[2] *P. R. v. Rittinger:* Aufbereitungskunde, S. 28.

sein. — Mit der vorhergehenden Tabelle verglichen, ergibt diese Formel aber etwas zu kleine Werte für den Walzendurchmesser.

Die Walzendurchmesser wechseln in den Grenzen von 230 bis etwa 1000 mm. Darüber hinaus geht man selten und die 2-m-Walzen, die *Edison* in seiner Portlandzementfabrik in Newvillage[1] zum Vorbrechen der Kalksteinblöcke von 6 bis 7 t Gewicht verwendet, dürften ziemlich vereinzelt dastehen. Im allgemeinen arbeiten größere Walzen vorteilhafter als kleinere, weil sie die Aufgabe größerer Stücke gestatten, weil in einem Durchgang eine weitergehende Zerkleinerung erzielt werden kann und weil die letztere mehr gradweise und nicht so plötzlich und unvermittelt erfolgt als wie bei den kleinen Walzendurchmessern.

Auch die Frage der Walzenbreite ist mehrfach vom theoretischen Standpunkte aus untersucht worden. So soll nach *Wertheim*[2] die Breite (oder Länge) betragen:

$$L = \frac{D}{3} + 0{,}25 \quad \text{(in Metern)}.$$

Praktische Ausführungen bleiben jedoch vielfach hinter diesem Wert zurück.

Die Umfangsgeschwindigkeit kann theoretisch bei richtigem Einzugswinkel beliebig groß sein. Tatsächlich sind ihr aber ziemlich enge Grenzen gesetzt, da bei zu hoher Geschwindigkeit das Gut nicht mehr eingezogen wird und das Walzwerk sich infolgedessen verstopft. Man geht in dieser Beziehung meist nicht über 2 bis 2,5 m hinaus, obzwar die oberste noch zulässige Geschwindigkeit 4,5 bis 5 m betragen dürfte. Ganz allgemein kann indessen als Regel gelten, daß die Umfangsgeschwindigkeit im umgekehrten Verhältnis zur Stückgröße des Aufschüttgutes zu stehen hat, daß also jeder Stückgröße eine bestimmte Umfangsgeschwindigkeit entspricht, die die beste Leistung bei dem geringsten Kraftverbrauch ergibt. Von diesem Grundsatz ausgehend und ihn noch durch eine große Reihe von Versuchen sichernd, hat *P. Argall*[3] die folgenden Formeln aufgestellt:

$$P = 100 \cdot \frac{\log\frac{16}{S}}{\log 2} \quad \text{und} \quad N = \frac{382}{D} \cdot \frac{\log\frac{16}{S}}{\log 2},$$

worin P die Umfangsgeschwindigkeit der Walzen in Fuß (engl.)/Minute, D den Walzendurchmesser in Zoll und S — in Zoll — die maximale Stückgröße des Aufschüttgutes bedeutet.

Das Diagramm, Fig. 25, zeigt in übersichtlicher Weise die Ergebnisse der *Argall*schen Berechnungen für 8 verschiedene Walzendurchmesser — von 18 bis 24 Zoll — und für 20 verschiedene Stückgrößen. Zur Erklärung muß noch hinzugefügt werden, daß *Argall* seinen Versuchen allgemein den Verkleinerungsquotienten 4:1 zugrunde gelegt hat und daß die Begrenzungslinie — rechts — die Kurve des zweckmäßigsten Einzugwinkels — 31° — bedeutet.

---

[1] Zeitschr. d. Ver. deutsch. Ing. 1905, S. 382.
[2] Zeitschr. d. Österr. Ing.-Vereins 1862, S. 17.
[3] Transactions of the Institution of Mining and Metallurgy **10**, 234. 1901.

Der Antrieb der Walzwerke kann in sehr verschiedener Weise erfolgen. Man zählt davon etwa 11 Ausführungsformen, die alle zu beschreiben hier nicht der Ort ist. Allgemein sei nur bemerkt, daß man schnellaufende, feinschrotende Walzen unmittelbar mit Riemen, langsam laufende, grobschrotende Walzen mit Riemen und Zahnrädern antreibt. Vielfach erhalten die Walzen eines Paares Differentialgeschwindigkeit, um außer der reinen Druck- noch etwas abscherende (Mahl-) Wirkung hervorzubringen. Auch trifft man Walzwerke, wo nur eine der beiden Walzen angetrieben wird, die die andere von dem Augenblick an mitnimmt — schleppt —, wo dem Walzwerk Material zugeführt wird. Diese Schleppwalzwerke eignen sich aber nur für feinkörniges Gut, während grobstückiges Gut unter allen Umständen zwangläufigen Antrieb beider Walzen verlangt.

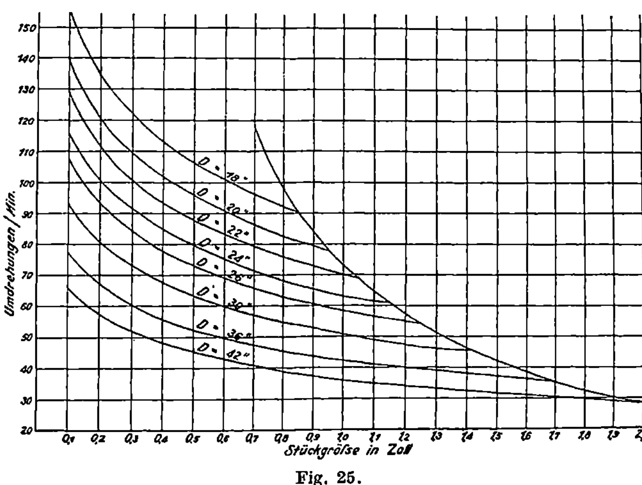

Fig. 25.

Die theoretische Stundenleistung eines Walzwerkes berechnet sich zu

$$C_{\mathrm{cbm}} = 3600 \cdot v \cdot w \cdot s,$$

worin v die Umfangsgeschwindigkeit i. d. Sekunde, w die Walzenbreite und s die Spaltweite — alles in Metern — bedeuten. Die wirkliche Leistung ist aber viel geringer und bei grobschrotenden Walzen nur mit etwa $1/4$ bis $1/3$, bei feinschrotenden mit etwa $1/2$ bis $3/4$ der theoretischen zu bewerten, da das Aufschüttgut dem Walzwerk niemals in einem vollkommen gleichmäßigen Strome zugeführt wird und der Müller die Aufgabevorrichtung stets etwas unterhalb der Grenze ihrer Beschickungsfähigkeit hält, um der Überfüllung und Verstopfung des Walzwerkes mit Sicherheit vorzubeugen.

Der Kraftverbrauch eines Walzwerkes ist von der Härte und Zähigkeit des Aufschüttgutes, ferner von der Leistung und dem Verkleinerungsgrad abhängig. Allgemeine Angaben lassen sich über diesen Punkt nicht machen; die Praxis rechnet hier durchweg mit Erfahrungssätzen, wie z. B.:

Mit 1 PS werden   900 kg-St Kalkstein grob geschrotet,
„ 1 „   „   600   „   Zementklinker grob geschrotet,
„ 1 „   „   1000   „   Sylvinit fein geschrotet usw.

Einige weitere Angaben über den Kraftverbrauch von Walzwerken findet man in der Zusammenstellung der Ergebnisse der *v. Reytt*schen Versuche (siehe Tabelle S. 6 u. 7). —

Nach dieser allgemeinen Betrachtung über das Wesen und die Wirkungsweise der Walzwerke soll nunmehr zur Beschreibung einiger typischer Konstruktionen übergegangen werden.

Das durch die Fig. 26 bis 28 dargestellte Walzwerk, Bauart des *Eisenwerkes (vorm. Nagel & Kaemp)*, Hamburg, besteht aus der Festwalze a und der Loswalze b, von denen die erstere mittels Riemscheibe p und den beiden Zahnrädern q und r angetrieben, die letztere mitnimmt, wenn der Apparat beschickt wird. Bei Leerlauf steht die Walze b still. Die Maschine ist also ein Schleppwalzwerk.

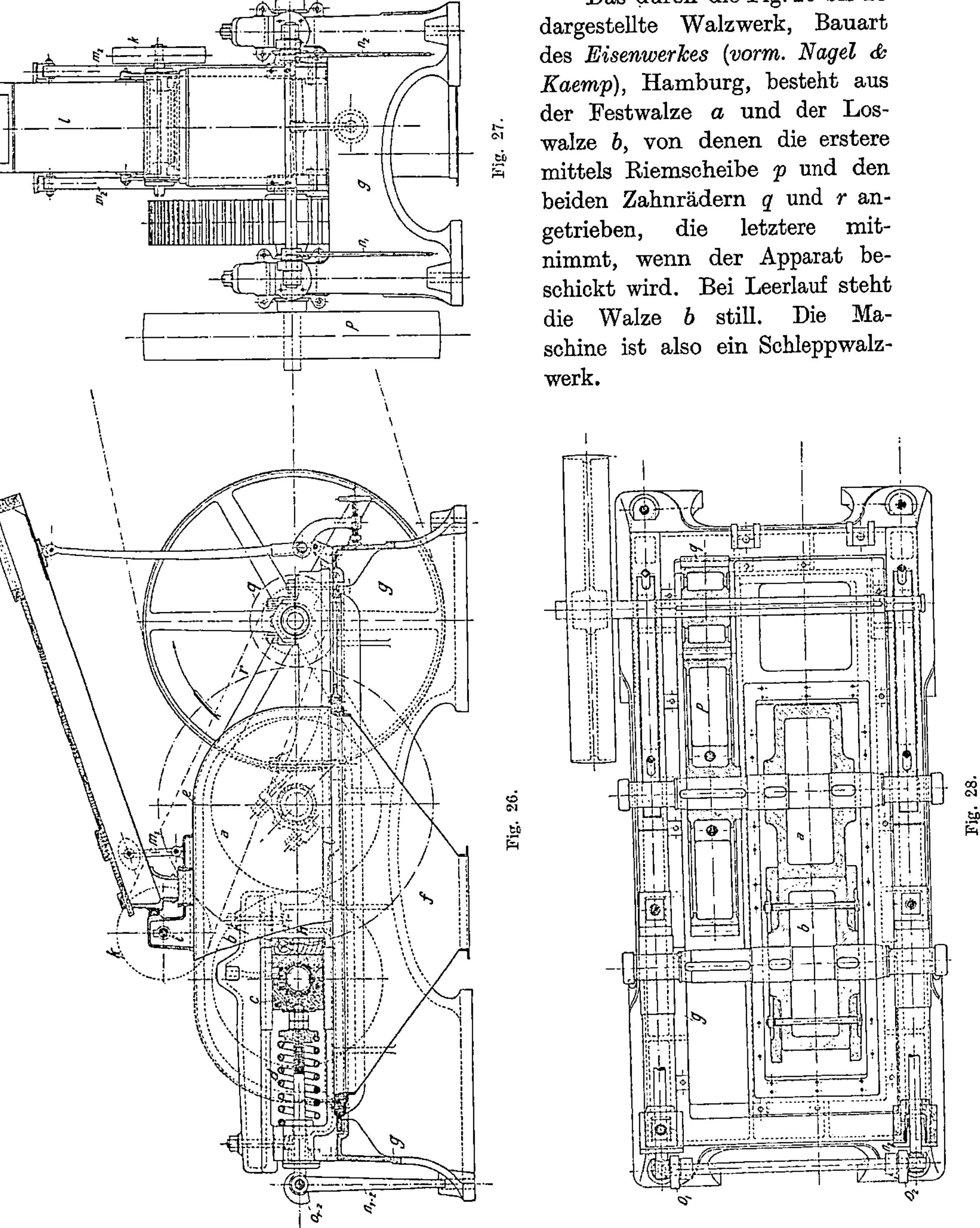

Fig. 26.   Fig. 27.   Fig. 28.

Die Achse der Loswalze ist in zwei Gleitlagern c gelagert und steht unter dem Druck der beiden Spiralfedern d mit regelbarer Spannung ($2^1/_2$ bis 6 t). Um im Falle der Gefahr die Loswalze rasch zurückziehen zu können, sind die Federspindeln an eine kleine Welle angelenkt, auf der die beiden unrunden Scheiben o_1, o_2 und die beiden Handhebel n_1, n_2 sitzen. Durch das Umschlagen der letzteren stemmen sich die Scheiben o_1, o_2 gegen den Rahmen g, wodurch das Herausziehen der Federspindeln und damit auch der Loswalze

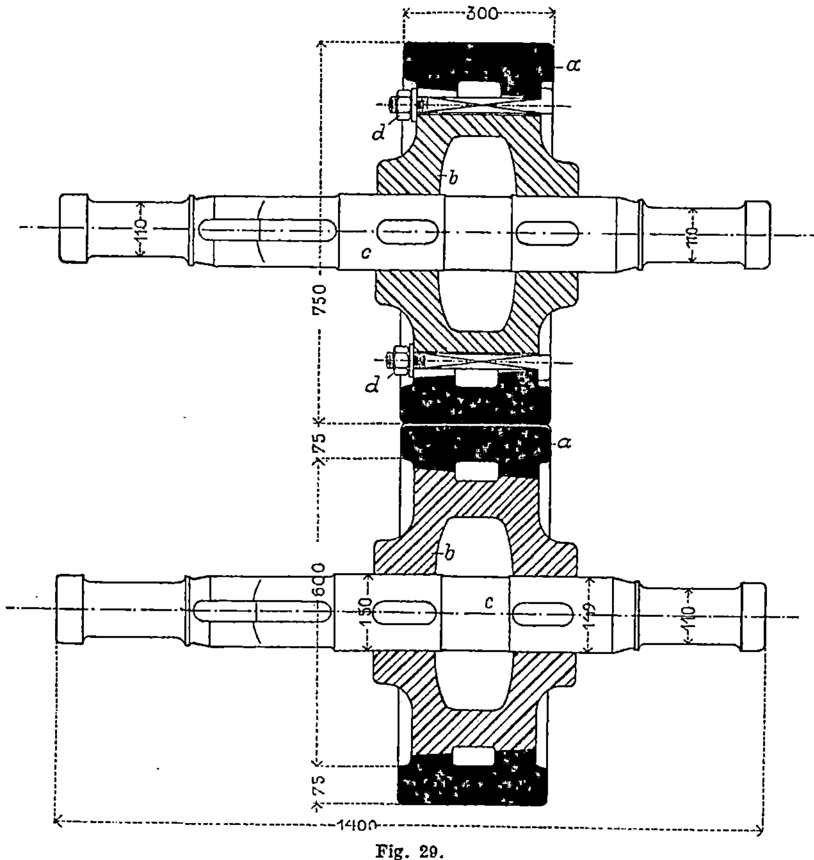

Fig. 29.

nach außen hin bewirkt wird. Zwischen die Gleitlager und deren Rahmen sind die Holzklötze h eingelegt, die als elastische Puffer dienen und die Stoßerscheinungen mildern. Die Spaltweite wird durch leicht auswechselbare Beilagen geregelt.

Die Beschickungsvorrichtung besteht aus dem Schuh t, der auf Holzfedern m_1, m_2 ruht und durch die von der Vorgelegewelle aus getriebene Welle i mit Riemscheibe k und einem Dreischlag in rüttelnde Bewegung versetzt wird. Der Schuh mündet in einen Einlaufstutzen auf dem Blechgehäuse e, das sich nach unten zu zu dem Auslauftrichter f zusammenzieht.

Das Ganze wird von einem starken gußeisernen Bett (Rahmen) *g* getragen, der sehr gefällige äußere Formen aufweist.

Die Walzen selbst sind aus einem Stück in der Schale gegossen und auf die Achsen hydraulisch aufgepreßt. Sie sind, je nach der Verwendungsart, am Umfange entweder beide glatt oder beide mit Längsriffeln zum besseren Einziehen des Gutes versehen, oder endlich ist die eine Walze glatt und die andere geriffelt.

Das Material, aus dem die Walzen hergestellt sind, muß natürlich eine hohe Festigkeit und noch größere Härte besitzen, um der Abnutzung möglichst lange widerstehen zu können. Ist diese bis zu einem gewissen Grade vorgeschritten, so wandern die Walzen ins alte Eisen. Um nun in diesem Falle nicht den ganzen Walzenkörper fortgeben zu müssen, ist es notwendig, die Walzen nicht aus einem Stück anzufertigen, sondern sie mit leicht auswechselbaren Bandagen zu versehen, die bei Bedarf durch neue ersetzt werden können, ohne daß man es nötig hätte, den Walzenkörper von den Achsen abzuziehen — was ohnehin eine äußerst schwierige Aufgabe ist.

Eine solche verbesserte Bauart ist durch Fig. 29 veranschaulicht. Die aus gewöhnlichem Grauguß bestehenden Walzenkörper *b* sind wie üblich auf die Achsen *c* hydraulisch aufgepreßt und außen schwach konisch abgedreht. Auf diese konischen Flächen werden die Bandagen *a* aufgezogen und durch je 4 starke Hakenschrauben gesichert.

Als Material zu den Bandagen verwendet man Hartguß oder Hartstahl (Mangan- oder Chrom- oder Nickelstahl), der dem ersteren, obzwar teurer in der Anschaffung, doch deswegen vorzuziehen ist, weil er auch im abgenutzten Zustande noch einen gewissen Materialwert besitzt und von den Werken zu einem angemessenen Preise zurückgekauft wird.

Eine sehr praktische Lösung der Bandagenbefestigungsfrage zeigt das in Fig. 30 und 31 dargestellte **Humphrey - Walzwerk** der *Colorado Iron Works*[1]. Die Walzen bestehen hier aus dem gußeisernen Walzenkörper *h*, der auf der Achse fest aufgekeilt ist, der Hartguß- oder Stahlbandage *s* und den beiden Ringen *r*, deren Auflageflächen auf der Bandage und dem Walzenkörper schwach konisch abgedreht sind. Durch strammes Anziehen der Bolzen *b* wird eine sichere Verbindung der vier Teile *h, r, r* und *s* erreicht, dabei aber doch deren leichte Lösbarkeit gewahrt, die im Bedarfsfalle das bequeme Auswechseln der Bandagen ermöglicht.

Die Achszapfen der Walzen sind in langen, auf der Außenseite durch die Büchsen *t* abgedichteten Lagern geführt. Die Lagerdeckel *c* sind als Schellen ausgebildet, die mittels der Keile *k* nachgezogen werden können. Eigenartig ist auch die Lagerung der losen Walze in den Blöcken *p*, die um eine gemeinschaftliche, durch Keil und Gegenkeil in ihrer Höhenlage verstellbare, in den Büchsen *n* gelagerte Welle *m* schwingen und an ihrem oberen Ende durch die Spiralfedern *d* angepreßt werden. Die Federspindel ist mit dem Zapfen *h* durch den Bolzen *g* gelenkig verbunden und kann mittels des

---

[1] *Colorado Iron Works*, Denver, Col.: Prospekt über Humphrey-Walzwerke.

bei *a* angreifenden Handhebels *i* bis *l* zurückgezogen werden, falls die Walzen auseinandergerückt werden sollen, wobei die Strebe *x* als Ausschlagbegrenzung dient. Die mit Differentialgeschwindigkeit laufenden Walzen sind in einem

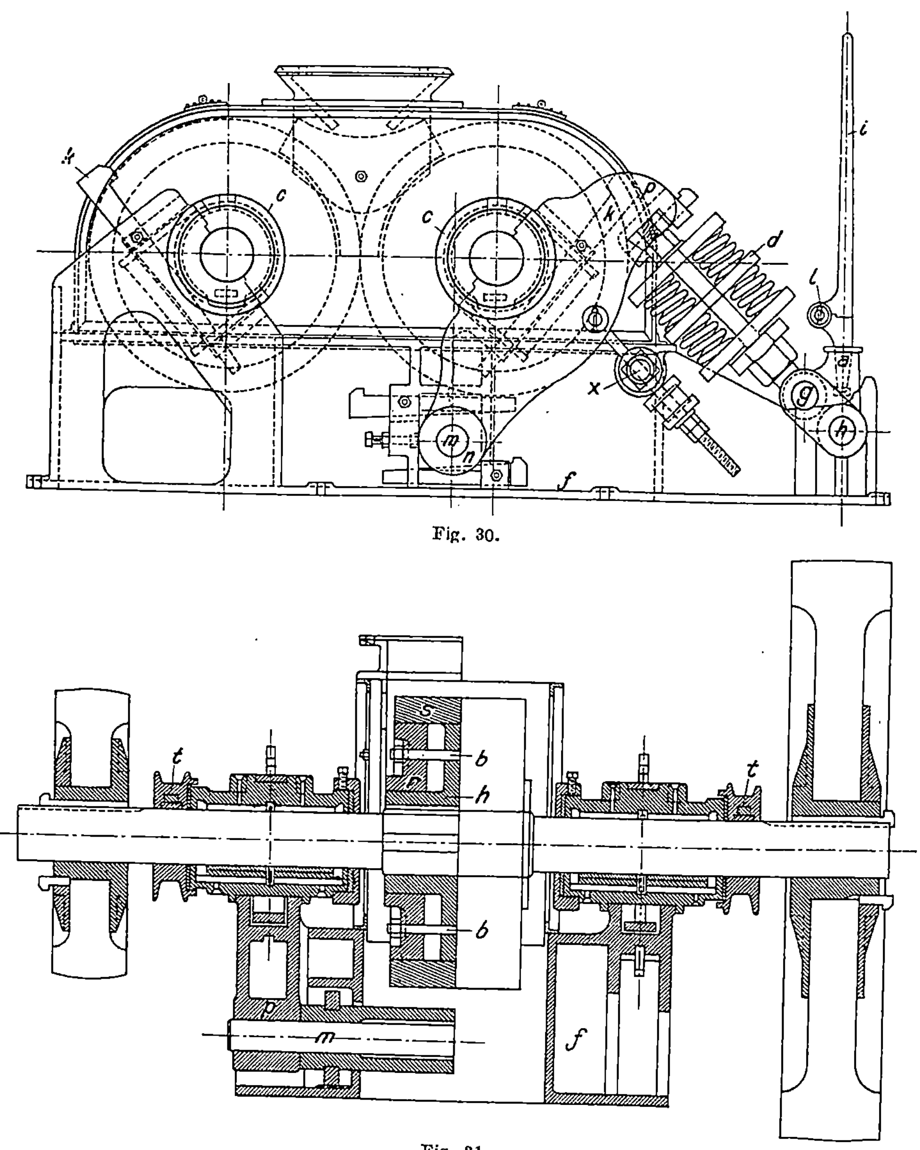

Fig. 30.

Fig. 31.

starken Eisenblechgehäuse eingeschlossen, das mit dem schweren gußeisernen Bett *f* fest verbunden ist.

Abweichend von der als normal anzusehenden Bauart, wonach die eine Walze starr, die andere federnd gelagert ist, erscheint das Walzwerk der

Sturtevant Mill Company[1], bei dem beide Walzenachsen unter Federandruck gehalten werden. Diese Anordnung bezweckt einesteils ein stoßfreies Arbeiten des Walzwerkes, andernteils eine Vereinfachung der ganzen Konstruktion.

Das Bett p (siehe Fig. 32) dieser Maschine ist in einem Stück gegossen; in den entsprechenden Aussparungen seiner Seitenwangen sind die vier Schublager b untergebracht, die mit ihren Schalen l die Achszapfen s der beiden Walzen nur zur Hälfte umfassen und auf den auswechselbaren Stahlplatten r gleiten. Jeder Achszapfen steht unter dem Andruck zweier kräftiger Spiralfedern, deren Spannung nicht regelbar ist. Durch Rückdrehen der Schrauben t können die Schublager entlastet und von den Achszapfen heruntergezogen werden. Die Walzenentfernung läßt sich durch die Schraubenspindel m einstellen, die mittels Schneckenrad w und Wurm n in Umdrehung versetzt wird. — Die ganze Anordnung ist äußerst gedrungen.

Die vorbeschriebenen drei Walzwerke dienen zum Schroten ausschließlich harter Gesteine, als Erze, Kalksteine, Rohphosphate u. dgl. Nicht selten

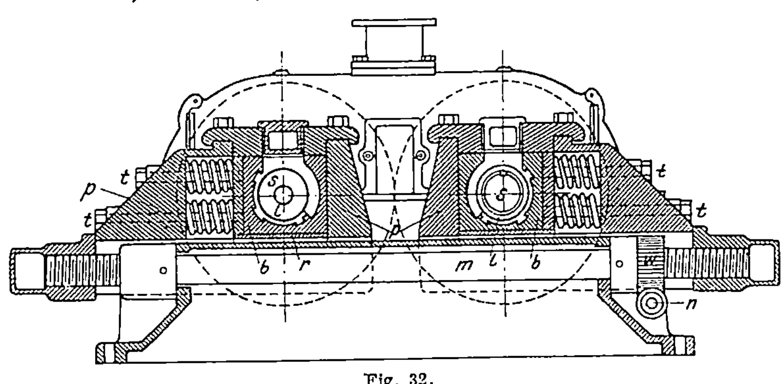

Fig. 32.

trifft man auch 2 bis 3 Walzenpaare in einem gemeinschaftlichen Rahmen übereinander angeordnet, wobei die obersten, meist gezahnten oder grobgeriffelten Walzen als Vorbrecher, die mittleren, feiner geriffelten als Grobschroter und die untersten, glatten Walzen als Feinschroter arbeiten. Dadurch wird nicht wenig an Raum gespart und die Zwischenhebewerke, die andernfalls für die Beförderung des Gutes vom ersten auf das zweite und von diesem auf das dritte Walzenpaar erforderlich wären, entfallen gänzlich. Die Anlage wird also übersichtlicher und billiger als wie bei Einzelaufstellung, ist aber nur für große Leistungen am Platze.

Handelt es sich um die grobe Schrotung weicherer, weniger widerstandsfähiger Stoffe, wie z. B. Ton, Mergel, Gips, Kohle u. dgl., so können die Walzwerke zufolge der niedrigeren Beanspruchung aller ihrer Teile weit leichter gebaut werden. Entsprechend dem schwächeren Federandruck (5000 kg und mehr bei schweren, gegenüber 1500 kg und darunter — bis zu 0 kg — bei leichten Walzwerken) sind die Achszapfen im Durchmesser kleiner, die Lagerschalen kürzer, die Antriebteile weniger wuchtig zu bemessen. Auch der

---

[1] *Sturtevant Mill Company,* Boston, Mass.; Katalog.

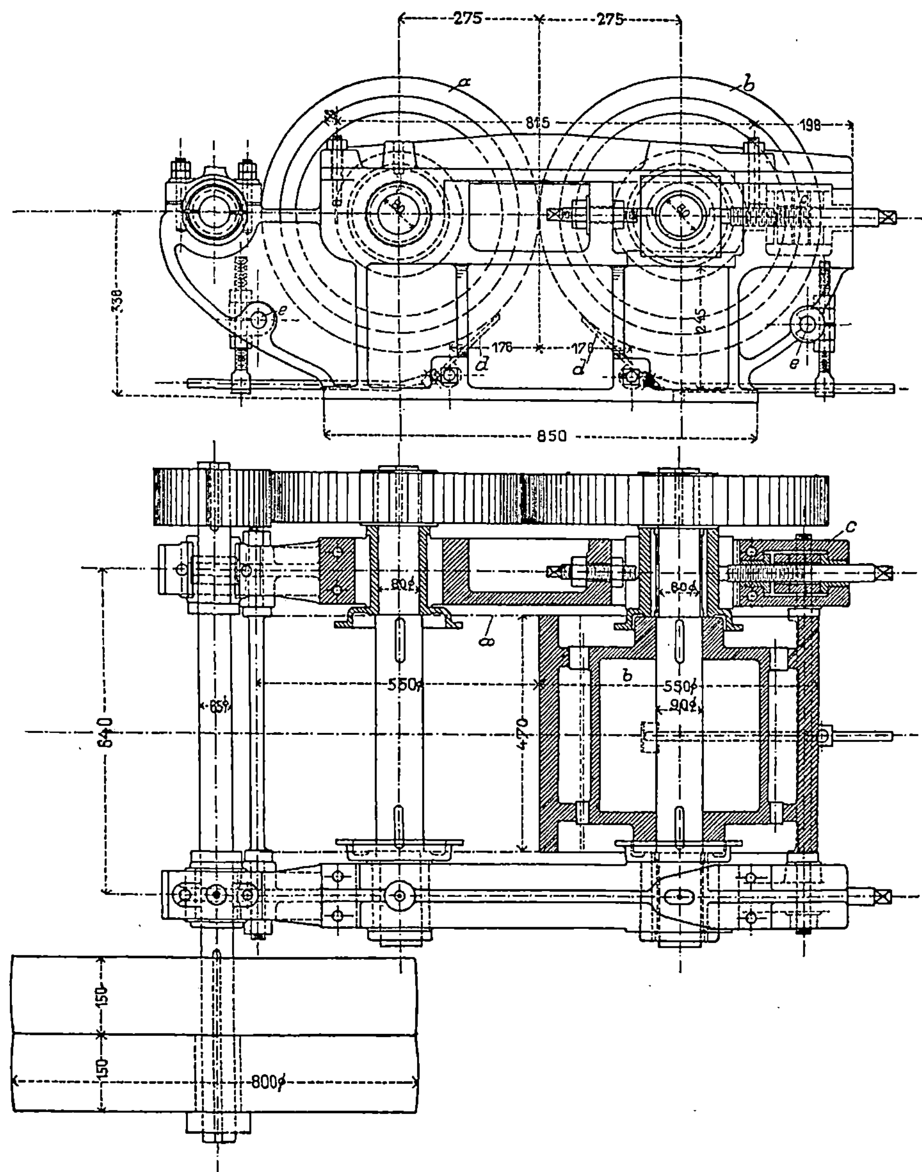

Fig. 33 u. 34.

Rahmen kann leichter, niedriger und unter Umständen auch zweiteilig, nur
mit Distanzbolzen zur Querverbindung der seitlichen Wangen des Bettes
ausgeführt werden.

Durch die Fig. 33 und 34 ist die vielfach verwendete Konstruktion eines
solchen leichten Tonwalzwerkes veranschaulicht. Es bedeutet dort: *a* und *b*

die bandagierten Walzen, wovon *a* starr, *b* beweglich und nachstellbar gelagert ist, *c* die Gummipuffer zum Abfangen und Mildern der auftretenden
Stöße und *d* die um die Bolzen *e* schwingenden Abstreicher, die den auf den
Walzenflächen anhaftenden Ton abschaben und so das Reinhalten der letzteren besorgen. Die Walzen arbeiten ohne jeglichen Federandruck, was
natürlich nur bei ganz weichem und leicht zerreiblichem Aufschüttgut zu-

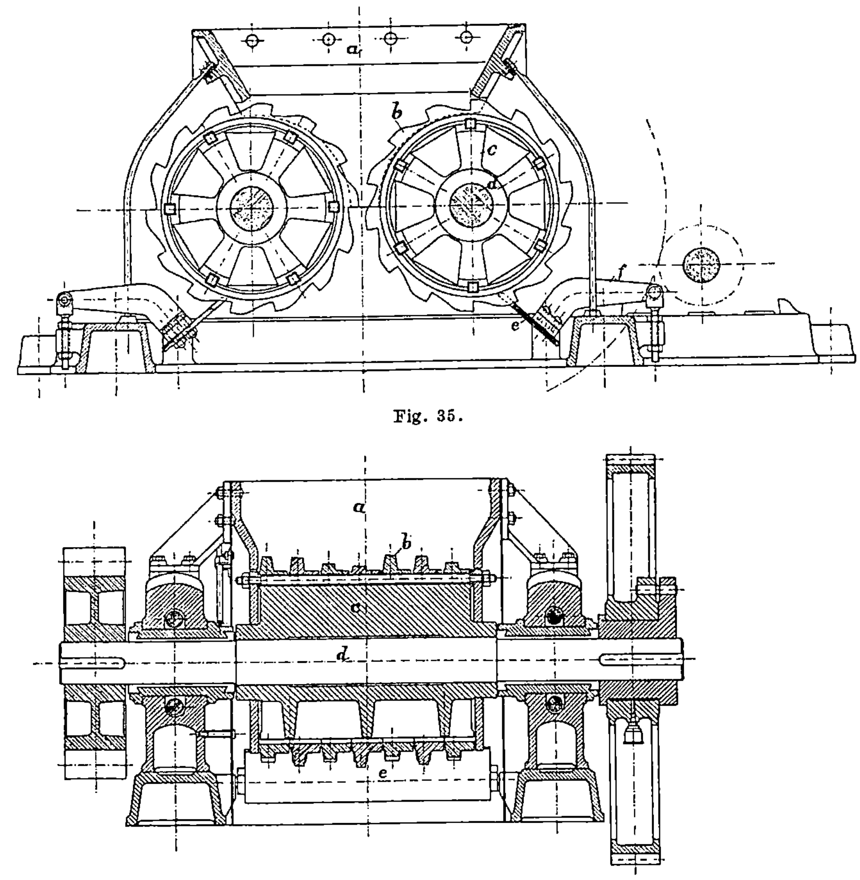

Fig. 35.

Fig. 36.

lässig ist. Der Antrieb erfolgt durch ein leichtes Riemscheiben- und Zahn-
rädervorgelege. Das Bett besteht aus zwei gußeisernen Seitenwangen, die
auf einem starken Holzrahmen oder auf einem gemauerten Fundamentsockel
aufgesetzt sind.

Von kräftigerer Konstruktion als das zuletzt beschriebene und daher
auch zur Verarbeitung härterer, aber spröder Stoffe geeignet, ist das Walzwerk Bauart *Amme, Giesecke & Konegen A.-G.* in Braunschweig (siehe Fig. 35
und 36). Bemerkenswert ist bei diesem vor allem seine Bandagierung, die
hier aus einzelnen gezahnten Stahl- oder Hartgußringen *b* besteht, welche

auf den gußeisernen Walzenkörper c aufgeschoben und mit diesem durch
.6 vierkantige, an den beiden Enden mit Gewinde versehenen Bolzen fest
verbunden werden. Diese Anordnung hat den Vorteil, daß bei ungleichmäßiger Abnutzung der Ringe nicht die ganze Bandage, sondern nur die
am meisten schadhaft gewordenen Ringe erneuert zu werden brauchen. —
Im übrigen ist die Einrichtung dieselbe wie bei den vorhergehenden Aus-
führungsbeispielen: a ist der Aufschüttrumpf, d bezeichnet die Walzenachse,
e, f sind die Abstreicher. Die Loswalze steht unter Federandruck und der
Antrieb erfolgt durch Zahnräder, von denen das erste (in Fig. 36 rechts)
auf der Walzenachse lose aufsitzt und letztere mittels der — von den Kegelbrechern her bekannten — Bajonettkupplung mitnimmt, die also hier wie
dort als Sicherheitsglied gegen Brüche zu dienen hat.

Wie in der Einleitung zu diesem Abschnitt bereits hervorgehoben und

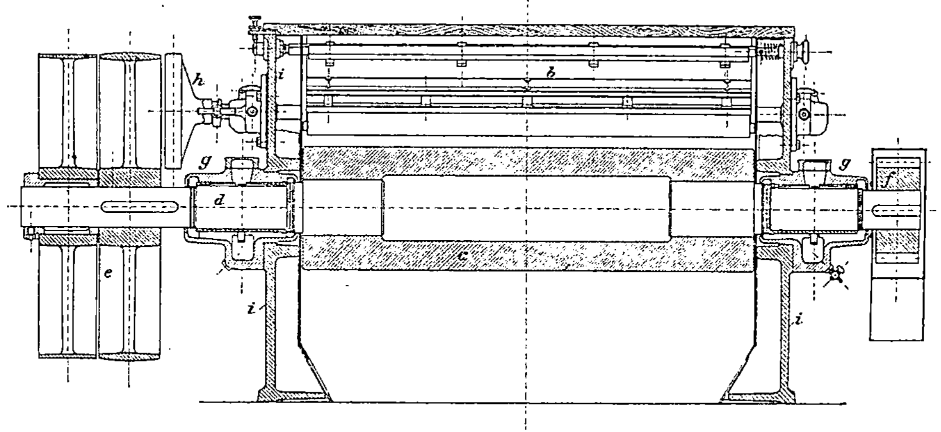

Fig. 37.

begründet, ist die Grenze zwischen grob- und feinschrotenden Maschinen
nicht immer genau zu ziehen. Dieses gilt hauptsächlich von den Walzwerken,
die eine von keiner anderen Zerkleinerungsvorrichtung erreichbare Anpassungs-
fähigkeit an die verschiedenartigsten Anforderungen des Betriebes besitzen.
Man kann mit Walzwerken vorbrechen — was jedoch nur selten geschieht —,
oder grob schroten — was als die hauptsächlichste Verwendungsart anzusehen
ist —, oder fein schroten oder endlich auch fein mahlen — letzteres allerdings
fast ausschließlich nur in der Weich- (Getreide-) Müllerei, dort aber auch in aus-
gedehntestem Maße. Als Feinschroter hat das Walzwerk — dann Walzenstuhl genannt — besonders auf einem großen Gebiete der Hartmüllerei:
der Kaliindustrie, eine hervorragende Bedeutung erlangt.

Ein solcher Walzenstuhl, in der Bauart *Amme, Giesecke & Konegen A.-G.*,
Braunschweig, ist in den Fig. 37 und 38 dargestellt. Die mit feinen, über die
Oberfläche in schraubenförmigen Windungen verlaufenden Riffeln versehenen Hartgußwalzen c sind auf je zwei Achsstummeln d fest und unverrückbar aufgezogen und laufen in langen, selbstschmierenden Ölkammer-

lagern *g*. Durch die aus Fig. 38 erkennbare Übereinanderlagerung der Walzen
wird bezweckt, an Breite zu sparen, ein bequemeres Abfühlen des Mahlpro-
duktes und ein leichteres Herausnehmen der Walzen zu ermöglichen, sowie
endlich eine größere Sicherheit gegen Unfälle beim Probenehmen zu bieten.
Das Gehäuse *i* ist aus einem Stück gegossen und an geeigneten Stellen mit
Klappen und Türen *k* zur Beobachtung des Zu- und Ablaufes versehen. Die
Zuführung des Mahlgutes wird von der Speisewalze *a* besorgt, die mittels
der Riemscheibe *h* von einer der Walzenachsen angetrieben wird. Zur Regelung
der Zulaufmenge dient der genau einstellbare Schieber *b*. Die Loswalze steht
unter regelbarem Federandruck; ihre Achszapfen laufen in Lagern, deren
Körper als Schwingbügel ausgebildet ist, der eine bequeme Einstellung der
Spaltweite mittels Schraube und Handrad — auch während des Betriebes —
gestattet. Auf dem einen Achszapfen der Festwalze sitzt die Fest- und Losscheibe *e*, auf dem anderen ein Zahn-
rad *f*, das die Bewegung auf das Zahnrad der Loswalze überträgt.

Bei den Feinschrotwalzwerken
der beschriebenen oder einer ähnlichen Bauart beträgt die Walzen-
länge stets ein Mehrfaches des Wal-
zendurchmessers. Letzterer braucht,
da das Aufschüttgut höchstens
Erbsengröße besitzt, nur klein (gewöhnlich 250 mm) zu sein, wogegen
man mit der Umfangsgeschwindigkeit bis zu 3 m/Sek. und darüber
geht. Diese Faktoren vereinigen
sich zu einer sehr beträchtlichen
Leistung (bis zu 40 t/St.), die in
der mit gewaltigen täglichen Er-

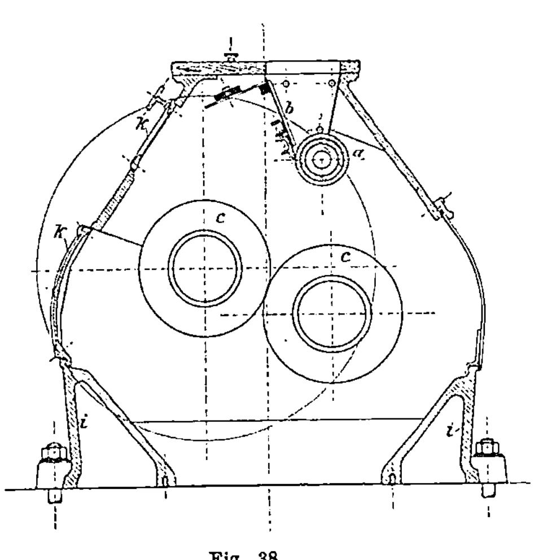

Fig. 38.

zeugungsmengen rechnenden Kaliindustrie nicht nur erwünscht, sondern im
Interesse der Vereinfachung der Mahlanlagen sogar geboten erscheint. —
In dem weiter unten folgenden Abschnitt, der von ausgeführten, vollständigen Anlagen handelt, wird auf diesen Gegenstand noch näher eingegangen werden.

Zum Schlusse dieses Kapitels müssen hier noch jene Zerkleinerungsvorrichtungen Erwähnung finden, die aus einer feststehenden, geriffelten
oder gezahnten Brechwand bestehen, gegen die ein Walzenpaar oder auch
nur eine einzelne gezahnte oder mit Stacheln, Dornen, Knaggen u. dgl. bewehrte Walze arbeitet. Die Brechwand darf als ein kleines Segment einer
Walze von unendlich großem Durchmesser angesehen werden, so daß die
Einreihung dieser Apparate, die ausschließlich zum groben Schroten leicht
zerbrechlicher Stoffe wie: Knochen, Kohle, Koks u. dgl. verwendet werden,
unter dem Titel „Walzwerke" als gerechtfertigt anzusehen ist.

Der durch die Fig. 39 und 40 veranschaulichte Koks- und Kohlenbrecher,

Bauart der *Alpinen Maschinenfabrik-Ges.* in Augsburg, ist für Handbetrieb eingerichtet, kann aber auch mechanischen Antrieb erhalten. Der im Gestell o

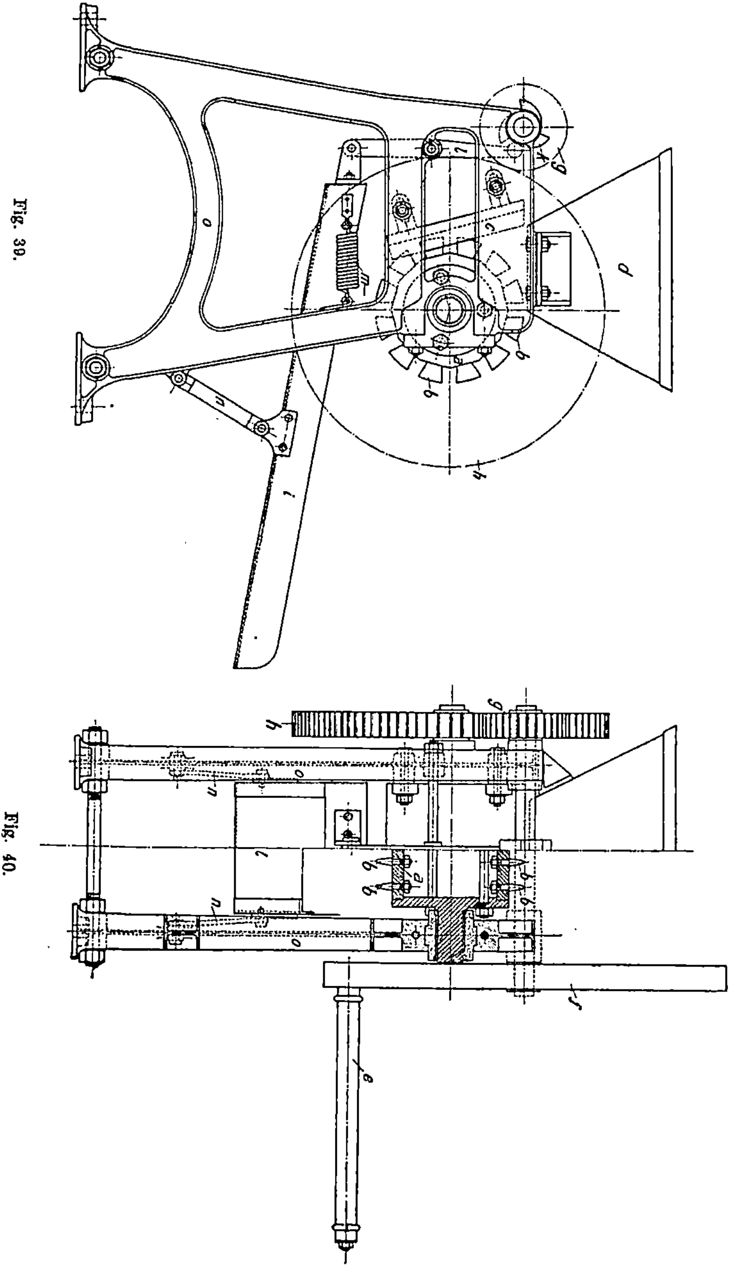

Fig. 39.

Fig. 40.

gelagerte Walzenkörper a ist an seinem Umfange mit einer großen Anzahl an der Oberfläche gehärteter Stahldorne b besetzt, die das dem Einschütt-

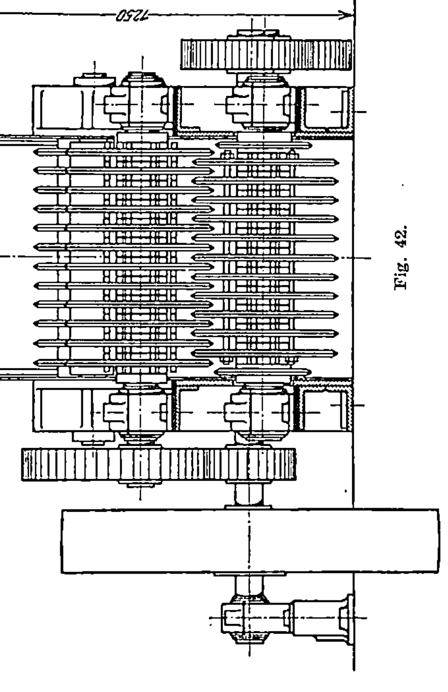

rumpf d entfallende Gut erfassen und durch Druck gegen die Platte c zerkleinern, die zwecks Ausgleichs der Abnutzung nachstellbar gemacht ist. Der Antrieb erfolgt von Hand mittels Kurbel e, Schwungrad f und den beiden Zahnrädern g und h. Ein auf der Vorgelegewelle sitzender Dreischlag k setzt mittels des Hebels l und der Spiralfeder m die von den Gelenkstützen n getragene Rinne i in schüttelnde Bewegung, zwecks gleichmäßiger Beschickung eines Becherwerkes oder einer sonstigen Fördervorrichtung, die das geschrotete Gut einem Silo oder Vorratkasten zuzuführen bestimmt ist.

Das **Doppelbrechwerk**, Bauart *Seltner*, hat die Aufgabe, Stückkohle auf etwa 70 mm Korngröße zu verkleinern. Es besteht[1] (siehe Fig. 41 bis 43) aus zwei übereinander angeordneten, zwischen kräftigen schmiedeeisernen Schildern eingebauten

[1] Zeitschr. d. Ver. d. Ing. J. 1916, S. 489.

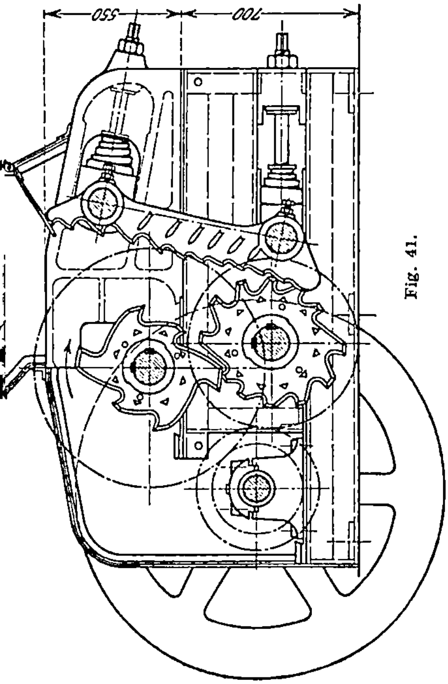

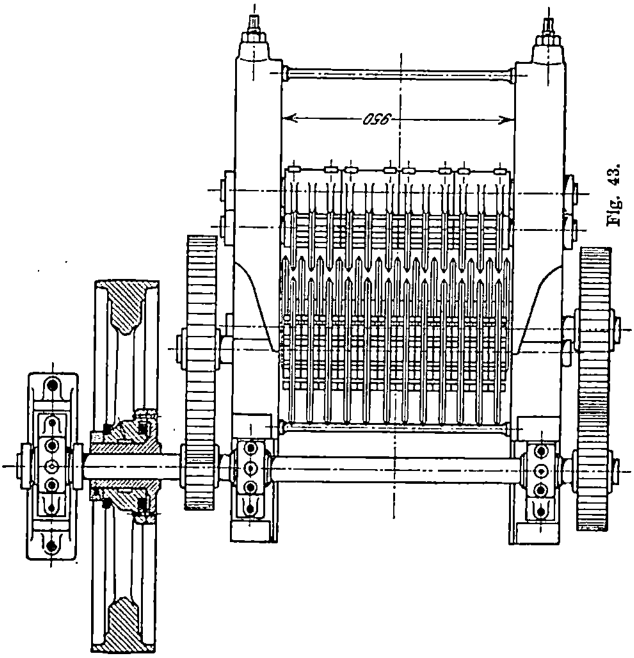

stählernen Messerwalzen von je 600 mm Durchmesser, deren einzelne Messerscheiben mit verschieden langen Schneidezähnen versehen sind, und einer schrägstehenden, federnd gelagerten Brechwand. Diese setzt sich gleichfalls aus mehreren mit gezahnten Schneiden versehenen Messern zusammen und kann mittels Schraubenspindeln verschoben werden, je nachdem eine größere oder kleinere obere Maulweite oder untere Spaltweite gewünscht wird. Den Antrieb der sich gegen die Brechwand drehenden Messerwalzen vermittelt je ein Stirnradgetriebe von einer Vorgelegewelle aus, welche die Schwungradriemenscheibe trägt. Die obere Brechwalze macht 48, die untere 95 Umdr./Min., während das Riemenscheibenschwungrad mit 130 Umdr./Min. läuft. Letzteres ist mit einer Bruchsicherungsnabe versehen.

Das oben in die Maschine eingetragene Gut wird zwischen den Messerwalzen und der schrägstehenden Brechwand einer stufenförmigen Zerkleinerung unterworfen. Das mitaufgegebene Kleingut fällt dabei zwischen den Messern durch und kann daher eine schädliche Weiterzerkleinerung nicht erleiden. Da die am Umfang der Messerwalzen angeordneten Schneidezähne verschieden lang sind, entsteht zwischen Walze und Brechwand ein abwechselnd größerer und kleinerer Abstand, also eine dem gewöhnlichen Backenbrecher ähnliche hin- und hergehende Bewegung, wobei zugleich eine schneidende und das Brechgut durchziehende Zerkleinerungsarbeit ausgeübt wird, ohne daß ein Verlegen der Maschine oder der Messerzwischenräume stattfinden könnte. Dies wird übrigens auch dadurch vermieden, daß die beiden Messerwalzen sehr weit ineinander eingreifen. Ein Nichtfassen und Steckenbleiben von großen Stücken ist bei dieser Maschine vollkommen ausgeschlossen. Es werden selbst die größten und zähesten Stücke sicher gefaßt und von der oberen Messerwalze schneidend vorzerkleinert, hierauf der unteren Messerwalze zugeführt und von dieser schließlich gekörnt, wobei nur sehr wenig Feinkohle entsteht.

Der Kraftbedarf des Brechwerks ist, wie leicht erklärlich, trotz der großen Stundenleistung — 60 t —, sehr gering, da es gewissermaßen fortlaufend arbeitet und kleine Schwankungen in der Beanspruchung, hervorgerufen durch ungleiche Beschickung oder durch verschieden hartes Brechgut, von der reichlich bemessenen Schwungradriemenscheibe ausgeglichen werden.

Das *Seltner*sche Brechwerk, das von der *Maschinenbau A.-G. Breitfeld und Daněk*, Schlan, gebaut wird, ist auch zur Zerkleinerung von zäher holzreicher Lignitkohle geeignet.

b) Brechschnecken.

Die Brechschnecke oder Schraubenmühle ist eine Erfindung des amerikanischen Mühlenbauers *Olivier Evans*[1], welcher sie schon Ende des acht-

---

[1] *Heusinger v. Waldegg:* Der Gipsbrenner. Leipzig 1863.

zehnten Jahrhunderts zur Zerkleinerung von Rohgips gebrauchte, der damals noch in ausgedehntem Maße zu Düngezwecken benutzt wurde. Die *Evans*sche Maschine bestand aus einer gewöhnlichen, flachkantigen eisernen Schraube von sehr großer Steigung, die sich mit erheblicher Geschwindigkeit in einem Trog drehte, dessen Boden aus Roststäben gebildet war, durch deren Spalten das Aufschüttgut hindurchgedrückt wurde. *Baratt* und *Bouvet* haben die Konstruktion dahin verändert, daß sie anstatt der *Evans*schen zweigängigen Schraube mit einsinnigem Gewinde eine mehrgängige Schraube mit rechtem und linkem Gewinde anwendeten.

Seitdem ist diese Zerkleinerungsvorrichtung grundsätzlich unverändert geblieben, dabei aber natürlich in allen Einzelheiten — namentlich jedoch in bezug auf das Konstruktionsmaterial — wesentlich verbessert und vervollkommnet worden. Eine zeitgemäße Ausführungsform, Bauart *Friedr. Krupp-Grusonwerk*, Magdeburg, zeigen die Fig 44 und 45, worin *b* die auf

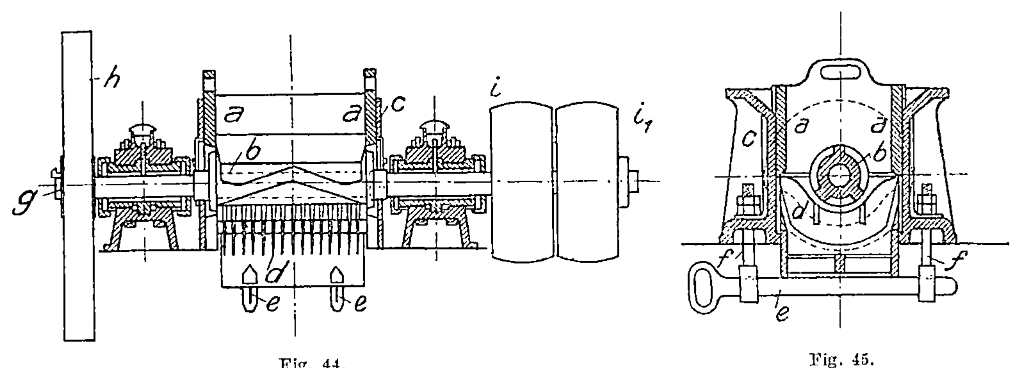

Fig. 44.　　　　　　　　　　　Fig. 45.

der Welle *g* warm aufgezogene Hartguß-Brechschnecke, *c* das mit Hartgußplatten *a* ausgepanzerte Gehäuse und *d* den Rost bedeutet, dessen einzelne Stäbe am vorteilhaftesten aus Gußstahl — (Hartguß ist wegen der stets vorhandenen Bruchgefahr an dieser Stelle nicht zu empfehlen) — bestehen. Der Wirkung der Abnutzung der Roststäbe kann durch die Nachstellvorrichtung *e*, *f* begegnet werden. Die Welle *g* läuft in langen, gegen das Eindringen von Staub abgedichteten Lagern und trägt auf der einen Seite Fest- und Losscheibe i, i_1, auf der anderen Seite das Schwungrad *h*, das die vorkommenden Schwankungen im Kraftbedarf ausgleicht und einen ruhigen Gang der Maschine herbeiführt.

Die Brechschnecke wirkt bei der Zerkleinerung in der Hauptsache abscherend, sie ist daher mit Vorteil nur für weichere und mittelharte Stoffe (Gips, Kohle, weichere Mergel, Schwerspat u. dgl.) verwendbar, da andernfalls die Abnutzung der arbeitenden Teile zu groß und unwirtschaftlich ausfallen würde. Zur Zerkleinerung feuchter, schmierender Materialien ist sie aus naheliegenden Gründen überhaupt untauglich.

Die Abmessungen der Brechschnecken bewegen sich in folgenden Grenzen: für den Durchmesser 180 bis 300, für die Länge 400 bis 900 mm. Die Umdrehungszahl beträgt von 180 bis 600 in der Minute. Die Brechschnecke zerkleinert das Aufschüttgut, das ihr in etwa Faustgröße aufgegeben wird, bis auf etwa Bohnengröße, und leistet stündlich — bei einem Kraftbedarf von 3 bis 10 PS — je nach ihrer Größe und Spaltweite von 2000 bis 7500 kg.

c) Kollergänge.

Kollergänge sind Zerkleinerungsvorrichtungen, bei denen senkrecht auf eine Bodenplatte — die Mahlbahn — gestellte, walzenförmige Körper — die Läufer — sich um eine wagerechte Achse drehen, das auf die Mahlbahn aufgegebene Gut erfassen und dieses durch die Einwirkung ihres Gewichtes zertrümmern. Das genügend zerkleinerte Gut fällt durch an einer oder zwei Stellen oder auch am ganzen Umfang der Mahlbahn angebrachte Siebroste hindurch, während das noch nicht hinreichend zerkleinerte mittels eines Scharrwerkes nochmals vor die Läufer gebracht und erneuter Bearbeitung unterzogen wird.

Man unterscheidet hierbei zweierlei Ausführungsformen:

α) Kollergänge, bei denen die Läufer mit der senkrechten Achse — oder Königswelle — fest oder gelenkig verbunden sind und von dieser im Kreise auf der feststehenden Mahlbahn herumgeführt werden, also eine Doppelbewegung ausführen, und

β) Kollergänge, bei denen die Läufer sich nur um eine wagerechte Achse, ohne weitere Ortsveränderung, drehen, während die mit der Königswelle fest verbundene Mahlbahn gleichzeitig eine kreisende Bewegung vollführt.

Im einen wie im anderen Falle findet zwischen Läufer und Mahlbahn außer der rein rollenden Bewegung in der Mitte eine stark gleitende Bewegung an den Rändern der Läufer statt, wodurch das Gut nicht nur unter dem bedeutenden Gewicht der Läufer zerdrückt, sondern auch zerrieben und — bei faseriger Beschaffenheit — zerrissen wird. Außerdem tritt eine ganz erhebliche Mischwirkung auf.

Eine rein rollende Bewegung würde nur ein kegelförmiger Läufer vollführen können, dessen äußerer Durchmesser sich zum inneren verhalten müßte wie der große Bahndurchmesser zum kleinen.

Über die Größe des durch die zylindrische Gestalt des Läufers hervorgerufenen Gleitwiderstandes kann man sich durch folgende Überlegung[1] ein Bild verschaffen.

Bezeichnet in Fig. 46 r_a den Halbmesser der äußeren, r_i jenen der inneren und r_m jenen der mittleren Kollerbahn, n die Anzahl der Umläufe in der Minute, so sind die zugehörigen Sekundengeschwindigkeiten:

---

[1] *M. Rühlmann:* Allgemeine Maschinenlehre **2**, 375. Leipzig 1876.

$$v_a = \frac{2\,r_a \cdot \pi \cdot n}{60}, \qquad v_i = \frac{2\,r_i \cdot \pi \cdot n}{60}, \qquad v_m = \frac{2\,r_m \cdot \pi \cdot n}{60}.$$

Ist z. B. die Läuferbreite $b = 0{,}38$ m und steht die innere Seitenkante um 0,32 m vom Drehachsenmittel ab, so ergibt sich für $r_a = 0{,}7$ m, $r_m = 0{,}51$ m und $r_i = 0{,}32$ m,

$$v_i = 0{,}368 \text{ m}, \quad v_a = 0{,}806 \text{ m}$$

und

$$v_m = 0{,}587 \text{ m}.$$

Die Geschwindigkeit des äußeren Randes ist also gegen die Mitte zu groß um

$$v_a - v_m = 0{,}806 - 0{,}587 = 0{,}219 \text{ m}.$$

Dagegen ist die Geschwindigkeit des inneren Randes gegen die Mitte zu klein um

$$v_m - v_i = 0{,}587 - 0{,}368 = 0{,}219 \text{ m}.$$

Es muß daher der äußere Läuferrand gleitend zurückbewegt werden um den Weg

$$w_a = 2\,\pi \cdot n \cdot (r_a - r_m),$$

oder, da

$$r_a = r_m + \frac{b}{2} \text{ ist, um } w = \pi_a \cdot n \cdot b.$$

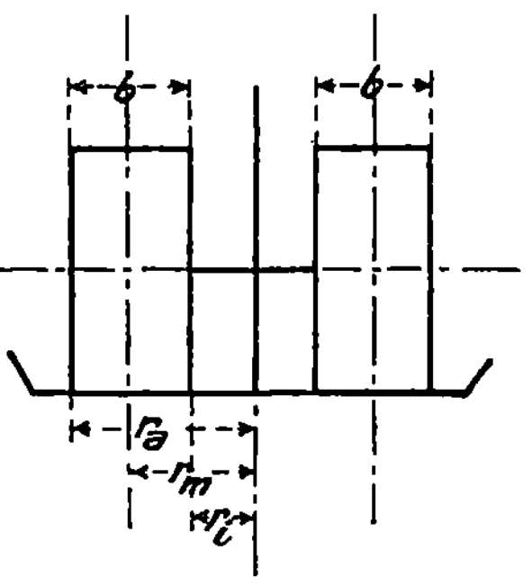

Fig. 46.

Um ebensoviel ist aber, während derselben Zeit, der innere Läuferrand gleitend vorwärts zu bringen,

so daß der mittlere Wert dieser Wege $\dfrac{\pi \cdot n \cdot b}{2}$ ist. — Bezeichnet daher K die Kraft, welche lediglich zum Überwinden des Gleitens eines Läufers vom Gewichte Q aufzuwenden ist, und denkt man sich diese in der Entfernung r_m von der Drehachse wirksam, so ergibt sich — wenn μ den Koeffizienten der gleitenden Reibung bedeutet — die Gleichung:

$$K \cdot 2\,r_m \cdot \pi \cdot n = \mu \cdot Q \cdot \frac{\pi \cdot n \cdot b}{2} \quad \text{oder} \quad K = \frac{\mu \cdot b \cdot Q}{4\,r_m},$$

d. h. der besondere Widerstand, den das Gleiten hervorruft, wächst mit der Breite des Läufers und nimmt mit dem Bahndurchmesser ab.

Für den obigen besonderen Fall ist

$$K = \mu \cdot 0{,}186 \cdot Q,$$

oder, da hier $Q = 3750$ kg, und da ferner μ mit mindestens 0,34 anzunehmen ist[1],

$$K = 206 \text{ kg}.$$

---

[1] Hütte 1902, S. 203.

Die zur Überwindung des Gleitwiderstandes beider Läufer aufzuwendende
Arbeit berechnet sich somit zu

$$A = 2 \cdot K \cdot \frac{v_m}{75} = 3{,}22\,\text{PS}.$$

Diese Arbeit ist jedoch keineswegs immer als ein unnützer Aufwand anzusehen, im Gegenteil! Sie dient vielmehr öfter dazu, das Erzeugnis des
Kollerganges zu verbessern und in allen jenen Fällen hochwertiger zu gestalten, wo es sich um die Erzielung eines mehlhaltigen Produktes handelt,
das durch diese Eigenschaft eine gewisse Entlastung der auf den Kollergang
folgenden Feinmahlvorrichtung herbeiführt. Andererseits aber läßt sie ihn,

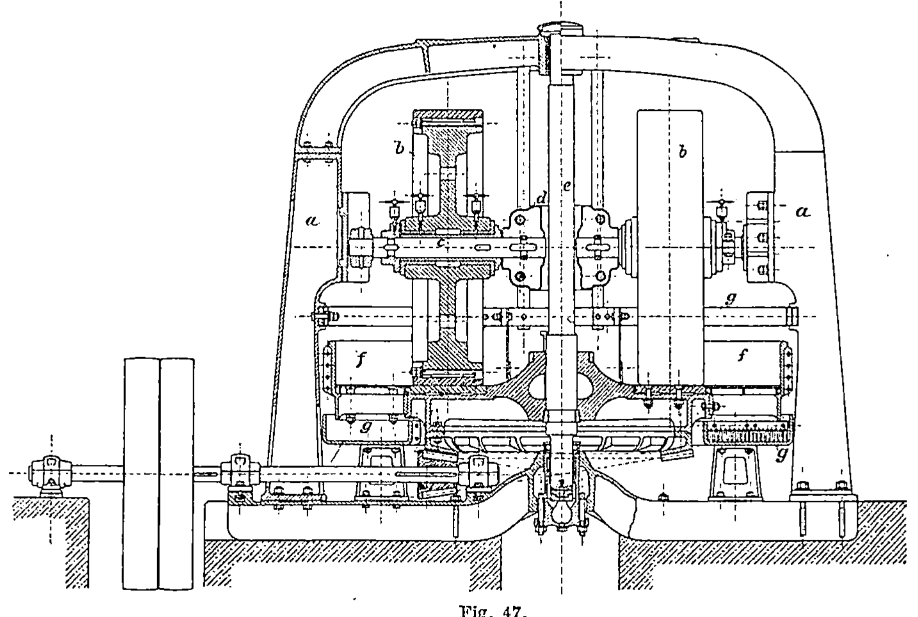

Fig. 47.

wenn die Erzeugung eines reinen, möglichst mehlfreien Schrotes gewünscht
wird, für diesen Zweck als gänzlich ungeeignet erscheinen und in einem solchen
Falle ist dem Kollergang ein Walzwerk mit gleicher Umfangsgeschwindigkeit
der Walzen unbedingt vorzuziehen.

Die der Kollergangarbeit anhaftende Eigenschaft der Mehlbildung hat
auch dazu geführt, ihn als Feinmahlapparat anzuwenden, doch ist seine
Leistungsfähigkeit in dieser Richtung, im Vergleich zu anderen Mühlen,
recht gering und sein Hauptanwendungsgebiet, auf dem er aber auch Vor-
zügliches leistet, wird stets die grobe Schrotung bleiben.

Der Kraftbedarf eines Kollerganges hängt von der Menge, Härte, Zähigkeit und Stückgröße des Aufschüttgutes sowie von der zu erzielenden Feinheit des Schrotes ab. Er schwankt zwischen $^1/_2$ PS bei den kleinsten Modellen
(500 mm Durchmesser, 125 mm Breite und 170 kg Gewicht eines Läufers)

bis zu 20 PS und darüber bei den größten Ausführungen (2000 mm Durchmesser, 500 mm Breite und 6500 kg Gewicht eines Läufers). Ebenso verschieden ist die Leistung, die von 200 bis 12 000 kg/St. beträgt.

Von den beiden weiter oben unter α) und β) gekennzeichneten Ausführungsformen des Kollerganges bietet die letztere gegenüber der ersteren einige wesentliche, grundsätzliche Vorteile, die darin bestehen, daß bei ihr 1. keine nachteiligen Fliehkräfte auftreten, 2. die Lagerung der Läufer einfach und sicher ist und 3. die Abführung des Erzeugnisses in bequemster Weise erfolgen kann. An den folgenden zwei Beispielen soll die zeitgemäße Bauart solcher Kollergänge mit umlaufender Mahlbahn gezeigt werden.

Der Kollergang, Bauart *Amme, Giesecke & Konegen A.-G.*, Braunschweig, besteht (siehe Fig. 47 und 48) aus zwei kräftigen Hohlgußständern a, die oben und unten durch je einen, zur Aufnahme des oberen Halslagers sowie des unteren Spurlagers der Königswelle e dienenden Querbalken verbunden sind. Die Läufer b, deren Naben mit langen Rotgußschalen ausgebuchst und gegen das Eindringen von Staub geschützt sind, drehen sich auf den Achsen c, zu deren Verbindung die zweiteilige Muffe d angeordnet ist. Letztere ist so konstruiert, daß sie die Königswelle e frei hindurchtreten läßt. An den äußeren Enden der Achsen c sitzen gußeiserne Schuhe, die in senkrechten, an die Ständer angeschraubten Führungen gleiten.

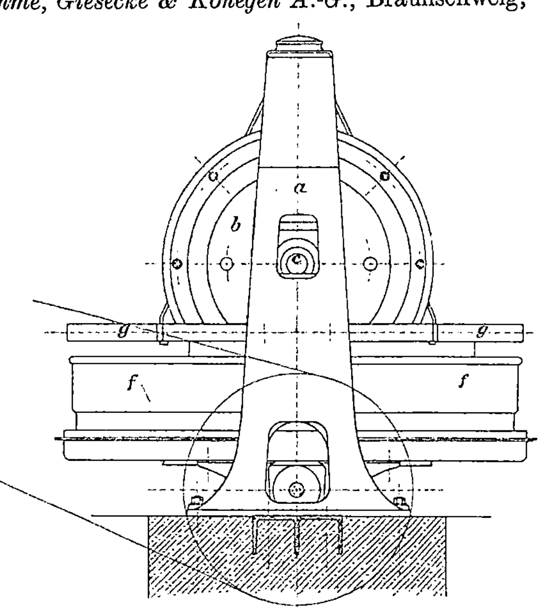

Fig. 48.

Der umlaufende, mit einem hohen Rand versehene Teller f ist unten mit einem Zahnkranz verbunden; er wird durch ein Vorgelege, bestehend aus der dreifach gelagerten Welle, Fest- und Losscheibe und Kegelgetriebe in Umdrehung versetzt. Die eigentliche Mahlbahn, auf der die abrollenden Läufer die Zerkleinerungsarbeit verrichten, ist aus einer Anzahl auswechselbarer Segmente aus Hartguß oder Hartstahl zusammengesetzt; sie ist von einem Siebkranz umgeben, der das durch die Sieböffnungen hindurchfallende zerkleinerte Gut an eine darunterliegende, feststehende, kreisförmige Rinne abgibt, wo es gesammelt und mittels eines sich mit der Mahlbahn drehenden Ausstreichers (Schabers) der an passender Stelle angebrachten Ausfallöffnung zugeführt wird. Das Scharrwerk, das das Aufschüttgut unter die Läufer sowie das vermahlene Gut auf den Siebkranz und endlich das nicht genügend

Geschrotete wieder zurück auf die Mahlbahn leitet, ist an dem starken schmiedeeisernen Ring *g* aufgehängt. Dieser ist sowohl mit den Seitenständern, als
auch mit dem oberen Querbalken fest verbunden.

Die gußeisernen Läufer sind bandagiert; die Hartguß- oder Hartstahl-
bandagen werden durch eine Anzahl Hakenschrauben mit dem Läuferkörper
fest verbunden, sind dabei aber leicht abzunehmen und im Bedarfsfalle bequem auswechselbar.

Eine von der vorigen in manchen Teilen erheblich abweichende Konstruktion zeigt der durch die Fig. 49 und 50 veranschaulichte Kollergang des
Eisenwerks (vorm. Nagel & Kaemp) A.-G., Hamburg. Das Gerüst dieser
Maschine erscheint hier aus Walzeisenträgern und starken Eisenblechplatten
(*i*, *k* und *q*) zusammengesetzt; es besitzt trotz seiner verhältnismäßigen
Leichtigkeit eine außerordentliche Steifigkeit und Standfestigkeit. Der Antrieb der Königswelle *d*, bestehend aus der Vorgelegewelle *h*, den Riemenscheiben (fest und los) *g*, *g* und dem Kegelräderpaar *e* und *f*, ist nach oben
verlegt und dadurch das Spurlager *o* der Königswelle von allen Seiten bequem zugänglich gemacht.

Die Läufer *a* drehen sich auf der gemeinschaftlichen Achse *b*, die zwecks
Freigehens der Königswelle in der Mitte durchgekröpft ist und die sich mit
den Schuhen *c* in seitlichen Gleitlagern führt. Die Naben der Läuferkörper
sind wieder — wie im vorhergehenden Beispiel — mit staubdichten Rotguß-
lagerbuchsen versehen. Eigenartig ist die Befestigung der Bandagen. Wie
aus Fig. 49 ersichtlich, ist der Läuferkörper am Umfange zweiseitig konisch
abgedreht; der dadurch entstehende ringförmige Spalt dient zur Aufnahme
von schmalen Holzkeilen, die eine ebenso solide als elastische Verbindung
zwischen Bandage und Läuferkörper herstellen.

Zu erwähnen bleibt noch, daß der umlaufende Teller *l* sowohl die aus
einzelnen und daher bequem auswechselbaren Segmenten zusammengesetzte
Mahlbahn als auch den Siebkranz und den Ausstreicher *m* trägt, und daß das
Scharrwerk *r* an dem mittleren Walzeisenrahmen *q* aufgehängt ist.

Kollergänge mit feststehender Mahlbahn und um die Königswelle kreisenden, gleichzeitig aber auch um eine wagerechte Achse sich drehenden Läufern,
stellen die ältere der beiden oben gekennzeichneten Bauarten dar. Bei den
frühesten Ausführungen dieser Art waren die Läufer mit der Königswelle
derart verbunden, daß die gemeinschaftliche Achse der ersteren durch einen
Schlitz der letzteren hindurchtrat, was bei ungleichmäßiger Beschickung ein
Schiefstellen der Läufer, deren ungleichmäßige Abnützung und einen un-
ruhigen, stoßenden Gang der Maschine zur Folge hatte. Einen ganz wesentlichen Fortschritt bedeutete es daher, als man dazu überging, jeden Läufer
auf eine besondere Achse zu setzen und diese mit der Königswelle gelenkig
— kurbelartig — zu verbinden. Dadurch wurde erreicht, daß jeder Läufer
sich unabhängig von dem anderen heben und senken konnte, wobei er stets
parallel zur Mahlbahn blieb. Das Schiefstellen war dadurch unmöglich gemacht, die Abnützung wurde gleichmäßiger, der Gang ruhiger und die Leistung
höher.

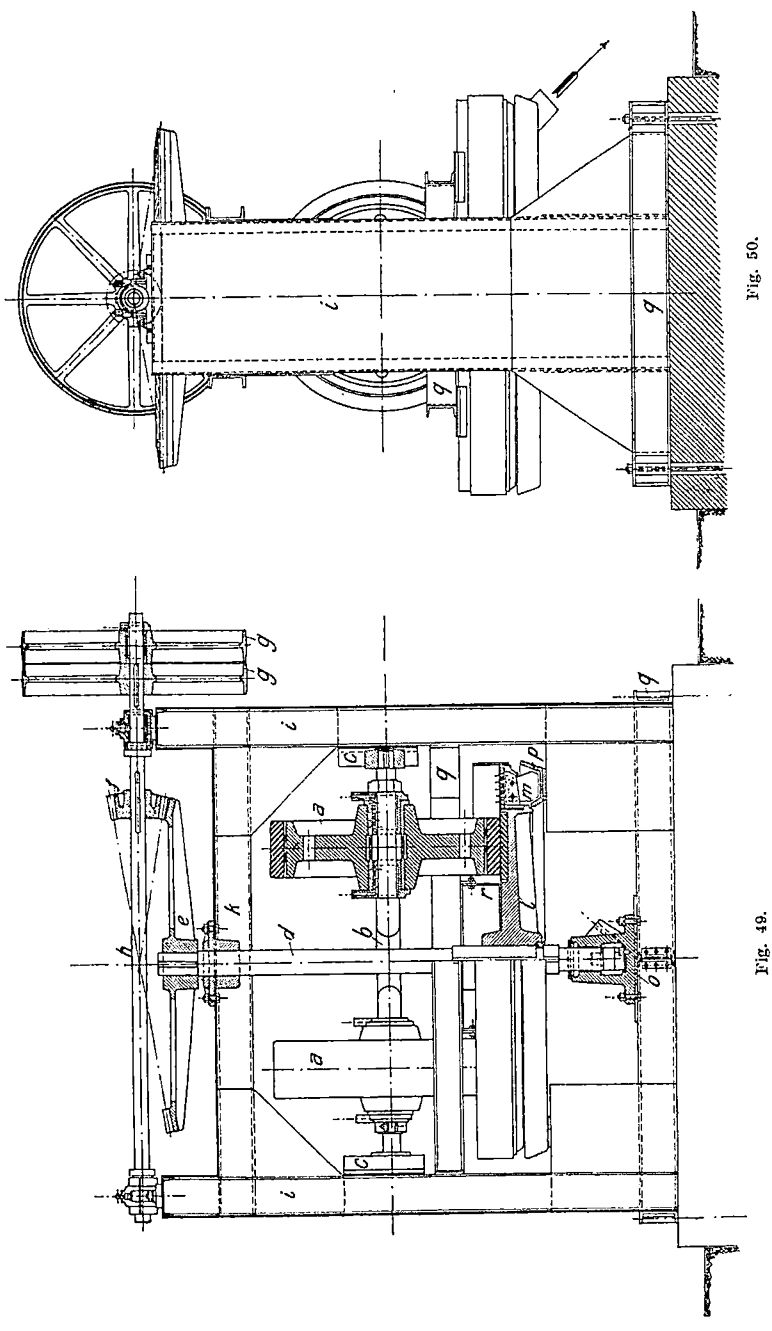

Allerdings erschien dadurch auch jetzt noch nichts daran geändert, daß
der schwere Läufer nur auf seiner inneren Seite in einer Kurbelachse hängt,
welche allein die durch das oft in großen Stücken aufgeworfene Aufschüttgut

verursachten Stöße und die bei dem großen Gewicht der Läufer als sehr erheblich zu bewertende Fliehkraft aufnehmen muß. Um nun diese Kraftäußerungen noch auf einen zweiten festen Punkt zu übertragen, ist der Kollergang von *Villeroy & Boch*[1], für den *E. Laeis & Co.*, Trier, das Ausführungsrecht besitzen, derart eingerichtet, daß der Läufer auf einer Doppelkurbel sitzt, deren innere Achse von einer auf der Königswelle befestigten Muffe umschlossen, während die äußere Achse durch ein Lager aufgenommen wird, das mit einem, um die beiden Läufer herumgreifenden, mit der Königswelle fest verbundenen Rahmen verschraubt ist. Hierdurch ist eine zweifache Lagerung des Läufers erreicht und die im Falle eines Kurbelbruches eintretende Gefahr des Abrollens des Läufers von der Bahn vollkommen beseitigt.

Im allgemeinen besitzen Kollergänge eine ungemein vielseitige Verwendungsfähigkeit. Man benutzt sie zum Schroten natürlicher und künstlicher Gesteine (Kalkstein, Dolomit, Erz, Zementklinker), zum Schroten und Mischen von Schamotte und feuerfesten Tonen, und stellenweise auch zum Mahlen von Drogen, Gewürzen, Rinden, Wurzeln und ähnlichen Stoffen. Eine besonders große Verbreitung haben sie in den letzten Jahren in der keramischen Industrie — namentlich in der Ziegelfabrikation — gefunden, für deren besondere Zwecke eine ganze Reihe eigenartiger — manchmal aber auch recht gekünstelter — Konstruktionen entstanden sind, von denen hier einige in kurzen Worten Erwähnung finden sollen.

Der Konoid-Kollergang (Patent *Horn*[2]) hat feststehende Mahlbahn und zwei schwach konische Läufer, die in gleichen Abständen von der Königswelle umlaufen. Eine eigentümliche Anordnung des Scharrwerkes bewirkt, daß das Mahlgut, unter Verschiebung nach innen und wieder nach außen, absatzweise zerkleinert wird.

Der Vierläufer-Kollergang des *Jacobiwerkes*, Meißen, zeigt an jeder Seite der Königswelle zwei Läufer, unter denen die einmal abgestufte Mahlbahn sich dreht. Die innere Bahn, auf der die erste Zerkleinerung erfolgt, ist voll, die äußere mit Rostplatten ausgelegt. Die Läufer sind in Armen auf einer gemeinsamen, durchgehenden Welle pendelnd gelagert.

Der Differential-Kollergang, System *Erfurth*, des Eisenwerkes *Concordia* Hameln, hat ganz geschlossene Mahlbahn, die ebenso wie die Läufer zwangsweise angetrieben werden, so daß jede gewünschte oder erforderliche Differentialgeschwindigkeit erreicht werden kann. Der eine der beiden Läufer hat größeren Durchmesser bei verhältnismäßig geringer Breite, der andere kleinen Durchmesser bei großer Breite.

Der Differential-Feinkollergang der *Rixdorfer Maschinenfabrik* weist zwangläufig angetriebene Läufer und ebenso angetriebene, auf Kugeln laufende und nach außen kegelförmig abgeflachte Mahlbahn auf. Die an sich ziemlich leichten Läufer weisen gleichfalls Kegelform auf (Läuferbreite = Halbmesser

---

[1] *Heusinger v. Waldegg:* Die Ziegel- und Röhrenbrennerei, S. 149. Leipzig 1901.
[2] *Pantzer* u. *Galke:* Leitfaden für den Ziegeleimaschinenbetrieb, S. 84 u. ff. München 1910.

der Mahlbahn); sie werden mittels Hebelübertragung durch Zusatzgewichte je nach Bedarf beschwert. Die Zerkleinerung erfolgt stufenweise.

Der Kollergang, Patent *Gielow*, von *Rich. Raupach* in Görlitz, hat feste oder umlaufende Mahlbahn und stufenförmig gestaltete Läufer.

Beim Kollergang der *Zeitzer Eisengießerei*, Köln, werden Bahn und Läufer für sich von einer gemeinschaftlichen Vorgelegewelle angetrieben, deren Kegelgetriebe gleichzeitig in zwei Räder eingreift. Das obere Rad ist mit der Königswelle fest verbunden, das untere sitzt auf einer die Königswelle umgebenden Hülse, an der die Schleppkurbeln für die Läufer befestigt sind. Da die Bewegungen von Mahlbahn und Läufer bei dieser Anordnung sich summieren, so ergibt sich daraus die Möglichkeit einer Herabsetzung der Umdrehungszahl (für gleichbleibende Leistung), die mit einer entsprechenden Kraftersparnis gleichbedeutend ist.

Endlich muß noch der sog. „Etagenkollergänge" (von *Gebr. Bühler*, Uzwil, *Nienburger Eisengießerei*, Nienburg a/S., *Rieter & Koller*, Konstanz usw.) gedacht werden, die aus zwei oder drei übereinander gebauten Kollergängen zusammengesetzt sind und eine stufenförmige Zerkleinerung des Aufschüttgutes bezwecken, die aber im einzelnen zu beschreiben hier zu weit führen würde.

d) Glockenmühlen.

Die nach Art der jedermann bekannten Kaffeemühlen gebauten Glockenmühlen wirken auf das Mahlgut abscherend, sie dürfen daher nur zum Schroten weicher bis mittelharter Stoffe — Steinsalz, Düngesalz (Kainit, Carnallit, Sylvinit), Gips u. dgl. — dienen, die ihnen in Stücken bis zu 25 cm aufgegeben werden und die sie in erbsen- bis haselnußgroße, mit Grieß und Mehl vermischte Brocken verwandeln.

Das Mahlmittel der Glockenmühlen ist ein abgestumpfter, mit der Grundfläche nach unten gestellter Kegel, dessen Mantel mit scharfkantigen Leisten besetzt ist und der sich in einem, in gleicher Weise bewehrten Hohlkegel dreht. Die Höhe der Leisten verringert sich nach unten — dem Spalt — zu beständig, bis die letzteren in die feingeriffelten Mahlkränze auslaufen, die mit Rücksicht auf den natürlichen Verschleiß leicht abnehmbar und auswechselbar angeordnet sein müssen.

Zwecks Regelung der Spaltweite bzw. der Feinheit des Erzeugnisses ist an den Glockenmühlen eine Stellvorrichtung angebracht, die es ermöglicht, die Mahlkränze einander bis zu einem gewissen Grade zu nähern oder deren Entfernung zu vergrößern.

Um die Leistungsfähigkeit dieser Zerkleinerungsvorrichtungen aufs höchste auszunutzen, ist die Anbringung eines Speiseapparates geboten, der meist in einer Zuführungswalze besteht, die von der Mühle selbst in Umdrehung versetzt wird.

Der Antrieb der stehenden Welle kann entweder mittels Kegelrädervorgeleges oder halbgeschränkten Riemens, sowohl von oben als auch von unten erfolgen. Mühlen mit Unterbetrieb durch Kegelrädervorgelege werden mit letzterem zusammen auf einer gemeinsamen Grundplatte aufgebaut, solche mit Oberbetrieb meist an die Deckenträger des Gebäudes angehängt.

Bei verhältnismäßig kleinen Abmessungen und geringem Kraftverbrauch ist die Leistung der Glockenmühlen doch eine große. Mühlen von 365 mm Durchmesser des äußeren Mahlkranzes liefern bei $1^1/_2$ PS Kraftverbrauch

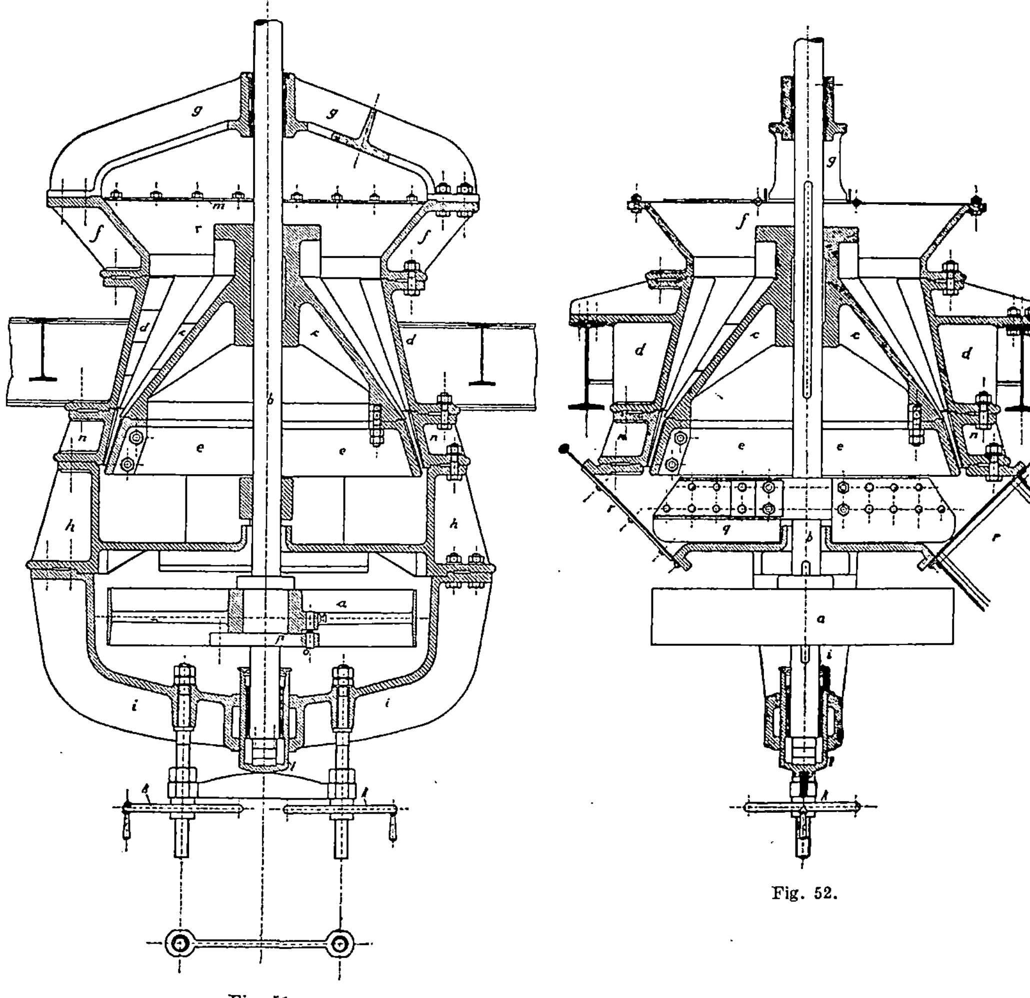

Fig. 51.

Fig. 52.

4500 kg, solche von 1140 mm Durchmesser mit etwa 14 PS bis 50 000 kg Schrot in der Stunde. In der Kaliindustrie, die, wie schon erwähnt, mit sehr großen Mengen rechnen muß, sind sie demzufolge — als Zwischenglied zwischen den Vorbrechern und Feinmahlapparaten — schon seit Jahren zu einer ständigen Einrichtung geworden.

In den Fig. 51 und 52 ist eine Glockenmühle, Bauart *Amme, Giesecke*

& Konegen A.-G., Braunschweig, mit unterem Antrieb durch halbgeschränkten Riemen und Aufhängung an den eisernen Deckenbalken des Gebäudes dargestellt. In den Abbildungen bedeutet: *a* die Riemenscheibe, die die Welle *b* mittels der Bajonettkupplung *p* antreibt, *c* den inneren, *d* den äußeren Mahlkegel, *e* den inneren, *n* den äußeren Mahlkranz. Die Welle ist in den Bügeln *g* und *i* gelagert, wovon der letztere mit der Stellvorrichtung *k k* verbunden ist, die auf den Spurtopf *l* wirkt. *f* ist der mit einer Blechplatte *m* abgeschlossene Einschüttrumpf; an eine Öffnung in der ersteren schließt sich der — nicht gezeichnete — Speiseapparat an. Das zerkleinerte Gut fällt durch den von den Mahlkränzen *n* und *e* gebildeten Spalt in den darunterliegenden Trog *h*, aus dem es von einem mit der Welle *b* umlaufenden Ausräumer *q* entweder rechts oder links bei *r* herausbefördert und weiterer Verarbeitung zugeführt wird.

Die oben erwähnte Bajonettkupplung dient auch hier wieder als Sicherheitsglied gegen zufällige Überlastungen der Maschine, in welchem Falle einer ihrer Bolzen abgeschert und die Mühle zum Stillstand gebracht wird.

Es versteht sich von selbst, daß die arbeitenden Teile — Mahlkegel und Mahlkränze — aus einem besonders widerstandsfähigen Material (Schalen-Hartguß) hergestellt werden müssen.

e) Die Schlag- und Schleudermühlen.

Die Wirkungsweise der Schlag- und der Schleudermühlen ist bereits durch ihre Bezeichnung ausgedrückt. Bei den Schlagmühlen wird das Gut der schlagenden und gleichzeitig scherenden Einwirkung rasch umlaufender Schlagmittel, die entweder runde Stifte oder flügelartige Arme oder eigentümlich geformte Nasen sein können, ausgesetzt, bei den Schleudermühlen dagegen auf einen Teller mit hoher Umfangsgeschwindigkeit geleitet, der es gegen eine feststehende glatte oder gezackte oder gezahnte Wand schleudert, an der es zerschellt. Diese Zerkleinerungsvorrichtungen sind überall da am Platze, wo aus einem spröden, mittelharten oder weichen, wenig klebenden oder schmierenden oder aber auch aus einem zähen, faserigen Aufschüttgut, das schon recht weitgehend vorzerkleinert sein muß, ein feingrießiges bis mehlartiges Erzeugnis hergestellt werden soll.

Allen Schlag- und Schleudermühlen ist eine hohe Umfangsgeschwindigkeit der zerkleinernden Mittel gemeinsam, woraus sich von selbst kleine Abmessungen der ganzen Konstruktion ergeben. Um das Auftreten freier Fliehkräfte zu verhindern, die bei der großen Geschwindigkeit (bis zu 40 m/Sek. und darüber) leicht gefährlich werden könnten und die zumindest den ruhigen Lauf der Maschine empfindlich beeinträchtigen würden, ist ein sorgfältiges Ausbalancieren (Auswuchten) der umlaufenden Teile dringend geboten. Nicht minder wichtig ist es, zu den durch die Fliehkraft oft bis an die äußerste Grenze des Zulässigen beanspruchten Scheiben, Schlägern u. dgl. nur allerbestes, zähestes Konstruktionsmaterial von höchster Zug- (Zerreiß-) Festigkeit zu wählen.

Mit zunehmender Umfangsgeschwindigkeit wächst die Leistung dieser

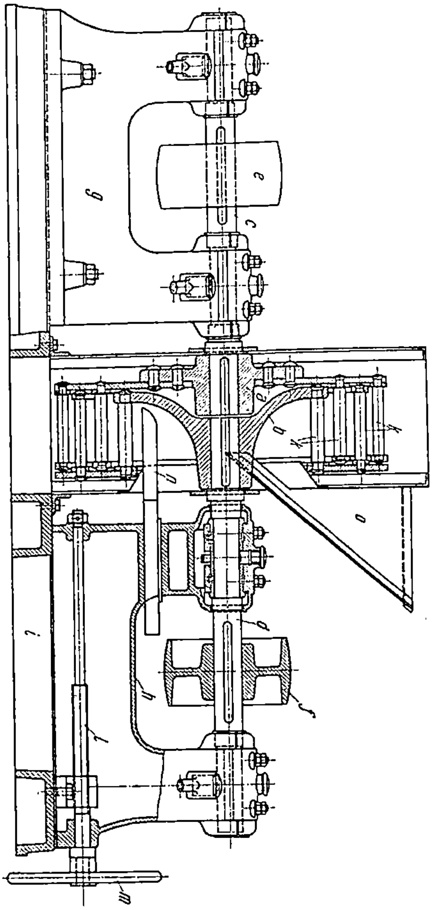

Fig. 54.

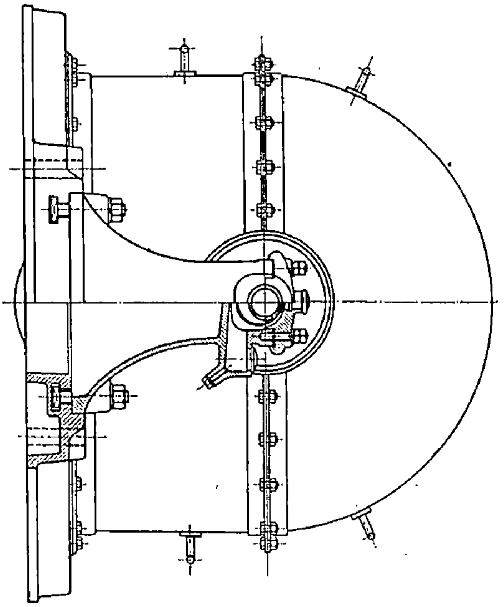

Fig. 53.

Mühlen zwar qualitativ, wogegen sie quantitativ zurückgeht — und umgekehrt. Gleichzeitig fängt auch der Kraftverbrauch an unangenehm in die Höhe zu gehen, was weniger auf Lager- und Zapfenreibung als hauptsächlich auf den großen Luftwiderstand zurückzuführen ist, den die rasch und in meist engen Gehäusen umlaufenden Teile zu überwinden haben und der z. B. bei einem Desintegrator bis zu 43 Proz. des gesamten Kraftaufwandes betragen kann. Aus diesem Grunde sollte den Schlagmühlen das Aufschüttgut unter Luftabschluß zugeführt und es sollten ferner diese Maschinen stets an eine kräftig wirkende Absaugevorrichtung angeschlossen werden, um im Gehäuse eine möglichst hohe Luftverdünnung zu erzielen. Je vollständiger die letztere, desto geringer wird der schädliche und überflüssige Kraftverbrauch und desto wirtschaftlicher die Arbeit.

Von den Schlagmühlen, die als Zerkleinerungsorgane runde Stifte benutzen, ist der von *Th. Carr* erfundene und bereits anfangs der 60er Jahre des vorigen Jahrhunderts in der Öffentlichkeit bekannt gewordene Desintegrator wohl die älteste. Er besteht (siehe Fig. 53 und 54) aus zwei Trommeln *a* und *b*, die auf die Wellen *c* und *d* fliegend aufgekeilt sind und mittels der Riemenscheiben *e* und *f* in einander entgegengesetzter Richtung (mit offenem und gekreuztem Riemen) in rasche Umdrehung versetzt werden. Jede der beiden Trommeln trägt in konzentrischen Ringen eine Anzahl Schlagstifte *k*, die abwechselnd von der einen Trommelscheibe

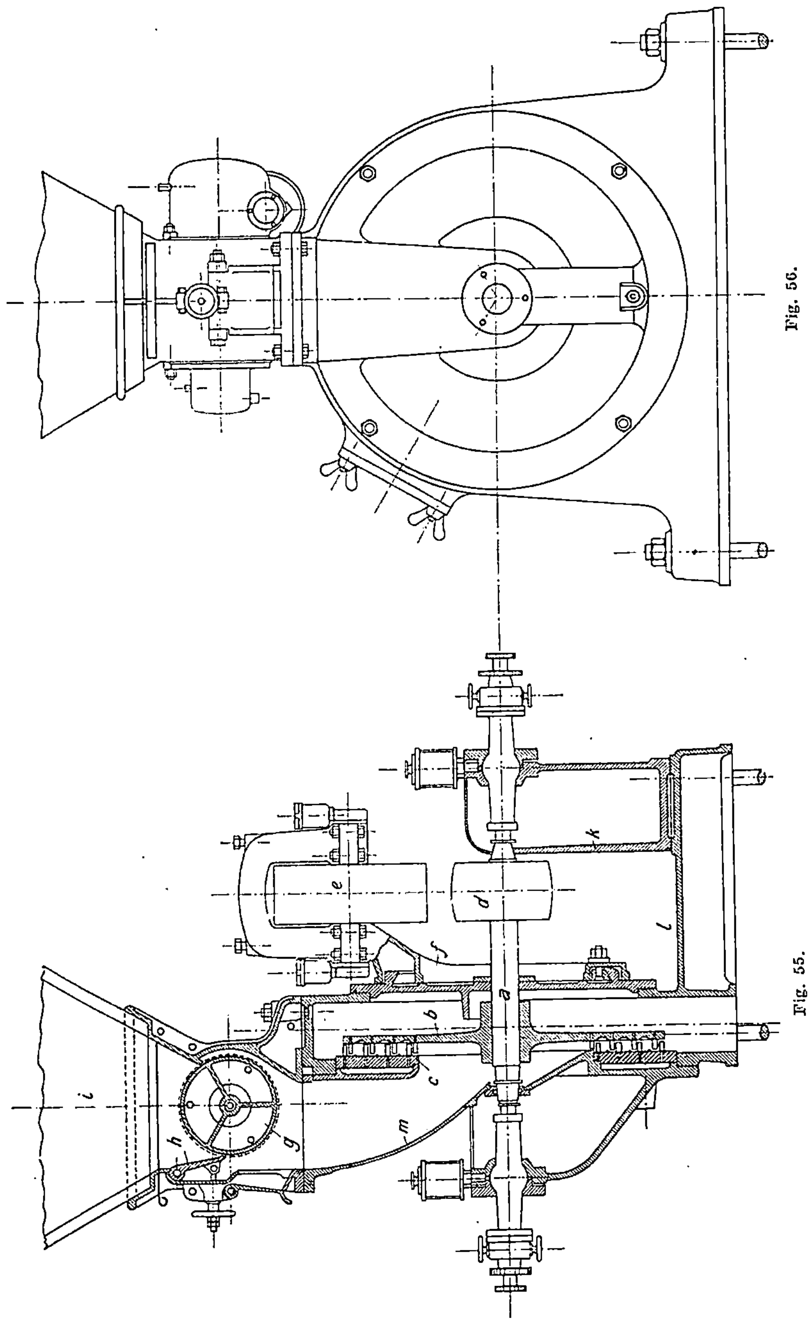

zur anderen reichen, ohne die Ebene der einen oder anderen Scheibe zu berühren.

Die Trommeln sind bei der Arbeit der Maschine ineinandergeschoben, so daß sich jede Stiftreihe — mit Ausnahme der innersten und der äußersten — in dem ringförmigen Zwischenraum der beiden benachbarten Stiftreihen bewegt. Die Zahl der Stifte in einem Ringe nimmt nach dem Umfang hin zu (z. B. im ersten 30, im zweiten 50, im dritten 80 usw.), in der Weise, daß die Zwischenräume, die die Stifte zwischeneinander lassen, immer enger und kleiner werden.

Das Aufschüttgut wird seitlich durch die Mitte — über der Welle d — durch den Rumpf o eingeführt, von der ersten Schlagstiftreihe erfaßt, gegen die zweite, in entgegengesetzter Richtung umlaufende Reihe, von dieser gegen die dritte und so fort von Stiftreihe zu Stiftreihe geschleudert und einer großen Zahl von rasch aufeinanderfolgenden Schlagwirkungen ausgesetzt, bis es an der Innenwandung des Gehäuses genügend zerkleinert herab- und aus der Ausfallöffnung im Rahmen i herausfällt.

Um, wenn mit dem Desintegrator etwas schmierendes Gut (z. B. Superphosphat) verarbeitet worden ist, den Apparat reinigen zu können, ist die Einrichtung getroffen, daß der Lagerbock g, der, im Gegensatz zu dem festen Lagerbock h, in der Grundplatte i schlittenartig geführt ist, sich mittels Schraubenspindel l und Handrad m, nach Abnahme des Blechgehäuses, in die gezeichnete Stellung bringen läßt, wodurch die Trommel a aus der Trommel b herausgezogen und deren Inneres bequem zugänglich gemacht wird.

Das Messer n dient einesteils dazu, bei klebrigem Aufschüttgut die erste Stiftreihe reinzuhalten, andernteils hat es den Zweck, gröbere Brocken, die nicht gleich zwischen die Stiftreihen hineinfallen können, daran zu hindern, längere Zeit auf der ersten Stiftreihe liegenzubleiben, da sie durch den Anprall an das Messer eine Vorzerkleinerung erfahren.

Der Desintegrator wird — entsprechend seiner großen Verbreitung — in vielen verschiedenen Größen von 400 bis 2000 mm Durchmesser der äußeren Trommel und für 1200 bis 350 Umdrehungen in der Minute gebaut. Die Stundenleistung schwankt natürlich mit der Härte und Stückgröße des Aufschüttgutes und der Feinheit des Erzeugnisses; sie beträgt von 250 bis 30 000 kg bei einem Kraftverbrauche von $1\frac{1}{2}$ bis 25 PS.

Der in Fig. 55 und 56 abgebildete Dismembrator des *Eisenwerks (vorm. Nagel & Kaemp) A.-G.*, Hamburg, ist aus dem Desintegrator hervorgegangen. Der Unterschied zwischen beiden besteht darin, daß beim Dismembrator von den beiden Stiftscheiben nur die eine sich dreht und die andere im Gehäuse festsitzt, während beim Desintegrator beide Stiftscheiben (Trommeln) in einander entgegengesetzter Richtung kreisen. Soll also unter sonst gleichen Verhältnissen der Dismembrator dieselbe Schlagwirkung hervorbringen wie der Desintegrator, so muß seine Stiftscheibe mit einer Geschwindigkeit umlaufen, die doppelt so groß ist wie jene der Desintegratortrommeln. Diesem Umstande ist beim Dismembrator unter anderem auch durch die außerordentlich sorgfältige Lagerung der Welle Rechnung getragen, so daß er als Nachteil eigentlich nicht angesehen werden kann. Dagegen ist es ein entschiedener Vorteil des Dismembrators, daß er nur eine

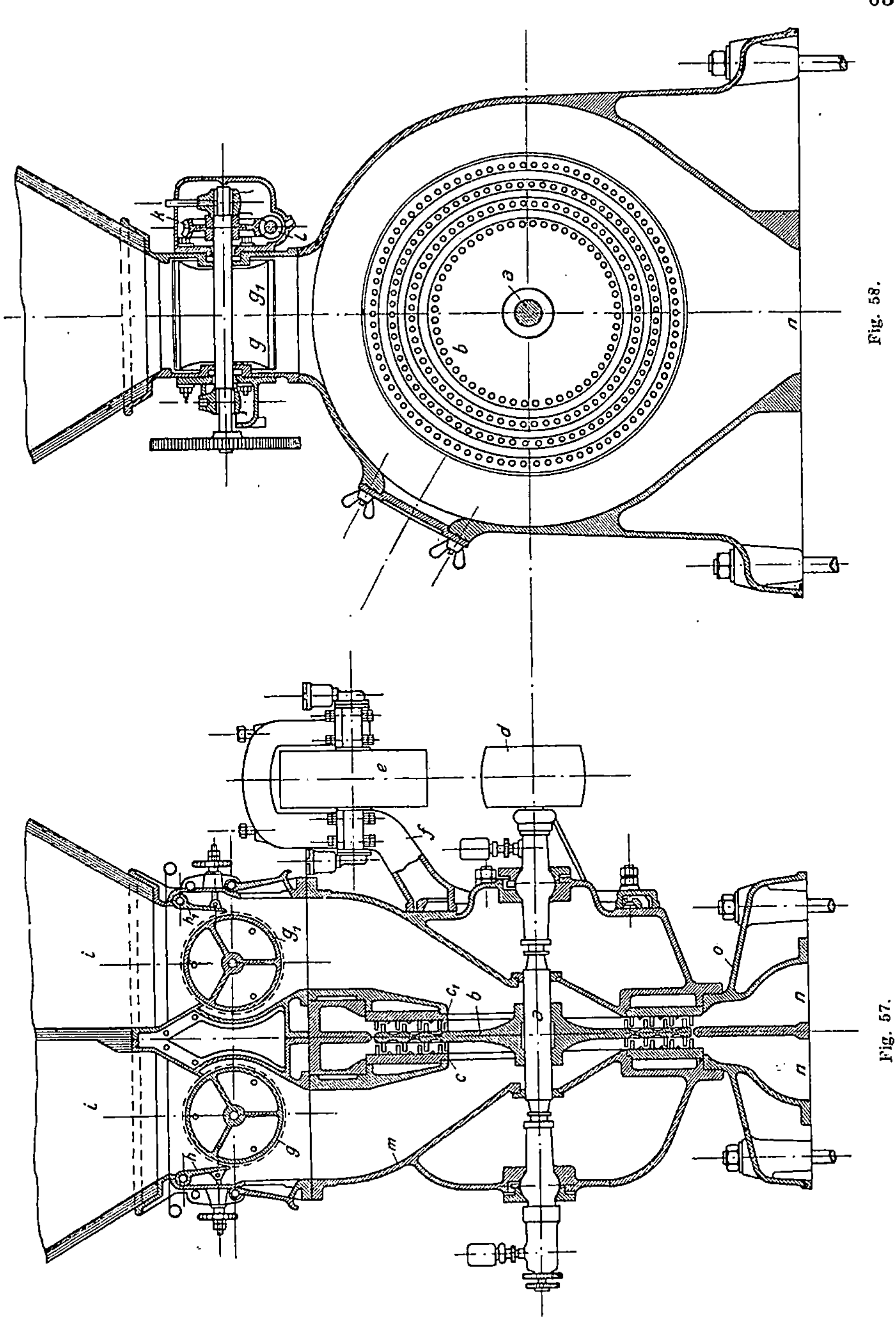

Welle mit zwei Lagern und nur eine Antriebsriemscheibe besitzt, wogegen die entgegengesetzt laufenden beiden Trommeln des Desintegrators zwei getrennte Wellen mit vier Lagern und zwei Riemscheiben erfordern.

In Fig. 55 bedeutet a die Welle, b die umlaufende, c die feste Stiftscheibe, d die Riemscheibe mit der Spannrolle e, die mittels des kreisrunden Rollenträgers f nach Bedarf eingestellt werden kann. Das Gehäuse l trägt den Bock k und auf der anderen Seite eine Stütze zur Aufnahme der Lager sowie den Einlaufstutzen m, auf den sich der Speiseapparat mit der Zuführungswalze g und der Stellklappe h aufsetzt. Der Zulauf des Gutes aus dem Rumpf i kann mittels eines Schiebers geregelt oder auch ganz abgestellt werden.

Die Stücke des Aufschüttgutes für den Dismembrator sollen Haselnußgröße nicht überschreiten; kommen größere Stücke vor, so muß an Stelle der abgebildeten Speisevorrichtung ein kleines Vorbrechwerk oder ein Schüttelsieb gesetzt werden.

Wie alle Schlagstiftmaschinen ist auch der Dismembrator sehr empfindlich gegen etwa mit dem Aufschüttgut eingedrungene harte Fremdkörper, die bei der gewaltigen Umfangsgeschwindigkeit der Stiftscheibe ein Verbiegen und Abbrechen der Stifte und in weiterer Folge ganz erhebliche Zerstörungen hervorzurufen vermögen. Meist sind es eiserne Stiefelnägel, Drahtstifte u. dgl., die der Maschine verhängnisvoll werden können, und um diese Gefahr zu beseitigen, ist es unter allen Umständen empfehlenswert, das Aufschüttgut vorher in einem dünnen Strome über Magnetapparate (meist Lamellenmagnete) zu leiten, welche die eisernen Störenfriede anziehen und festhalten. Letztere müssen dann von Zeit zu Zeit entfernt werden.

Besetzt man die einseitig bestiftete Scheibe des „einfachen" Dismembrators auch auf der anderen Seite mit Stiften und läßt diese gegen eine zweite feste Stiftscheibe wirken, so erhält man den sog. „Doppel-Dismembrator", der mit seiner doppelten Leistungsfähigkeit alle Vorzüge des einfachen Dismembrators vereinigt. Denn die Bauart ist gleich einfach geblieben, es ist wie beim einfachen Dismembrator nur eine Welle mit zwei Lagern und nur eine Antriebsriemscheibe vorhanden, und überdies ist noch der Vorteil erreicht, daß, da die Schlagscheibe auf beiden Seiten Arbeit verrichtet, die axialen Drücke sich gegenseitig aufheben.

Ein solcher Doppel-Dismembrator, Bauart des *Eisenwerks (vorm. Nagel & Kaemp) A.-G.*, ist durch die Fig. 57 und 58 dargestellt, worin wieder a die Welle, b die zweiseitig bestiftete sich drehende Schlagscheibe, c und c_1 die festen Stiftscheiben, d die Antriebsriemscheibe, e die Spannrolle mit dem Rollenträger f und m die Einlaufstutzen bezeichnet. Die Speisewalzen g, g_1 werden mittels Schneckenrad k und Wurm l von der Vorgelegewelle aus angetrieben und die Menge des aus den Rümpfen i, i zulaufenden Gutes wird mittels der Klappen h, h_1 geregelt. Das Gehäuse o zieht sich nach unten zu den durch eine Scheidewand getrennten Ausfallöffnungen n zusammen.

Die Leistung des Doppel-Dismembrators hängt natürlich ganz von der Beschaffenheit des Aufschüttgutes und von der verlangten Feinheit des Erzeugnisses ab. Nachstehende Tabelle gibt die Zahlenwerte an, die bei der Vermahlung von Steinsalz auf Doppel-Dismembratoren von 630 mm Durchmesser der äußersten Stiftreihe gewonnen wurden[1].

---

[1] Zeitschr. d. Ver. deutsch. Ing. 1890, S. 993.

Salz-Nummer	Korngröße in mm					Umdr. Min.	Umf.-Geschw. m/Sek.	Leistung kg Stunde
	über 2	$1\frac{1}{4}$ bis 2	$\frac{3}{4}$ bis $1\frac{1}{4}$	$\frac{1}{2}$ bis $1\frac{1}{4}$	unter $\frac{1}{2}$			
IV	10	21	40	20	9	500	$16\frac{2}{3}$	11250
III	8	12	40	12	28	750	25	10000
II	1	5	35	26	33	1000	$33\frac{1}{3}$	7500
I	2	5	46	13	34	1500	50	6000
0	—	—	$2\frac{1}{2}$	5	$92\frac{1}{2}$	2000	$66\frac{2}{3}$	5000
00	—	—	—	—	100	3000	100	2500

Die Nummern I und II entsprechen ungefähr der üblichen Feinheit der Düngesalze. Nummer 00 ist das feinste Speisesalz; auf die in der Zementfabrikation gebräuchlichen Kontrollsiebe mit 900 und 4900 Maschen/qcm bezogen, betragen seine Rückstände etwa 8 bzw. 51 Proz.

Der Kraftverbrauch des Doppel-Dismembrators wurde für Hartsalz mit 1,4 PS für 1 t/St. ermittelt, er sinkt selbstverständlich ganz wesentlich, sobald weichere Salze zur Verarbeitung gelangen. Der Stifteverbrauch stellt sich bei Steinsalzvermahlung auf 1 Pfg. für die vermahlene Tonne (1000 kg).

Die zweite Gruppe der Schlagmühlen verwendet anstatt runder Stifte oder Bolzen eigenartig geformte Nasen, womit die rasch umlaufende Mahlscheibe besetzt wird und die gegen feststehende, in konzentrischen Ringen angeordnete Knaggen arbeiten, und zwar so, daß die Knaggenringe zwischen die durch die Schlagnasen gebildeten Reihen hineingreifen. Hierbei ist die Einrichtung getroffen, daß die von den einzelnen Knaggen gebildeten Schlitze, durch die das Gut von den Schlagnasen hindurchgetrieben wird, von Ring zu Ring immer enger werden, so daß, trotz nur einmaligen Durchganges, doch eine stufenweise Zerkleinerung stattfindet, die ein sehr rationelles Arbeiten der Maschine zur Folge hat. Das durch den letzten Knaggenring hindurchgeschleuderte Gut wird von den am äußersten Umfang der Schlagscheibe sitzenden Nasen, die als Aufräumer wirken, erfaßt und entweder durch die Spalten eines Rostes oder die Öffnungen eines Siebmantels gedrückt, um das nach unten zu einem Auslauf zusammengezogene Gehäuse als fertiges Erzeugnis zu verlassen.

Die schlitzartigen Öffnungen im Knaggenring haben die Form eines K, sie sind gleich den nach vorn stehenden Kanten der Schlagnasen als Schneiden ausgebildet, so daß außer der Wurf- und Schlagwirkung noch eine scherenartig schneidende Arbeitsweise erzielt wird. Dadurch werden diese Mühlen ganz besonders für die Zerkleinerung weicher, zäher und faseriger Stoffe befähigt, wie z. B. Papier, Rinden, Holz, Knochen, Kork u. dgl. Aber auch spröde und mürbe Körper wie Borax, Erdfarben, Gewürze, Soda, Pottasche, Zucker usw. sind darauf gleich vorteilhaft mahlbar.

Die Einrichtung einer Schlagnasenmühle „Simplex-Perplex", Bauart und Patent der *Alpinen Maschinenfabrik-Gesellschaft*, Augsburg, ist durch die Fig. 59 und 60 veranschaulicht. Darin ist *a* die in zwei langen selbstschmierenden Kugellagern laufende und durch die Riemscheibe *b* angetriebene Welle, auf deren in die Mahlkammer hineinreichendes Ende die Schlagscheibe *c*

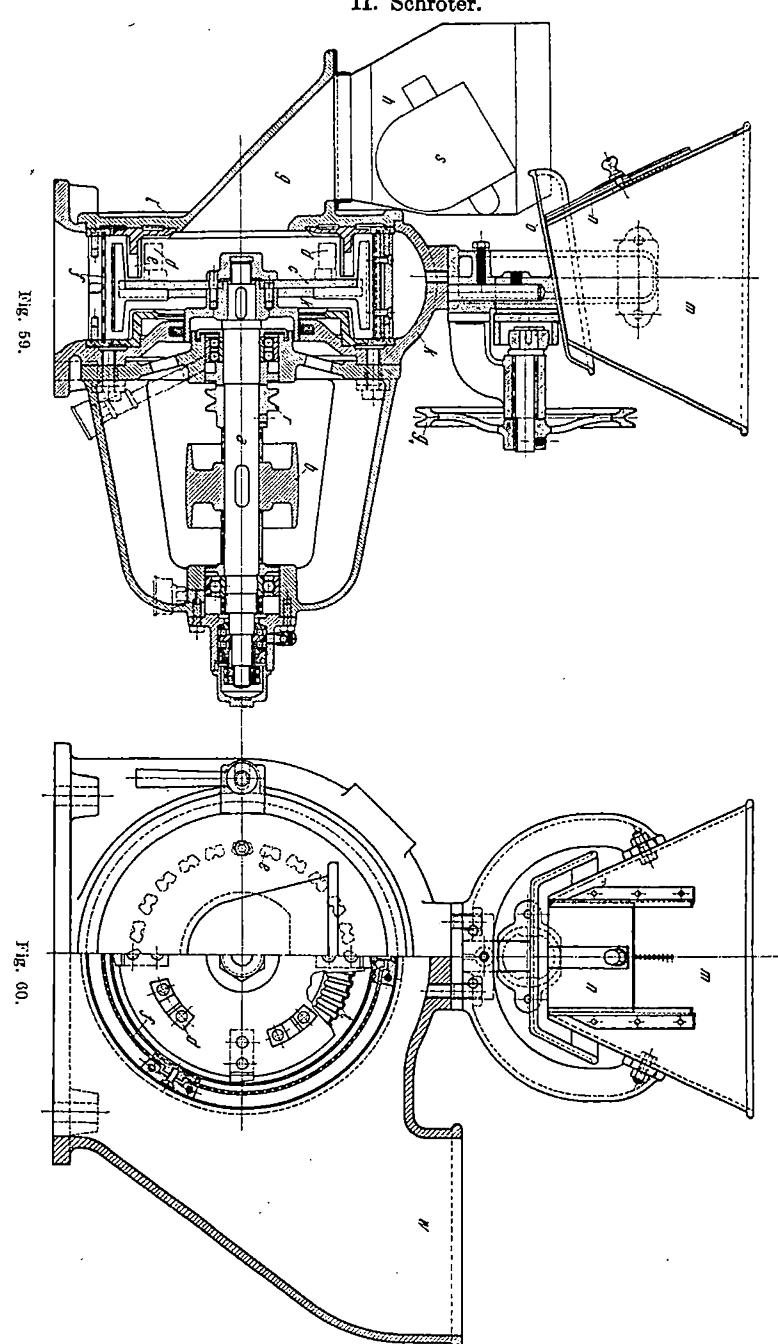

aufgekeilt ist. *d* sind die Schlagnasen, *e* die zu letzteren konzentrisch hier in nur einem Ring angeordneten Knaggen[1] und *f* ist der die Mahlkammer abschließende

---

[1] Abb. einer „Perplex" mit zwei Ringsystemen s. I. A. d. B., S. 62.

Siebmantel. Das Gehäuse *k* ist an der vorderen Seite mit der aufklappbaren Tür *l* verschlossen, die außer den Knaggenringen, deren Anzahl sich nach der Größe der Mühle richtet, noch den Zulaufstutzen *g* trägt, auf den sich die Schurre *h* aufsetzt. In dieser wird häufig ein Magnet *s* angeordnet, um das mitunter im Mahlgut vorkommende Eisen auszuscheiden. Zur Aufnahme des Mahlgutes dient der Trichter *m*, an den sich ein mittels des Seiltriebes *r*, *q* betätigtes Rüttelwerk *o* anschließt. Ein durch die Schraube *p* einstellbarer Schieber *n* regelt den Zulauf des Gutes, dessen Verarbeitung durch die Maschine in der oben beschriebenen Weise vor sich geht.

Eine geschützte Neuheit bei diesen Mühlen bilden die an der hinteren Gehäusewand befestigten geriffelten Anwurfringe *t*, gegen die das Mahlgut durch die Rosträumer zwecks erhöhter Mahlwirkung geschleudert wird. Man erreicht dadurch nicht nur eine bessere Leistung, sondern vor allen Dingen auch eine wesentlich größere Mehlbildung. — Zur Entlüftung dient ein Stutzen *u*, der so angeordnet ist, daß die Luft ohne Pressung unmittelbar nach oben in einen Filterschlauch geleitet wird, aus dem sie dann ins Freie treten kann.

Die „Simplex-Perplex"-Mühle wird in vier verschiedenen Größen gebaut, für Leistungen von 70 bis 3000 kg/St. und mit

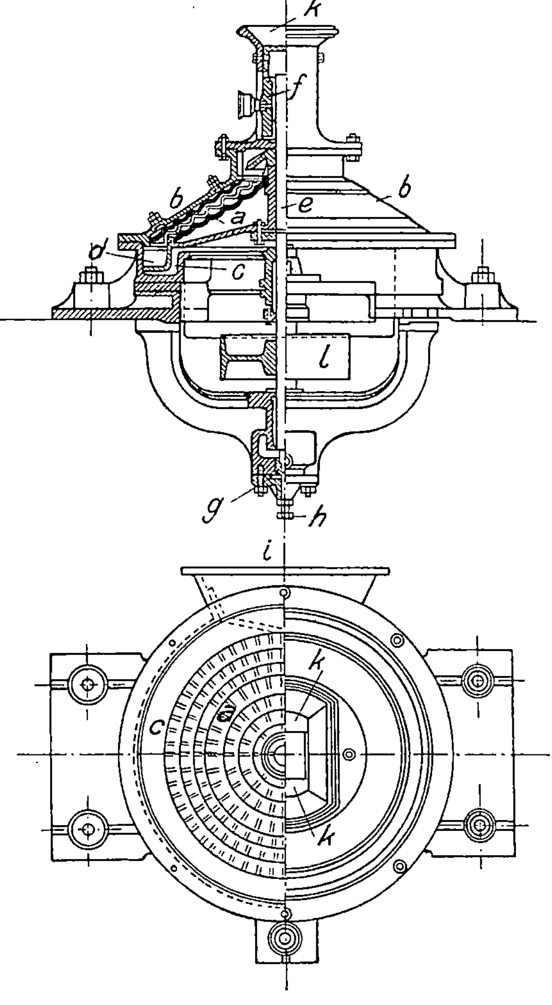

Fig. 61 u. 62.

einem Kraftverbrauch von 1 bis 18 PS. Die Umdrehungszahl wird durch die jeweilig vorliegenden Verhältnisse bestimmt.

Eine im großen und ganzen der „Simplex-Perplex" ähnliche Bauart weist die „Durania"-Mühle von *H. Depiereux*, Düren, auf, bei der die Schlagscheibe wagerecht gegen die Mahlringe verstellbar gemacht ist und die Schlagnasen und Knaggen so geformt sind, daß sich jeder Spalt zwischen diesen beim Vor- oder Zurückschieben der Schlagscheibe gleichzeitig mehr verengt oder erweitert, als der ihm zunächst nach der Mitte zu liegende Spalt. Hier genügt also schon die Verschiebung der Schlagscheibe, um eine größere oder geringere Feinheit des Erzeugnisses zu erzielen, ohne daß die Lochweite des Siebmantels oder die Spaltweite des Rostes geändert zu werden braucht.

Diese Anordnung erweist sich namentlich bei der Verarbeitung bestimmter faseriger Stoffe wie Farbhölzer, Rinden, Gerbstoffe u. dgl. vorteilhaft, die zwar fein zerkleinert, dabei aber immer noch faserig sein sollen.

Der Durchmesser der Schlagscheibe der „Durania"-Mühle bewegt sich in sieben Abstufungen, von 160 bis 1000 mm, wovon das kleinste Modell auch für Handbetrieb eingerichtet werden kann. Umdrehungszahl und Kraftbedarf schwanken zwischen 3000 bis 1000 in der Minute und 1 bis 30 PS.

Eine Schlagmühle, bei der die zerkleinernden Organe nicht ineinandergreifen, sondern mit einem gewissen Spielraum aneinander vorbeigehen, ist der Dissipator von *G. Sauerbrey*, Staßfurt. Er besteht (siehe Fig. 61 und 62) aus einer senkrechten Welle *e* mit dem Halslager *f* und dem mittels Schraube *h* nachstellbaren Spurlager *g*, die mittels der Riemscheibe *l* in rasche Umdrehung versetzt wird und auf der der Mahlkegel *a* befestigt ist, dessen Oberfläche ebenso wie jene des kegelförmigen Gehäuses *b* angegossene, radial gestellte Leisten aufweist. Die Aufgabe des bis auf Erbsen- oder Walnußgröße vorgebrochenen Gutes erfolgt bei *k*; es wird mittels eines Streutellers nach allen Seiten gleichmäßig verteilt und durch die besondere Anordnung der Leisten gezwungen, in einer archimedischen Spirale seinen Weg nach unten zu nehmen, wobei es der beständigen Einwirkung der Mahlscheibe ausgesetzt ist und fortschreitender Zerkleinerung so lange unterliegt, bis es fertig vermahlen in dem ringförmigen Raum *c* angekommen ist. Von hier aus wird es durch den Ausräumer *d* nach der Ausfallöffnung *i* geschafft, wo es die Maschine verläßt.

Die nach einer gewissen Zeit um 1 bis $1^1/_2$ mm abgenutzten Leisten können in der Weise weiter verwendungsfähig gemacht werden, daß man die Drehrichtung der Maschine umkehrt, wodurch die bisher hinten liegenden Kanten der Leisten zur Wirkung gelangen. Sind in der Folge auch diese abgenutzt, so müssen die Mahlkörper abgedreht und frisch gehärtet werden. Die Verkleinerung der Leisten wird dann durch Nachstellen des Mahlkegels ausgeglichen. Da sich das Abdrehen und Härten der Leisten mehrmals vornehmen läßt, so stellt sich der Dissipator in bezug auf Erneuerungskosten sehr billig.

Die Dissipatoren werden sowohl mit stehender als auch mit liegender Welle gebaut, letztere auch als Doppel-Dissipatoren mit nach beiden Seiten kegelförmig gestalteten Mahlscheiben. Die Stundenleistung an gemahlenem Düngesalz eines Doppel-Dissipators von 700 mm Durchmesser beträgt bei 550 Umdrehungen in der Minute und etwa 20 PS Kraftverbrauch bis zu 35 000 kg. Für einen einfachen Dissipator von 400 mm Durchmesser wird die Stundenleistung bei 1500 Umdrehungen in der Minute und 3 PS Kraftverbrauch auf 2250 kg angegeben.

In der dritten Gruppe der Schlagmühlen besteht das zerkleinernde Werkzeug aus einer beschränkten Anzahl (4 bis 6) von Armen (Flügeln), die zu einem Schlägerkreuz zusammengesetzt und auf einer rasch umlaufenden Welle befestigt sind. Die Welle mit den Schlägern bewegt sich in einer Mahl-

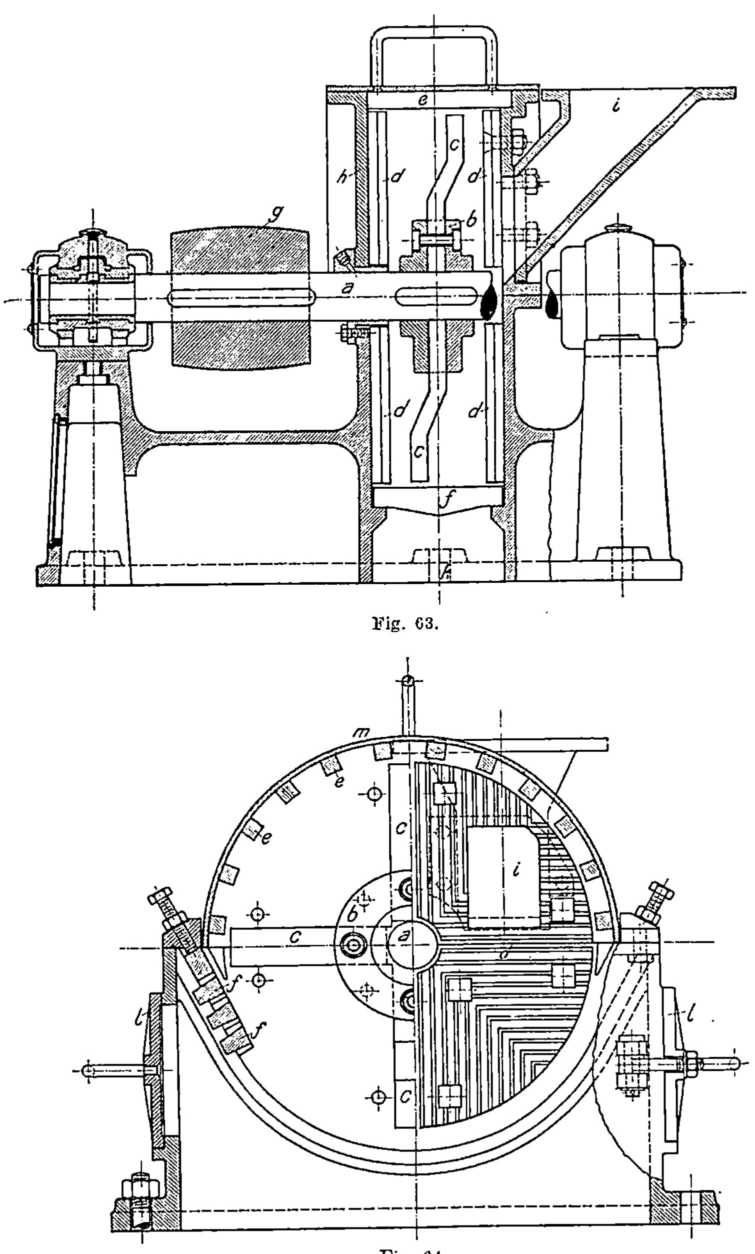

Fig. 63.

Fig. 64.

kammer, deren Boden rostartig ausgebildet ist und deren Seitenwände und Oberteil (Haube) mit Schlagleisten bewehrt sind. Das Gut tritt von der

Seite in die Mahlkammer ein, wird von den Schlägern erfaßt und durch deren schleudernde und scherende Wirkung so weit zerkleinert, bis es die Mahlkammer durch die Spaltöffnung der Roste verlassen kann.

Schlagarme, Schlagleisten und Roste müssen, um der Abnutzung wirksam begegnen zu können, aus sehr zähem und hartem Material hergestellt und leicht auswechselbar sein.

Das Aufschüttgut kann den größeren Modellen dieser Maschine in reichlich Faustgröße aufgegeben werden; wenn es nur einigermaßen gleichmäßig beschaffen ist, sollte man zur besten Ausnutzung der Leistungsfähigkeit stets eine mechanische Beschickung anwenden.

Die Feinheit des Erzeugnisses läßt sich bei den Schlägermühlen in einfacher Weise durch Einlegen von Siebrosten mit entsprechender Spaltweite dem gerade vorliegenden Bedürfnis anpassen. Zur Verarbeitung auf diesen Maschinen eignen sich vorwiegend mittelharte und zähe Stoffe (Asphalt, Salz, Chemikalien, Klauen, Hörner, Knochen usw.). Das Erzeugnis ist splittrig, grießig oder mehlig.

Aus den Fig. 63 und 64 ist die Konstruktion einer Schlagkreuzmühle der *Alpinen Maschinenfabrik-Gesellschaft*, Augsburg, zu erkennen. Die mit *a* bezeichnete Welle trägt das aus der Nabe *b* und den vier Armen *c* zusammengesetzte Schlagkreuz, ist in zwei an das Gehäuse *h* angegossenen Ringschmierlagern gelagert und wird mittels der massiven Riemscheibe *g* angetrieben. Der Einlaufstutzen *i* führt das Gut seitlich in die Mahlkammer ein, deren Boden aus den starken Roststäben *f* gebildet wird, während an ihren Seitenwänden die Schlagleisten *d* mit starken Schrauben befestigt sind. Auch die Haube *m* ist mit einer Anzahl solcher Leisten — *e* — besetzt. Die Klapptüren *l* machen den Ausfallraum *k* unterhalb des Rostes bequem zugänglich.

Die Schlagkreuzmühlen werden in fünf Modellgrößen von 400 bis 1200 mm Durchmesser der Mahlkammer gebaut; die zugehörigen Umdrehungszahlen sind 2400 bis 1300 in der Minute, der Kraftbedarf bewegt sich in den Grenzen von 3 bis 18 PS. Über die stündliche Leistungsfähigkeit einer solchen Mühle von 1200 mm Mahlkammerdurchmesser bei 5 mm Rostweite werden folgende Angaben gemacht:

Asphalt	2000 kg		Knochen, roh	500 kg
Binitrobenzol.	1250 „		„ entleimt. . .	1250 „
Bisulfat	1500 „		Kupfervitriol	3700 „
Eisenstein	2500 „		Leim	250 „
Eisenvitriol.	3700 „		Superphosphat	2500 „
Erdfarbe.	1500 „		Sulfat	2500 „

Die „Reform"-Mühle der Mühlenbauanstalt *Gebr. Seck*, Dresden, und die gleichnamige Mühle von *Fried. Krupp-Grusonwerk*, Magdeburg, beruhen auf denselben Grundsätzen wie die vorbeschriebene Schlagkreuzmühle und weichen nur in einigen unwesentlichen Einzelheiten von dieser ab. — Dagegen hat die Konstruktion in der „Kaisermühle" (*Humboldt*, Kalk b. Köln) insofern eine Vervollkommnung erfahren, als bei dieser der durch die

rasche Umdrehung des Schlägerkreuzes entstehende Staubluftstrom in einem
vollständigen Kreislauf geführt und das Austreten des Staubes aus der Maschine verhindert wird. Das geschieht in der Weise, daß die Luft zentral in
die Mahlkammer eintritt, diese infolge der ihr erteilten Fliehkraft durch die
Rostspalten verläßt, um in die in an das Gehäuse angebaute Staubkammer
und aus dieser wieder in die Mahlkammer zu gelangen.

Auch die vom *Eisenwerk* (*vorm. Nagel & Kaemp*) *A. G.*, Hamburg, gebaute und in den Fig. 65 und 66 dargestellte „Gloriamühle", Patent *Geißler*,
weist manches Eigenartige auf, das sie, obzwar sie grundsätzlich zu den
Schlägermühlen gezählt werden muß, von den letzteren doch scharf unterscheidet.

Die Gloriamühle besteht aus einer in dem Gehäuse *f* rasch umlaufenden
Welle *a*, die mit dem ersteren und den Lagerböcken *c* zusammen auf einer
gemeinschaftlichen Grundplatte *g* aufgebaut ist. Die Welle trägt eine Anzahl eigenartig geformter Schlagkreuze *f*, die wechselweise so gegeneinander

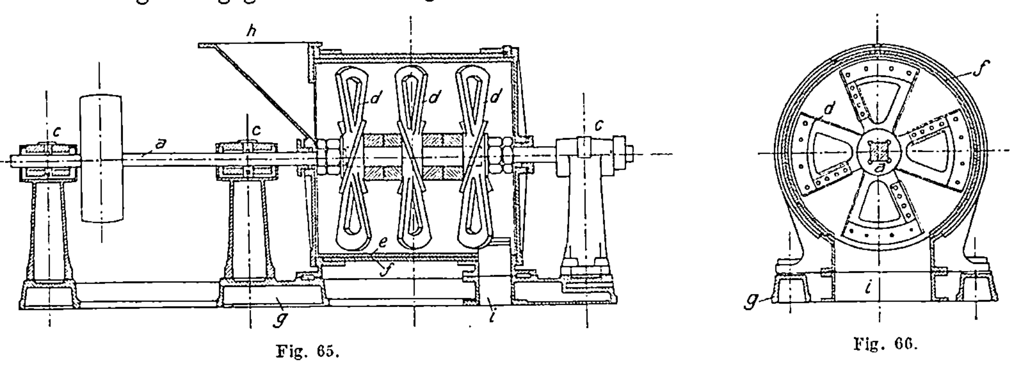

Fig. 65.Fig. 66.

versetzt sind, daß keine durchgehende Öffnung vom Einlauf *h* nach dem
Auslauf *i* zu vorhanden ist. Diese Schlagkreuze wirken nun auf das bei *h*
einfallende Gut derart ein, daß sie ihm verschiedenartige Bewegungsimpulse
erteilen, teils nach dem Umfang der Trommel hin, teils parallel zur Welle,
teils senkrecht zu den Seitenflächen der Flügel. Das Gut wird also in den
verschiedensten Richtungen geschleudert, zerschellt und zerschlagen, wobei
die Armkreuze außerdem noch eine zerreibende und scherende Wirkung
darauf ausüben und es aufs innigste durcheinandermischen. Dabei arbeitet
die Maschine aber — zum Unterschied von den früher beschriebenen Schlagkreuzmühlen — ohne Roste und Siebe und die Feinheit des Erzeugnisses ist ausschließlich von der Größe des Spaltes zwischen den Armkreuzen
und der Trommelwandung, von der Trommellänge — bzw. von der Anzahl
der Schläger — und von der Umfangsgeschwindigkeit der letzteren abhängig.
Unter Belassung alles übrigen kann also der Feinheitsgrad durch Vergrößerung
der Umdrehungszahl erhöht oder durch Verminderung der Schlägerzahl er-
niedrigt werden und umgekehrt. Mit Rücksicht auf den Kraftbedarf hat
es sich in den meisten Fällen vorteilhaft gezeigt, mit nur wenigen Schlägern
zu arbeiten, diesen aber eine hohe Umfangsgeschwindigkeit zu erteilen.

Die der Abnutzung ausgesetzten Teile der Gloriamühle sind auswechselbar gemacht. Zu diesem Behufe erhält die Mahltrommel einen Einsatz e
und die Schläger sind mit ange-
nieteten Leisten bewehrt. Zu
beiden wird besonders hartes und
zähes Material verwendet.

Ein besonderer Vorzug dieser
Maschine ist es, daß sie kleinere,
dem Mahlgut beigemengte Eisenteile, ohne Schaden zu nehmen,
vertragen kann und daß sie gegen
Feuchtigkeit des Aufschüttgutes
in hohem Maße unempfindlich ist.
Diese Eigenschaften lassen sie
namentlich für die Zwecke der
Düngesalzfabrikation als besonders
geeignet erscheinen.

Die Gloriamühle wird in sechs
verschiedenen Größen gebaut, von
300 bis 1000 mm Trommeldurch-
messer und 350 bis 1850 mm Trommellänge. Die Stundenleistung
schwankt — je nach Umständen
— zwischen 100 und 25 000 kg,
der Kraftbedarf zwischen $^1/_4$ und
40 PS. —

In manchen Einzelheiten der
vorbeschriebenen Gloriamühle ähnlich ist die Turbomühle der
Rheinischen Maschinenfabrik, Neuß
a. Rh. (Fig. 67 und 68). Die Maschine setzt sich aus einzelnen
zweiteiligen Mahlkammern a, die
gegen Verschleiß durch die auswechselbaren Einsätze b geschützt
sind und deren Anzahl in der Hauptsache von der zu erzielenden Feinheit des Erzeugnisses abhängt, zusammen. Zwischen je zwei dieser
Kammern ist ein ringförmiger Körper c eingebaut, der mit eigenartig
geformten Nasen besetzt ist, gegen
die die Schläger b der Schlagschei-

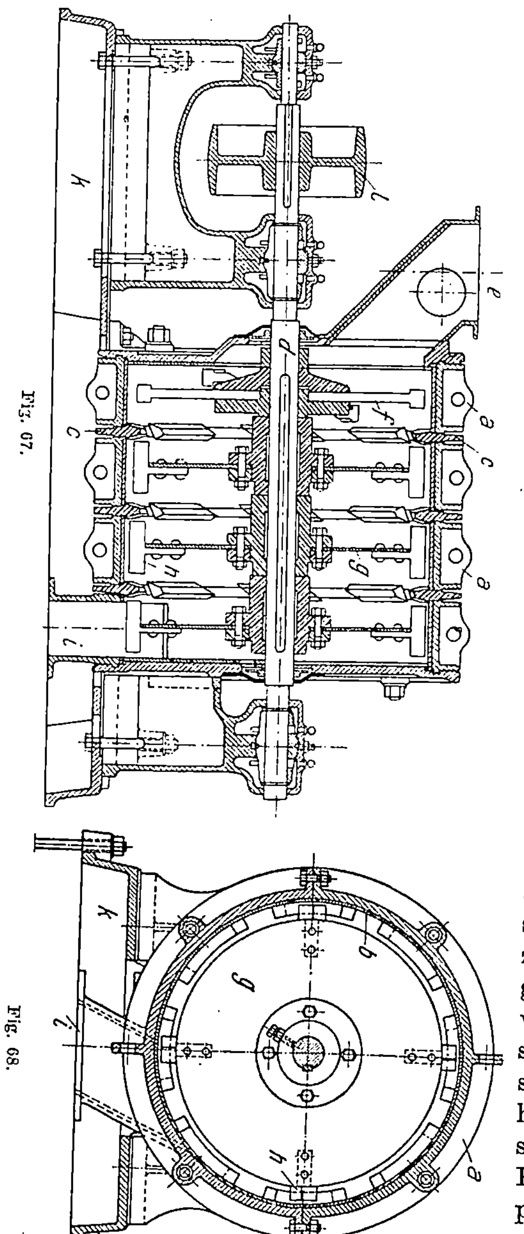

Fig. 67.

Fig. 68.

ben g und die Arme des (ersten) Schlagkreuzes f arbeiten, auf diese Weise
das bei e einfallende Gut, das in faustgroßen Stücken aufgegeben wird,

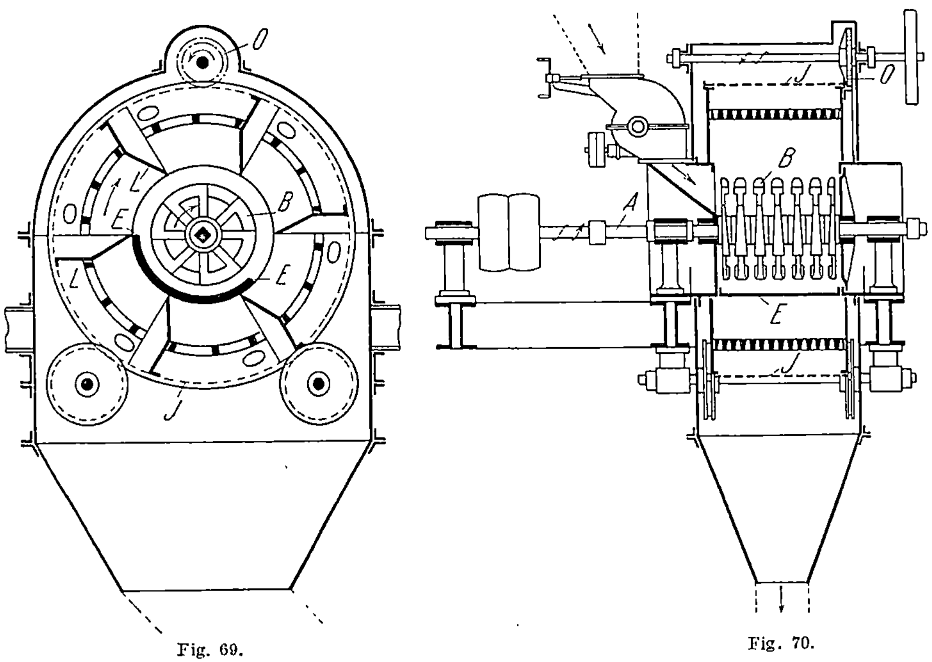

Fig. 69.   Fig. 70.

zerkleinernd und es nach dem Ausfallstutzen i befördernd, durch den das Enderzeugnis die Maschine verläßt.

Die Schläger sind auf einer wagerechten dreifachgelagerten Welle d aufgekeilt, die von der Riemscheibe l in rasche Umdrehung versetzt wird. Das Ganze ruht auf dem schweren Grundrahmen k.

Bei der Turbomühle ist zwar die Anwendung von Rosten, nicht aber jene von Schlagnasen vermieden; die durch nichts zu überbietende Einfachheit der Bauart der Gloriamühle wird somit von ihr nicht erreicht.

Die Angaben über Leistung und Kraftverbrauch lauten: 250 bis 1000 kg/St. und 2 bis 5 PS beim kleinsten, 5000 bis 20 000 kg/St. und 10 bis 20 PS beim größten Modell. —

Wird auf große Gleichmäßigkeit in der Körnung des Enderzeugnisses besonderer Wert gelegt, so ist die ununterbrochene Absiebung des Produktes nicht zu umgehen. Letztere wird entweder mittels besonders angeordneter oder mit der Zerkleinerungsmaschine organisch verbundener Siebvorrichtungen[1] vorgenommen. Als Beispiel für die letztere Art möge die „Reginamühle"[2], der *Eisenwerke (vorm. Nagel & Kaemp) A.-G.* dienen (Fig. 69 u. 70).

Eine mit Schlägern B bewehrte Welle A läuft in einer kreisenden, durch einen Korbrost vom Mahlraum getrennten Siebtrommel J mit großer Geschwindigkeit um. Die Schläger zerkleinern das unter Luftabschluß in einem

---

[1] Über Siebung s. den weiter unten folgenden Abschnitt: „Siebvorrichtungen und Windsichter."

[2] *Michels* u. *Przibylla:* Die Kalirohsalze, S. 75 u. 76, Leipzig, Spamer, 1916.

gleichmäßigen Strom zugeführte Gut und schleudern es in die Siebtrommel, wobei größere Stücke vom Rost aufgefangen werden, während das Feinere durch die Rostspalten hindurchfliegt, von der Siebtrommel abgesiebt wird und das Gehäuse O durch den Ablauftrichter verläßt. Alles Gut über die gewünschte Korngröße wird bei der Drehung der Siebtrommel von den Querwänden L mit nach oben genommen und wieder zwischen die Schläger geworfen, und zwar so lange, bis es genügend fein geworden ist, um durch die Sieböffnungen hindurchzugehen. Die Mulde E verhindert, daß das Gut unmittelbar in das Sieb fällt, bevor es von den Schlägern getroffen ist.

Die Reginamühle ist überall dort vorteilhaft verwendbar, wo aus einem spröden, gut mahlbaren und vor allen Dingen trockenen Gut ein möglichst gleichmäßig gekörntes Erzeugnis hergestellt werden soll. Für die Verarbeitung feuchter und leicht schmierender Stoffe ist sie dagegen nicht geeignet. —

Aus dem Bestreben, eine Vorrichtung zu schaffen, die den meist üblichen stufenweisen Zerkleinerungsvorgang derart zu vereinfachen vermöchte, daß das Vorbrechen, Grob- und Feinschroten in einem einzigen Apparat geschieht, ist die in mehr als einer Hinsicht als originell zu bezeichnende Zyklopmühle der Maschinenbauanstalt *Humboldt* in Kalk b. Köln entstanden, deren Einrichtung aus den Fig. 71 und 72 zu ersehen ist. Es ist dies eine Schlägermühle gleich den vorstehend beschriebenen Maschinen dieser Art, aber hauptsächlich von den letzteren darin abweichend, daß die Schläger s mit der im Gehäuse a rasch umlaufenden Welle b nicht starr, sondern gelenkig verbunden sind und gewissermaßen als Dreschflegel wirken. Im Ruhezustande hängen sie lose herunter und erst beim Anlauf der Maschine stellen sie sich radial ein. Das Gut wird ihnen über eine Rutsche c, d zugeführt, die ebenso wie der Rost e muldenförmige Gestalt besitzt, der sich die Schläger, wie aus Fig. 71 ersichtlich, anschließen, indem sie nach den Seiten hin kürzer werden. Die muldenförmige Gestalt der Rutsche bewirkt, daß die größeren Stücke der Mitte zugeführt werden, wo die längsten Schläger das Gut spalten und nach den Seiten drängen. Hier wird es von den kürzeren Schlägern so lange bearbeitet, bis es die genügende Feinheit erreicht hat, um durch die Rostspalten hindurchfallen zu können. Die Abnutzung wird sich daher in erster Linie auf die langen Schläger werfen, die nach einer gewissen Zeit erneuert werden müssen. Doch gestatten exzentrisch angeordnete Bolzenlöcher f in der Nabe eine noch zweimalige Verstellung der Schläger.

Der Rost ist mit seinem hochliegenden Teil im Gehäuse aufgehängt, während er unten an der Aufgabeplatte nur lose auf dem Rosthalter aufliegt, der mit der ersteren durch einn Sicherheitsbolzen verbunden ist. Dieser Bolzen wird in dem Augenblick abgeschert, wenn größere Eisenstücke in die Maschine gelangen, die durch die Rostspalten nicht durchfallen können. Dadurch senkt sich der hängende Rost so weit, daß der Fremdkörper leicht aus der Mühle entfernt werden kann. Nach dem in nur kurzer Frist zu bewerkstelligenden Einziehen eines neuen Sicherheitsbolzens ist der Apparat wieder gebrauchsfähig.

Das Hauptverwendungsgebiet der Zyklopmühle ist die Salzmüllerei. Eine Zyklopmühle von 800 mm Durchmesser, als alleinige Brechmaschine und Mahlapparat, verarbeitet — nach Angabe — 20 000 kg Düngesalz in der

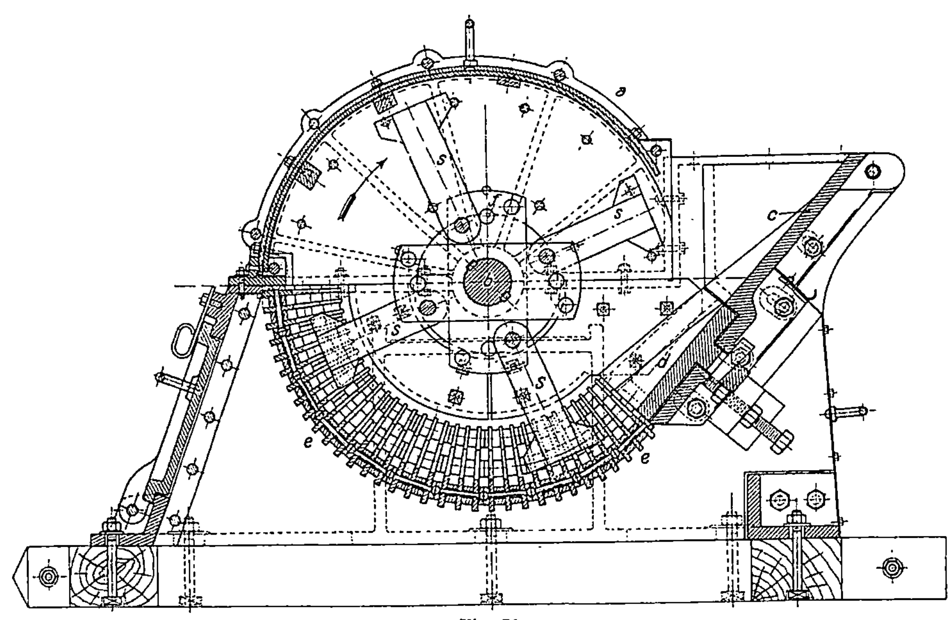

Fig. 71.

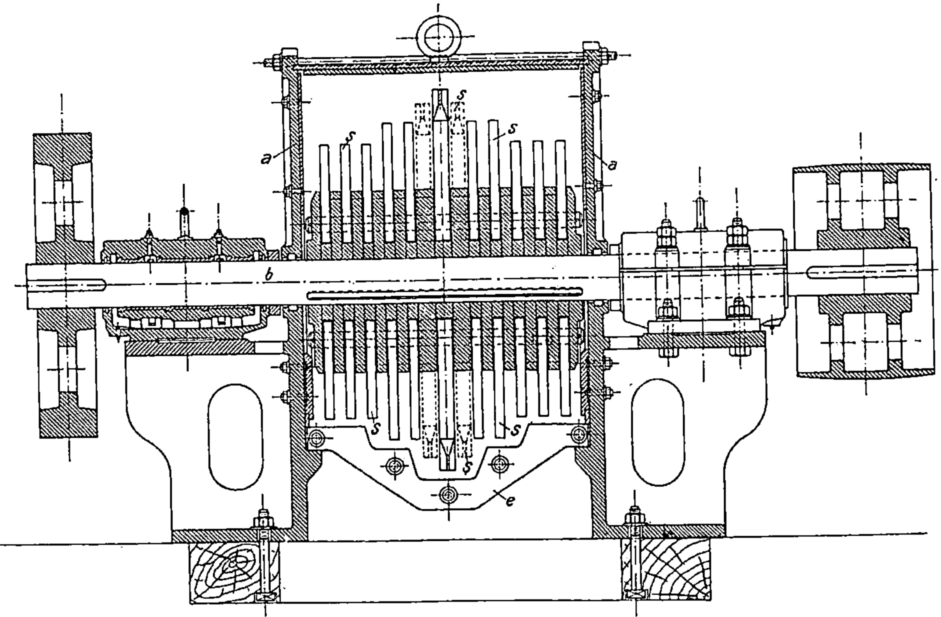

Fig. 72.

Stunde zu der üblichen Feinheit. Für größere Leistungen, z. B. 80 000 kg stündlich, ist es allerdings zweckmäßiger, eine große Zyklopmühle zum Vormahlen und zwei kleinere Modelle zum Fertigmachen anzuwenden. Immerhin ist die auch dann noch erzielte Vereinfachung der Mühlenanlage ganz bedeutend.

Die Zyklopmühle wird in acht verschiedenen Modellgrößen, von 600 bis 1200 mm mittlerem Schlägerdurchmesser und von 250 bis 800 mm Breite gebaut. Bei 1200 bis 650 Umdrehungen in der Minute und 8 bis 70 PS Kraftverbrauch wird die Leistung mit 4000 bis 65 000 kg/St. angegeben. —

Nicht ganz so weit in dem Streben nach Vereinfachung des Zerkleinerungsvorganges wie die Zyklopmühle, geht die Titanmühle von *Amme, Giesecke & Konegen*, Braunschweig (Fig. 73), bei der zwei gegeneinander rasch umlaufende, parallel gelagerte Wellen mit je sieben Schlägern *a* besetzt sind, von denen

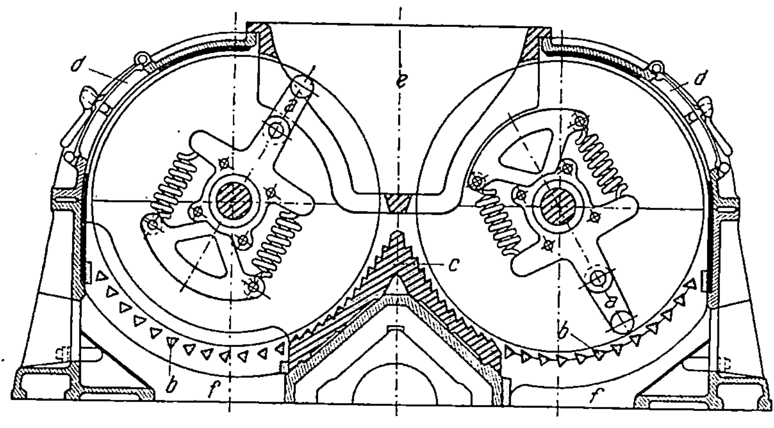

Fig. 73.

jeder einzelne um die Welle frei drehbar ist, so daß für die Schlagwirkung die Entfernung von Wellenmitte bis Schlägeraußenkante als Maß in Betracht kommt, wodurch der Schlag eine weit größere Gewalt erhält als wie bei ähnlichen Konstruktionen.

Die weitere Mahlung findet dann über der Mahlbrücke *c* und daran anschließend auf dem aus Dreikantstücken *b* gebildeten Rost statt. Da die Arbeitsbahn des Hammers etwa drei Viertel des ganzen Weges beträgt, so wird die lebendige Kraft der Schläger gut ausgenützt.

Die Drehbarkeit der Schläger um die Welle hat den weiteren Vorteil, daß ein Auftreffen des Hammers auf einen Fremdkörper nicht plötzlich bremsend auf die Welle wirkt und somit ein Energieverlust vermieden wird. Der Hammer dreht sich in diesem Falle zunächst um die Wellenmitte zurück, und, falls dieses nicht ausreichen sollte, wird zuletzt auch der kurze, auswechselbare Schlagteil ausweichen und die Federn werden ausgespannt, um im nächsten Augenblick die Spannung an den Hammer wieder abzugeben.

Zwischen den Arbeitsgebieten der beiden Hammersysteme verbleibt ein toter Raum *e*, in dem die etwa in die Mühle hineingeratenden Fremdkörper

(Eisenteile u. dgl.) hineingetrieben und aus dem sie leicht entfernt werden
können. Zur Erhöhung der Zugänglichkeit sind im Gehäuse sehr große, gut
verschließbare Schauklappen *d* angebracht.

Die Titanmühle, die zugleich Steinbrecher und Glockenmühle ersetzen
soll, wird in zwei Größen gebaut, deren Kraftbedarf 20 bzw. 40 PS beträgt. —

Bei den eigentlichen Schleudermühlen wird, wie schon weiter oben
ausgeführt, das Gut durch die reine Schleuderwirkung einer sehr rasch umlaufenden, wagerechten Scheibe gegen eine feststehende Wand zerkleinert.
Schlagstifte, Schlagnasen oder Schlagarme fehlen also hier gänzlich.

Nach diesem Grundsatz arbeitet die Vapartsche Schleudermühle
von *C. Mehler* in Aachen. Sie besteht aus meist vier wagerechten Scheiben,
die mit einer Anzahl radial gestellter Wurfleisten besetzt und in passenden
Abständen übereinander auf einer senkrechten, rasch umlaufenden Welle
befestigt sind. Diese dreht sich in einem Blechgehäuse, dessen Wandungen
mit geriffelten Hartgußplatten ausgelegt sind. Das von der ersten Scheibe
abgeschleuderte Gut fällt an der Wandung des Gehäuses nieder, wird hier
von schrägen Rutschen aufgefangen und gegen die Mitte der darunterliegenden zweiten Scheibe geleitet, von dieser gegen die Wandung geschleudert
und von einer zweiten Reihe von Rutschen auf die dritte Scheibe geführt
usw., bis es nach Verlassen der letzten, untersten Scheibe in den im Boden
des Gehäuses angeordneten Auslauf gelangt.

Diese Mühle wird zum Zerkleinern von Schamotte, Kohle u. dgl. und
zum Mischen der Beschickung für Zinköfen gebraucht. —

III. Mühlen.

Unter Mühlen sollen hier nur diejenigen mechanischen Zerkleinerungseinrichtungen verstanden werden, die ein Erzeugnis von überwiegend mehlartigem Charakter liefern. Zwar ist aus dem vorhergehenden Abschnitt zu ersehen, daß manche der dort beschriebenen und als Feinschroter benannten Maschinen die Bezeichnung „Mühlen" tragen, wie z. B. die Schlagkreuzmühle und ihre Abarten, doch ist das Produkt, das sie ihrer schlagenden, klopfenden, schleudernden und scherenden — immer aber nur verhältnismäßig kurz andauernden — Wirkungsweise zufolge hervorzubringen vermögen, von ausgesprochen grießiger Beschaffenheit und nicht als das anzusehen, was man im gewöhnlichen Sprachgebrauch als Mehl bezeichnet[1]. Um dieses zu erzeugen, bedarf es entweder 1. einer lange fortgesetzten Bearbeitung des Gutes durch Schlag und Stoß in mörserähnlichen Gefäßen, oder 2. einer Bearbeitung durch die reibende Wirkung an sich schwerer, oder durch Zuhilfenahme mechanischer Mittel (Fliehkraft, Schraubenpressung, Federspannung) schwer gemachter Mahlkörper, oder endlich 3. einer Kombination beider Angriffsweisen.

Diesen Unterscheidungsmerkmalen zufolge lassen sich die in der Hartzerkleinerung gebräuchlichen Feinmahlmaschinen einreihen in

    a) Stampfmühlen (Pochwerke),
    b) Mahlgänge und Fliehkraftmühlen,
    c) Kugelmühlen,

die in der vorstehenden Reihenfolge besprochen werden sollen.

Einer gesonderten Betrachtung muß im Anschluß daran

    d) die Naßmüllerei

unterzogen werden. —

a) Stampfmühlen (Pochwerke).

Stampfmühlen oder Pochwerke üben auf das zu verarbeitende Gut reine Schlagwirkungen aus; sie eignen sich daher vorwiegend zur Zerkleine-

---

[1] Daß selbst die unter die Vorschroter eingereihten Kollergänge und Walzwerke unter Umständen zur Mehlerzeugung dienen können, wurde schon bei einer früheren Veranlassung erwähnt. Diese Tatsache kann aber hier nicht ins Gewicht fallen, da Kollergänge zur Feinmehlerzeugung in der Hartmüllerei — und mit dieser allein haben wir es zu tun — ihrer geringen Leistungsfähigkeit wegen nur sehr vereinzelt, Walzwerke überhaupt nicht angewendet werden. Daß dagegen letztere in der Weich-(Getreide-)Müllerei die weiteste Verbreitung gefunden haben, dürfte wohl allgemein bekannt sein.

rung harter, spröder Stoffe, die durch einen heftigen Stoß sofort den Zusammenhang ihrer Teile verlieren. Für Gesteine von zäher Beschaffenheit sind sie weniger gut geeignet und in solchen Fällen sind ihnen energisch wirkende Fliehkraftmühlen zum Feinmahlen unbedingt vorzuziehen.

Ihr Hauptanwendungsgebiet ist die Gold-, Silber- und Kupfererzaufbereitung. Doch auch hier sind sie nicht überall am Platze. Sie arbeiten nur dann einwandfrei, wenn das Gold oder Silber im Erz äußerst fein verteilt auftritt. Kommt es dagegen darin in größeren Stücken vor oder ist es selbst von spröder Beschaffenheit, so ist die Anwendung von Stampfmühlen mit Rücksicht auf die großen Mengen des Metalls, das dann mit dem Pochschlamm in die Laugerei abfließt und das zur Gänze niemals daraus wiedergewonnen werden kann, nicht zu empfehlen. Immerhin ist die absolute Zahl der gegenwärtig für die genannten Zwecke arbeitenden Pochwerke eine sehr große und nicht minder groß die Zahl ihrer Anhänger und Freunde, die sie trotz der ihnen unleugbar anhaftenden Mängel besitzen.

Ein Pochwerk besteht im allgemeinen aus einem senkrechten Schaft, der an seinem unteren Ende mit einem schweren Stahlschuh bewehrt ist und in einer sicheren Führung gleitet. Dieser Schaft wird in kurzen regelmäßigen Zwischenräumen gehoben, um sodann auf einen stählernen Amboß niederzufallen und das auf dem letzteren aufgehäufte Gut zu zerkleinern. Das Gehäuse, in dem die Zerkleinerung vor sich geht, steht auf einer Seite mit einer Vorrichtung zur gleichmäßigen Zufuhr des auf einem Steinbrecher vorgebrochenen Gutes in Verbindung, auf der anderen Seite ist ihm ein mit Metallgewebe bespannter Siebrahmen eingefügt, durch dessen Maschen das genügend Gefeinte austreten kann, während das übrige der wiederholten Schlagwirkung des Pochschuhes so lange ausgesetzt bleibt, bis es diejenige Korngröße erreicht hat, die ihm den Austritt durch das Gewebe gestattet. Um die Abführung des Feinen zu beschleunigen und gleichzeitig die Staubentwicklung zu verhüten, wird in das Pochgehäuse in einem beständigen Strome reines Wasser zugeführt, das den Mahlraum als Pochschlamm verläßt und der weiteren Verarbeitung (Konzentration) zufließt.

Die Pochwerke werden je nach der Art und Weise, wie dem Pochstempel die Schlagkraft verliehen wird, in verschiedene Klassen eingeteilt:

α) Schwerkraft-Pochwerke, die nur durch die lebendige Kraft des frei herabfallenden Stempels wirken, bei denen also das Fallmoment durch das Eigengewicht des ersteren begrenzt ist.

β) Dampf-Pochwerke, die in der Art der bekannten Dampfhämmer arbeiten.

γ) Pneumatische, hydraulische und Feder-Pochwerke, bei denen der Stempel durch eine Kurbel gehoben und abwärts getrieben und die Rückwirkung des Schlages mittels eines Luft- oder Wasserkissens oder einer Feder abgefangen wird.

δ) Hebel-Pochwerke, wo der Stempel durch einen Hebel betätigt wird, der mittels eines Gleitschuhes den ersteren auf und nieder bewegt und wobei starke Spiralfedern als Puffer dienen.

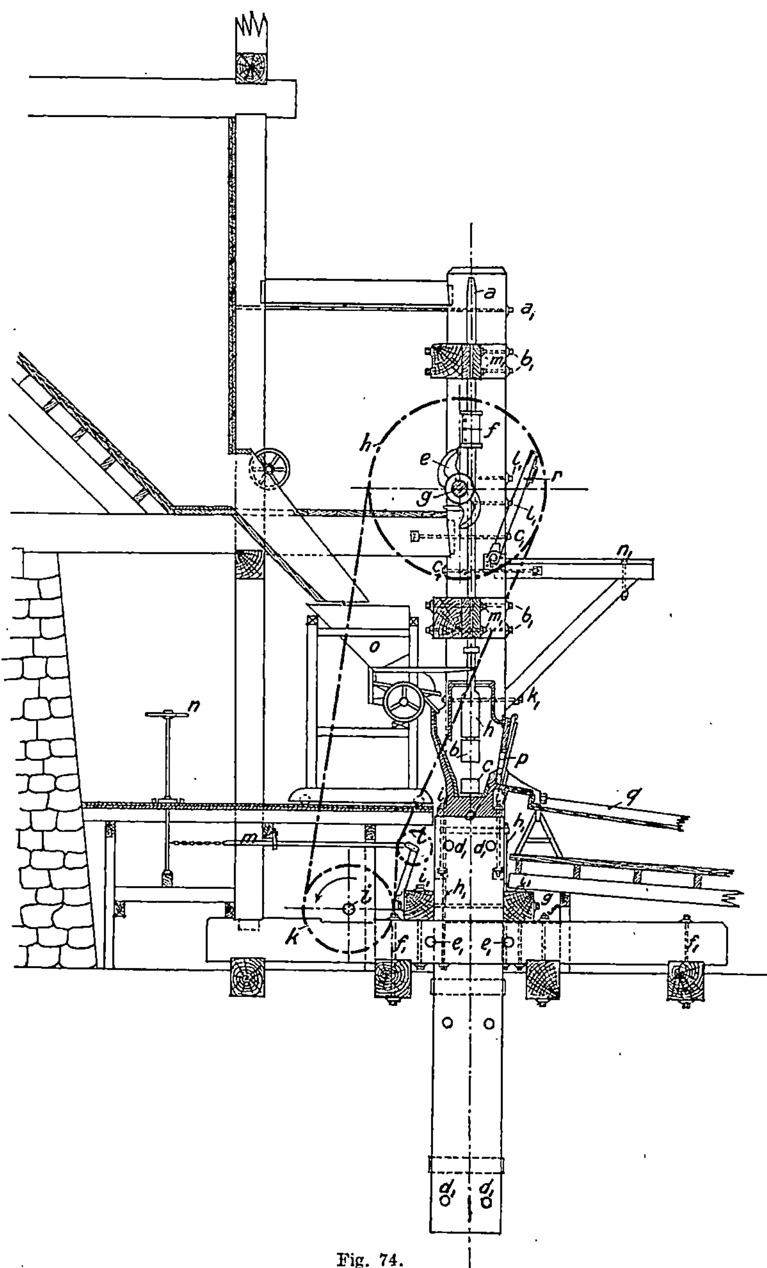

Fig. 74.

Ausführungsbeispiele aus den drei erstgenannten Gruppen werden die Einrichtung dieser Stampfmühlen zeigen, während die vierte Gruppe, weil praktisch zu keiner großen Bedeutung gelangt, hier übergangen werden kann. —

Ein Schwerkraft-Pochwerk mit 10 Stempeln, von denen je 5 eine „Batterie" bilden, ist durch die Fig. 74 und 75 veranschaulicht[1]. Die ersten Zerkleinerungsvorrichtungen dieser Art sind in den Goldbergwerken von Kalifornien zur Anwendung gekommen, sie sind daher allgemein als „Kalifornische Pochwerke" bekannt.

In den Abbildungen bedeutet a den schmiedeeisernen Schaft des Pochstempels, b den stählernen Schuh und h das schwere gußeiserne Haupt, das Schaft und Schuh miteinander fest, aber doch lösbar, verbindet. c ist die stählerne, runde Pochsohle, die mit einer viereckigen Fußplatte in das Pochgehäuse d eingelassen ist. Jeder Pochschaft trägt eine gußeiserne Muffe f, an der der „Hebling" e derart angreift, daß der ganze Pochstempel nicht nur gehoben, sondern auch gleichzeitig gedreht wird. Dieses geschieht zu dem Zwecke, um eine möglichst gleichmäßige Abnutzung der arbeitenden Teile herbeizuführen. Die Vorgelegewelle g, auf der die Heblinge e derart sitzen, daß eine taktmäßige Reihenfolge der Schläge entsteht, wird von der Hauptwellenleitung i aus mit Hilfe der Riemscheiben k und h angetrieben. Zum Nachspannen des schlapp gewordenen Riemens dient die mittels Handrad n und Kettenzug m stellbare Spannrolle l und zum Festhalten des Stempels für den Fall, daß am Pochgehäuse Ausbesserungen vorgenommen werden müssen, der drehbare Hebel r, der sich beim Umlegen unter die Muffe legt und den Stempel am Herabfallen hindert.

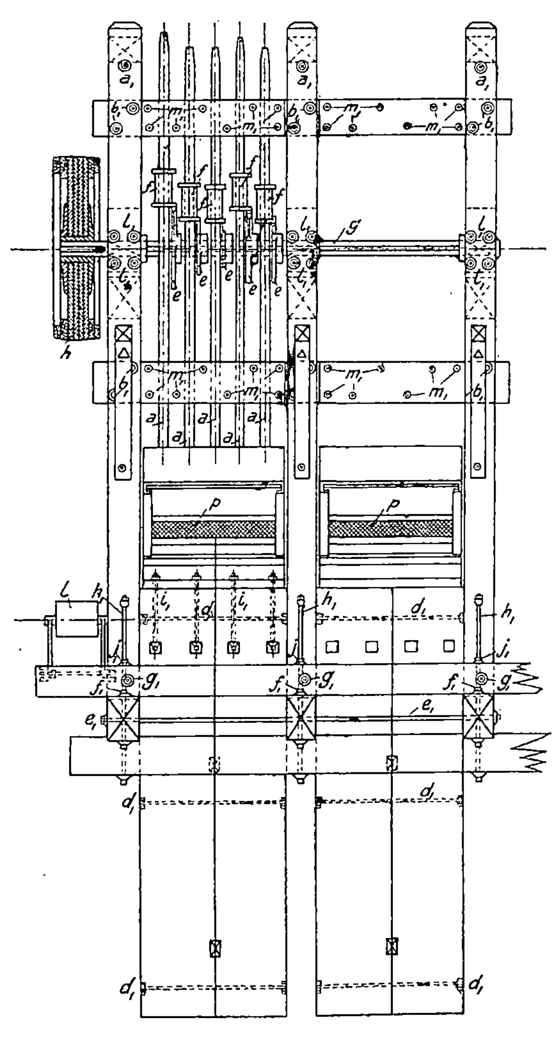

Die gleichmäßige Zuführung des vorgebrochenen Erzes vermittelt die Speisevorrichtung o, die in verschiedener Art konstruiert sein kann. Am

---

[1] *R. H. Richards:* Ore dressing **I**, 146, 147. 1908.

besten geeignet hat sich für diesen Zweck der Apparat von *Tulloch* (*Tullochs ore feeder*) gezeigt, bei dem die Schüttelbewegung von dem mittleren Batteriestempel abgeleitet und in ihrer Intensität von der Menge des auf der Pochsohle liegenden Erzes abhängig gemacht ist. Ist die Pochsohle hoch mit Erz bedeckt, so ist die Fallhöhe des Pochstempels eine geringe und infolgedessen auch die schüttelnde Bewegung des Speiseapparates eine schwache, so daß nur wenig Erz in den Pochtrog gelangt. Ist dagegen wenig Erz im Pochtroge, so vergrößert sich die Fallhöhe des Stempels; der Schütteltrog erhält stärkere Stöße und schüttet eine größere Menge Erz in den Pochtrog[1].

Das fertige Erzeugnis wird, wie einleitend erwähnt, mit Hilfe eines Wasserstromes aus dem Pochgehäuse ausgetragen und verläßt es in Form des Pochschlammes oder der „Pochtrübe" durch die Austragöffnungen p, um in der Holzrinne q weiterer Verarbeitung zugeführt zu werden. Die Austragöffnungen sind mit Sieben aus gelochtem Blech oder Stahldraht verschlossen, deren Holzrahmen durch Keile im Gehäuse festgehalten werden. Wird, um die Leistungsfähigkeit zu erhöhen, an beiden Langseiten ausgetragen, so befindet sich die Eintragöffnung über der Austragöffnung an der hinteren Seite des Pochtroges.

Die Eisenteile der Pochwerkbatterie werden von einem schweren Rahmenwerk aus starken Holzbalken getragen, die untereinander durch zahlreiche Schrauben (in der Abbildung durch mit Index versehene Buchstaben bezeichnet) zusammengehalten werden und ihrerseits wieder, teils mit der Gebäudekonstruktion, teils mit dem Beton- oder Steinfundament in solider Verbindung stehen.

Das Gewicht eines vollständigen Pochstempels beträgt von 300 bis 600, neuerdings sogar bis 750 kg, die Zahl der Schläge 90 bis 100 in der Minute, die Hubhöhe von 180 bis 260 mm, die Leistung von 3,5 bis 5 t täglich, der Wasserverbrauch von 7,2 bis 15 cbm/t.

Die Zahl der Pochstempel in einer Mühlenanlage richtet sich natürlich ganz nach dem Umfang des Minenbetriebs, der stellenweise (Transvaal Randminen) ein ganz riesiger ist, so daß Stampfmühlen mit 320, ja sogar 400 Stempeln durchaus nicht zu den Ausnahmen gezählt werden dürfen. Mühlen von derartiger Ausdehnung vermögen monatlich 48 000 bis 60 000 t Erz zu pochen. Ebenso großartig sind dann selbstverständlich auch die dazugehörigen Anlagen für die Amalgamation, die Auslaugung und Raffinierung des Goldes. —

Über den Kraftverbrauch von Schwerkraft-Pochwerken haben *Rittinger*[2], *Weisbach*[3] und *Gätschmann*[4] eingehende theoretische Untersuchungen angestellt, auf die hiermit verwiesen sei. Für vorliegenden Zweck genügt folgende Überlegung. Ist n die Anzahl der von derselben Welle aus betriebenen Stempel, Q das Gewicht eines solchen in Kilogramm, h die Hubhöhe in Meter

---

[1] *C. Schnabel:* Metallhüttenkunde **1**, 835. Berlin 1901. —
[2] *Rittinger:* Aufbereitungskunde 19 u. ff. I. u. II. Nachtrag 1 bis 16 und 1 bis 10.
[3] *Weisbach:* Ingenieurmechanik **3**.
[4] *Gätschmann:* Die Aufbereitung **1**, 146 bis 602. Freiberg 1858 und **2**, 631 bis 679. Leipzig 1872.

und u die Hubzahl in der Minute, so beträgt der theoretische Arbeitsaufwand in der Sekunde

$$A_{\text{mkg}} = Q \cdot n \cdot h \cdot \frac{u}{60}.$$

Hierzu tritt noch der Aufwand zur Überwindung der Bewegungswiderstände (Reibung der Stempel in ihren Führungen, der Heblinge an den Muffen, der Zapfen in den Lagern usw.) und der Verlust durch Stöße und Erschütterungen. Um also den wirklichen Arbeitsaufwand zu bestimmen, ist es erforderlich, den obigen Ausdruck mit einem Koeffizienten > 1 zu multiplizieren, dessen Größe überwiegend von der Beschaffenheit und dem Zustande des Pochwerkes abhängt und der sich (nach *Weisbach*) zwar leicht, aber umständlich berechnen läßt. Für praktische Überschlagsrechnungen genügt es, wenn man einen Mittelwert benutzt, der — nach *Rittinger* — zu 1,33 angenommen werden kann.

Wäre z. B. in einem vorliegenden Falle $n = 10$, $Q = 500$, $h = 0{,}25$ und $u = 90$, so ist der Arbeitsaufwand

$$A_{\text{mkg}} = 1{,}33 \cdot 500 \cdot 10 \cdot 0{,}25 \cdot \tfrac{90}{60} = 2493{,}75$$

oder in Pferdestärken

$$N = \frac{2493{,}75}{75} = 33{,}25 \text{ PS}.$$

Der größte Vorzug der Schwerkraft-Stampfmühlen ist die Einfachheit und Übersichtlichkeit ihrer Konstruktion, die eine sorgfältige Instandhaltung sowie eine rasche und leichte Wiederinstandsetzung ermöglicht. Zu ihrer Überwachung genügen einfache Schlosser oder selbst nur solche Leute, die mit Hammer, Meißel und Feile einigermaßen umzugehen verstehen. — Die übliche Teilung in Batterien von nur wenigen Stempeln läßt die durch etwaige Ausbesserungen erforderlich gewordene Stillsetzung einer solchen Batterie in weit niedrigerem Maße als Betriebsstörung und Leistungseinschränkung erscheinen, als dies bei Systemen der Fall ist, die aus nur wenigen, aber im einzelnen sehr leistungsfähigen Apparaten bestehen. Endlich ist es von Vorteil, daß man in den Stampfmühlen den Zerkleinerungs- und Amalgamationsprozeß vereinigen kann.

Von Nachteil ist dagegen ihre mit ungemein heftigen Stößen und Erschütterungen verbundene Arbeitsweise, die sehr schwere und teure Fundamente und Holzkonstruktionen erfordert. Desgleichen wird das Mühlengebäude bei etwas größeren Leistungen der Anlage räumlich schon sehr ausgedehnt[1], und die langen Wellenleitungen verursachen ständig große Ausgaben durch Arbeitsverluste und Aufwand an Riemen und Schmiermitteln. Endlich ist ihre Leistungsfähigkeit bei Trockenvermahlung außerordentlich gering. —

---

[1] Eine Anlage mit 280 Stempeln erfordert ein Gebäude von 90 m Länge, 35 m Breite und 11 m Höhe bis zum niedrigsten Dachbalken (*Simmer & Jack Mine*, Johannesburg).

Dampfpochwerke bestehen aus einem senkrechten Stempel, der an seinem unteren Ende mit dem Pochschuh, am oberen Ende mit einem Kolben verbunden ist, welcher mittels Dampfkraft in einem Zylinder auf- und abwärts bewegt wird. Bei der Abwärtsbewegung trifft der Pochschuh auf das auf der Pochsohle angehäufte Erz und zerkleinert dieses durch seine Schlag-

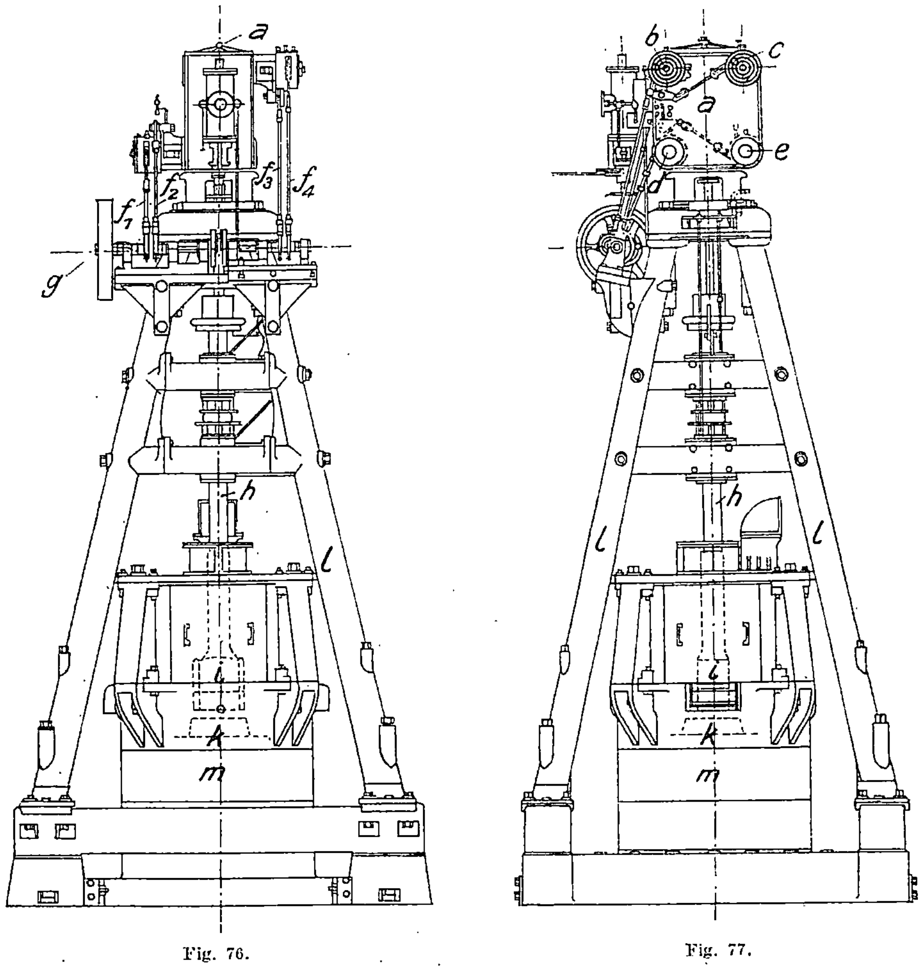

Fig. 76.   Fig. 77.

wirkung. Die Pochsohle ist in einem Gehäuse eingebaut, das mit einer Aufgabevorrichtung für das zu zerkleinernde Gut und mit Sieben zum Austragen des fertigen Erzeugnisses versehen ist.

Die Dampfpochwerke werden ausschließlich nur in den Kupferminen der Lake Superior Region (V. St. A.) verwendet. Am verbreitetsten ist das Dampfpochwerk der *Nordberg Manufacturing Company*, Milwaukee, Wisconsin. Es ist durch die Fig. 76 und 77 in zwei äußeren Ansichten dargestellt[1]), worin a den Dampfzylinder — gewöhnlich 510 mm Durchmesser, 610 mm Hub — bedeutet, der mit vier Corliss-Schiebern b, c, d und e ausgerüstet ist, von denen jeder durch ein besonderes Exzenter $f_1 - f_4$ derart betätigt wird, daß die Schieber voneinander unabhängig und jeder für sich einstellbar sind, wobei die Einstellung durch eine Zeigervorrichtung von außen ersichtlich gemacht wird. Die Auslaßschieber werden mittels Gelenkhebel, die Einlaßschieber dagegen unmittelbar von den Exzentern in Bewegung gesetzt. Die Exzenter für die unteren Schieber sitzen auf einer Welle, welche ihre regelmäßige Umdrehung mittels der Riemscheibe g von einer anderen Kraftquelle aus erhält und die mit einer zweiten Welle derart gekuppelt ist, daß die letztere eine ungleichförmige Bewegung vollführt, wodurch die oberen Schieber zu einem sehr schnellen Öffnen und Schließen gezwungen werden.

Der Dampfzylinder mit Steuerung und Steuerwelle ruht auf vier kräftigen, gußeisernen Säulen l, die sich unten auf einen schweren Fundamentrahmen aufsetzen und deren obere Querbalken die Führung für den Schaft h bilden, der unten in dem Pochschuh i endet. Das die Pochsohle k enthaltende Gehäuse ruht auf dem Block m, der einen Teil des 6 m langen, 6 m breiten und $5^1/_3$ m tiefen Hauptfundamentes bildet.

Ein Dampfpochwerk dieser Art, der *Osceola Consolidated Mining Co.* in Opechee, Michigan, gehörig, ist von *O. P. Hood* untersucht worden. Der Dampfdruck der Kessel betrug 118,8 Pfund auf den Quadratzoll, das Gewicht des Pochstempels, welcher 102,8 Hübe in der Minute machte, war 5500 Pfund. In 24 Stunden wurden 550,4 Tons Kupfererz gepocht. Auf eine Tonne Kohle kamen 61,61 und auf 1 PS 0,1164 Tons Erz.

Die genannten Konstrukteure führen neuerdings die Dampfpochwerke mit zwei übereinander angeordneten Zylindern (Tandem-Anordnung) aus, wobei der Hochdruckzylinder auf beiden Seiten, der Niederdruckzylinder dagegen nur auf der Oberseite des Kolbens Dampf erhält. Der Abdampf des ersteren strömt zuerst in einen Aufnehmer (Receiver) und sodann in den Niederdruckzylinder, wo er sich weiter ausdehnt. — Die Untersuchung eines solchen Pochwerkes von $15^1/_2$ bzw. 32 Zoll Zylinderdurchmesser und 24 Zoll Hub ergab eine Leistung von 709,3 Tons in 24 Stunden, wobei auf eine verbrauchte Tonne Kohle 88,3 t Erz entfielen. Daraus ist auf die größere Wirtschaftlichkeit der Dampfpochwerke mit zwei Dampfzylindern zu schließen.

Unter den **hydraulischen Pochwerken** hat jenes von *George A. Denny*[2] sich am besten bewährt und ist am Witwatersrand mit gutem Erfolge eingeführt worden. Wie einleitend bereits erwähnt, wird der Stempel eines derartigen Pochwerkes von einer Kurbelwelle aus betätigt, die Wirkung der Schläge durch eine äußere Kraft verstärkt und die Rückwirkung des Schlages auf den Stempel mittels eines Wasserkissens abgefangen, das in Tätigkeit treten muß, bevor der Kurbelzapfen seinen tiefsten Punkt erreicht hat.

---

[1] *R. H. Richards:* Ore dressing **3**, 1258, 1259. 1909.
[2] *R. H. Richards:* Ore dressing **3**, 1249. 1909.

In Fig. 78 und 79 bezeichnet a die in dem Rahmen g gelagerte und mittels Riemen angetriebene Kurbelwelle, b die Wasserzylinder mit den Füh-

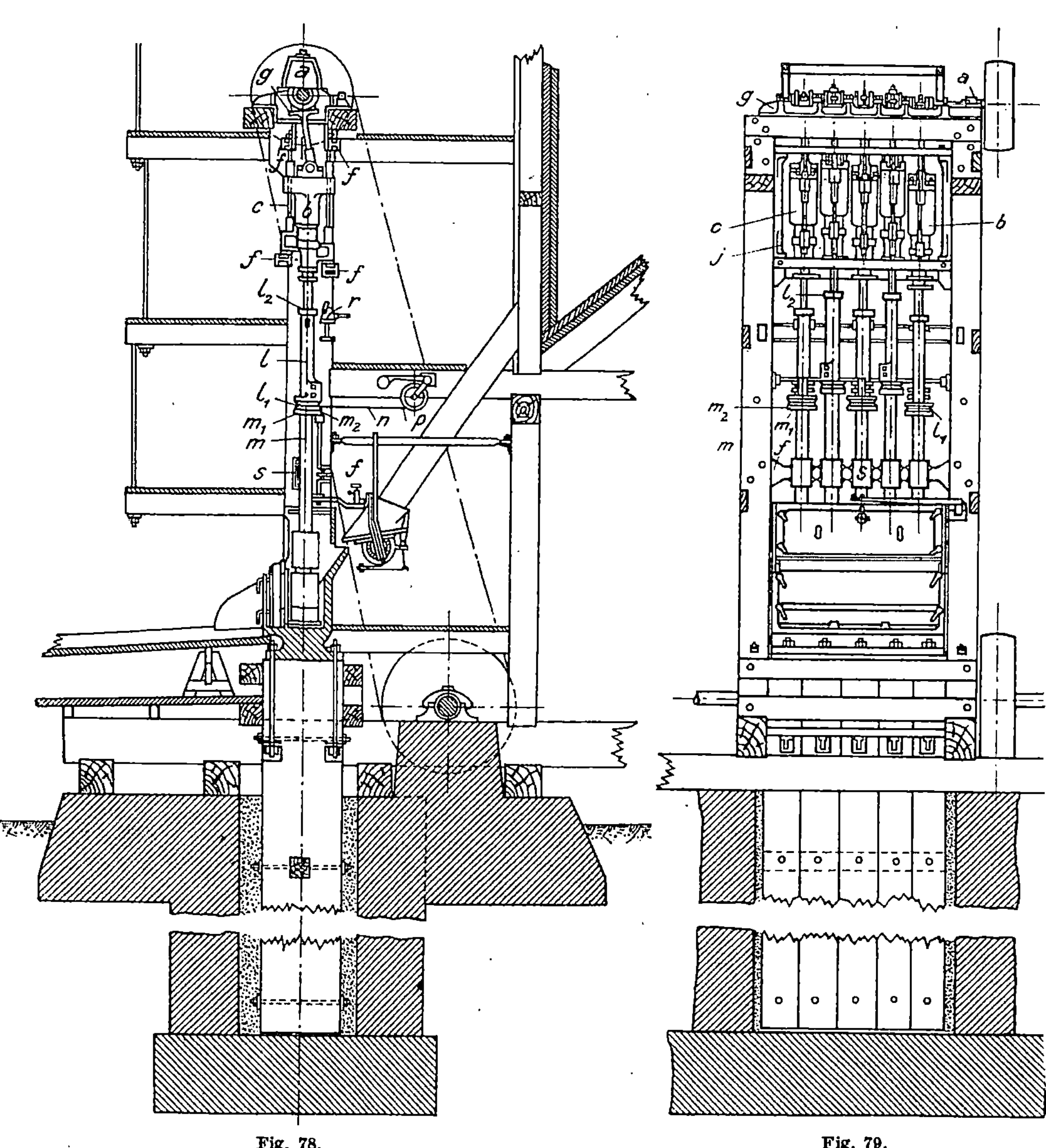

Fig. 78.Fig. 79.

rungen c, m die in den Büchsen s gleitenden Stempel und f Querbalken zur Versteifung der Holzständer, die den Mechanismus tragen. Die Kolbenstange ist durch die Hülse l mit dem Schaft m derart verbunden, daß zwischen den Flansch m_1 und die Hülse l die Scheiben m_2 zum Ausgleich der durch den verschleißenden Pochschuh eintretenden Längenverminderung des Stempels eingelegt werden können. Der Stempel kann, wenn erforderlich, mittels der Flansche l_2 an dem umlegbaren Stück r aufgehängt werden.

Eine Nute l_1 in der Hülse nimmt eine endlose Kette n, die über die Rolle p geführt ist, zum Drehen des Stempels auf. Die Drehung erfolgt mit Hilfe eines einseitigen Sperrwerkes mit Auslösung, also immer nur in demselben Sinne.

Die Steuerung des Wasserumlaufes und die rechtzeitige Bildung des Wasserkissens wird durch das Zusammenspiel von Zylinder, Piston, Kolbenstange und Wasserkasten in höchst sinnreicher Weise bewirkt, wegen deren eingehender Darlegung auf die oben bezeichnete Quelle verwiesen werden muß.

Die Denny-Stampfe macht 124 Hübe in der Minute und leistet mit neuen Schuhen und Pochsohlen 9,2 und, wenn diese Teile abgenutzt sind, 8,4 t mit einem Stempel in 24 Stunden, wobei fünf von ihren Stempeln nur um weniges mehr Kraft gebrauchen als zehn Stempel eines Schwerkraftpochwerkes von derselben Gesamtleistung. Die Einrichtung arbeitet gut und sicher, nur erfordern die Pistons nicht unerhebliche Erneuerungskosten.

Die pneumatischen Pochwerke sind ähnlich eingerichtet wie die hydraulischen, sie werden aber im allgemeinen weniger günstig beurteilt wie die letzteren. —

b) Mahlgänge und Fliehkraftmühlen.

Der Horizontalmahlgang ist eine der ältesten, seit Jahrhunderten bekannten und zum Feinmahlen der verschiedenartigsten Stoffe in Anwendung stehenden Maschinen. Wenn er auch in den letzten Jahrzehnten auf Gebieten, die er bis dahin unumschränkt beherrschte — wie z. B. in der Zementindustrie — durch neuere, leistungsfähigere und weniger eingehende Sachkenntnis des Müllers bedingende Zerkleinerungsvorrichtungen fast ganz verdrängt worden ist, so wird er doch in manchen anderen gewerblichen Betrieben immer noch als ein schwer zu ersetzendes Werkzeug betrachtet und darf aus diesem Grunde keineswegs zu den bereits historisch gewordenen Einrichtungen, die für die Gegenwart keine tatsächliche Bedeutung mehr besitzen, gezählt werden.

Das Prinzip des Horizontalmahlganges beruht darin, daß das zu vermahlende Gut zwischen die Flächen zweier aufeinander liegenden, ebenen, kreisrunden Steine gebracht und durch die mahlende Wirkung des sich drehenden Steines zerkleinert, zerrieben wird. Bei diesem Vorgang wird die Mahlwirkung bedingt durch die Größe der auf das Mahlgut ausgeübten Pressung, durch deren Dauer und durch das Maß der Entfernung zwischen den beiden reibenden Flächen. Ein theoretisch richtig konstruierter Mahlgang soll daher so gebaut sein, daß die drei vorgenannten Faktoren, dem Ermessen des Müllers und dem augenblicklichen Erfordernis entsprechend, leicht verändert werden können[1].

---

[1] *Naske:* Die Portland-Zement-Fabrikation, 3. Aufl., S. 95. Leipzig 1914.

Je nachdem sich nun der obere oder der untere der beiden Mühlsteine dreht, unterscheidet man oberläufige oder unterläufige Mahlgänge, kurz Oberläufer und Unterläufer genannt. Zu diesen hat sich anfangs der 70er Jahre des verflossenen Jahrhunderts der Mahlgang mit vertikal gestellten Steinen gesellt.

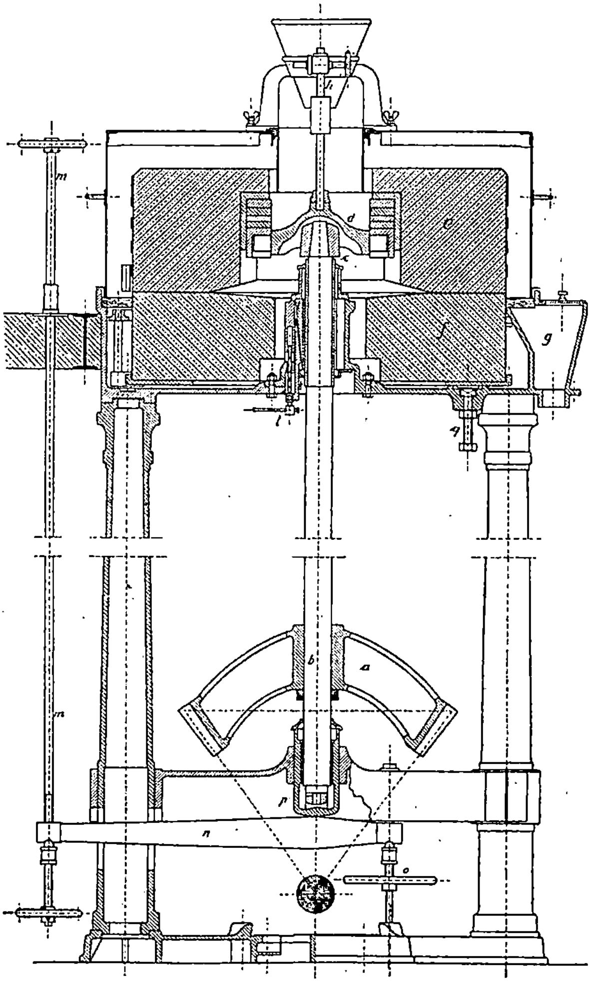

Der Oberläufer, Bauart *Amme, Giesecke & Konegen, A. G.*, Braunschweig (siehe Fig. 80), besteht aus zwei kräftigen eisernen Säulen (oder auch einem Hohlgußgestell) zum Tragen des ebenfalls eisernen Steinbettes, in welchem der in eine gußeiserne Schale eingebettete Bodenstein *f* auf starken Schrauben *q* verstellbar ruht. Das Steinbett wird durch Flanschen und Schrauben mit dem eisernen oder hölzernen Balkenwerk des Mühlenbodens fest verbunden. Die von dem Kegelrad *a* angetriebene Mühlspindel *b* ist oben in einem gegen das Eindringen von Staub geschützten Halslager, das durch Keil, Gegenkeil und Handgriff *l* nachstellbar gemacht ist und unten in einem Spurlager *r* geführt. Die Verbindungsteile zwischen der Spindel und dem Läuferstein *e*, bestehend aus dem

Fig. 80.

„Treiber" *c*, der „Balancierhaue" *d* und dem „Rientopf" bilden zusammen ein vollständiges Universalgelenk oder eine „schwebende Haue", welche vor den früher gebräuchlichen unbeweglichen „Hauen" den Vorteil besitzt, daß der Läufer frei nachgibt, wenn ein zufälliges Hindernis zwischen die Mahlflächen gerät, ferner, daß er sich leicht von der Mühlspindel abheben läßt und endlich, daß er von selbst eine wagerechte Lage annimmt und auch dann mit seiner Mahlfläche wagerecht bleibt, wenn die Mühlspindel nicht völlig im Lot stehen sollte.

Der Läufer wird von einer staubdichten, mit einer runden Einlauföffnung versehenen Blechhaube eingeschlossen, welche unten seitwärts den
Auslaufstutzen g für das Mahlgut, ferner einen Lüftungsstutzen zum Anschluß an die Saugeleitung einer Staubfängeranlage und endlich noch die
von der verlängerten Mühlspindel aus betätigte Speisevorrichtung (Rüttelwerk) trägt. Die Ein-
stellung des Läufers
geschieht mittels He-
belübertragung (m, n,
o) auf das Spurlager p;
sie kann entweder
vom Mühlenboden
aus oder auch von
unten her erfolgen.

Der abgebildete
Mahlgang hat Kegel-
räderantrieb und
kann sowohl einzeln
als auch in Reihe auf-
gestellt werden. Im
ersteren Falle erhält
die Vorlegewelle eine
feste und zwecks Aus-
rückens auch eine
lose Riemscheibe. Bei
Reihenaufstellung
werden zum Aus- und
Einrücken der ein-
zelnen Mahlgänge
Klauen- oder auch
Reibungskupplungen
verwendet.

Oftmals wird es
für praktisch befun-
den, eine Anzahl —
meist vier, seltener

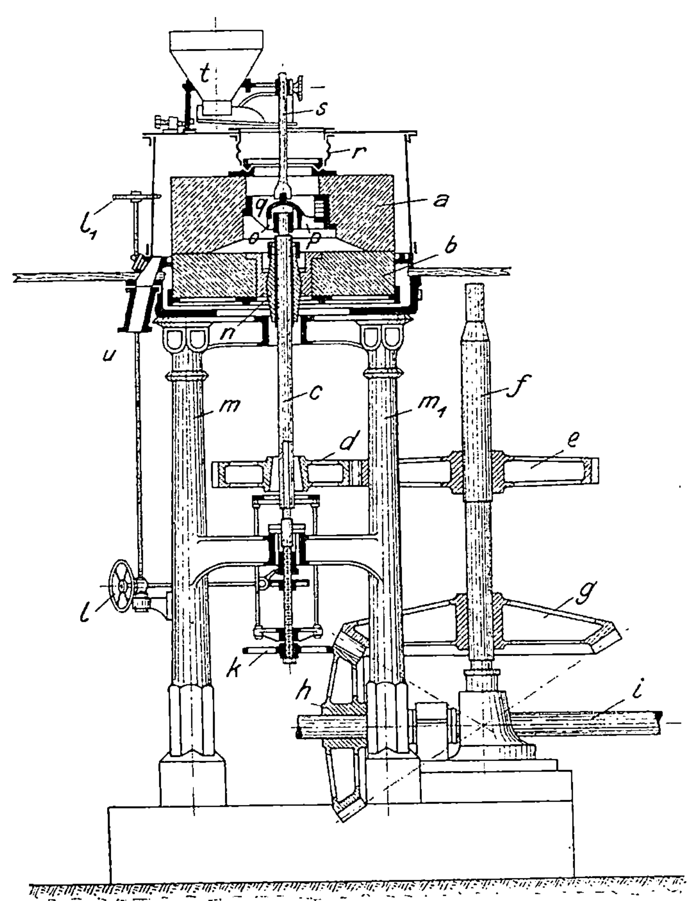

Fig. 81.

zwei, fünf oder sechs — Mahlgänge in einer Gruppe zu vereinigen und sie
von einer gemeinschaftlichen stehenden Welle — der sog. „Königswelle" —
aus zu betreiben. Diese Anordnung bringt den Vorteil einer nicht unerheb-
lichen Raumersparnis mit sich und ist besonders dann empfehlenswert, wenn
die sämtlichen Mahlgänge das gleiche Aufschüttgut zu verarbeiten haben, da
sich dann die Verteilung und Zuführung des letzteren aus einem gemeinschaftlichen Vorratskasten (Silo oder Rumpf) in die einzelnen Mahlgänge sehr bequem und einfach, ohne Zuhilfenahme von Schnecken, Bändern oder sonstigen
Fördereinrichtungen gestaltet.

Ein solcher Oberläufermahlgang für Gruppenbetrieb ist durch die Fig. 81 veranschaulicht (Bauart des *Eisenwerks* [*vorm. Nagel & Kaemp*] *A. G.*, Hamburg).

Die Königswelle *f* erscheint hier durch das Kegelräderpaar *g, h* von der Hauptwellenleitung *i* aus angetrieben und versetzt ihrerseits mittels des großen Stirnrades *e* und des Gegenrades *d* (oder der Gegenräder) die Mühlspindel *c* und mit dieser den Läufer *a* in Umdrehung. Die obere Führung der Mühlspindel ist hier als langes Kugellager *n* ausgebildet, das, eben infolge seiner Länge und der großen Auflagerfläche, die es der Spindel bietet, einer besonderen Nachstellvorrichtung entraten kann und, falls es nach Verlauf eines längeren Betriebes etwas ausgelaufen erscheint, nur frisch vergossen zu werden braucht, um wieder vollkommen verwendungsfähig zu sein.

Die schwebende Haue, die in ihrer vervollkommneten Form von dem rühmlichst bekannten Mühlenbaumeister *Nagel* in Hamburg konstruiert und

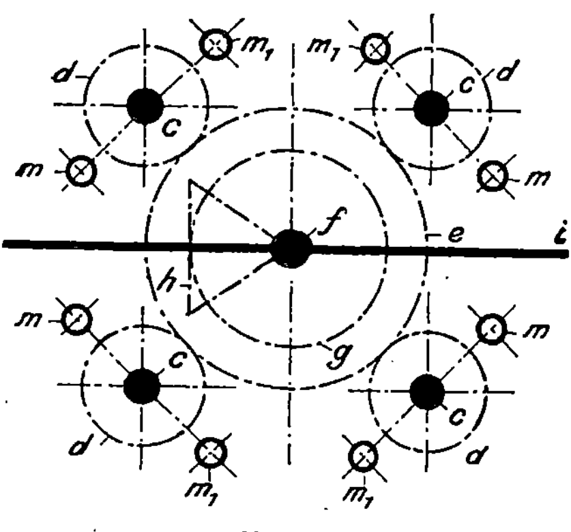

Fig. 82.

eingeführt wurde, besteht hier wieder, wie in dem voraufgegangenen Ausführungsbeispiel, aus dem Treiber *o*, der Balancierhaue *p* und dem Rientopf *q*. Mit *s* ist die auf die Balancierhaue aufgesetzte Dreischlagwelle bezeichnet, die die Aufgabevorrichtung zur gleichmäßigen Beschickung des Mahlganges betätigt.

Die Einstellung des Läufers geschieht hier mittels eines Wurmgetriebes, das durch eine flachgängige Schraube auf den Spurzapfen der Mühlspindel wirkt und sowohl vom Mühlenboden aus — mit Handrad l_1 — als auch vom Erdgeschoß her — mit Handrad *l* — in Umdrehung versetzt werden kann. Diese Stellvorrichtung heißt das Leuchtwerk, während eine andere, Hebegatter genannte und mittels des großen Handrades *k* zu regierende Einrichtung dazu dient, das Mühlengetriebe *d* außer Eingriff mit dem großen Zahnrad *e* zu bringen und den Mahlgang auszurücken.

Die Grundrißanordnung einer Gruppe von vier Oberläufern geht aus der Skizze Fig. 82 hervor. Darin bedeutet *f* die Königswelle, *g* und *h* das Kegelräderpaar auf der Hauptwellenleitung *i*, *e* das große Stirnrad, d_{1-4} die Mahlgangsgetriebe, *m*, m_1 die die Mahlgangsbetten tragenden Säulen.

Ergänzend muß zu Fig. 81 noch hinzugefügt werden, daß unter *u* der Auslaufstutzen und unter *r* ein Lederbeutel zu verstehen ist, der an seinem unteren Ende einen gußeisernen Schleifring trägt, wodurch ein staubdichter Abschluß des den Lederbeutel umgebenden Raumes nach außen hin erzielt wird. —

Der Oberläufer wirkt ausschließlich durch das Gewicht des Obersteines, das also nur im Leerlauf auf dem Spurzapfen, bei voller Beschüttung aber auf dem Mahlgut und daher mittelbar auf dem Bodenstein lastet. Um die

Pressung auf das Mahlgut zu vergrößern bzw. auf der als erforderlich erkannten Höhe zu erhalten, muß man somit das Gewicht des Läufers erhöhen.

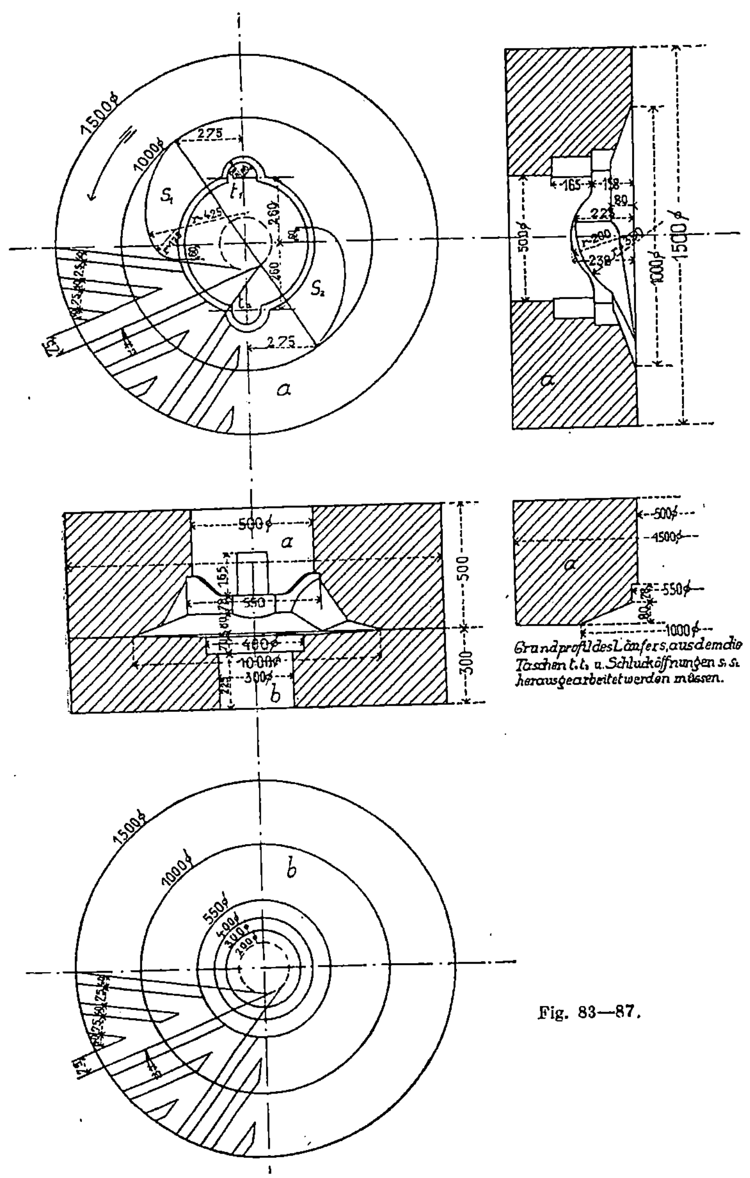

Fig. 83—87.

Diese Notwendigkeit tritt ein, wenn der Läufer durch die Nachbearbeitung an Gewicht und Mahlwirkung eingebüßt hat; man mauert dann den Stein durch Aufgießen von Zementmörtel auf. —

Die vorzüglichsten Gebirgsarten, aus welchen gute Mühlsteine gewonnen werden können, sind: Sandsteine, Porphyr, verschlackter Basalt und Lava, ganz besonders aber poröses Quarzgestein der sog. Süßwasserbildung. Für die Hartmüllerei kommt nur das letztgenannte Material in Frage, weil es alle Eigenschaften in sich vereinigt, die man von einem hoch beanspruchten Mühlstein verlangen muß. Das bekannteste Lager der Süßwasserquarzbildung ist jenes zu La Ferté-sous-Jouarres (Seine et Marne, Frankreich); aber auch die slawonischen Quarzmühlsteine haben weitere Verbreitung und günstige Beurteilung gefunden.

Selten nur findet sich das Quarzmaterial groß und stark genug vor, um einen Mühlstein aus einem Stück daraus fertigen zu können, vielmehr ist es Regel, die Mühlsteine aus einer großen Anzahl kleiner Stücke zusammenzusetzen, sie miteinander zu verkitten und durch umgelegte schmiedeeiserne Reifen gegen das Auseinanderreißen zu sichern.

Die natürliche Rauheit der Mahlfläche der Steine geht bei der Vermahlung harter Stoffe sehr bald verloren und die glatten Flächen vermögen dann nur noch zu würgen, aber nicht mehr zu mahlen. Zur Erzielung dauernder Wirksamkeit der Mühlsteine ist es daher nötig, sie von Zeit zu Zeit zu schärfen, worunter man das Einarbeiten von Furchen (Hauschlägen) versteht, die in bestimmter Breite und Tiefe vom Mittelpunkt nach dem Umfang des Steines hin verlaufen. Für die Form des Verlaufes der Furchen sind mancherlei Regeln aufgestellt worden, deren theoretische Ableitung weiter unten folgen wird. Die in der Getreidemüllerei da und dort geübte Schärfung nach der logarithmischen Spirale oder nach der *Evans*schen oder *Nagel*schen Regel kommt für die Hartmüllerei schwerlich in Frage, dagegen wird die bequeme amerikanische, gerade, sog. „Viertelschärfung" wohl allgemein angewendet.

In den Fig. 83 bis 87 ist die praktisch bewährte Schärfung eines Oberläufers von 1500 mm Steindurchmesser zur Vermahlung von Kalkstein u. dgl. angegeben. Zur Erläuterung sei bemerkt, daß die Schärfung bei Läufer- und Bodenstein vollkommen identisch ist. Die Peripherie des Steines wird in zwölf gleiche Teile geteilt, die von jedem Teilpunkt an den sog. „Zugkreis" (hier 200 mm Durchmesser) gezogene Tangente bestimmt die Richtung der „Hauptfurche", zu der parallel und in gleichen Abständen noch je zwei „Nebenfurchen" geschlagen werden. Denkt man sich die Mahlflächen aufeinandergelegt, so ist klar, daß sich die Furchen der beiden Steine unter Winkeln schneiden müssen, die vom Läuferauge nach dem Umfang hin abnehmen. Welchen Einfluß diese Tatsache sowie die Gestaltung der Furchen überhaupt auf die Mahlgangsarbeit ausübt, wird aus der folgenden Betrachtung[1] hervorgehen.

In Fig. 88 möge bb die Kurve für die Schnittkante einer Furche des Läufersteines, cc jene des unbeweglichen Bodensteines und a den Schnittpunkt der beiden Kurven für einen bestimmten Augenblick der Bewegung bezeichnen. Sind ferner ad, af die Tangenten zu dd bzw. ff, so kann die

---

[1] *Wiebe:* Die Mahlmühlen, S. 73. Stuttgart 1861.

Senkrechte $a\,g$ auf $a\,d$ als Richtung und Größe des vom Läufer gegen ein in a befindliches Mahlgutteilchen ausgeübten Druckes K betrachtet werden, der sich in bezug auf die unverrückbare Kurve des Bodensteines nach deren Normale $a\,h$ und Tangente $a\,f$ zerlegt, so daß, wenn der Winkel $d\,a\,f = \varphi$,

$a\,h = K \cdot \cos\varphi$ als Scherkraft und

$a\,i = K \cdot \sin\varphi$ als Kraft zum Vorwärtstreiben oder Auswerfen (letztere ohne Rücksicht auf Reibung) erhalten wird.

Setzt man ferner $m\,n = \varrho$ und $m\,a = z$, so ergibt sich, wenn beide Kurven symmetrisch sind, zur Bestimmung von a die Gleichung

$$\sin \tfrac{1}{2}\varphi = \frac{\varrho}{z}\,.$$

Hieraus lassen sich nachstehende Schlüsse ziehen:

Wächst φ von innen nach außen, so nimmt die Scherkraft mit diesen Winkeln ab, wogegen die Kraft zum Auswerfen wächst. Nehmen die Kreuzungswinkel von innen nach außen ab, so wächst die Scherkraft mit den Winkeln, während die Kraft zum Auswerfen mit den Winkeln abnimmt.

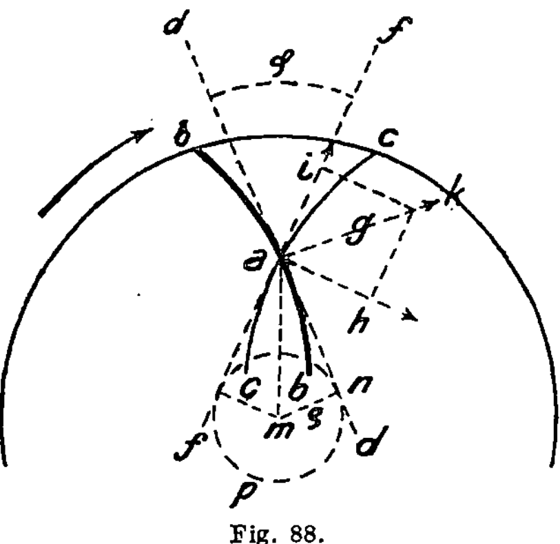

Fig. 88.

Sind in dem Bruch $\dfrac{\varrho}{z}$ Zähler und Nenner beliebig veränderlich, so erhält man veränderliche Kreuzungswinkel, die von innen nach außen entweder zu- oder abnehmen und wobei die Furchen entsprechend gekrümmt sind.

Ist $\dfrac{\varrho}{z}$ konstant, so erhält man konstante Kreuzungswinkel und die Furchen sind nach einer logarithmischen Spirale gekrümmt (bei der bekanntlich für alle Punkte der Winkel der Tangente mit dem radius vector — in Fig. 88 z. B. Winkel $f\,a\,m$ — gleich groß ist).

Ist der Zähler des Bruches $\dfrac{\varrho}{z}$ konstant, so erhält man gleichfalle veränderliche, und zwar von innen nach außen abnehmende Kreuzungswinkel, die Furchen bilden jedoch gerade Linien, welche die Halbmesser des Mühlsteinkreises unter einem Winkel schneiden, der dem halben Kreuzungswinkel gleich ist.

Der letztere Fall trifft also auf die in den Fig. 83 bis 87 dargestellte amerikanische Schärfungsart zu, die auch aus dem praktischen Grunde den anderen Methoden vorzuziehen ist, weil sie sich leichter in gutem Zustande halten läßt, als die gekrümmte Schärfe. —

Die Mühlsteine für Oberläufer werden von 500 bis 1500 mm und 250 bis 600 mm Höhe des Läufers ausgeführt. Der Bodenstein erhält bei demselben Durchmesser eine um 50 bis 150 mm geringere Höhe. Die Umdrehungszahl ist in den Grenzen von 250 bis 120 in der Minute veränderlich.

Ganz außerordentlich verschieden, weil von vielerlei Umständen abhängig, sind Leistung und Kraftverbrauch der Mahlgänge. Härte, Zähigkeit und Trockenheitsgrad des Aufschüttgutes, ferner seine mehr oder minder vollkommene Vorzerkleinerung und endlich der Zustand der Mühlsteine spielen dabei eine bestimmende Rolle. Alle bisher versuchten theoretischen Berechnungen über den Widerstand des zwischen ebenen Steinflächen zu vermahlenden Gutes haben keine brauchbaren Ergebnisse geliefert. Ein mathematischer Ausdruck für die Größe der zur Überwindung des vorhandenen Widerstandes erforderlichen Betriebsarbeit und der damit zusammenhängenden Leistungsfähigkeit eines Mahlganges, müßte eine Funktion des Durchmessers, der Umfangsgeschwindigkeit, des Steinmaterials, des Abstandes zwischen Läufer und Bodenstein und der Schärfung der Steine sein und müßte Rücksicht nehmen auf die Beschaffenheit des Aufschüttgutes, sowie auf jene des fertigen Erzeugnisses[1].

Man ist daher, wie bei fast allen Zerkleinerungsvorrichtungen, auch hier genötigt, sich ausschließlich an die Zahlen zu halten, die durch zuverlässige Beobachtungen im praktischen Betriebe gewonnen wurden. Als solche können die Angaben gelten, wonach der Kraftverbrauch der Oberläufer von den oben genannten Abmessungen von 2 bis 25 PS schwankt. Ferner kann als Anhaltspunkt dienen, daß ein Oberläufer von 1500 mm Durchmesser stündlich 1400 bis 1500 kg gut vorgebrochenen und getrockneten Kalksteins in ein Mehl mit etwa 2 Proz. Rückstand auf dem Siebe von 900 und 18 bis 20 Proz. Rückstand auf dem Siebe von 4900 Maschen/qcm zu verwandeln vermag, wobei der Kraftverbrauch ungefähr 22 PS beträgt. — Derselbe Mahlgang liefert stündlich 7500 kg Kainitmehl von der üblichen Feinheit und benötigt dazu 2,38 PS/t. —

Horizontalmahlgänge, bei denen sich der untere von den beiden Steinen dreht und der obere feststeht, werden, wie schon erwähnt, „unterläufige" Mahlgänge oder kurz Unterläufer genannt. Während der Oberläufer durch das Gewicht des Obersteines auf das Gut zerkleinernd einwirkt, wobei das erstere auf den Bodenstein übertragen wird, die Mühlspindel und Spur also entlastet erscheinen, muß beim Unterläufer der erforderliche Mahldruck erst künstlich, meist durch Schneckenrad und Wurm, erzeugt werden. Es ist als ein Nachteil dieser Bauart anzusehen, daß Spindel und Spur den ganzen Mahldruck aufnehmen müssen, wobei Überlastungen der Spindel und Heißlaufen der Spur leicht eintreten können. Auf der anderen Seite wirkt aber der Umstand leistungerhöhend, daß das Aufschüttgut beim Unterläufer auf den rasch umlaufenden Bodenstein fällt und durch die von diesem entwickelte Fliehkraft schnell nach außen befördert wird. Das Einziehen des Aufschüttgutes zwischen die Mahlflächen erfordert daher hier viel weniger Zeit als beim Oberläufer.

Eine in allen Teilen sehr gut durchdachte Konstruktion eines Unterläufers, Bauart *G. Polysius*, Dessau, zeigt die Fig. 89. Das kräftige Untergestell *g* des Ganges trägt das Gehäuse für den Unterstein *a*, das mit der oberen Haube *e* durch drei Knaggen mit Bolzen und Evolutfedern *s* ver-

---

[1] *M. Rühlmann:* Allgemeine Maschinenlehre 2, 239.

bunden ist. Letztere ermöglichen das Ausweichen des in der oberen Haube an Spindeln f verstellbar aufgehängten Obersteines, ohne daß die Steine schleudern. Die Mühlspindel c ist oben in einem mit dem unteren Gehäuse fest verbundenen Halslager, unten in einer Spur k geführt. Die Einstellung des Untersteines geschieht mit Hilfe eines aus Schneckenrad i und Wurm, konischen Zahnrädchen, Spindel und Handrad h bestehenden Stellzeuges.

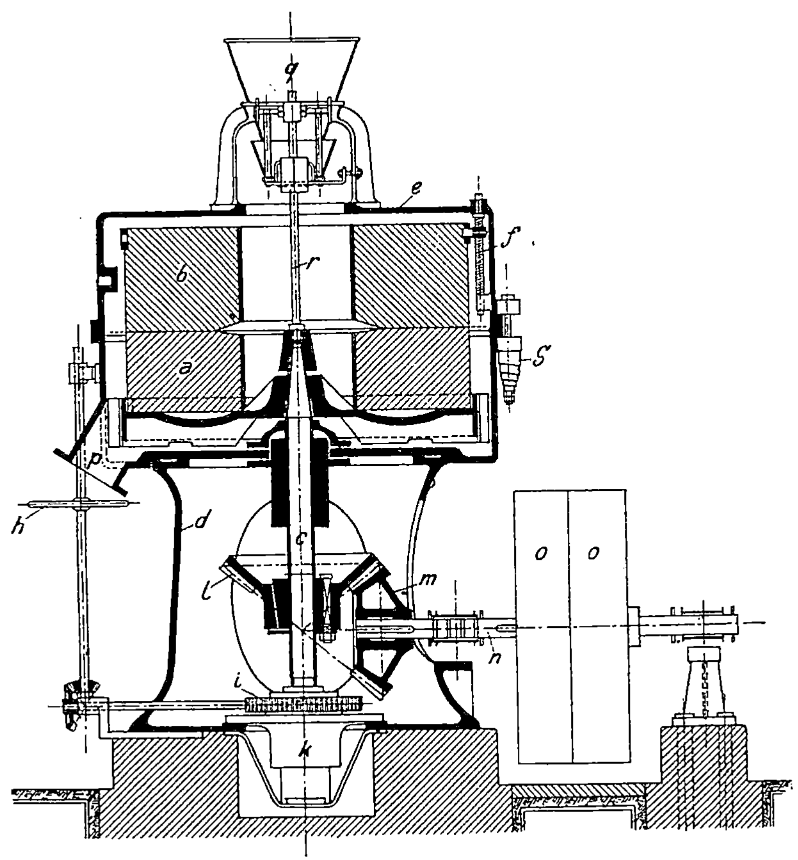

Fig. 89.

Die Flanschen der Haube und des unteren Gehäuses sind genau senkrecht zur Mühlspindel abgedreht, wodurch eine Auflagefläche dargeboten wird, nach welcher der Stein genau bearbeitet werden kann. Die Verlängerung r der Spindel betätigt in bekannter Weise die Aufgabevorrichtung q.

Der Antrieb des Einzelmahlganges erfolgt durch ein Vorgelege, bestehend aus der Welle n, den Riemschieben (fest und lose) o, o und dem Kegelräderpaar l und m. Die Aufstellung in Gruppen oder Reihen bietet keinerlei Schwierigkeiten.

Unterläufer dieser Art werden mit Steinen von 800 bis 1500 mm Durchmesser und 250 bis 450 mm Höhe ausgeführt. Bei 200 bis 130 Umdrehungen in der Minute und 4 bis 20 PS Kraftverbrauch beträgt die Stundenleistung an Kalksteinmehl 300 bis 1600 kg mit 3 Proz. Rückstand auf dem Siebe von 900 Maschen/qcm, wenn das Aufschüttgut bis Haselnußgröße vorgebrochen ist.

Für geringere quantitative Leistungen haben sich in gewerblichen Betrieben kleineren Umfangs, die darauf bedacht sein müssen, mit den einfachsten, billigsten und dabei doch vielseitig verwendbaren mechanischen Hilfsmitteln ihr Auskommen zu finden, die sog. „transportablen Mahlgänge" sehr gut bewährt. Man verwendet sie hauptsächlich zum Vermahlen von Farben, Glasuren, Chemikalien u. dgl. und stattet sie, je nach dem Zweck, dem sie dienen sollen, entweder mit natürlichen oder mit künstlichen Steinen aus. Den Hauptbestandteil der Masse, aus der die künstlichen Steine zusammengesetzt sind, bildet der als Schleif- und Poliermittel allgemein bekannte Schmirgel, der den Mahlflächen der künstlichen Steine eine außerordentliche Härte und Widerstandsfähigkeit verleiht. Ein weiterer Vorzug der künstlichen Steine besteht darin, daß sie niemals geschärft zu werden brauchen; man hat nur nötig, von Zeit zu Zeit die vorhandenen Luftfurchen zu vertiefen, die Hohlführung nachzuhauen und die Mahlbahn, sofern sie Unebenheiten zeigt, abzuflächen. Die Bedienung derartiger Mahlgänge ist also eine ungemein einfache Sache, zu der sich noch der Vorteil gesellt, daß die künstliche Steinmasse, die auf ein eisernes Armkreuz oder auf einen eisernen Teller aufgetragen wird, nach gegebener Anweisung selbst von ungeübten Arbeitern leicht erneuert werden kann.

Transportabel werden diese Mahlgänge aus dem Grunde bezeichnet, weil sie infolge ihrer leichten Bauart, ihres ruhigen Laufes und geringen Kraftbedarfes keiner umfangreichen Vorkehrungen zur Erzielung der nötigen Standfestigkeit bedürfen. In den meisten Fällen genügt es, wenn man sie auf einer Balkenlage des Gebäudes festschraubt oder mit einigen Steinschrauben auf einem kleinen Mauersockel befestigt. Sie lassen sich daher ohne große Umstände immer dorthin versetzen, wo man sie gerade haben will.

Ein solcher transportabler Unterläufermahlgang mit künstlichen Steinen, Bauart des *Eisenwerks* (*vorm. Nagel & Kaemp*) A.-G., Hamburg, ist in den Fig. 90 bis 92 gezeigt. Darin bedeutet a die im Halslager d und Spurlager c geführte Mühlspindel, b die Antriebsriemscheibe, e den umlaufenden Bodenstein und f den feststehenden Oberstein[1]. Die Vorrichtung zur Einstellung des letzteren besteht aus dem mit der Steinschüssel verbundenen Zahnkranz i, dem Trieb k, den Stellschrauben l und dem Handrad m. Der Auslaufstutzen n kann entweder wie gezeichnet oder an jeder anderen beliebigen Stelle des Gehäuses p sitzen, das mittels zweier gußeiserner Tragständer mit der Grundplatte q fest verbunden ist. Die schmiedeeisernen Ösen u dienen zum Abheben der Steinschüssel.

Das Mahlgut fällt aus dem Trichter g auf den Zentrifugalaufschütter h und von da auf den umlaufenden Bodenstein. Die Menge des Gutes läßt sich

---

[1] In Fig. 90 versehentlich mit s bezeichnet.

in einfacher Weise durch Höher- und Tieferstellen der Auslaufhülse des Trichters *g* regeln.

Der Antrieb mittels halbgeschränkten, selbstleitenden Riemens kann nur

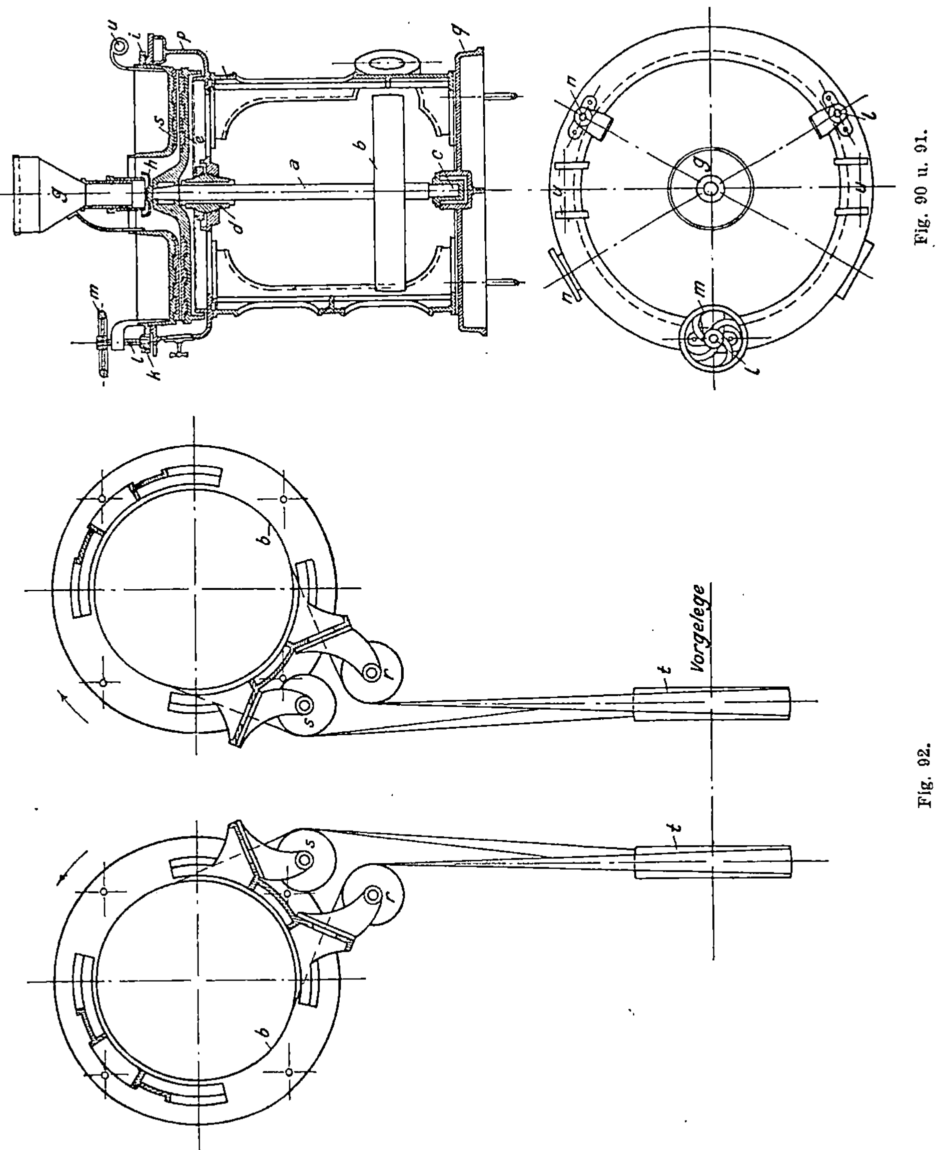

bei einer ganz bestimmten Höhenlage des Vorgeleges erfolgen. Bei allen an-deren Höhenlagen des letzteren muß der Riemen von der Scheibe *t* aus über zwei einstellbare Leitrollen *r* und *s* auf die Scheibe *b* geführt werden (siehe Fig. 92). — Bei 750 mm Steindurchmesser und 300 Umdrehungen in der

Minute beträgt der Kraftverbrauch eines solchen Mahlganges im Mittel 3 PS, die Leistung etwa 250 kg/St.

Mahlgänge mit senkrecht gestellten Steinen wurden vor etwa 55 Jahren zuerst von *Evans*[1] in Amerika und von *Umfried*[2] in Deutschland in die Getreidemüllerei eingeführt. Wenn sie auch die an ihr Erscheinen geknüpften weitgehenden Hoffnungen nicht zu erfüllen und die erwartete Umwälzung in der Müllerei nicht zu bewirken vermochten, so sind sie — namentlich in den inzwischen durch *Seck*, Dresden, *Luther*, Braunschweig, die *Alpine Maschinenfabriksgesellschaft* in Augsburg usw. verbesserten Ausführungsformen — für mancherlei Zwecke, wie z. B. das Schroten sämtlicher Fruchtgattungen, das Flachmahlen in der Lohn- und Hausmüllerei, das Vermahlen

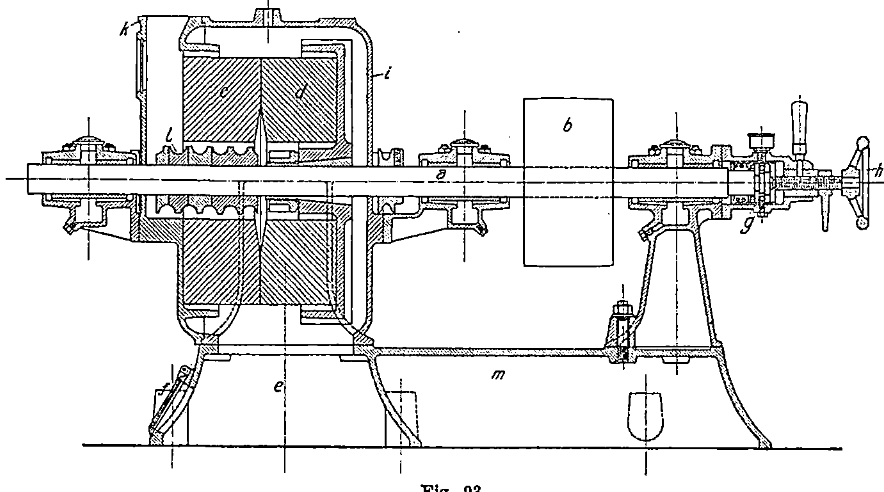

Fig. 93.

von Reinigungsabgängen, von Ölkuchen, Gips, Magnesit u. dgl., doch als hervorragend geeignet anzusehen und beherrschen auf manchen engeren Gebieten, beispielsweise in der Gipsmüllerei, das Feld fast ausschließlich.

Die im großen und ganzen recht einfache Einrichtung eines von den Konstrukteuren (*Alpine Maschinenfabriksgesellschaft*, Augsburg) Meteormühle genannten Mahlganges mit senkrecht gestellten Steinen geht aus Fig. 93 hervor.

Auf der mittels Riemenscheibe *b* angetriebenen Welle *a* sitzt eine gußeiserne Muffe *l*, die am Umfang schraubenförmig gestaltet ist und infolgedessen das durch die obere Öffnung des Gehäuses *k* einfallende Mahlgut zwischen die Mahlflächen des festen Steines *c* und des mit der Welle umlaufenden Steines *d* befördert. Das Erzeugnis verläßt die Maschine durch den Auslauf *e* der Grundplatte *m* und kann von der mit einer Klappe *f* verschließbaren Öffnung aus abgefühlt werden.

---

[1] Engineering 1869, S. 344.
[2] Zeitschr. d. Ver. deutsch. Ing. 1872, S. 207.

Zwecks Erzielung eines leichten Ganges ist das Stützlager g als Kugeldrucklager ausgebildet, das den Arbeitsdruck der Welle aufzunehmen hat.

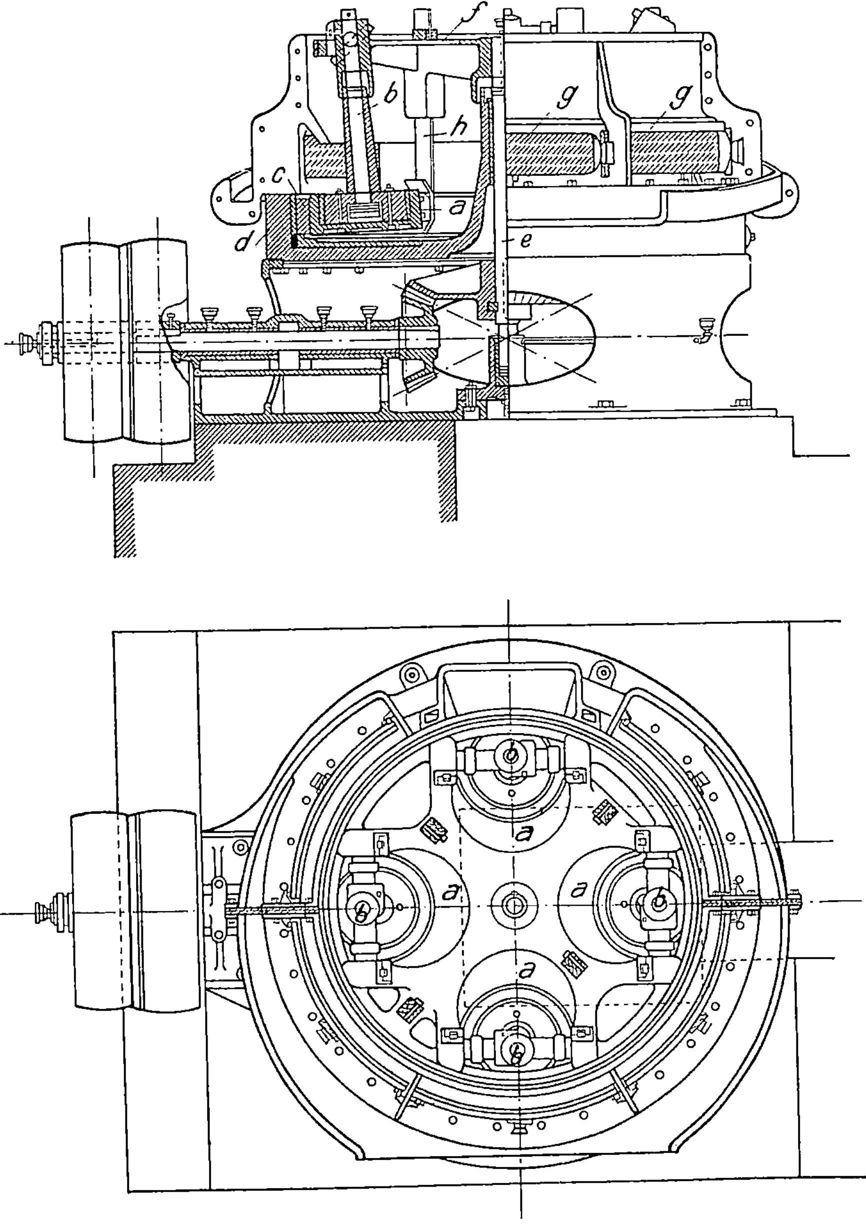

Fig. 94 u. 95.

Eine gegen dieses Lager wirkende Schraube mit Handrad h gestattet die Einstellung der Mühle auf den jeweilig gewünschten Feinheitsgrad und eine kräftige Spiralfeder hält die beiden Steine auseinander, um ein Aufeinander-schlagen der letzteren beim Leergang zu verhindern.

Hinzuzufügen ist noch, daß diese Mühle sowohl mit natürlichen als auch mit künstlichen Steinen ausgerüstet werden kann, und daß sie in vier verschiedenen Größen von 260 bis 520 mm Steindurchmesser und für 1000 bis 650 Umdrehungen in der Minute gebaut wird. Mit einem Kraftaufwand von 2 bis bzw. 12 PS ergibt sie eine Stundenleistung von 55 bis 650 kg Schrot.

Maschinen, bei welchen die Fliehkraft rasch umlaufender Körper zu Zerkleinerungszwecken benutzt wird, lassen sich im allgemeinen in zwei Gruppen einteilen: in die Gruppe der Pendelmühlen und in die Gruppe der Fliehkraft-Kugel- und Fliehkraft-Walzenmühlen.

Die Pendelmühlen sind dadurch gekennzeichnet, daß eine oder mehrere, meist kegelförmig gestaltete Walzen an Stangen (Pendeln) aufgehängt sind, die so rasch im Kreise herumgeführt werden, daß die Fliehkraft den oder die Mahlkörper mit einer solchen Intensität gegen eine kreisrunde Bahn drückt, daß Stoffe, die zwischen Körper und Bahn gebracht werden, eine zerkleinernde Wirkung erfahren.

Dieser Konstruktionsgrundsatz ist schon vor geraumer Zeit in der in Erzaufbereitungsanlagen häufig anzutreffenden Huntington-Mühle zur Anwendung gelangt, deren Einrichtung durch die Fig. 94 und 95 veranschaulicht wird.

Die Huntington-Mühle (Bauart der *Power and Mining Machinery Company*, Cudahy, Wisconsin) besteht aus einem soliden gußeisernen Untergestell, das die Vorgelegewelle mit fester und loser Riemscheibe, Lagerung und Räder trägt und auf das sich das schwere Mühlenbett d aufsetzt. Das Mühlenbett ist nach oben zu einer Hülse verlängert, die das Halslager für die Königswelle e enthält. Letztere ist unten noch in einem Spurlager geführt und trägt die Mitnehmerscheibe f, an der die vier Mahlwalzen a mittels kurzer Wellen b pendelnd aufgehängt sind. An derselben Scheibe sind auch noch die vier Scharrwerke h befestigt. Der ganze Oberteil der Maschine ist von einem mehrteiligen Gehäuse umschlossen, dessen Wandungen zum Teil als Siebe ausgebildet sind und das unten in eine Sammelrinne für das fertige Erzeugnis ausläuft.

Das bis auf eine Stückgröße von höchstens 25 mm vorgebrochene Gut wird der Mühle mittels einer beliebig gestalteten Speisevorrichtung durch die im Grundriß sichtbare Mulde aufgegeben und wird von den auf der Mahlbahn c rasch abrollenden und sich gleichzeitig um ihre eigene Achse drehenden Walzen so lange zerkleinert, bis es die genügende Feinheit erlangt hat, um mit dem in den Mahlraum eingeleiteten Wasserstrom durch die Öffnungen der Siebe hindurchtreten zu können, wobei die erwähnten Scharrwerke das sich im Innern und am Boden des Mahltroges ansammelnde Gut beständig fortscharren und in den Bereich der Mahlwalzen schaffen.

Der Mahlring c und die Bandagen der Mahlwalzen bestehen aus Hartstahl und sind leicht auswechselbar. Das Bett ist außerdem noch mit einem sog. „falschen Boden" ausgelegt, dessen einzelne Segmente sich nach erfolgter Abnutzung gleichfalls bequem gegen neue auswechseln lassen.

Theoretisch läßt sich die Fliehkraft solcher und aller ähnlichen Maschinen durch die Erhöhung der Umdrehungszahl bis ins Ungemessene steigern. Praktisch ist dieser Steigerung — ganz abgesehen von allem anderen — aber schon dadurch eine Grenze gesetzt, daß die niemals ganz genau auszuwuchtenden schweren, in rascher Bewegung befindlichen Massen nach Überschreitung einer gewissen Geschwindigkeit den Gang der Maschine sehr ungünstig zu beeinflussen beginnen, was bei einer weiteren Steigerung unfehlbar die Zerstörung des ganzen Mechanismus zur Folge haben müßte. Die Umdrehungszahlen der verschiedenen Fliehkraft-Mahlmaschinen sind durch die praktische Erfahrung gewonnene Werte, die man nur wenig, besser noch aber gar nicht überschreiten sollte.

R. H. Richards[1] hat für drei verschiedene Modellgrößen der Huntington-Mühle die Fliehkraft der Walzen berechnet. Das Ergebnis ist aus der folgenden Zusammenstellung ersichtlich.

Durchmesser des Mahlrings Fuß	Mittl. Durchm. der Walzen Fuß	Gewicht der Walze Pfund	Umdr. der Königswelle in der Minute	Halbmesser d. Laufkreises Fuß	Fliehkraft der Walze Pfund
3,33	1,219	470	90	1,057	1372
4,75	1,396	506	70	1,677	1418
5,479	1,584	417	65	1,947	1731

Die Huntington-Mühle, die sich ganz besonders zur Verarbeitung toniger Erze eignet, steht hauptsächlich im Wettbewerb mit den Pochwerken, vor denen sie die größere Billigkeit in den Anschaffungs- und Aufstellungskosten und den geringeren Kraftverbrauch voraus hat. Dagegen stellt sie sich — nach der letztgenannten Quelle — in den Unterhaltungskosten ungünstiger. Den Vorteil der gleichzeitigen Mahlung und Amalgamation hat sie mit den Stampfmühlen gemeinsam. — Sie wird in vier verschiedenen Größen gebaut, deren Kraftbedarf von 5 bis 17 PS schwankt. Ihre Leistung ist, je nach Umständen, gleichfalls schwankend, wie aus der folgenden Tabelle hervorgeht.

Mine	Mühlen ∅	U/Min.	Maschenzahl der Siebe für 1 Zoll engl.	Leistung in 24 Std. t
Quaker Mine	6 Fuß	50 bis 55	25 bis 40	15 bis 20
Shaw Mine.	5 „	50	25 „ 30	10 „ 12
Mathincs Creek.	5 „	—	40	9 „ 10
Monte Cristo	5 „	65 bis 75	40	24

Gleich der Huntington-Mühle arbeitet auch die Rollenmühle der *Raymond Brothers Impact Pulverizer Co.* in Chicago (siehe Fig. 96) mit vier Walzen *a*, die an einem von einer stehenden Welle *b* angetriebenen Mitnehmerkreuz *c* pendelnd aufgehängt sind und an dem Mahlring *d* abrollen.

---

[1] *R. H. Richards:* Ore dressing **1**, 276; **3**, 1311.

Vor jeder Walze ist eine Schaufel angebracht, die das Mahlgut in einem ununterbrochenen Strome zwischen Mahlring und Rolle leitet. Gänzlich verschieden ist aber hier die Austragung des fertigen Erzeugnisses, die bei dieser Maschine mit Hilfe eines Luftstromes, bei der Huntington-Mühle dagegen mittels Wasserspülung erfolgt.

Zu diesem Behufe ist auf den Mahlraum ein Windsichter e aufgesetzt und ein Ventilator angebaut (vgl. die Fig. 97—99); die von dem letzteren angesaugte Luft tritt in die Mühle durch eine Anzahl tangential um den Mahlraum angebrachter Öffnungen hinein, die unmittelbar unterhalb des ersteren angeordnet sind. Das Feine wird durch den Luftstrom nach oben geführt und in einem Zyklon abgesetzt, während die gröberen, schwereren Teile niedersinken, von den Schaufeln erfaßt werden und erneuter Vermahlung unterliegen. Aus dem Zyklon geht die gereinigte Luft nach der Mühle zurück, vollführt also einen Kreislauf. Die überschüssige Luft wird zweckmäßig in einen Staubsammler geleitet.

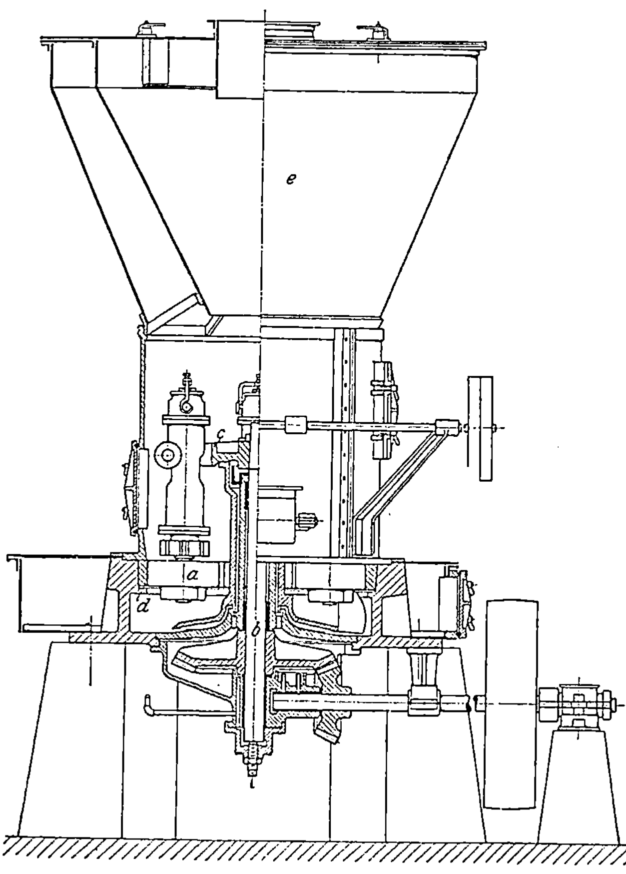

Fig. 96.

Über Windsichter, Zyklon und Staubsammler wird in zwei weiter unten folgenden Abschnitten dieses Buches, die von der Siebung und Staubbeseitigung handeln, das Erforderliche gesagt werden. Es ist aber auch ohne weitere Erklärungen ersichtlich, daß die beschriebene Einrichtung nicht nur für die Erzeugung großer, etwa in der üblichen Feinheit des Zementrohmehles gemahlener Mengen, sondern auch dann mit Vorteil zu gebrauchen ist, wenn es sich um die Herstellung geringerer Mengen eines Mehles von hoher Feinheit handelt. Da diese Mühle ohne Siebgewebe arbeitet, so kann die Veränderung des Feinheitsgrades nur durch zweckentsprechende Veränderung der Aufschüttmenge und der Intensität des vom Ventilator erzeugten Luftstromes hervorgebracht werden. Beides ist unschwer zu bewerkstelligen. — Bemerkt sei noch, daß der Schmierung und staubsicheren Abdichtung der im Mahlraum liegenden Lagerstellen ganz besondere Sorgfalt zugewendet werden muß.

Die Raymond-Mühle wird vorwiegend zur Vermahlung von Zement-

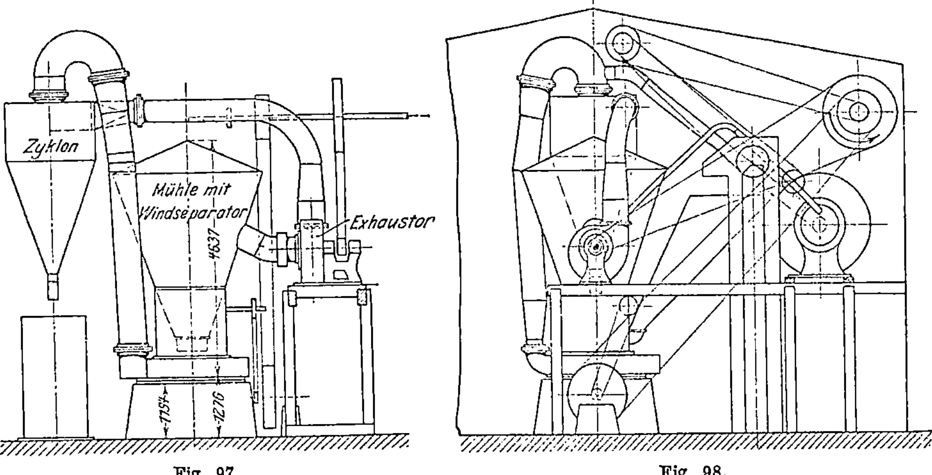

Fig. 97.   Fig. 98.

rohstoffen, Kohle, Graphit, Schwerspat usw. verwendet. Ihre Stundenleistung beträgt bei 1,5 m Mahlbahndurchmesser und 3,3 m größtem Durchmesser des Windsichters 4000 bis 5000 kg mit 5 Proz. Rückstand auf dem Sieb Nr. 100 (etwa 1600 Maschen im Quadratzentimeter entsprechend) oder 1800 bis 2800 kg bei 5 Proz Rückstand auf dem Sieb Nr. 200 (etwa 6400 Maschen im Quadratzentimeter). Kraftbedarf in beiden Fällen 60 PS.

Die beiden vorstehend beschriebenen Maschinen arbeiten mit je vier Walzen, und obzwar es in dieser Hin-

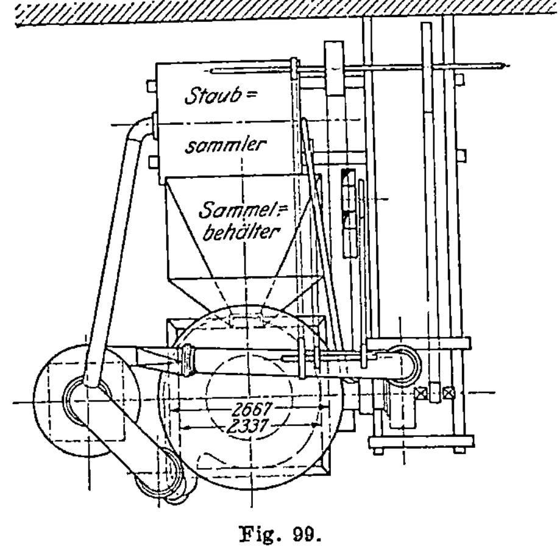

Fig. 99.

sicht theoretisch keine Begrenzung nach oben gibt, dürfte diese Zahl doch als das praktisch zulässige Maximum anzusehen sein. Die Gründe, die für diese Beschränkung sprechen, sind zum Teil dieselben, die gegen die ein bestimmtes Maß überschreitende Erhöhung der Umfangsgeschwindigkeit weiter oben schon vorgebracht worden sind, zum anderen Teil ergeben sie sich aus der Tatsache, daß durch eine Vermehrung der Walzenzahl über vier hinaus der Gewinn an Leistungsfähigkeit nicht mehr in dem richtigen Verhältnis zur Betriebssicherheit steht, die ja bekanntlich mit der steigenden Anzahl der bewegten Teile an einer Maschine sehr rasch zu sinken pflegt.

Von dieser·Erwägung ausgehend, sind viele Konstrukteure mit der Walzenzahl unter der obersten praktischen Grenze geblieben, manche haben drei, manche haben zwei gewählt, und gerade diejenige Pendelmühle, die die weiteste

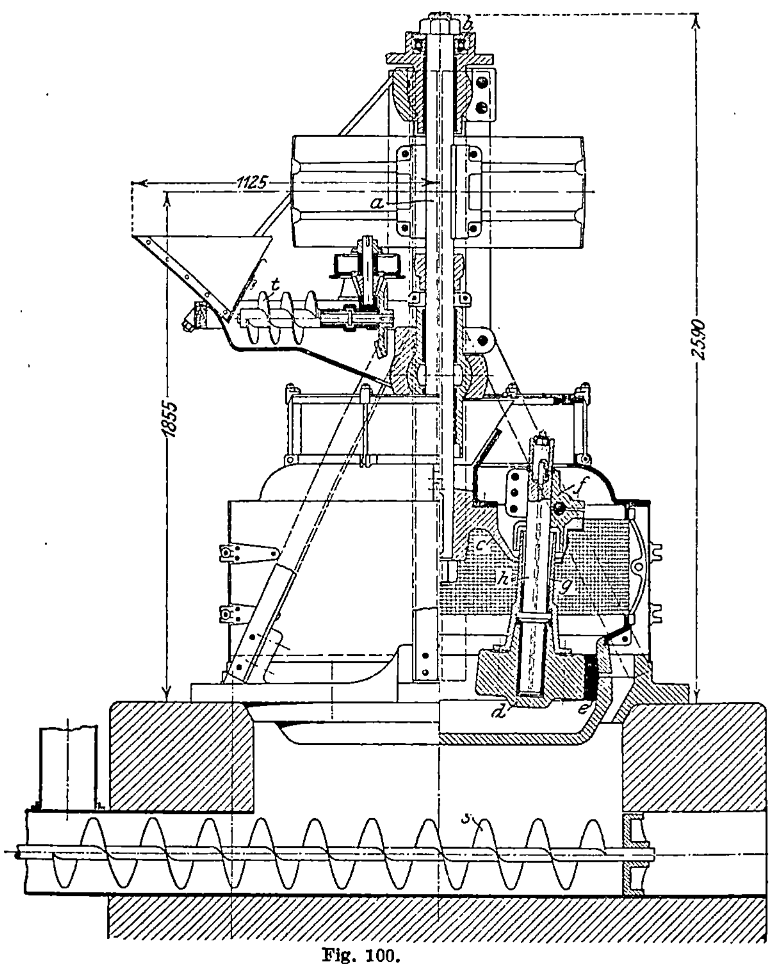

Fig. 100.

Verbreitung gefunden und die zahlreichsten Ausführungen aufzuweisen hat, begnügt sich gar nur mit einer einzigen Walze. — Die folgenden Darstellungen werden also die bemerkenswertesten Typen jener Mühlen umfassen, die mit weniger als vier Walzen arbeiten.

Zunächst sei hier die Dreiwalzenmühle der *Bradley Pulverizer Company*, Boston, beschrieben, deren Einzelheiten sich aus Fig. 100 ergeben. Die stehende, durch einen halbgeschränkten Riemen angetriebene Welle *a*, deren oberes Ende mit einer Mutter auf dem Kugeldrucklager *b* ruht, wird durch lange Gleitlager sicher geführt und trägt an ihrem unteren Ende eine Mitnehmerscheibe c, an der die drei die Mahlarbeit verrichtenden, an dem Mahlring e abrollenden pendelnden Mahlwalzen d hängen. Die kurzen Pendelachsen h werden durch Schwingköpfe f gehalten und tragen mittels eines Bundes mit Bronzebüchsen ausgefütterte Hülsen g, an die die Walzenkörper mit starken Schrauben sicher, aber dabei leicht auswechselbar angeschlossen sind. Das zwischen Mahlwalzen und Mahlring zerkleinerte Gut wird in bekannter Weise durch stehend angeordnete Siebe abgezogen, gegen die es durch besondere Rührer gewirbelt wird. Gleichzeitig saugen mit der

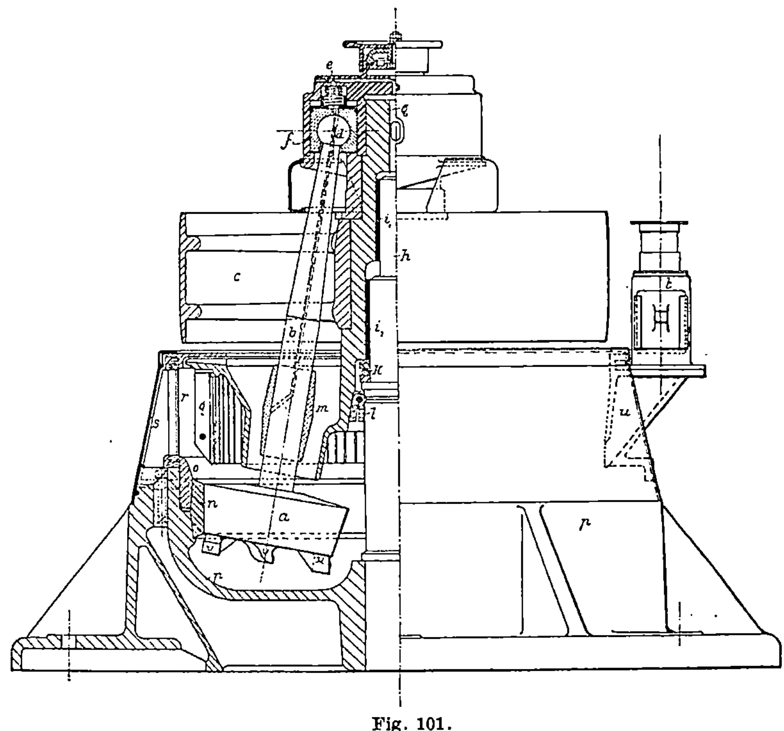

Fig. 101.

Mitnehmerscheibe verbundene Ventilatorflügel den feinen Staub ab und treiben ihn durch das Siebgewebe hindurch. Die Schnecke s befördert das genügend Gefeinte zu weiterer Verarbeitung, wohingegen die Schnecke t für die gleichmäßige Beschickung der Mühle sorgt.

Das Gestell besteht aus starken Winkeleisen; es ist infolge seiner Elastizität zur Aufnahme von Stößen besonders gut geeignet und bietet Gewähr, daß die senkrechte Lage der Welle stets beibehalten wird, — ein Umstand, der für das gute, ruhige Arbeiten von Fliehkraftmühlen von hoher Bedeutung ist. Auch der Ausbildung und Anordnung der für einen störungsfreien Betrieb so wichtigen Schmiervorrichtungen ist besondere Sorgfalt zugewendet. Es muß noch bemerkt werden, daß die Mahlwalzen so angeordnet sind, daß

sie das Bestreben haben, sich zu heben und dadurch nicht allein das
Spurlager von ihrem Gewicht zu befreien, sondern auch die Antriebsvor-
richtung zu entlasten und den auf das Spurlager wirkenden Druck zu ver-
ringern.

Die Bradley-Mühle eignet sich zur Vermahlung von Phosphaten, Zement-
rohstoffen, Zementklinkern und sonstigen harten Körpern, die ihr bis auf
etwa Walnußgröße vorgebrochen aufgegeben werden müssen. Gegen Feuchtigkeit im Aufschüttgut ist sie zwar nicht unempfindlich, doch kann der Feuchtigkeitsgrad schon ein verhältnismäßig recht hoher sein, bevor ihre Leistung
merklich nachzulassen beginnt. — Die letztere wird angegeben zu 3500 kg
in der Stunde bei Vermahlung von Portlandzementrohstoffen oder 3000 kg
in der Stunde bei Vermahlung von Schachtofenklinkern oder 2150 kg in der
Stunde bei Vermahlung von Drehofenklinkern zu den üblichen Feinheiten
(1 bis 2 Proz. Rückstand auf dem Sieb von 900 und 18 bis 20 Proz. auf dem
Sieb von 4900 Maschen im Quadratzentimeter). Ferner zu 2800 kg in der
Stunde Florida Hard Rock Phosphat oder 4500 bis 5000 kg in der Stunde
Algier und Gafsa Phosphat (Feinheit 18 Proz. Rückstand auf dem Sieb Nr. 100
= 1600 Maschen im Quadratzentimeter). Der Kraftbedarf ist in allen diesen
Fällen mit 40 PS anzunehmen.

Die Mörsermühle der *Rheinischen Maschinenfabrik* in Neuß mit zwei
oder auch mit drei Walzen, veranschaulicht durch Fig. 101, besteht im wesentlichen aus zwei Hauptteilen: dem Bottich p, der sämtliche stillstehenden,
und der Hohlwelle g, die sich nach unten je nach der Zahl der Pendel zu
einem zwei- oder dreiflügligen Querbalken verbreitert und sämtliche bewegten
Teile der Mühle trägt. n ist der durch den Klemmring o festgehaltene Mahlring, auf dem die mit Rührknaggen v versehenen Mahlwalzen a, die von
den in Kugellagern d hängenden und durch e abgefederten Pendel b mitgenommen werden, abrollen. Letztere werden von der Riemscheibe c mittels
der schon erwähnten Hohlwelle bzw. dem Querbalken g und der mit dem
letzteren federnd verbundenen Schlepplager m in Umdrehung versetzt.
Das Stück g, gleichzeitig als Abschlußdeckel für den Mahlraum dienend,
dreht sich auf dem Kugeldrucklager k und wird auf der Säule h durch die
langen Halslager i_1 und i_2 sicher geführt. An seinem Umfang ist ein aus vielen
schmalen Windflügeln bestehender Ventilator q angeordnet, der auf seiner
Innenseite ein Schutzsieb aus grob gelochtem Stahlblech trägt, das das aus
einzelnen Rahmen bestehende Feinsieb r vor Beschädigungen durch die
Schleuderwirkung gröberer Stücke bewahrt. Der Mahlraum ist von einem
zweiteiligen Staubmantel s mit Keilverschluß umgeben. Das Mahlgut wird
dem Inneren der Mühle durch den Einlauftrichter u mit Hilfe einer Speisevorrichtung zugeführt.

Der Arbeitsvorgang in dieser, durch die große Gedrungenheit ihrer Bauart bemerkenswerten Mühle ist derselbe wie bei den vorbeschriebenen Pendelmühlen. Dagegen weicht sie von diesen in einem wesentlichen Konstruktionsteil ab, nämlich in der Anwendung von Schlepplagern — m — an Stelle der
Schwingköpfe der Bradley-Mühle und der Mitnehmergelenke der Raymond-

und der Huntington-Mühlen, wodurch bezweckt wird, die Kraftübertragung von der Riemscheibe auf die Mahlwalzen auf dem kürzesten Wege zu er-

zielen und Brüche der Pendelstangen hintanzuhalten.

Der mit dem umlaufenden Querbalken verbundene Ventilator q saugt das Feine aus dem im Mahlbottich enthaltenen Gemisch von gröberem und feinerem Mahlgut ab, bläst es durch die Maschen des Siebgewebes r hindurch und setzt es unter der Mühle in einem Sammelbehälter ab, von wo es der weiteren Verwendung zugeführt wird. Die überschüssige, mit ganz feinem Staub beladene Luft wird zweckmäßig in eine Staubkammer oder in einen Filterapparat geleitet.

Infolge des lebhaften Luftwechsels in der Mahlkammer ist die Mörsermühle imstande, auch feuchteres Mahlgut zu verarbeiten. Sie wird als Zwei- oder als Dreiwalzen-

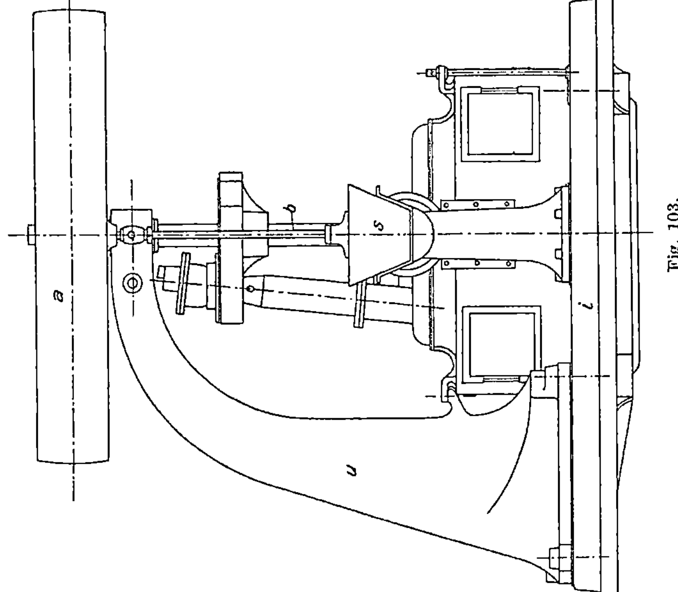

Fig. 103.

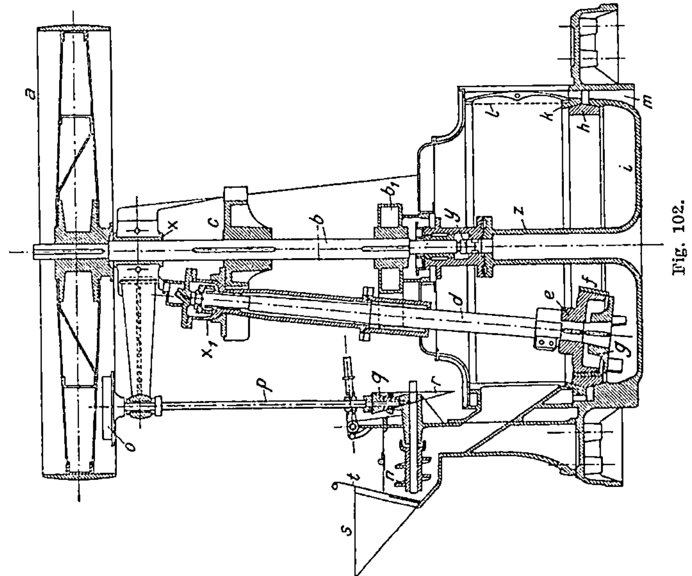

Fig. 102.

mühle in fünf Modellgrößen von 250 bis 1200 mm Mahlringdurchmesser gebaut und leistet bei 450 bis 142 Riemscheibenumdrehungen in der Minute und 1 bis 50 PS Kraftverbrauch von 125 bis 7500 kg in der Stunde.

In Fig. 102 und 103 ist die Schwungwalzenmühle des *Eisenwerks* (*vorm. Nagel & Kaemp*) A.-G., Hamburg, dargestellt, die, wie die Mörsermühle, gleichfalls mit drei oder mit zwei Mahlwalzen ausgerüstet wird. Die aus einem gußeisernen Walzenkörper e, der Hartstahlbandage f und dem Hartgußboden g mit angegossenen Rührknaggen bestehenden Walzen kreisen mit ihren in Kugellagern x_1 aufgehängten Pendeln d um eine zentrale Königswelle b, werden durch die Fliehkraft gegen die kreisrunde mit einem Klemmring k im Gehäuse i festgehaltene Mahlbahn h, die gleich den Walzenbandagen aus Hartstahl besteht, gedrückt und verwandeln, auf dieser Mahlbahn abrollend, das zwischen sie und die letztere gelangende Mahlgut in ein feines Mehl.

Die Pendelstangen hängen, wie schon erwähnt, mit ihren oberen Spurringen in kugelförmigen Lagern, welche gestatten, daß sie gleich Fliehkraftpendeln sowohl in radialer als auch in tangentialer Richtung ausschwingen können. Hierbei ist das radiale Ausschwingen durch die Mahlbahn, das tangentiale Ausschwingen durch die Schlepplager begrenzt, die durch starke Blattfedern mit dem auf der Königswelle sitzenden Mitnehmer b_1 so verbunden sind, daß die Mahlwalzen, während sie um die Königswelle kreisen, etwas zurückbleiben können, wenn größere, das Mahlen erschwerende Stücke zwischen die Mahlflächen gelangen.

Das bis auf 25 mm und darunter vorgebrochene Mahlgut wird dem Trichter s mittels der durch die kleine Riemenscheibe o, Welle p und das Kegelräderpaar q, r angetriebenen Schnecke n entnommen, über eine steile Rutsche dem Mahlraum zugeführt und hier so lange bearbeitet, bis es fein genug ist, um durch das von einem dichten Staubgehäuse umgebene Sieb in die am ganzen Umfang des Bettes i verteilten Ausfallöffnungen m gelangen zu können. Der Fundamentblock, auf dem die Maschine aufliegt, ist nach unten zu einer Rinne zusammengezogen, aus der eine Schnecke das dort angesammelte Erzeugnis fortschafft und weiterer Verarbeitung oder Verwendung zuführt. Die Königswelle b ruht mit ihrem Spurlager y auf der aus der Mitte des Bettes aufragenden Säule z und ist oben im Halslager x geführt, in das der überaus kräftige Hohlgußständer u ausläuft. Das mit der Königswelle fest verbundene Querhaupt c trägt die bereits erwähnten oberen Kugellager der Pendelstangen. Die wagerechte Antriebsriemscheibe a ist in leichter aber hinreichend steifer Schmiedeeisenkonstruktion ausgeführt. Der halbgeschränkte Riementrieb ist entweder selbstleitend — was seltener vorzukommen pflegt — oder er muß über Leit- und Spannrollen geführt werden.

Bemerkenswert ist an der Schwungwalzenmühle ihre verhältnismäßig große Bauhöhe, die dem Bestreben entsprungen ist, alle Lager, als die empfindlichsten Teile und die schwächsten Stellen aller Pendelmühlen, so weit wie möglich von den Staubquellen abzurücken und sie vor den davon ausgehenden schädlichen Einflüssen zu schützen. Schlepp- und Spurlager befinden sich hier außerhalb des Mahlgehäuses und sind deshalb leicht zugänglich und stets überwachbar.

Die Schwungwalzenmühle ist für die Vermahlung jeglicher Art harter Stoffe als: Portlandzement, Phosphat, granulierte Schlacke, Kalkstein usw. verwendbar. Die Stundenleistung einer Zweiwalzenmühle beträgt im Mittel 2400 kg Portlandzementmehl aus Schacht- oder Ringofenbrand mit 2 Proz. Rückstand auf dem Sieb von 900 und 14 bis 16 Proz. auf dem Sieb von 4900 Maschen im Quadratzentimenter oder 2000 bis 2200 kg Floridaphosphatmehl mit 0 Proz. Rückstand auf dem Sieb Nr. 60. Eine mit drei Walzen arbeitende Schwungwalzenmühle liefert stündlich 2000 kg Mehl aus granulierter Hochofenschlacke mit 15 Proz. Rückstand auf 4900 Maschen im Quadratzentimeter. Dieses Mehl zeigt bei 1 mm Wassergeschwindigkeit 50 Proz. Schlämmrückstand, es ist also außerordentlich reich an allerfeinsten Teilen.

Der Kraftverbrauch der Schwungwalzenmühle mit zwei Walzen wird mit 35 bis 38, jener mit drei Walzen mit 50 PS angegeben.

Feuchtigkeit im Aufschüttgut zieht wie bei allen mit Siebgeweben ausgerüsteten Einrichtungen auch bei der in Rede stehenden Maschine die Leistungsfähigkeit herab, was schon an anderer Stelle hervorgehoben wurde. Als erleichternder und den erwähnten Nachteil erheblich mildernder Umstand wirkt indessen die Tatsache, daß bei sämtlichen derartigen Pendelmühlen — auch bei den noch zu besprechenden — infolge des Umstandes, daß das gemahlene Gut nicht in senkrechter, sondern in tangentialer Richtung zur Siebfläche durch das Gewebe hindurchgetrieben wird, letzteres viel gröber sein kann, als der wirklichen Feinheit des Erzeugnisses entspricht. Die größeren Sieböffnungen setzen sich naturgemäß nicht so leicht zu wie die engeren, kleineren und gestatten daher in bezug auf Feuchtigkeitsgrad einen viel größeren Spielraum als die ersteren zu tun vermöchten. —

Zur Besprechung der Einpendelmühlen übergehend, muß in erster Reihe ihrer bekanntesten und am weitesten verbreiteten Ausführungsform, der Griffin-Mühle gedacht werden. Diese Mühle wurde anfangs der 90er Jahre vorigen Jahrhunderts von dem amerikanischen Konstrukteur *Edwin C. Griffin* mit geradezu glänzendem Erfolge in die Hartmüllerei eingeführt, wozu außer ihrer hervorragenden Leistungsfähigkeit und vielseitigen Verwendbarkeit wohl auch die in manchen Einzelheiten geistreich zu nennende Konstruktion sehr viel beigetragen hat. Der Originalität der letzteren ist es zuzuschreiben, daß man anfänglich über manche Mängel der ersten Bauart hinwegsah, die im späteren Dauerbetriebe als unerträglich empfunden wurden und weitgehende Änderungen einiger Einzelheiten erforderlich machten. Das war um so leichter bewerkstelligt, als alle diese Übelstände einer einzigen Wurzel entstammten.

Es ist nämlich klar, daß die starke Seite der Einpendelmühlen — die Einfachheit ihrer Bauart — ebenso in ihrem Prinzip — der Verwendung nur eines einzigen Pendels — begründet ist wie ihr schwacher Punkt: die einseitig wirkende, unausgeglichene Fliehkraft, die durch die tragenden Teile der Konstruktion auf das entsprechend schwer und massig zu gestaltende

Fundament übergeleitet werden muß. Sind nun die gedachten Teile unzureichend bemessen oder aus ungeeignetem Material hergestellt, so müssen sie der erwähnten Beanspruchung, zu der sich noch jene durch die unausbleiblichen Stöße und fortdauernden Erschütterungen hinzugesellt, über kurz oder lang erliegen, was denn auch in der Tat in zahlreichen Fällen geschehen ist.

Ferner ließen es auch die nicht gerade seltenen Brüche der Pendelstangen und Zapfen geraten erscheinen, den Kraftübertragungsweg von der Empfang- zur Abgabestelle nach Möglichkeit zu verkürzen, und endlich erwiesen sich Vorkehrungen nötig, um ein staubfreies Arbeiten der Mühlen zu erzielen.

Aus dem Bestreben, die Griffin-Mühle auch in den bezeichneten Richtungen zu einem betriebsicheren Werkzeug zu gestalten, ist nun die in Fig. 104 dargestellte Gigant-Mühle der *Bradley Pulverizer Company*, Boston, entstanden. In der Abbildung bedeutet a die an der Pendelstange befestigte Mahlwalze, die gleich dem Mahlring b aus Hartstahl besteht, c den schweren gußeisernen Rahmen und d das meist aus Stahldrahtgewebe verfertigte, stehende Sieb. Die Bewegungsübertragung von der Riemscheibe g auf die Pendelstange vermittelt das Universalgelenk f. Riemscheibe und Pendel hängen an einer kurzen Welle, die sich auf das Kugeldrucklager h aufstützt und in einem langen Kugelhalslager geführt ist. Die Speiseschnecke k wird von der verlängerten Nabe der Riemscheibe c aus mittels Gegenriemscheibe, Welle l und eines Kegelräderpaares in Umdrehung versetzt.

Das Traggestell der Mühle besteht aus Walzeisenständern m,. die oben durch einen starken gußeisernen Querbalken, unten mit dem Rahmen verbunden sind. Eine dritte Verbindung ist durch das Querstück geschaffen, welches auch noch zur Aufnahme des Kugellagers i für die verlängerte Hohlnabe der Riemscheibe dient, mit der ein Ventilator e mit abwärts gerichteten Schaufeln sich dreht, deren Krümmung so gestaltet ist, daß in den Mahlraum ständig ein Strom frischer Luft hineingedrückt wird, der das Austreten des Staubes verhindert. — Der Vermahlungsvorgang ist derselbe wie bei den anderen Pendelmühlen.

Gegenüber der Griffin-Mühle weist die Gigant-Mühle folgende Verbesserungen auf:

1. Die Pendelstange ist durch das Tieferlegen des Universalgelenkes verkürzt.
2. Das Traggestell ist bei aller Steifigkeit doch hinreichend elastisch, um jede Bruchgefahr als ausgeschlossen erscheinen zu lassen.
3. Die Mühle arbeitet infolge der beschriebenen Wirkung der Ventilatoreinrichtung staubfrei. —

Während bei den Mühlen mit zwei oder mehr Pendeln die Pendelstange mit den Walzen im Sinne der Drehrichtung der Riemscheibe und mit derselben Umdrehungszahl wie diese um die Königswelle kreisen, wobei sie sich gleichzeitig um ihre eigene Achse drehen und in einem der gedachten Drehrichtung entgegengesetzten Sinne auf der Mahlbahn abrollen, ist der Bewegungsvorgang bei der Griffin- oder Gigant-Mühle nicht so einfach und nach *H. A. Siordet*[1] etwa folgendermaßen zu erklären.

Man denke sich ein Gewicht an einer Schnur aufgehängt, und zwar in der Achse eines Ringes, um dessen inneren Rand das Gewicht herumlaufen kann. Setzt man die Schnur in kreisende Bewegung, so hat das Gewicht das Bestreben, von der Senkrechten abzufliegen. Wird die Drehgeschwindig-

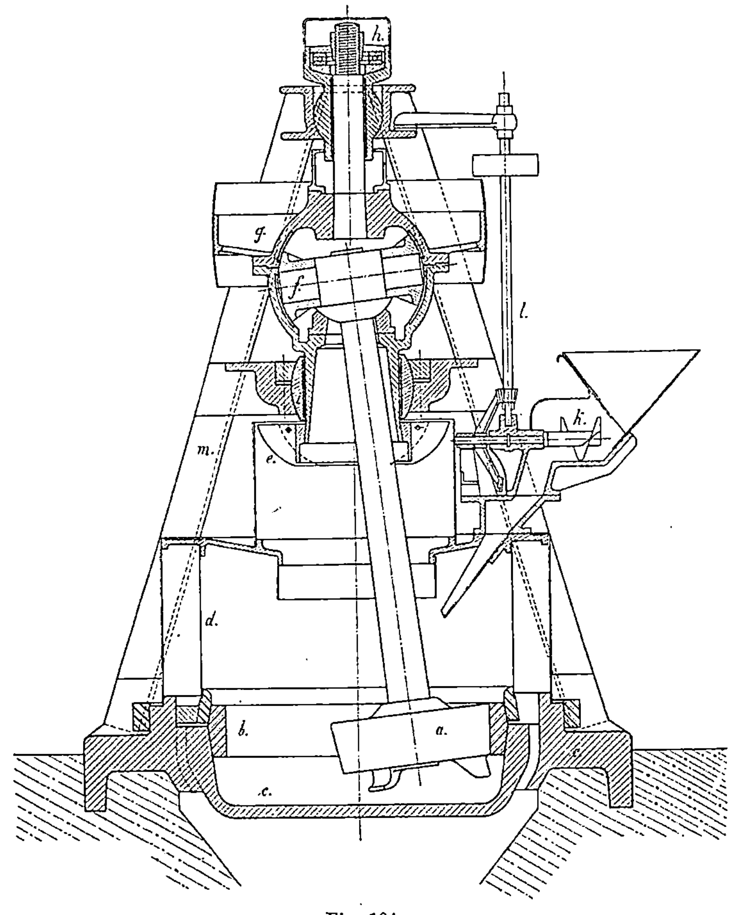

Fig. 104.

keit derart gesteigert, daß das Gewicht schließlich an dem Rand herumläuft, so ist zwischen Gewicht und Ring ein gewisser Druck vorhanden, der von der Umdrehungsgeschwindigkeit der Schnur abhängig ist. Dieses ist, schematisch dargestellt, die Griffin-Mühle; die Finger, welche die Schnur halten, vertreten die Lagerung, die Schnur die Pendelstange, das Gewicht

---

[1] Protokoll der Verhandlungen des Vereins deutscher Portlandzement-Fabrikanten 1900.

den Mahlkörper und der Ring die Mahlbahn. Schon bei dieser einfach gedachten Mühle ergibt sich für die Praxis ein großer Vorteil, nämlich, daß die Lagerung ganz außerhalb der Mahlgrenze liegt und dadurch staubfrei gehalten werden kann.

Bei der normalen Griffin-Mühle ist der vom Mahlkörper auf den Ring ausgeübte Druck etwa gleich 3000 kg. Der Druck ist jedoch, wie schon bemerkt, abhängig von der Umdrehungsgeschwindigkeit der Pendelstange und von dem Gewicht des Mahlkörpers. Also sowohl eine höhere Umdrehungszahl als auch ein schwererer Mahlkörper erhöhen den ausgeübten Druck bzw. die Leistung der Mühle.

Merkwürdig und sehr beachtenswert ist dabei das Verhältnis zwischen den Durchmessern des Mahlkörpers und des Mahlringes, welche beide einen großen Einfluß auf die Leistung der Mühle haben, wie später gezeigt werden wird. Vorher sei aber noch einiges über den scheinbaren Widerspruch bei der Griffin-Mühle gesagt.

Wenn die Riemscheibe und damit die darin aufgehängte Pendelstange in der Richtung der Zeiger einer Uhr gedreht werden, wird der Mahlkörper um die Mahlbahn in der umgekehrten Richtung laufen; ja nicht nur das, sondern bedeutend schneller als sich die Scheibe dreht. Daß nun der Mahlkörper sich in der umgekehrten Richtung um die Bahn drehen muß, wird besser verständlich, wenn man sich am Umfang der letzteren und des Mahlkörpers Zähne denkt, die in Wirklichkeit durch die rollende Reibung ersetzt werden. Jede sich drehende Scheibe, die in Berührung mit einer konkaven Fläche kommt, sucht sich auf letzterer sozusagen rückwärts abzuwickeln. Bei der Mühle behält natürlich die Pendelstange vermöge ihrer Aufhängung in einem Kugelgelenk ihre ursprüngliche Drehrichtung bei, nur der Mahlkörper wickelt sich dabei in umgekehrter Richtung an dem Mahlring ab, was ihm die freie Bewegung des Kugelgelenkes gestattet und man täuscht sich dabei in der Meinung, die Pendelstange habe auch ihre ursprüngliche Drehrichtung geändert.

Um nun die erhöhte Umdrehungszahl des Mahlkörpers um die Bahn besser zu verstehen, beachte man folgendes: Ein Arm OP, siehe Fig. 105, welcher sich um den Punkt O drehen kann, trägt an seinem Ende P eine Rolle, die durch die Fliehkraft an den Rand eines größeren Ringes gedrückt wird. Der Einfachheit halber ist der Durchmesser des Ringes im Verhältnis zu dem der Rolle wie 3 : 1 angenommen. Dreht man nun den Arm OP nach einer Richtung um O, so wird die Rolle sich auf dem Ring abwickeln und wird sich in der umgekehrten Richtung um ihre eigene Achse drehen. Wären nun O und P feste Wellen, so würde für jede Umdrehung des Ringes die Rolle drei Umdrehungen machen. Da aber in diesem Falle der Punkt P auch beweglich ist, und zwar sich in der umgekehrten Richtung dreht, so macht die Rolle im ganzen, wenn der Arm OP eine volle Umdrehung gemacht hat, drei weniger eine Umdrehungen um ihre eigene Achse. Oder mathematisch ausgedrückt: Es sei R der Halbmesser des Ringes, r der Halbmesser der Rolle, dann ist der Arm $R-r$. Wenn also der Arm eine Umdrehung um O macht, hat die Rolle $\dfrac{R}{r} - 1$ Umdrehungen um ihre eigene Achse P gemacht, oder $\dfrac{R - r}{r}$.

Daraus ergibt sich durch einfache Proportion, daß, wenn die Rolle eine Umdrehung gemacht hat, der Arm $1 : \dfrac{R - r}{r}$ oder $\dfrac{r}{R - r}$ Umdrehungen um O gemacht hat, oder wenn die Rolle in der Minute n Umdrehungen macht, so macht der Arm OP in derselben Zeit $\dfrac{n \cdot r}{R - r}$ Umdrehungen um O. Dieser Wert $\dfrac{n \cdot r}{R - r}$ bedeutet also bei der Griffin-Mühle, daß der Walzenkörper soviel mal in der Minute um die Bahn läuft, während die Pendelstange oder die Riemenscheibe sich in derselben Zeit n mal um ihre Achse dreht. Setzt man nun die entsprechenden Werte in die Formel ein, wie sie tatsächlich bei der Griffin-Mühle vorhanden sind, so hat man $R = 380$, $r = 230$ und $n = 200$; dann macht also der Mahlkörper $\dfrac{200 \cdot 230}{150} = $ rund 306 Umdrehungen in der Minute um die Mahlbahn. — Aus der Formel geht hervor:

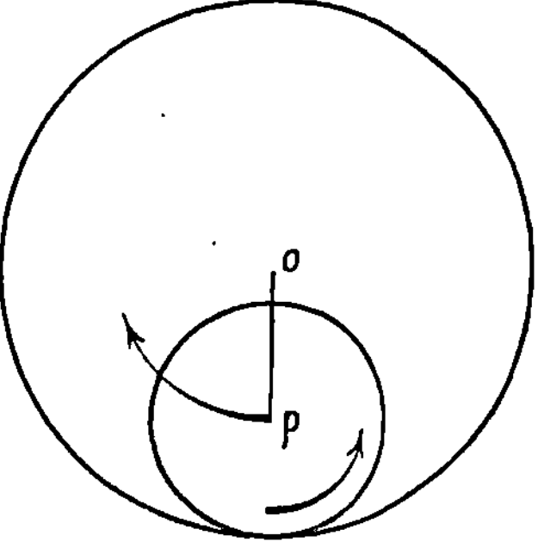

Fig. 105.

1. Wenn r größer wird, so wird der Bruch, d. h. die Leistung größer, also ein kleiner bzw. verschlissener Mahlring verringert die Leistung.

2. Wenn R größer wird, so wird der Bruch verkleinert, in anderen Worten: ein größer gewordener oder verschlissener Ring verringert die Leistung.

3. Wenn n größer genommen wird, so wird zwar die Leistung der Mühle erhöht, die Mühle muß aber dann entsprechend stärker gebaut werden. Die Erfahrung hat gezeigt, daß 200 Umdrehungen für die normale Mühle am geeignetsten sind.

Den Einfluß eines verschlissenen Ringes und Mahlkörpers auf die Leistung der Mühle kann man sofort aus der Formel berechnen. Ist z. B. $R = 400$ geworden anstatt 380 und $r = 210$ anstatt 230, so hat man:

$$\frac{n \cdot r}{R - r} = \frac{200 \cdot 210}{190} = 221,$$

anstatt wie oben 306 oder die Leistung ist um etwa 28 Proz. kleiner geworden. Es versteht sich aber von selbst, daß, sowie wieder neue Ringe in die Mühle eingebaut werden, die ursprüngliche Leistung wieder hergestellt wird.

Die Stundenleistung einer Gigant-Mühle wird wie folgt angegeben: 1600 bis 2000 kg Portlandzementmehl aus Schacht- oder Ringofenbrand, mit 1 Proz. Rückstand auf dem 900er und 14 bis 18 Proz. auf dem 4900er Siebe. Bei Drehofenbrand ist die Leistung bei derselben Feinheit um 25 bis 30 Proz. geringer.

1500 bis 1800 kg Floridaphosphatmehl mit 15 bis 20 Proz. Rückstand auf dem Sieb Nr. 100.

Der Kraftverbrauch beziffert sich im Mittel auf 25 PS. —

Die Pendelmühle der *Maschinenfabrik Geislingen* in Geislingen (Württemberg), deren Einrichtung aus Fig. 106 hervorgeht, ist gleich der Gigant-Mühle eine Einpendelmühle und vieles, was weiter oben von der letztgenannten gesagt wurde, trifft also auch auf diese Maschine zu.

In der Abbildung bedeutet c die massive Mahlwalze, b den Mahlring — beide aus Stahlguß —, a das Mahlgehäuse mit der Schnecke i und d die Pendelstange, die mit der oberen senkrechten in zwei Halslagern geführten und im Ringspurlager f verstellbaren Achse durch ein Doppelkugelgelenk e verbunden ist, das eine gleichmäßige Bewegungsübertragung von der einen Welle auf die andere bewirkt. Der Antrieb erfolgt mittels einer wagerechten Vorgelegewelle mit fester und loser Riemscheibe und einem Kegelräderpaar. Der recht unbequeme schwere halbgeschränkte Riemen ist also hier vermieden, die Antriebsweise ist daher einfacher als wie bei den vorhergehenden Pendelmühlen. Dafür müssen aber die Kegelräder ganz hervorragend genau und sauber gearbeitet sein, was übrigens dank der vorgeschrittenen Technik der Zahnräderherstellung keine Schwierigkeiten macht. Leistung und Kraftverbrauch sind ungefähr dieselben wie bei der Gigant-Mühle.

Die zweite Gruppe der Fliehkraftmühlen umfaßt jene Feinmahlmaschinen, bei denen die zerkleinernde Wirkung durch eine beschränkte Anzahl (2 bis 6) Kugeln oder Walzen erfolgt, die auf einer feststehenden Mahlbahn rasch umlaufen und ihren Bewegungsimpuls von einem mit der senk- oder wagerechten Welle verbundenen Armkreuz — also ohne die Vermittlung gelenkig aufgehängter Pendelstangen — empfangen. Die Bearbeitung des Mahlgutes geschieht in diesen Vorrichtungen durch Druck und Reibung, und da es bei ihnen auf den Ausgleich der nur in einer Ebene auftretenden Fliehkräfte nicht so sehr ankommt, so ist eine etwa gewünschte oder beabsichtigte Steigerung der Intensität ihrer Kraftäußerung nicht an so enge Grenzen gebunden wie bei den Pendelmühlen. Immerhin geht die Praxis auch hier über ein gewisses, durch die Erfahrung festgelegtes Maß nicht hinaus, da dessen Überschreitung zwar nicht sofort den Bestand der Konstruktion gefährden, wohl aber eine unwirtschaftliche Erhöhung der Erneuerungskosten zur Folge haben würde. Die rasche Abnutzung der Mahlflächen war überhaupt ein Übelstand, mit dem die schnellaufenden Feinmahlmaschinen von Anfang an schwer zu kämpfen hatten, der jedoch gegenwärtig, dank den inzwischen gemachten erheblichen Fortschritten in der Erzeugung von Sonderstahlarten, als nahezu vollständig beseitigt gelten darf, so daß wirklich nennenswerte Unterschiede in dieser Hinsicht zwischen Schnell- und Langsamläufern kaum noch bestehen. Während z. B. noch vor 20 Jahren für Abnutzung und Erneuerung der mahlenden Teile bei Fliehkraftmühlen, auf die Tonne Zement berechnet, 55 bis 60 Pfg. aufgewendet werden mußten, ist dieser Betrag heute infolge Verwendung geeigneter Stahlsorten auf den vierten Teil und darunter gesunken.

Bei den Fliehkraft-Kugelmühlen werden die Kugeln entweder in einer senkrechten oder einer wagerechten Bahn herumgeführt; von diesen beiden Ausführungsformen hat indessen nur die letztere eine weitere Ver-

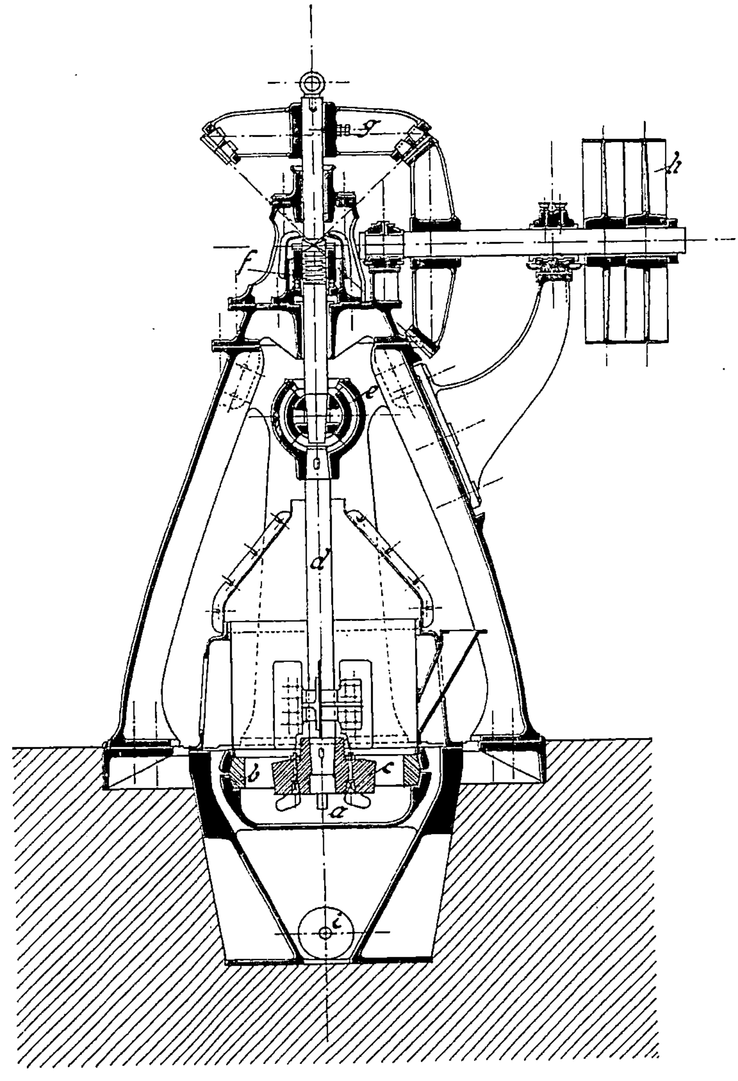

Fig. 106.

breitung gefunden, während die erstere nicht zu Bedeutung zu gelangen vermochte und daher übergangen werden darf.

In Fig. 107 und 108 ist die von ihren Konstrukteuren (*Amme, Giesecke & Konegen, A. G.*, Braunschweig) Roulette benannte Fliehkraft-Kugelmühle dargestellt. Man bemerkt dort die in einem sehr langen Hals- und in einem

8*

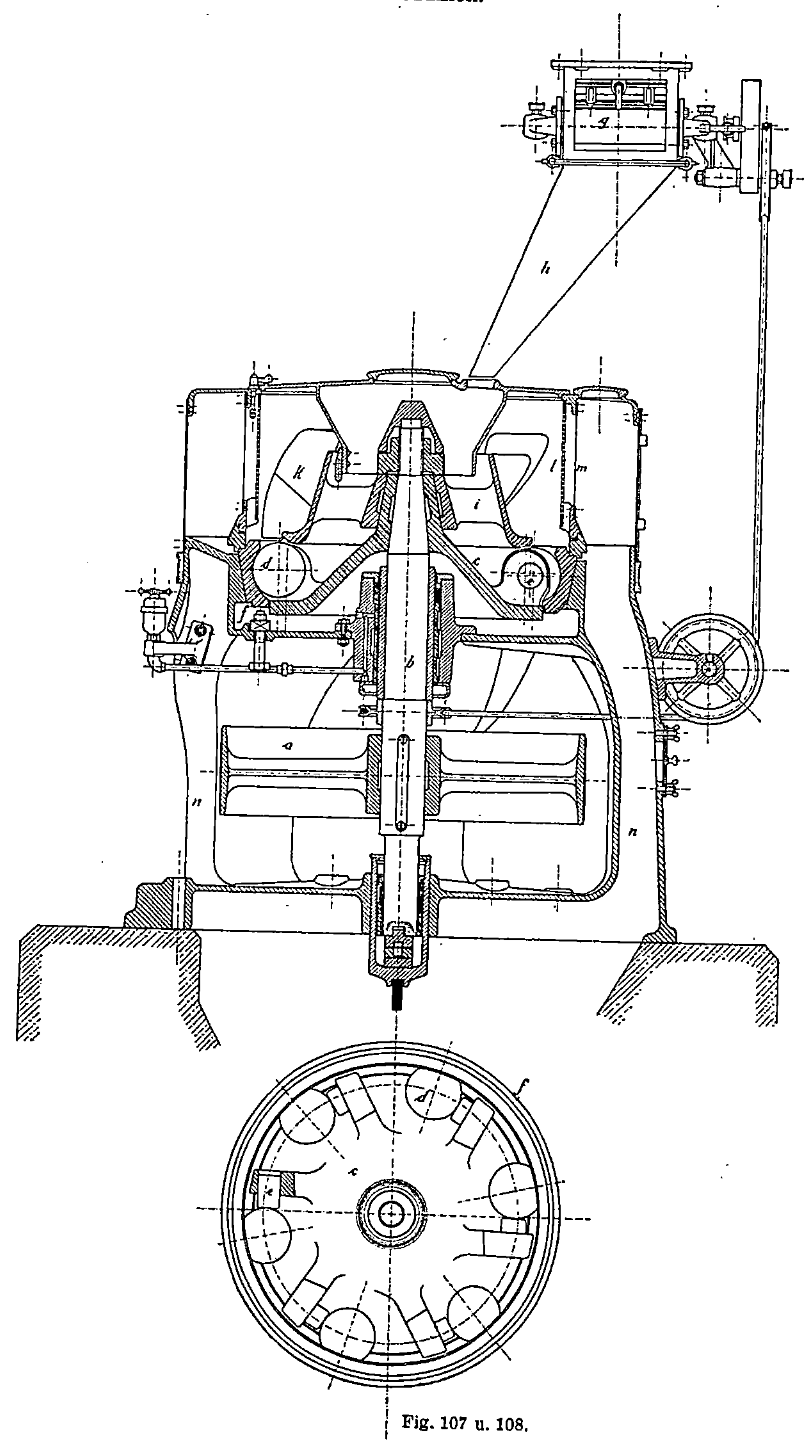

Fig. 107 u. 108.

Spurlager geführte und mittels halbgeschränkten Riemens auf der Riemscheibe a angetriebene stehende Welle b, die das tellerförmige Armkreuz c und das Flügelkreuz i mit den Ventilatorschaufeln trägt. Die mittels eines Schnurseiltriebes von der Welle b aus in Tätigkeit gesetzte Speisevorrichtung g läßt das Gut durch die Rutsche h in den Aufgabetrichter der Mühle gelangen, von wo es auf den Teller c und zwischen die Kugeln d und die Mahlbahn f fällt, an der die ersteren, durch die Zapfen e vorwärtsgetrieben, abrollen und das auf ihrer Bahn liegende Gut durch Druck und Reibung zerkleinern. Das so entstandene Gemisch von Mehl und Grießen wird nun von den Schaufeln k erfaßt und gegen das aus starkem Stahlblech bestehende und mit schräger Schlitzlochung versehene Schutzsieb l geschleudert, das das Grobe wieder in den Mahlraum zurückfallen läßt, während das Feine, durch die Öffnungen des dahinterliegenden Feinsiebes m hindurchtretend, in die hohlen Ständer des Gehäuses n und von da aus in den Sammelraum unter der Mühle gelangt, von wo es mittels Schnecke oder dgl. seiner weiteren Bestimmung zugeführt wird.

Bei einem Kugeldurchmesser von 200 mm, einer Umdrehungszahl von 180 in der Minute und einem Kraftaufwand von rund 25 PS vermag die Roulette stündlich ungefähr 2000 kg gut vorzerkleinerten Kalksteines in ein Mehl mit 1 bis 2 Proz. Rückstand auf dem 900er und 15 bis 20 Proz. auf dem 4900er Siebe

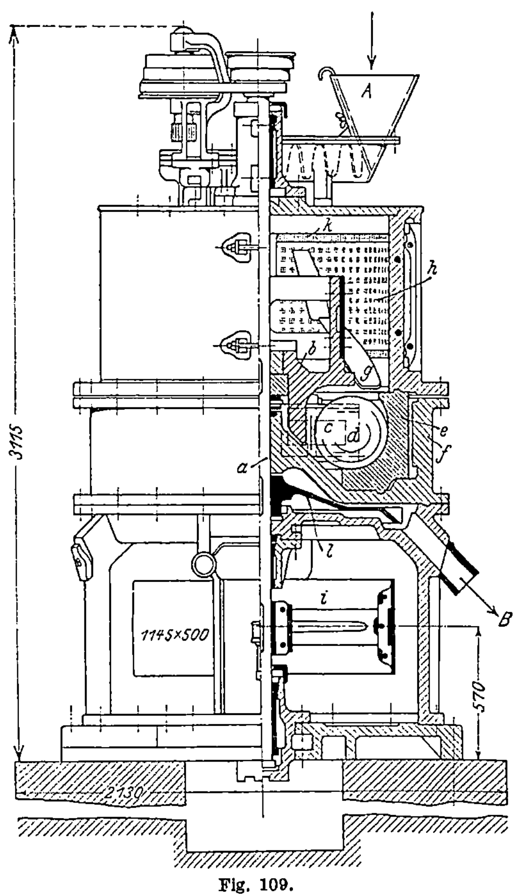

Fig. 109.

zu verwandeln. Mit dem gleichen Kraftverbrauch liefert die Roulette stündlich etwa 900 kg Braunkohlenstaub mit 12 bis 15 Proz. Rückstand auf dem 4900er Siebe aus einem Aufschüttgut, das auf Brechschnecke und Walzwerk vorgebrochen und bis auf etwa 7 Proz. Restfeuchtigkeit abgetrocknet ist.

Auf demselben Prinzip wie die Roulette beruht die Fuller-Lehigh-Mühle der *Lehigh Car, Wheel and Axle Works*, Catasauqua, Pa. (siehe Fig. 109). Die stehende, von einer Riemscheibe i in Umdrehung versetzte (oder auch unmittelbar mit einem Elektromotor gekuppelte) Welle a ist außerhalb des Mahlraumes dreifach gelagert; sie trägt die Mitnehmerscheibe *b*, die mit Treibern *c* vier Kugeln *d* von 305 mm Durchmesser und je 125 kg Gewicht in kreisende Bewegung versetzt, wodurch das zwischen diesen und der im Gehäuse *f* unverrückbar gelagerten Mahlbahn *e* einfallende Gut zerkleinert und vermahlen wird. Treiber und Mahlbahn sind nach einem besonderen Verfahren aus einem sehr widerstandsfähigen Hartguß hergestellt. Mit der Scheibe *b* verbundene, eigenartige Flügel *g* wirken wie ein Ventilator und blasen das genügend Gefeinte durch das Feinsieb *k* hindurch, das zur Schonung des Gewebes mit einem Schutzsieb *h* aus starkem Stahlblech ausgerüstet ist. Das Mehl, das sich im äußeren Raum der Mühle ansammelt, wird durch einen Schaber *l* dem Auslaufstutzen *B* zugeführt, während das ungenügend Gefeinte in den Mahlraum zurückfällt und weiterer Bearbeitung unterliegt. Zwecks Regelung der Menge des bei *A* einfallenden Aufschüttgutes kann die Fördergeschwindigkeit der Speiseschnecke mittels Stufenscheiben verändert werden.

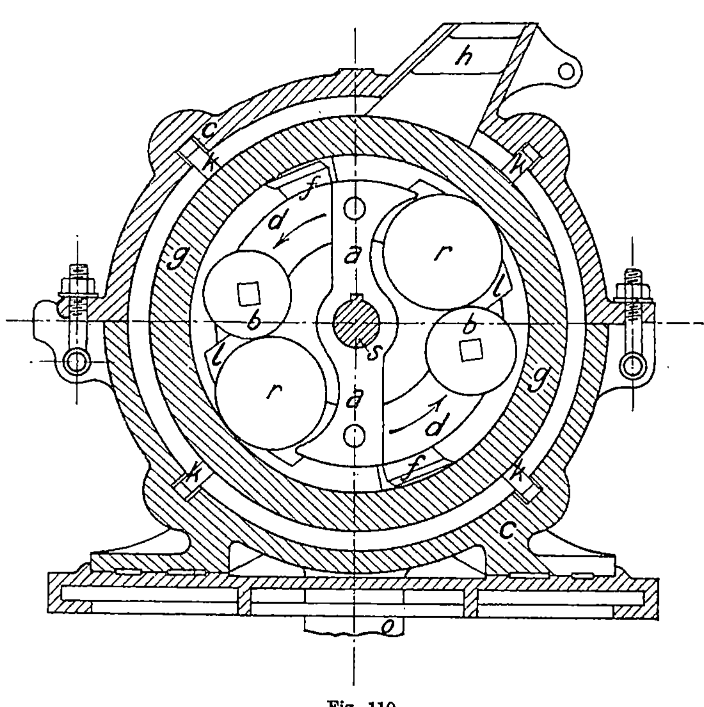

Fig. 110.

Die Fuller-Lehigh-Mühle wird in zwei Größen: 1067 und 832 mm Durchmesser gebaut, von denen das erstere Modell bei 60 bis 70 PS Kraftverbrauch etwa 6000 bis 7000 kg Kalkstein und Mergel, das andere bei 32 bis 35 PS Kraftaufwand ungefähr die Hälfte der genannten Menge auf die in der Zementfabriaktion übliche Feinheit zu vermahlen vermag. — An Feinmehl (13 bis 18 Proz. Rückstand auf dem Sieb Nr. 100) aus Phosphatgestein liefert das größere Modell (die sog. 42″-Mühle) mit 65 bis 70 PS: Florida Hard Rock 4 bis 4,5, Gafsa 7 bis 7,5 t/St.

Die Frisbee Lucop-Mühle (siehe Fig. 110) ist eine Fliehkraftwalzenmühle[1]. Sie besteht aus einem in der Mitte durchgeteilten Gehäuse *c*, in

___
[1] Tonindustrie-Ztg. 1895, S. 695.

dem ein Mahlring g mit vier Keilen k sicher befestigt ist und das den Einlauftrichter h sowie den Auslaufstutzen o trägt. Auf der Welle s sitzt ein zweiarmiger Mitnehmer a, der durch Vermittlung der Klauen d und der Treiber b die beiden Mahlwalzen r, r_1 in der angedeuteten Richtung bewegt, wobei diese über das seitlich eingeführte und durch die Mündung der Schuhe l, l auf die Mahlbahn gebrachte Gut hinwegrollen und es zerdrücken und zerreiben.

Die Mühle wird für Naßmahlung mit zwei Sieben, die den Mahlraum seitlich abschließen, für Trockenmahlung mit nur einem solchen und einem Ventilator f ausgerüstet. — Sie wird in vier Größen gebaut, mit 16, 20, 24 und 30 Zoll engl. Durchmesser der Mahlbahn. Über die 24-Zollmühle gibt *R. H. Richards*[1] an, daß die Walzen 8 Zoll Durchmesser und 6 Zoll Breite haben und daß jede derselben 80 Pfund wiegt. Bei 300 Umdrehungen in der Minute ist die Fliehkraft 6400 Pfund, die Stundenleistung 1 t Quarz oder 3 t weicheres Material durch ein Sieb von 60 Fäden auf den laufenden Zoll, der Kraftbedarf 15 bis 18 PS.

Die Fliehkraftwalzenmühlen haben in der Praxis keine große Bedeutung erlangt. Im Prinzip den Fliehkraftkugelmühlen gleichwertig und wie diese ein an allerfeinsten Teilchen sehr reichhaltiges Erzeugnis liefernd, arbeiteten sie nur so lange zufriedenstellend, als Walzen und Mahlring noch neu und unversehrt waren. Bei vorgeschrittener Abnutzung dieser Teile stellten sich unruhiger Gang und schwere Störungen ein, die nur in dem Mangel an freier Beweglichkeit der Walzenkörper — die den Kugeln und den an Pendeln frei beweglich aufgehängten Mahlrollen unter allen Umständen verbleibt — ihren Grund hatten. Dieser offensichtliche Mangel ist aber sofort behoben, sobald man sich zur Potenzierung des Walzengewichtes nicht der Fliehkraft, sondern der Spannung starker Federn bedient und der Mahlbahn durch eine unstarre Lagerung so viel Beweglichkeit verleiht, um bei Bedarf ein gegenseitiges Ausweichen und Nachgeben von Mahlkörper und Mahlring zu ermöglichen.

Nach diesem Grundsatz ist die in Fig. 111 im Schnitt dargestellte Kent-

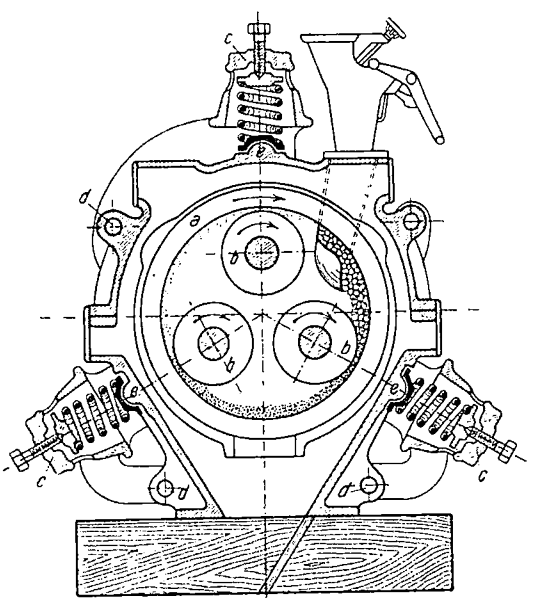

Fig. 111.

----

[1] *R. H. Richards:* Ore dressing **1**, 267.

Mühle der *Kent Mill Company*, Neuyork, gebaut[1]. Das Eigenartige dieser Konstruktion besteht darin, daß die Mahlarbeit nicht zwischen den Walzen selbst, sondern zwischen diesen und einem besonderen Mahlring erfolgt, der auf den Walzen läuft und gegen den diese durch Federdruck angepreßt werden. Von den drei Walzen *b* wird nur ei ne angetrieben, sie nimmt den Ring *a* durch Reibung mit, und dieser setzt seinerseits gleichfalls durch Reibung die beiden anderen Walzen in Umlauf. Das zwischen die eine Walze und den Ring einfallende Mahlgut wird auf dem letzteren durch die Fliehkraft gehalten (die Walzen haben konvexe, der Ring hat konkave Mahlfläche), zwischen den beiden anderen Walzen hindurchgeführt und je nach der Feder-

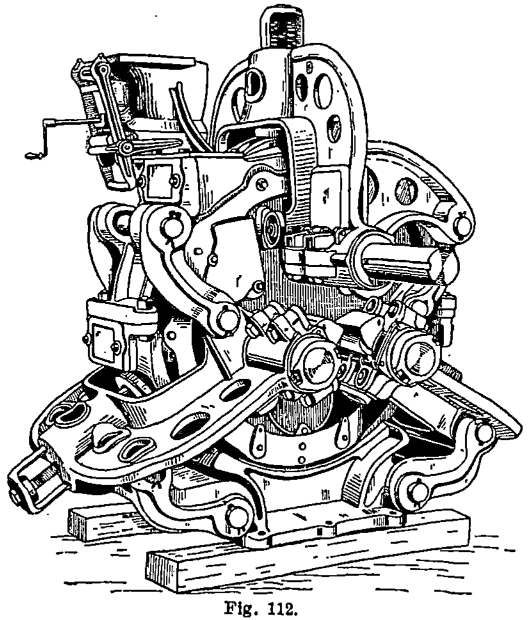

Fig. 112.

spannung mehr oder weniger zerkleinert; sodann fällt es über die beiden Kanten des Mahlringes in das Gehäuse *e* und aus dessen unterer Öffnung heraus. Da der Mahlring von den drei Walzen frei getragen wird und an ihrer nachgiebigen Lagerung teilnimmt, kann er sich den bei der Mahlarbeit auftretenden Stößen stets anpassen, was eine ungemein geringe Abnutzung der Mahlteile und ein nahezu geräuschloses und stoßfreies Arbeiten der Einrichtung zur Folge hat. Aus diesem Grunde bedarf die Kent-Mühle keines eigentlichen Fundamentes, und es unterliegt keinem Bedenken, sie selbst in den oberen Stockwerken der Mühlengebäude aufzustellen, wenn die Deckenkonstruktion nur stark genug ist, um das Gewicht der Mühle zu tragen.

Die Kent-Mühle hat ursprünglich fast nur in der Phosphatmüllerei Anwendung und Verbreitung gefunden; um ihr auch in der Zementindustrie gleichen Erfolg zu verschaffen, war es nötig, unter Beibehaltung des Mahlprinzipes verschiedene Einzelheiten den veränderten Bedingungen anzupassen. Es entstand so die von ihren Konstrukteuren Maxecon-Mühle genannte Bauart, deren äußere Ansicht in Fig. 112 wiedergegeben ist. Die Unbequemlichkeit des doppelseitigen Antriebes ist hier vermieden. Dies gelang dadurch, daß die Gleitführungen der Lager fortfielen; an ihrer Stelle sind Schwingbügel *c* auf Drehbolzen *d* angeordnet[2], die eine radiale Beweglich-

---

[1] Diese Zeichnurg soll hauptsächlich der Erklärurg des Kentmühlenprinzips dienen; sie entspricht nicht in allen Teilen der ursprünglichen, sondern einer späteren Ausführungsform der Mühle.

[2] S. a. Fig. 111.

keit der Walzen gegen den Ring gestatten. Die axiale Beweglichkeit der Walzen selbst, welche die seitlichen Stöße abschwächen soll, ist gleichfalls fortgefallen und durch die seitliche Beweglichkeit des ganzen Bügels ersetzt worden. Diese Maßnahmen (radiale und axiale Beweglichkeit der unter einem federnden Druck gehaltenen Mahlteile) haben sehr guten Erfolg gehabt, den Kraftaufwand vermindert und die Betriebssicherheit erhöht.

Die Kent- und die Maxecon-Mühle liefern beide kein fertiges Erzeugnis und bedürfen der Ergänzung durch besondere Siebeinrichtungen (Plansiebe oder Windsichter); ebenso erfordern sie die Vorzerkleinerung des Aufschüttgutes bis zu einem gewissen Grade. Dagegen sind sie auch gegen

höheren Feuchtigkeitsgehalt des Gutes noch unempfindlich. Sie sind zwar in erster Reihe Feinmahlmaschinen, können indessen auch zum Vorschroten für Rohrmühlen (siehe weiter unten) verwendet werden.

Die Stundenleistung einer verbesserten Kent-Mühle beträgt 4 bis 5 t afrikanisches oder 3 bis 3,3 t Pebble oder 2,5 bis 3 t Florida Hard Rock Phosphat bei der üblichen Feinheit, oder 3 bis 4 t Quarz mit 0 Proz.

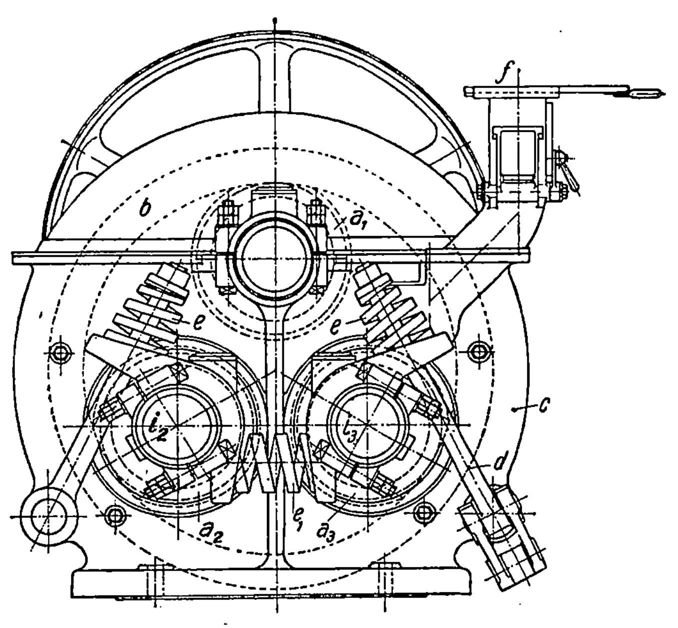

Fig. 113.

auf Sieb Nr. 50. Jene der Maxecon-Mühle 1,7 t Drehofenklinker mit 18 Proz. auf 4900 Maschen. Der Kraftverbrauch ist in allen Fällen etwa 25 PS.

Der in den Fig. 113 und 114 abgebildeten Ringmühle, Bauart der *Rheinischen Maschinenfabrik*, Neuß a. Rh., hat die Kentmühle gleichfalls als Vorbild gedient. Auch hier finden wir die bekannten, von einem unten offenen Gehäuse c umschlossenen, auf den Achsen i_{1-3} befestigten drei Mahlwalzen a_{1-3} nebst dem beweglichen Mahlring b. Während die Lager der Antriebwalze a_1 an das erwähnte Gehäuse angegossen, also starr sind, werden jene der beiden unteren vom Mahlring in Umdrehung versetzten Walzen a_{2-3} durch die Federn e, gegeneinander und durch die Federn e mit Gelenkspindeln d gegen das Mahlgehäuse elastisch abgestützt, so daß auf jeder Seite der Mühle eine untereinander verbundene Federngruppe erscheint, die bewirkt, daß jede Belastungsschwankung einer der sechs Federn eine Spannungsänderung der übrigen fünf Federn auslöst. Hierdurch werden gefährliche Überspannungen der Federn ausgeschaltet, der Kraftbedarf wird verringert und die Bruchgefahr ausgeschlossen.

Der unbequeme doppelseitige Antrieb der ältesten Kentmühlenbauart ist auch bei der Ringmühle vermieden und durch nur eine Riemscheibe h ersetzt. f ist eine genau einstellbare Speisevorrichtung und g die Auslauföffnung des oben mit einer leicht abnehmbaren Blechhaube abgeschlossenen Gehäuses, das mit zwei seitlichen, staubdicht verschließbaren Öffnungen zum Herausnehmen der beiden unteren Walzen versehen ist.

Der Durchmesser des Mahlringes der Ringmühle beträgt 1 m, jener der Mahlkörper 420 mm, die Breite dieser vier Mahlteile 250 mm. Die Leistung wird in weiten Grenzen mit 2500 bis 10 000 kg/St. und der Kraftbdearf mit 30 bis 40 PS angegeben.

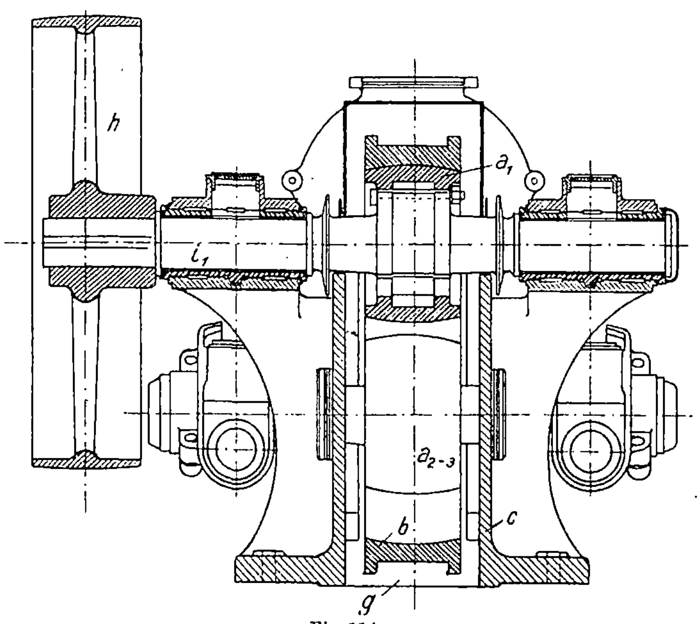

Fig. 114.

Bei der Kent- und der Ringmühle geschieht, wie aus den vorstehenden Beschreibungen ersichtlich, die Aufgabe dadurch, daß man das Mahlgut mittels eines Einlaufes zwischen die eine der beiden unteren Walzen und den Mahlring leitet, so daß es durch die gleichgerichtete Bewegung von Ring und Walze eingezogen wird. Da die Umlaufgeschwindigkeit des Ringes und der Walze eine bestimmte ist, so kann auch nur eine bestimmte Menge Mahlgut in der Zeiteinheit eingezogen werden. Überschreitet man diese Grenze, so fällt das zuviel aufgegebene Gut seitlich von der Walze ab und gelangt unzerkleinert zum Auslauf. Um nun der Mühle mehr Mahlgut aufgeben und ihre Leistung entsprechend steigern zu können, wird bei der Ringmühle der *Gebr. Pfeiffer*[1], Kaiserslautern, ein zweiter Einlauf zur Beschickung auch der unteren, anderen Mahlwalze angebracht und die Mühle derart betrieben, daß die aus dem Sichtapparat zurückkehrenden Grieße der einen Walze, das Frischgut dagegen der anderen Walze aufgegeben wird.

---

[1] Tonindustriezeitung, J. 1916; S. 254.

c) Die Kugelmühlen.

Unter Kugelmühlen versteht man Mahlvorrichtungen, bei welchen das Mahlmittel — die Kugeln — zusammen mit dem Mahlgut sich in einer Mahltrommel befindet; die Drehung der Trommel bewirkt ein beständiges Überstürzen des Inhaltes und damit ein kräftiges Bearbeiten des Gutes durch die Kugeln sowohl als auch durch die noch grobstückigen und schweren Mahlgutteile. Die Kugelmühlen erzeugen das Mehl in der Hauptsache durch eine lange fortgesetzte Bearbeitung des Mahlgutes mittels Schlag und Stoß in Verbindung mit der etwas reibenden Wirkung der schweren Mahlkörper, also durch die Kombination der in der Einleitung zu diesem Abschnitt unter 1. und 2. bezeichneten Angriffsweisen, wobei jedoch an die Stelle eines oder nur weniger schwerer eine große Anzahl an sich leichterer Mahlkörper tritt, die eine im Verhältnis zu ihrer Masse viel größere Mahlfläche darbieten, als ein einziger großer Körper von dem Gesamtgewicht der vielen kleinen aufweisen würde. In dieser Hinsicht muß das Mahlprinzip der Kugelmühlen als durchaus zweckentsprechend bezeichnet werden.

Der Zerkleinerungsvorgang in den Kugelmühlen beruht auf dem Zusammenwirken zweier entgegengesetzter Tendenzen. Während die sich drehende Mahltrommel dauernd bestrebt ist, den Inhalt — Mahlgut und Kugeln — mit in die Höhe zu nehmen, zieht die Schwere ihn ebenso stetig nach dem tiefsten Punkte herab. Auf diese Weise kommt ein dauerndes Arbeiten der Kugeln an dem Mahlgut zustande. Das gilt natürlich nur für den Fall, daß die Umdrehungsgeschwindigkeit genügend klein gewählt ist, um ein Überwiegen der Fliehkraftkomponente über die gleichzeitig auf den Trommelinhalt wirkende Schwerkraftkomponente auszuschließen[1].

Die obere Grenze der Trommelumfangsgeschwindigkeit ist also jene, bei welcher die Kugeln durch die Fliehkraft fest gegen die Trommelwandung gepreßt werden und die Wirkung der Schwerkraft aufgehoben wird, so daß ein Überstürzen des Inhaltes nicht mehr stattfinden kann. Sie läßt sich durch die folgende rechnerische Betrachtung leicht ermitteln.

Bedeutet:

G das Gewicht einer Kugel,
ω die Winkelgeschwindigkeit,
D den Durchmesser der Mahltrommel,
n ihre Umdrehungszahl in der Minute,
$g = 9,81$ m die Beschleunigung der Schwerkraft,

so ist

$$\omega = \frac{n \cdot 2\,\pi}{60}$$

und die Fliehkraft

$$C = G \cdot \frac{\omega^2 \cdot D}{2\,g}\,.$$

---

[1] Dinglers Polytechn. Journ. **306**, Heft 2. 1897.

Letztere wird dem Eigengewicht der Kugel gleich, wenn

$$G = G \cdot \frac{\omega^2 \cdot D}{2\,g} = G \cdot \frac{2\,n^2 \cdot \pi^2 \cdot D}{3600 \cdot g}\,,$$

$$2\,n^2 \cdot \pi^2 \cdot G = 3600\,g\,,$$

$$n = \frac{60}{\pi} \cdot \sqrt{\frac{g}{2\,D}} = \frac{42{,}3}{\sqrt{D}}\,.$$

Die praktischen Ausführungen, die natürlich recht erheblich unter diesem Wert bleiben müssen, zeigen im Durchschnitt

$$n = \frac{23 \text{ bis } 28}{\sqrt{D}}\,.$$

Um nun mittels verhältnismäßig kleiner Kugeln (von etwa 80 bis 130 mm Durchmesser) eine genügend große Mahlfläche und damit auch die gewünschte Mahlwirkung zu erzielen, müssen sie in erheblicher Menge zur Anwendung kommen. Für Mahltrommeln in üblicher Breite und von 1050 mm Durchmesser hat man mit 150 kg, für solche von 1900 mm Durchmesser mit 700 kg und für solche von 3100 mm Durchmesser mit 3000 kg Kugeln zu rechnen. Als Material für die Kugeln wird ausschließlich geschmiedeter Stahl verwendet, ein Stoff, der mit beträchtlicher Härte große Zähigkeit verbindet.

Die Mahlplatten, aus denen sich die runde oder auch polygonal gestaltete Mahltrommel zusammensetzt, müssen gleichfalls aus einem harten und widerstandsfähigen Material hergestellt sein, desgleichen auch die Auspanzerung der Seitenwände der Trommel, damit die durch den natürlichen Verschleiß nötig werdenden Erneuerungen dieser Teile, die außer dem Materialverlust auch noch eine unangenehme Betriebsstörung bedeuten, so selten wie möglich vorgenommen zu werden brauchen.

Die Mahlplatten sind entweder über ihre ganze Länge oder nur an gewissen Stellen mit Öffnungen versehen, die dem zerkleinerten Gut den Austritt gestatten. Letzteres gelangt nach dem Verlassen der Mahltrommel auf eine mit dieser verbundene Siebtrommel, die mit einem dem jeweilig vorliegenden Zweck entsprechenden Stahl- oder Messingdrahtgewebe bespannt ist. Zum Schutz des letzteren gegen Beschädigung und Zerstörung durch den groben Schrot des Gemisches ist in der Regel zwischen Mahl- und Siebtrommel noch ein Schutzsieb aus starkem Eisenblech eingebaut. Dabei ist die Einrichtung getroffen, daß die Siebgröbe — der Überschlag — von beiden Sieben wieder in die Mahltrommel zurückgeleitet wird. Dadurch erscheint die Grundbedingung für eine ununterbrochene Betriebsweise erfüllt. (Kugelmühlen mit absatzweiſem Betrieb — also solche ohne Siebe — werden nur für kleine Leistungen und ganz besondere Zwecke gebaut.)

Das Ganze wird von einem möglichst staubdichten Blechgehäuse eingeschlossen, das unten zu einem Auslauftrichter für das fertig vermahlene Gut zusammengezogen ist und an dessen höchste Stelle entweder ein Dunstabzugsschlauch oder die Rohrleitung für die Staubabsaugung angeschlossen wird.

Der Antrieb kann nur bei den allerkleinsten Modellen von Hand geschehen und muß bei den größeren Ausführungen ausschließlich durch motorische Kraft erfolgen. Da die Mahltrommeln, im Verhältnis zu den in der Regel sehr rasch umlaufenden Triebwerken der gewerblichen Anlagen, sich nur langsam drehen, so ist gewöhnlich eine Zwischenübersetzung mit Zahnrädern erforderlich. Das Ein- und Ausrücken geschieht bei den kleineren und mittleren Modellen mit Hilfe von festen und losen Riemscheiben, bei den größten vorteilhaft mittels sicher wirkender Reibungskupplungen.

Die Kugelmühlen sind als Mahlvorrichtungen schon seit sehr langer Zeit bekannt und nachweislich bereits anfangs des vorigen Jahrhunderts in französischen Pulverfabriken, Farbenmühlen und ähnlichen Betrieben in Anwendung gewesen. Man beschränkte sich jedoch darauf, nur weichere Stoffe wie Salpeter, Kohle, Gips, Indigo u. dgl. mit Kugelmühlen zu mahlen und betrieb diese ausschließlich absatzweise. Viel später erst ging man daran, die Kugelmühlen auch für die Vermahlung harter Stoffe einzurichten; hauptsächlich war es die Erzmüllerei, in deren Dienste man eine ganze Reihe neuer Konstruktionen stellte, die sich aber insgesamt bald als ungeeignet und daher als lebensunfähig erwiesen. Erst als man gelernt hatte, die Kugelmühle so zu bauen, daß sie der Hauptforderung des Großbetriebes — der Beständigkeit der Wirkung — Genüge leisten konnte, wurde diese Maschine ein wirklich brauchbarer und in manchen Fällen (wie z. B. in der Thomasschlackenmüllerei) geradezu unübertrefflicher Mahlapparat, der seitdem in vielen Tausenden von Ausführungen in den verschiedensten gewerblichen Betrieben zur Anwendung gelangt ist[1].

Die erste, nach dem Grundsatz der stetigen Ein- und Austragung gebaute Kugelmühle stammt aus dem Jahre 1876, ihre Konstrukteure sind die *Gebr. Sachsenberg* in Roßlau a. E. und *W. Brückner* in Ohrdruf bei Gotha. Diese Mühle hat als Vorbild für alle späteren Kugelmühlenbauarten gedient, da sie bereits alle Elemente teils in nahezu vollendeter Form, teils noch im Keime enthielt, die als die Grundbedingungen einer zweckdienlichen Arbeitsweise eines derartigen Mahlgerätes anzusehen sind. Die in der Folge von verschiedenen Seiten angestrebten Verbesserungen der ersten, naturgemäß noch unvollkommenen Bauart waren zunächst darauf gerichtet, den die Mahlarbeit verrichtenden Teilen durch Verwendung widerstandsfähigerer Baustoffe eine möglichst lange Lebensdauer zu sichern und sodann auch die Mahlleistung durch zweckentsprechende Gestaltung der Mahlplatten zu erhöhen. Unter den vielen zur Erreichung des letztgenannten Zweckes in Anwendung gebrachten Mitteln hat die sägezahnartige Ausbildung des Trommelquerschnittes, wie solche zuerst von *Krupp* und *Löhnert* angewendet wurde, die verhältnismäßig weiteste Verbreitung gefunden.

In Fig. 115 und 116 ist die sog. Kugelfallmühle, Bauart der *Herm. Löhnert A.-G.*, Bromberg, dargestellt. Dort bezeichnet *a* die schmiedeeiserne, an den Seiten durch auswechselbare Verschleißplatten *b* geschützte Trommel,

---

[1] *Naske:* Die Portland-Zement-Fabrikation, 3. Aufl., S. 216.

deren Mantel aus den Mahlplatten *c* gebildet wird. Diese sind als Verbund-
platten ausgeführt, so daß von den beiden Platten jeweils nur die obere
— Auflaufplatte — erneuert zu werden braucht, während die untere — Grundplatte — bestehen bleibt. Die von je zwei aufeinanderfolgenden Platten
geformte Stufe bezweckt einerseits eine lebhaftere Bewegung des Haufwerkes,
andererseits gestatten die von den Stufen gebildeten über die ganze Trommel-

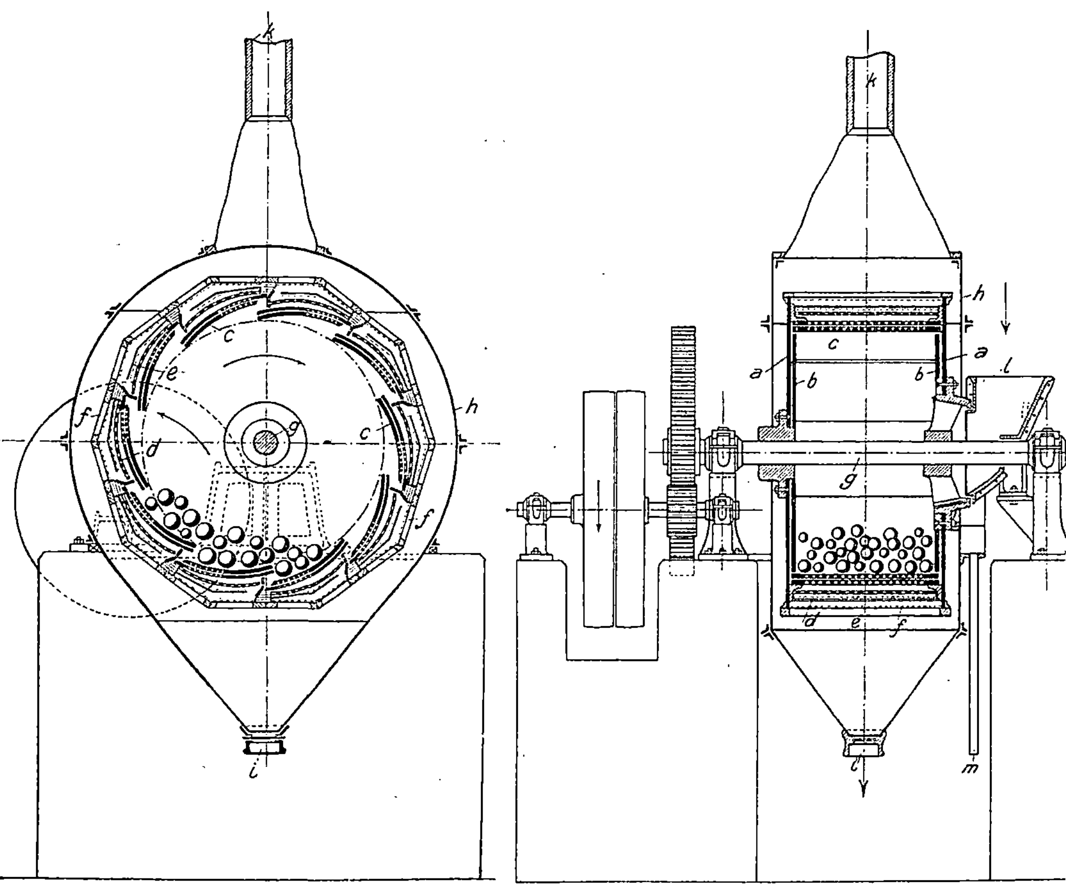

Fig. 115.   Fig. 116.

breite gehenden Spalten eine bequeme Anordnung zur Rückleitung des ungenügend gefeinten Gutes in die Mahltrommel. Letztere ist von einer drei-
fachen Sieblage umgeben: dem aus starkem Stahlblech hergestellten Schutzsieb *d*, dem Mittelsieb *e*, das bei gröberer Mahlung entfallen kann und dem
auf hölzernen Rahmen aufgespannten Feinsieb *f*, dessen Gewebe aus Phosphor-
bronze- oder Stahldraht besteht. Alle Überschläge fallen durch die aus starken
Blechen bestehenden Rücklaufsiebe, die in den durch die Erhebungen der
Auflaufplatten gebildeten Öffnungen sitzen, selbsttätig in das Innere der

Trommel zurück, um dort einer erneuten Bearbeitung unterworfen zu werden.

Die Mahltrommel ist auf der Welle *g* befestigt, die mittels eines ausrückbaren Zahnrädervorgeleges in Umdrehung versetzt wird. *l* ist der Einlauftrichter, dem das Gut unter allen Umständen nur durch eine genau regelbare Speisevorrichtung zugeführt werden sollte, da die Leistung der Kugelmühle — wie im allgemeinen einer jeden Zerkleinerungsvorrichtung — infolge ungleichmäßiger Beschickung sehr stark zurückgeht. Das aus dem ringförmigen Spalt zwischen Einlauftrichter und Nabe etwa austretende Gut wird in dem Rohr *m* abgefangen und der Aufgabevorrichtung wieder übergeben.

Das Staubgehäuse *h* ist unten in einen Auslaufstutzen *i* zusammengezogen. An dem Oberteil des Blechgehäuses befindet sich eine viereckige Öffnung, die mittels eines Leinenschlauches mit dem Luftschacht *k* verbunden ist. Bei genügender Höhe des letzteren leitet der in diesem Schacht entstehende Luftstrom die sich bei der Vermahlung etwa bildenden feuchten Dünste ab, wodurch gleichzeitig der Staubaustritt aus dem Einlauftrichter verhindert sowie einer übermäßigen Erwärmung der Mühle und des Mahlgutes vorgebeugt wird. — Anstatt an den Luftschacht kann das Gehäuse auch an eine Entstäubungsanlage angeschlossen werden.

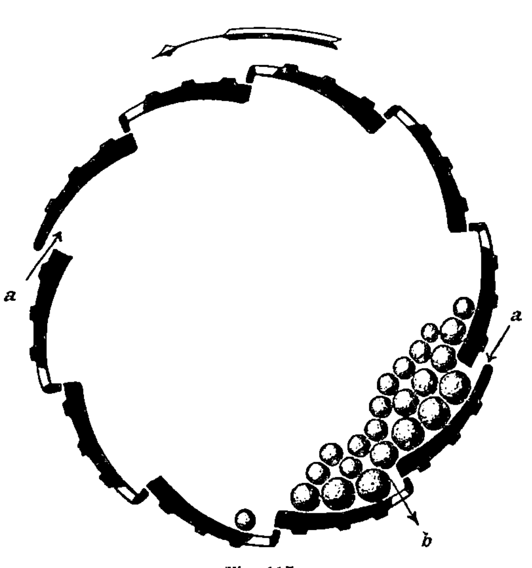

Fig. 117.

Die **Löhnertsche Kugelfallmühle** wird in 11 Modellgrößen gebaut, von 1220 bis 2830 mm Durchmesser und von 660 bis 1630 mm Breite der Mahltrommel. Das Gewicht der Kugelfüllung beträgt 200 bis 3500 kg, der Kraftverbrauch $2^1/_2$ bis 65 PS. Die Leistung ist je nach der Beschaffenheit des Aufschüttgutes und der Feinheit des Erzeugnisses ganz außerordentlich verschieden. Im allgemeinen kann nur gesagt werden, daß sich die Leistungen des genannten kleinsten und größten Modells wie etwa 4:70 verhalten.

Eine im Verlaufe einer längeren Betriebszeit mit Sicherheit zu erwartende Erscheinung ist das Zuhämmern der Öffnungen in den Mahlplatten der Kugelmühlen gewöhnlicher Bauart. Man hat diesem Übelstand durch konische Gestaltung der Löcher zu begegnen gesucht, ohne indessen den gewollten Zweck auf die Dauer erreichen zu können. Dagegen ist die von der *G. Luther-A.-G.*, Braunschweig, bei ihren Kugelmühlen angewendete und in Fig. 117 dargestellte Plattenkonstruktion ohne Zweifel als eine sehr gute Lösung dieser Frage zu bezeichnen, da bei dieser Bauart die Öffnungen in denjenigen Teil der Platten verlegt sind, der den Wirkungen des Kugelschlages vollkommen entrückt ist. Die Verwendbarkeitdauer dieser Platten ist eine ganz wesentlich höhere als jene der gewöhnlichen Bauart. — Zu der auf Seite 127 stehenden Skizze sei noch bemerkt, daß mit *a* die Einläufe für die Überschläge, mit *b* die länglich ovalen Plattenöffnungen bezeichnet sind.

Dieselben Erwägungen führten die *Herm. Löhnert-A.-G.*, Bromberg, zur Konstruktion ihrer M o l i t o r - K u g e l m ü h l e (siehe Fig. 118 bis 120). Sie

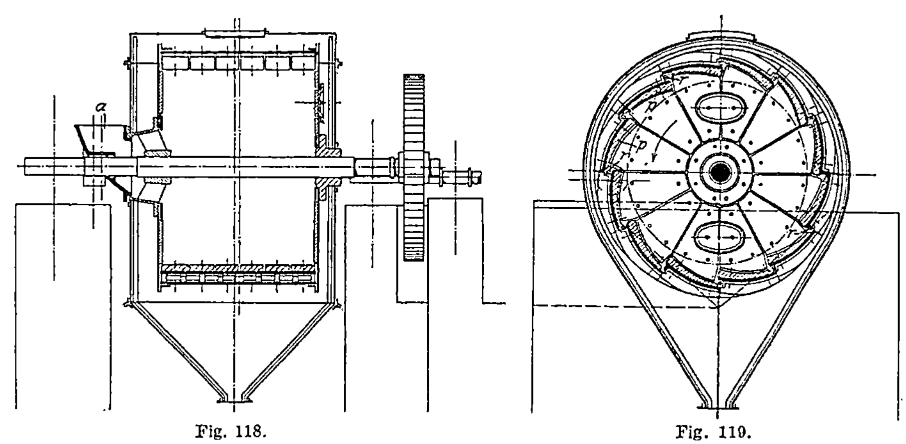

Fig. 118.   Fig. 119.

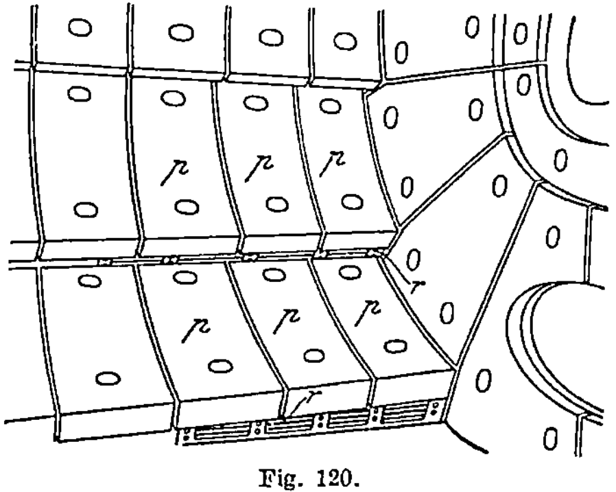

Fig. 120.

stellt eine Kugelfallmühle dar mit nach Bedarf veränderlicher, geschlossener Mahlbahnlänge, welche ohne jegliche Siebe arbeitet. Das Mahlgut tritt nach der dem Einlauf *a* gegenüberliegenden Seite hin durch in ihrer Spaltweite leicht zu verändernde Roste *r*, *r* (Fig. 120) aus, die zwischen den Fallplatten *p*, *p* angeordnet sind und bis in die Nähe der Einlaufkopfwand in kürzester Zeit nach Bedarf durch Deckbleche auf- oder zugedeckt werden

können. Es sind also bei dieser Mühle die Spaltweiten und Spaltlängen der gegen Kugelschläge geschützt liegenden Austragroste veränderlich einstellbar. Hierdurch ist es ermöglicht, bei weithin abgedeckten Rosten, mithin durch künstliche Verlängerung des geschlossenen Teiles der Mahlbahn und gleichzeitige enge Stellung der offenen Schlitze, ein mehlreiches Erzeugnis untermischt mit Grießen von beschränkter Korngröße zu erhalten, während umgekehrt bei möglichst weit gestellten und gleichzeitig möglichst vielen offenen Schlitzen ein mehlärmeres und grobgrießiges Mahlgut entfällt. Die in der Regel dahinter geschaltete Rohrmühle (siehe weiter unten) verarbeitet das Erzeugnis zu Mehl, und das ihr aufgegebene Gut wird durch richtige, von

der Mahlbarkeit abhängige Einstellung der Roste mittels der Molitor-Kugelmühle so weit vorgeschrotet, daß die Rohrmühle es bequem verdauen kann.

Die Molitor-Kugelmühle, deren Erzeugnis ohne vorherige Absiebung
oder Sichtung entfällt, eignet sich besonders zum gröberen Vermahlen nicht
zu harter Stoffe in großen Mengen, wie z. B. Mergel, bei welchem Leistungen
bis zu 15 000 kg in der Stunde erzielt werden. Sie wird in vier Modellgrößen
gebaut, von 2200 bis 2720 mm Durchmesser und 1445 bis 1700 mm Breite der
Mahltrommel. Die Kugelfüllung beträgt 2100 bis 5000 kg, der Kraftverbrauch
45 bis 95 PS.

Besondere Erwähnung verdient aber noch die sehr eigenartige Panzerung
dieser Mühle, die durch Fig. 121 und 122 dargestellt ist. Der grundlegende
Gedanke der Konstruktion ist, die auf Grundplatten ruhenden Panzerstücke

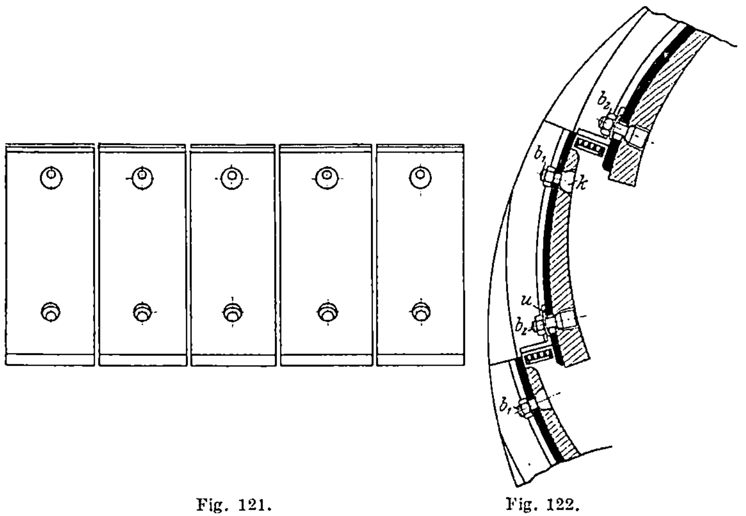

Fig. 121.   Fig. 122.

nur in einem Punkt auf diesen festzuhalten, während sie sich nach allen
Richtungen hin dehnen können. Auf diese Weise wird vermieden, daß die
von Kugelschlägen ständig gehämmerten und dabei eine Formveränderung
erleidenden Platten Spannungen in die Befestigungsbolzen bringen können.
Während es früher üblich war, die Panzerstücke mittels mehrerer Bolzen
fest auf Grundplatten aufzuschrauben, werden sie jetzt nur in einem Punkte
festgehalten, während in einem zweiten, gegen die Grundplatte verschieb-
baren Punkte nur eine gewissermaßen elastische Aufhängung stattfindet,
die lediglich dazu dient, das Abkippen der Platte von der Grundplatte, in
der Zeit, wo diese bei der Drehung der Mühle den oberen Teil durchläuft,
zu verhindern. Wie aus den Abbildungen hervorgeht, ist der eine Bolzen b_1
am dünneren Ende der Platte der feste, der andere Bolzen b_2 ist in einem
Schlitz der Grundplatte geführt und kann somit der Ausdehnung der Platten
folgen; zugleich sitzen bei diesem zwischen Mutter und Grundplatte zwei
starke Stahlfederscheiben u, so daß der Bolzen einer etwaigen Ausbucklung

der Platten infolge Streckung der oberen Faserschichten in den Panzern durch
die Kugelschläge etwas nachgeben kann. Der kugelförmige Teil k des Kopfes
von b_1, der die Platte in einem kegelförmigen Loche festhält, gestattet zugleich ein senkrechtes Einstellen des Bolzens zur Grundplatte, wenn die Panzer-
platte sich von dieser beim Ausbeulen abhebt. Die freie Formveränderung
der Platte innerhalb der vorkommenden Grenzen ist also gewährleistet.

Es läßt sich nicht leugnen, daß diese Panzerungsart, welche sich in
jeder Beziehung gut bewährt hat, große Vorteile bietet, indem die Panzer-
platten bis zur Erneuerung fast vollständig ausgenutzt werden können,
ohne daß die Befestigungsmittel vorher ersetzt werden müssen; denn der
tragende Konstruktionsteil für das oft sehr große Gewicht des Mühleninhaltes
sind die unter den Panzern liegenden Grundplatten. Neue Panzerstücke
auf diese aufzuschrauben ist nicht schwierig. Bei Anwendung von einzelnen
großen Stahlgußpanzerstücken, welche über die ganze Mühlenbreite reichen,
tritt, abgesehen davon, daß es schon nicht leicht ist, bei Stahlguß die erforderliche gleichmäßige Härte zu erzielen, der Nachteil ein, daß diese Platten
nicht genügend abgenutzt werden können, weil sie zugleich Tragkonstruktions-
teile für den Mühleninhalt bilden. Es muß daher, falls nicht vorher schon
Risse und Brüche auftreten, ein großer Teil des teuren Materials ins alte
Eisen wandern. Aus diesem Grunde bietet die *Löhnert*sche Konstruktions-
weise nicht zu verkennende Vorteile, die sich im wesentlichen auf Sicherheit und Billigkeit des Betriebes erstrecken.

Die Verwendung gelochter Mahlplatten — mögen diese nun wie bei
der ältesten Ausführungsform über die ganze Länge der Mahlbahn verteilt,
gegen Kugelschlag geschützt oder ungeschützt sein, mag die Lochung auch
ganz entfallen und durch stellbare Längsschlitze oder Spalten ersetzt erscheinen — bewirkt in jedem Falle, daß das Mahlgut die Mühle an zahlreichen
Stellen zu verlassen vermag — vorausgesetzt, daß es klein genug ist, um
durch die Löcher, Schlitze oder Spalten hindurchfallen zu können. Theoretisch ist diese sofortige Abführung des hinreichend zerkleinerten Gutes
sicher als Vorzug der Kugelmühle anzusehen, in der Praxis stellt sich die
Sache aber ganz anders, wenn es sich um die Verarbeitung außergewöhnlich
harter Materialien, wie z. B. der in Drehöfen gebrannten Zementklinker
handelt. Dann sinkt die Leistung der gewöhnlichen Kugelmühle dermaßen,
daß es nicht mehr wirtschaftlich ist, sie als Vorschroter für die darauffolgende
Feinmahlmaschine anzuwenden. Die Erklärung für diese Tatsache ist darin
zu finden, daß das sehr harte Aufschüttgut in Kugelmühlen gewöhnlicher
Bauart der Einwirkung des Mahlmittels durch eine viel zu kurze Zeit unterliegt, die zwar hinreicht, um das Gut zu zertrümmern und grob vorzuschroten,
nicht aber um ein feingrießiges, mit Mehl untermischtes Erzeugnis zu erzielen, wie solches die weitere Verarbeitung erfordert.

Um nun den Kugeln mehr Zeit zur Einwirkung auf das Mahlgut zu
geben, haben *F. L. Smidth & Co.*, Kopenhagen, ihre Kominor-Mühle
(siehe Fig. 123 und 124) als eine Art Rohrmühle mit Siebvorrichtung und
Rückleitung der Grieße gestaltet. Das von einer Telleraufgabevorrichtung i

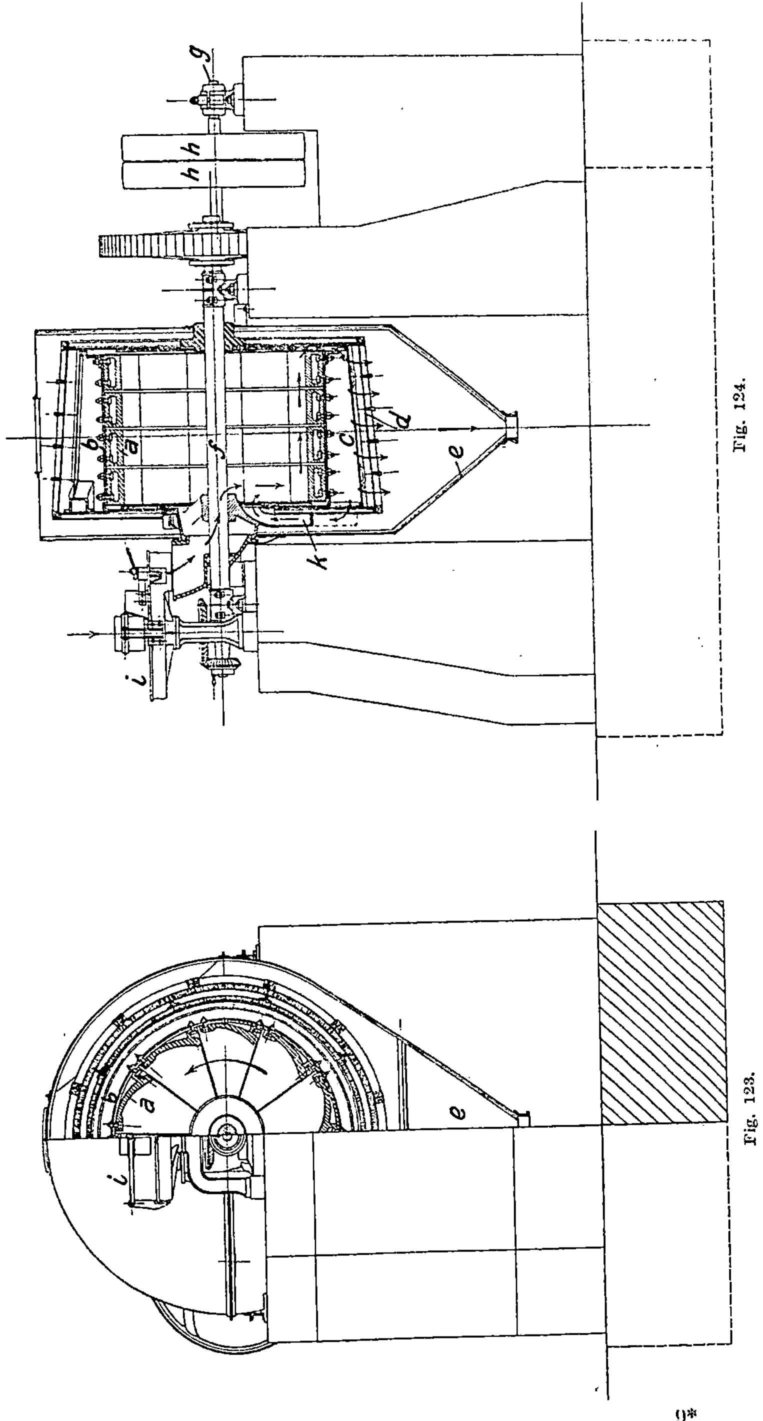
g
h h
b
a
c
d
e
f
k
i
Fig. 124.
a
b
i
e
Fig. 123.

in gleichmäßigen Mengen zugeführte Aufschüttgut fällt durch den Trichter und die Einlaufnabe in die Mahltrommel *b*, die mit vollen, undurchlochten Mahlplatten *a* ausgepanzert ist, und bewegt sich wie in einer Rohrmühle in der Längsrichtung vorwärts, wobei es der zertrümmernden und mahlenden Wirkung schwerer Stahlkugeln ausgesetzt ist. Es verläßt die Mahltrommel auf der dem Einlauf entgegengesetzten Seite durch regelbare Austrittsöffnungen, die außerhalb des Wirkungsbereiches der Kugeln liegen, und gelangt auf das schwach kegelförmige Sieb *d* mit Schutzsieb *c*. Das genügend Gefeinte fällt durch die Maschen des Gewebes in einen die Mühle staubdicht umgebenden Sammeltrichter *e* mit anschließender Fördervorrichtung zur Rohrmühle, während das Grobe durch Rücklaufkanäle *k* in die Mahltrommel

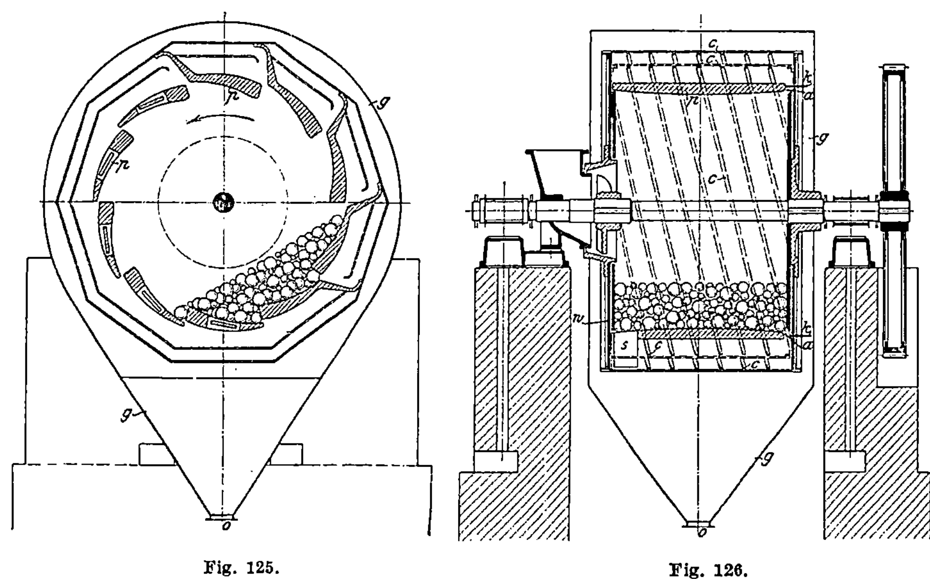

Fig. 125.   Fig. 126.

geleitet und der nochmaligen Einwirkung des Mahlmittels ausgesetzt wird. — Die Mahltrommel ist auf der Welle *f* befestigt, die mittels eines aus der Welle *g*, den Riemscheiben *h*, *h* und einem Stirnräderpaar bestehenden Vorgeleges in Umdrehung versetzt wird. — Die Kominor-Mühle wird in 11 Modellgrößen gebaut, von 500 bis 5000 kg Kugelfüllung und mit 7 bis 80 PS Kraftverbrauch.

Denselben Zwecken wie die vorbeschriebene Mühle dient der „Cementor" von *G. Polysius*, Dessau, den die Fig. 125 und 126 veranschaulichen. Innen- und Außensiebe sind hier mit schraubenförmig verlaufenden Leisten *c* aus Winkeleisen besetzt, die als Fördermittel dienen und das aus den vor Kugelschlägen geschützten Austragöffnungen *a* austretende Mehl- und Grießgemenge zu einer rückläufigen Bewegung — nach der Einlaufseite zu — zwingen. Die Siebflächen werden dadurch sehr kräftig ausgenutzt, und da die Mahlplatten *p* über ihre ganze Länge geschlossen sind, so ist die Mahl-

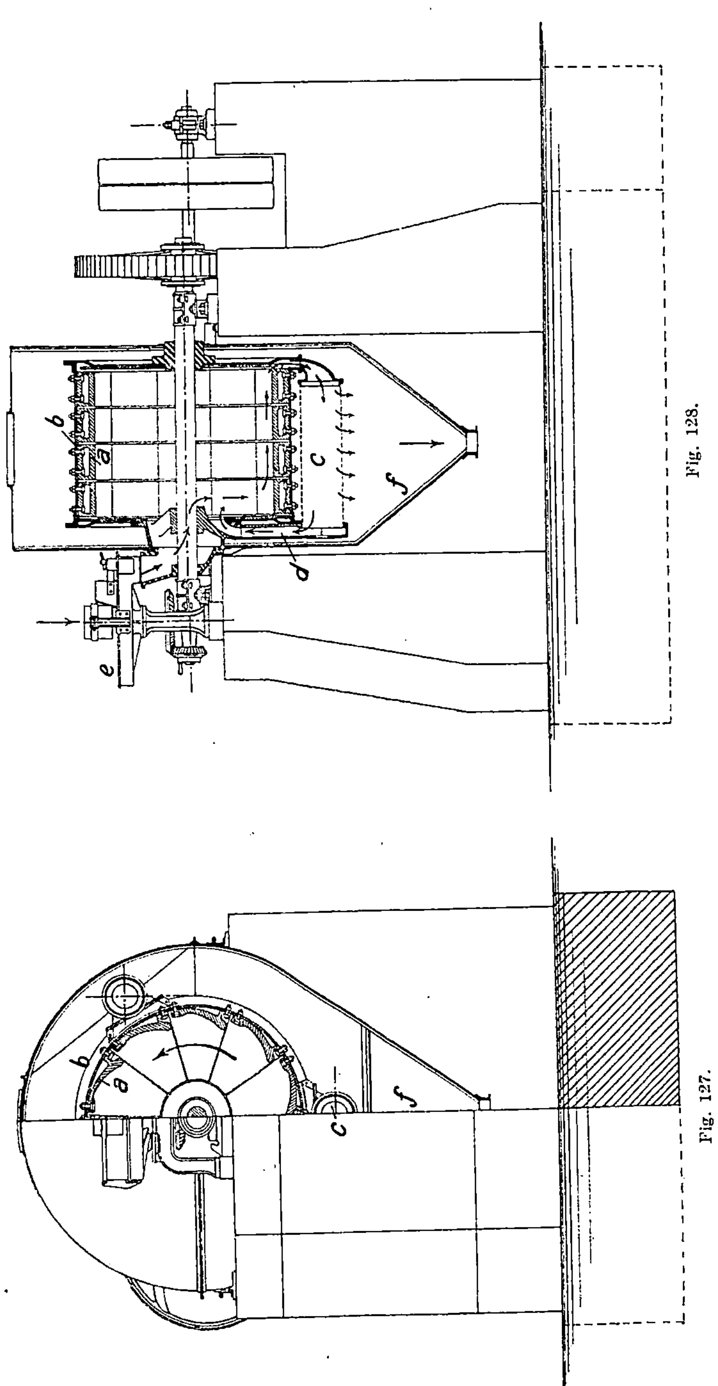

Fig. 128.

Fig. 127.

wirkung gleichfalls sehr ausgiebig. Absiebung und Mahlung halten viel besser miteinander Schritt, als das bei Kugelmühlen älterer Bauart je zu erreichen war. Das abgesiebte Gut verläßt die Mühle durch den Auslauf *o* des nach unten trichterförmig zusammengezogenen Gehäuses *g*. Die Überschläge gelangen mittels an der Stirnwand *w* angeordneter gekrümmter Schaufeln *s* in den Mahlraum zurück, um einer erneuten Bearbeitung unterzogen zu werden. Die Anordnung dieser Schaufeln an der Innenseite der Stirnwand ist deswegen vorteilhaft, weil dadurch die Mahlbahn bei gleichen äußeren

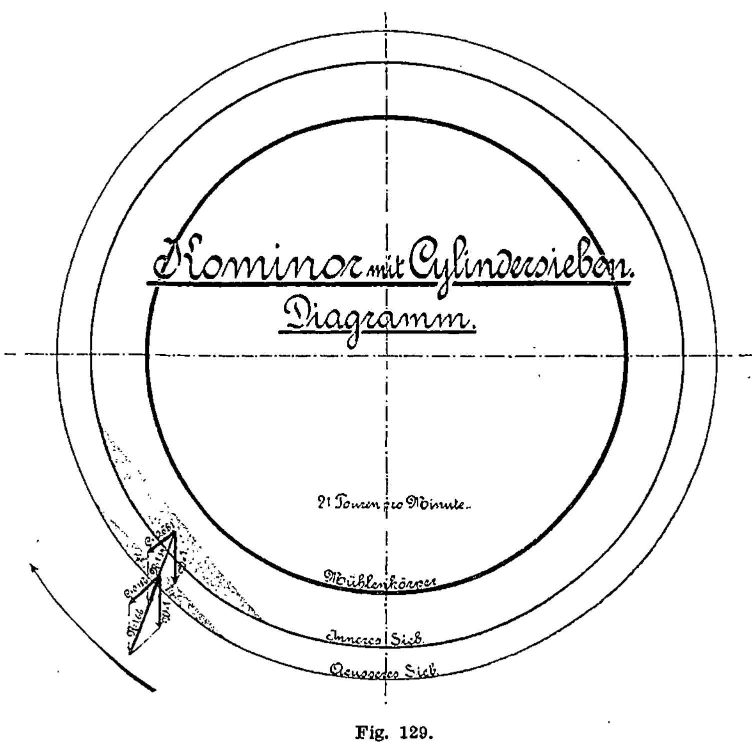

Fig. 129.

Abmessungen größer wird. Die Feinheit des Erzeugnisses wird durch Weiter- oder Engerstellen der Schieber *k* an den Austragschlitzen geregelt.

Auf eine Erhöhung der Siebwirkung geht auch die in den Fig. 127 und 128 dargestellte Kominor - Mühle mit Fasta - Sieben hinaus, bei der drei oder mehr Siebtrommeln *c* ganz außerhalb des Mahlgehäuses *b* angebracht und mit diesem durch die Sammelkanäle *d* verbunden sind. Das mittels der Telleraufgabevorrichtung *e* zugeführte Gut durchwandert — wie bei dem Kominor — den Mahlraum in seiner ganzen Länge und tritt durch an der Rückwand des Gehäuses angeordnete Schlitze in einen Kanal, der es unter dem Einfluß der Schwerkraft in die jeweilig untere Siebtrommel leitet. Das Gemisch aus Mehl und Grießen durchstreicht die Siebtrommeln in der Richtung nach der Einlaufseite zu und wird abgesiebt. Das Mehl wird in üblicher

Weise durch eine Öffnung des trichterförmig gestalteten Gehäuses abgezogen, während der Überschlag durch den Kanal *d* in den Mahlraum zurückgeleitet wird.

Die Konstruktion stammt von dem dänischen Ingenieur *Fasting* her; ihre Überlegenheit über die oben beschriebene Bauart der Kominor-Mühle geht aus der folgenden Betrachtung hervor[1].

Das Bedürfnis nach größeren Mahleinheiten ist mit der steigenden Ent-

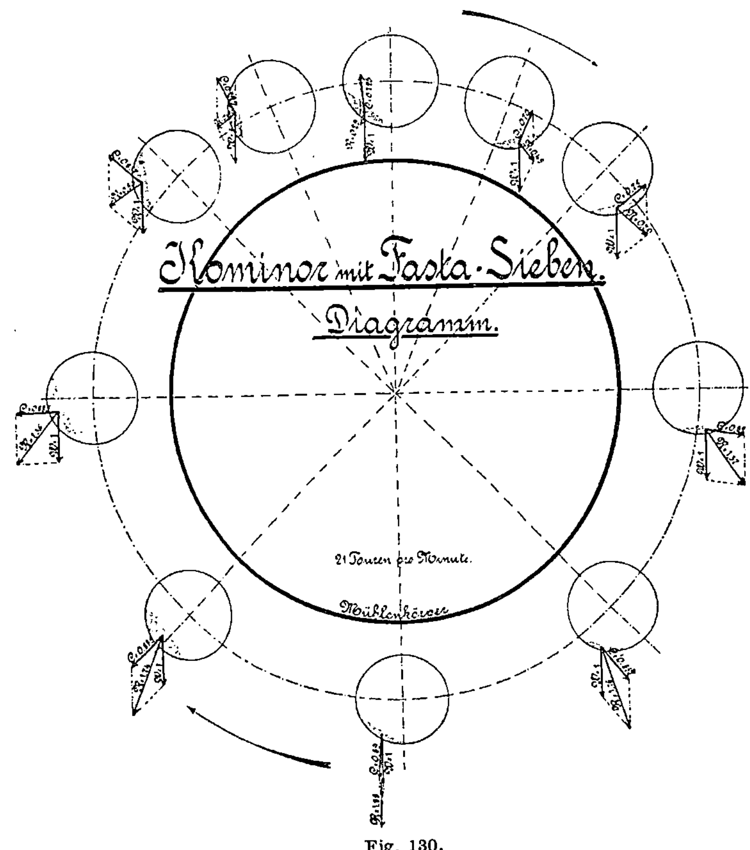

Fig. 130.

wicklung vieler Industriezweige immer dringender geworden, und um es zu befriedigen, mußten die Mahlvorrichtungen mitwachsen. Die Kominor-Mühle war davon selbstverständlich nicht ausgenommen und die Kugelfüllung, die bei dem ersten Normaltypus 1200 kg betrug, ist inzwischen auf 5000 kg gestiegen. Je größer aber diese Maschine gebaut wurde, um so mehr machten sich besondere Betriebsschwierigkeiten bemerkbar.

---

[1] Protokoll der Verhandlungen des Vereins deutscher Portlandzement-Fabrikanten 1910.

Diese bestehen hauptsächlich darin, daß mit der steigenden Größe der
Mahltrommel die sie umschließenden Zylindersiebe einen sehr großen Durchmesser erhalten, wodurch die Umfangsgeschwindigkeit außerordentlich gesteigert wird und eine starke Reibung des Gutes auf der Siebfläche entsteht,
die überdies noch durch die Fliehkraft eine ganz erhebliche Steigerung erfährt. Das aus der Mahltrommel austretende Gut wird ungefähr eine Lage
einnehmen, wie sie das Diagramm, Fig. 129, angibt und die Siebflächen werden
unter dem Mahlgut mit einer Geschwindigkeit von ungefähr 3,25 m/Sek.
hergeführt. Zu dem dadurch entstehenden Reibungsverlust gesellt sich aber
noch ein beträchtlicher Kraftverlust, der dadurch entsteht, daß die ganze
Menge des Sichtgutes in bedeutender Entfernung von der Drehachse beständig emporgehoben werden muß. Die starke Reibung bedingt außerdem
noch die Anordnung eines inneren Schutzsiebes.

Bedeutend günstiger gestalten sich die Verhältnisse bei der *Fasting*schen
Siebanordnung. In der unteren Stellung (siehe das Diagramm Fig. 130) der
Fasta-Siebe wird das Gut aus der Mahltrommel auf die ersteren überführt
und bei der Drehung mit diesen emporgehoben. Das Gut wird deshalb nicht
wie bei dem großen Sieb an einer einzigen Stelle, ohne der Drehung der Trommel
zu folgen, der Siebwirkung unterliegen, sondern es wird die Umdrehung mitmachen, und da es sich nun nicht nur an der aufsteigenden, sondern auch
auf der absteigenden Seite der Mahltrommel befindet, so ist dadurch ein
kraftsparender Gleichgewichtszustand erreicht.

Indem nun das Gut der Umdrehung der Mahltrommel folgt, findet
gleichzeitig ein Gleiten des ersteren in der Längenachse der Siebe statt, wodurch das Absieben bewerkstelligt wird. Außerdem macht das Fasta-Sieb
eine Umdrehung um das in ihm ruhende Mahlgut, deren Geschwindigkeit
aber — wegen des kleinen Durchmessers — nur gering ist (0,5 m gegen 3,25
bei dem großen Sieb), so daß eine große Ersparnis an Reibungsverlust und
an Verschleiß erreicht wird. — Hierzu tritt nun noch eine erhöhte Absiebungs-
fähigkeit der Siebflächen infolge der besonderen Wirkung der Fasta-Siebe.

Wie schon früher erwähnt, steht das Mahlgut während der Absiebung
nicht nur unter der Wirkung der Schwerkraft, sondern auch unter der Wirkung
der Fliehkraft. Bei den großen Zylindersieben wirken diese zwei Kräfte fort-
während in ungefähr derselben Richtung, der Druck, den das Gut auf die
Siebfläche ausübt, ist hier ungefähr der Summe der beiden Kräfte gleich.
Die Reibung zwischen dem Gut und der Siebfläche wird also bedeutend
vergrößert, die Siebfähigkeit aber vermindert, da man die beste Absiebung
nur dann erreicht, wenn das Gut nur einen schwachen Druck auf die Siebfläche ausübt. Das letztere ist bei den Fasta-Sieben der Fall, denn hier wirken
— wie das Diagramm Fig. 130 zeigt — Schwerkraft und Fliehkraft nicht
immer in derselben Richtung und heben sich teilweise sogar auf.

Geht man von 1 kg Material aus, so wird dieses in der tiefsten Stellung
auf die Siebfläche einen Gesamtdruck von 1,88 kg ausüben. Während der
Umdrehung wird dieser Druck aber beständig kleiner bis er in der höchsten
Stellung des Siebes nur noch 0,29 kg, also weniger als ein Sechstel des erst-

genannten Druckes beträgt. Die Absiebungsverhältnisse werden also mit der Aufwärtsbewegung immer günstiger und es hat sich tatsächlich gezeigt, daß die Fasta-Siebe in den höheren Stellungen die größte Siebfähigkeit besitzen.

Die bessere Verteilung des Gutes auf den Siebflächen gestattet es, die sonst nötigen Schutzsiebe fortzulassen. Ein weiterer Vorteil der Konstruktion ist die leichte Auswechselbarkeit der Siebe und die bequeme Zugänglichkeit der Mahltrommel. —

Die Fasta-Mühle, bei der die Unabhängigkeit des siebenden Teiles von dem mahlenden Teile des Systems in gewissen Grenzen zum Ausdruck kommt, leitet über zu den „sieblosen Kugelmühlen", die nur in Verbindung mit besonderen Siebeinrichtungen — meist Windsichtern — gedacht werden können, bei denen also Mahlarbeit und Siebarbeit in räumlich vollkommen getrennten Vorrichtungen durchgeführt werden. Während aber die Kominor- und Cementor-Mühlen die Bestimmung haben, nur Vorbereitungsapparate für die darauffolgende Feinmahlmaschine (die Rohrmühle) zu sein, be-

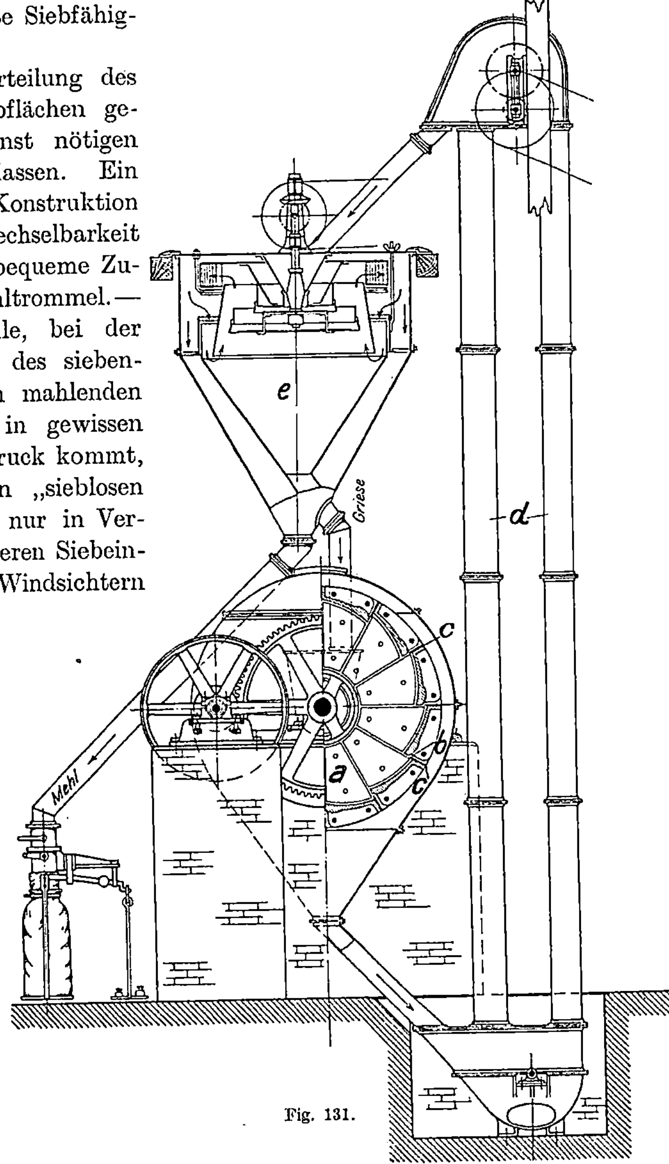

Fig. 131.

zwecken die sieblosen Kugelmühlen (zu denen in gewissem Sinne auch die oben besprochene Molitor-Kugelmühle *Löhnerts* gehört) die Vorschrotung und Feinmahlung in einem einzigen Gerät. Sie arbeiten ausschließlich nur mit Windsichtern (siehe weiter unten) zusammen, deren Abmessungen so gewählt werden müssen, daß die in jedem Augenblick von der Kugelmühle erzeugte Feinmehlmenge vom Sichter als Fertigerzeugnis ausgeschieden wird und daß nur solche Überschläge auf die Mühle zurückgeführt werden, die tatsächlich noch einer weiteren Verarbeitung bedürfen. Die Tatsache, daß der Mahlapparat durch die intensive Wirkung des Sichtapparates beständig von dem erzeugten Feinmehl befreit wird, bedeutet fraglos eine Entlastung des ersteren von überflüssiger Arbeit und ist als durchaus zweckmäßig und den Gesetzen der rationellen Zerkleinerung entsprechend anzusehen. Als praktischer Vorteil der Anordnung ergibt sich der Fortfall jeglicher Siebgewebebespannung, die nur zu häufig zu Betriebsstörungen Veranlassung liefert und ferner eine nicht unerhebliche Einschränkung des Raum- und Kraftbedarfes.

In Fig. 131 ist eine solche Anlage, Bauart der *Gebr. Pfeiffer*, Kaiserslautern, dargestellt; sie besteht aus einer Kugelmühle, deren Mahlplatten *a* vor Kugelschlägen geschützte Längsschlitze *b* bilden, die mittels der Schieber *c* nach Bedarf enger oder weiter gestellt werden können, so daß sie nur einem Mahlprodukt von einer ganz bestimmten Korngröße den Durchtritt gestatten, das von dem Becherwerk *d* auf den Windsichter *e* gehoben wird. Dieser trennt in dem Gemisch mittels eines von ihm selbst erzeugten Luftstromes das Mehlfeine vom Groben und während ersteres unmittelbar an dem Mehlauslaufrohr abgesackt oder in die Lagerräume befördert werden kann, fällt der Überschlag (Grieß) selbsttätig in den Einlauftrichter der Mühle zur weiteren Bearbeitung zurück.

Die *Pfeiffer*sche sieblose Kugelmühle wird in acht verschiedenen Modellgrößen — bis zu 5000 kg Kugelfüllung und 90 PS Kraftbedarf — gebaut. Sie hat hauptsächlich in der Zementindustrie, der Düngerschlackenmüllerei und in der Fabrikation des hydraulischen Kalkes weite Verbreitung gefunden. Namentlich ist in dem letztgenannten Zweig der Mörtelindustrie die Zahl der Ausführungen verhältnismäßig am zahlreichsten.

Als weitere Vertreterin dieser Gattung ist die Orion - Mühle der *Alpinen Maschinenfabriksgesellschaft*, Augsburg, zu nennen, deren Einrichtung durch Fig. 132 und 133 dargestellt wird, während die schematische Skizze Fig. 134 der Veranschaulichung des Konstruktionsgedankens dienen soll. In letzterer bedeutet *a* den Einlauf, *h* die Mahltrommel, *b* die Austrittöffnung der Mahlplatte, *d* den Staubgehäusetrichter, *c* das — nur ausnahmsweise (wenn die Orion-Mühle als Vorschroter für die Rohrmühle dienen soll) anzuwendende — Vorsieb, das in der Regel fehlt, *g* und *e* das Rücklaufrohr und die Rücklaufschaufel für die Grieße und *f* Aussparungen in der hinteren Nabe, durch die die Grieße zu nochmaliger Vermahlung in das Mahlgehäuse eintreten. — Die Wirkungsweise der Einrichtung dürfte ohne weitere Erläuterungen klar sein; es sei nur noch bemerkt, daß die Austrittöffnungen *b* durch Schieber verstellbar gemacht sind, um die wirksame Trommellänge der Mahlbarkeit des Gutes anpassen zu können.

Besondere Erwähnung verdient bei dieser Mühle eine von ihren Konstrukteuren neuerdings getroffene Verbesserung, die darin besteht, daß die Mahlplatten nicht als Teile eines Zylinders, sondern in windschiefer Form

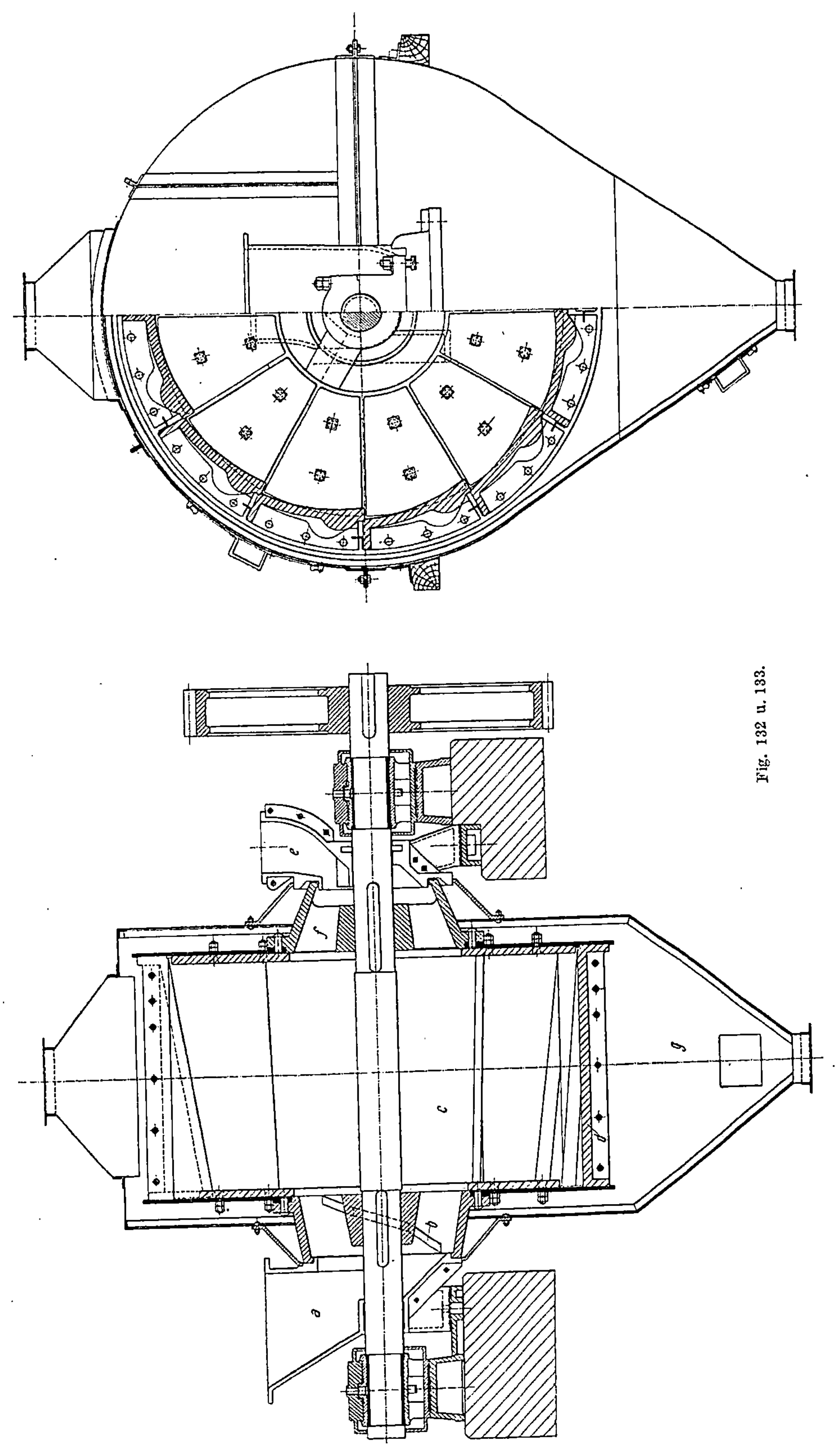

Fig. 132 u. 133.

hergestellt werden, so daß die Platten an der Einlaufseite weiter in das Mühleninnere vorkragen als wie an der entgegengesetzten Seite. Es wird damit bezweckt, die Kugeln auf der Aufgabeseite höher emporzuheben und ihnen dort eine größere Schlagwirkung zu verleihen, als auf der Einlaufseite der Grieße, wo die Zerkleinerung des Gutes bereits weiter vorgeschritten ist und geringere Fallhöhen zur weiteren Bearbeitung genügen. Sodann wirken die windschiefen Platten ähnlich wie das Wendebrett eines Pfluges und veranlassen eine lebhafte Bewegung der Kugeln untereinander, wodurch das Mahlgut nicht nur zerschlagen, sondern auch zerrieben und die Mehlbildung, infolge des der Wirkungsweise eines Mörsers nachgeahmten Mahlvorganges, erheblich gesteigert wird. — Die Orion-Mühle wird in neun Modellgrößen gebaut, für Kugelfüllungen von 300 bis 5000 kg mit einem Kraftbedarf von 5 bis 90 PS. —

Die sieblose Kugelmühle der *A.-G. Amme, Giesecke & Konegen*, Braunschweig (siehe Fig. 135 und 136), besteht aus der auf der Welle *c* mittels der Naben *b* und *h* befestigten Mahltrommel *d*, deren Seitenwände mit Stahlplatten *g* ausgepanzert sind und deren Mantel aus vollen Stahlgußbalken *f* gebildet wird, so daß die Mahlbahn allseitig geschlossen erscheint.

Das Aufschüttgut gelangt aus dem Trichter *a* durch die mit schraubenflügelartigen Speichen versehene Hohlnabe *b* in das Innere des Gehäuses, wird hier vermahlen und fällt durch einen Schlitz auf einen Rost, dessen Länge und Spaltweite nach Bedarf einzurichten ist. Der Überschlag wird mittels eines zylindrischen, Förderleisten tragenden Blechmantels zum Eintrittende zurückgeführt, dort von Rücklaufschaufeln erfaßt und in die Mühle zurückbefördert, um diese nochmals der ganzen Länge nach zu durchwandern. Das durch die Rostspalten hindurchgefallene Gut läuft durch den Stutzen *i*, zu dem das Blechgehäuse *e* unten zusammengezogen ist, einem Becherwerk zu, das es auf den Windsichter befördert. —

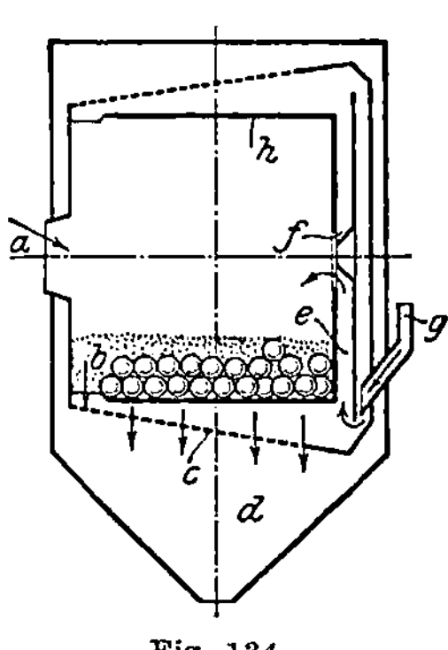

Fig. 134.

Durch ausgedehnte Versuche hat *Pfeiffer* festgestellt, daß der Mahlgutaustritt bei Kugelmühlen nicht gleichmäßig auf der ganzen Länge der Auslaßschlitze erfolgt, sondern daß das Gut vornehmlich und überwiegend die Mühle an deren Enden verläßt[1]. Diese Versuchsergebnisse führten zur Konstruktion der Doppelhartmühle, die sich dadurch kennzeichnet, daß das Mahlgut nur an den Enden ausgetragen wird (siehe Fig. 137 und 138).

Die Trommel *a* ist mit zwei Seitenschilden *b*, *b'* versehen und ruht auf vier Rollen *c*, *c'* und *d*, *d'*, wovon die beiden letzteren auf einer gemeinsamen Welle, der Antriebswelle, sitzen und die Mühle vermöge der durch ihr Gewicht erzeugten Reibung in Umdrehung versetzen. Auf die Seitenschilde sind Laufringe *e* und *e'* aus gewalztem Stahl aufgezogen. Die Beschickung erfolgt von beiden

---

[1] Protokoll der Verhandlungen des Vereins deutscher Portlandzement-Fabrikanten 1912.

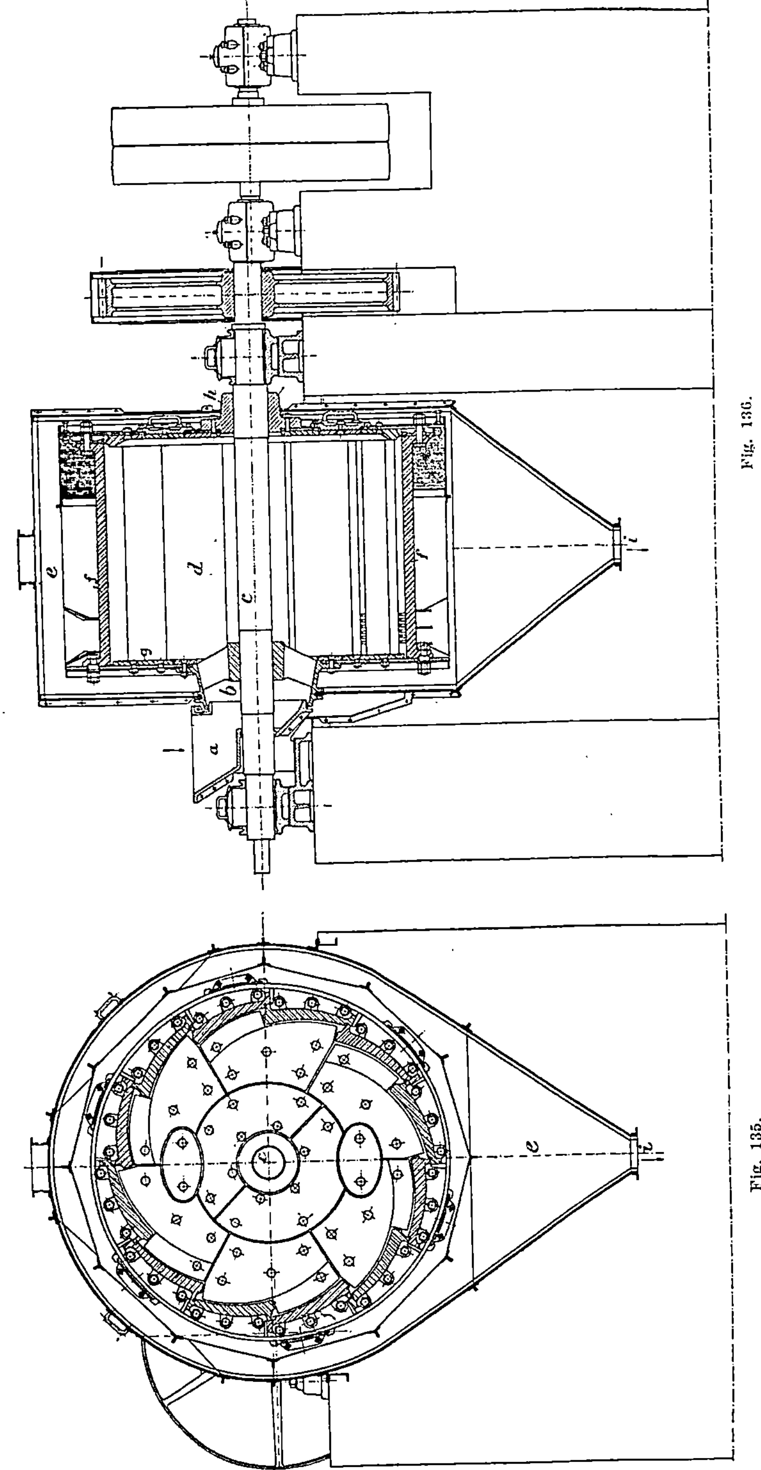

Seiten, und zwar wird das Frischgut zweckmäßig bei f zugeführt, während die aus dem Windsichter zurückkehrenden Grieße in den Einlauf f' geleitet werden.

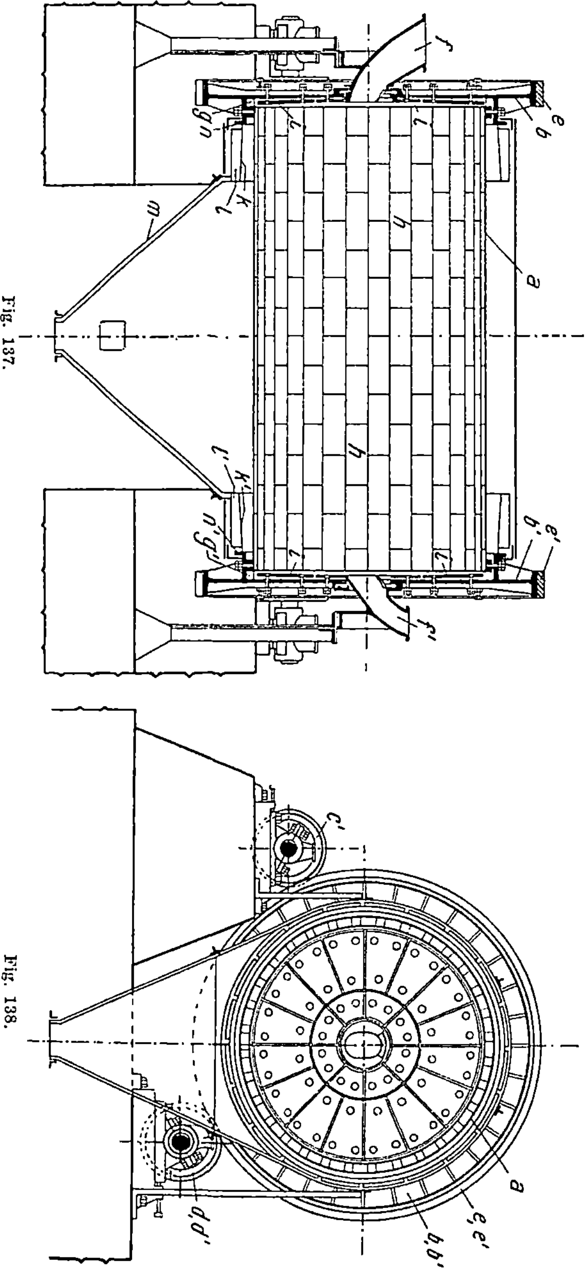

Der Austritt erfolgt durch die ringförmigen Querschnitte g und g'. Sowohl Trommel wie Seitenschilde sind mit Stahlplatten h bzw. i gepanzert. Die Platten dienen zugleich zur Regelung der Weite des Austrittspaltes. An den Seitenschilden sind Blechringe k, k' angeschraubt, welche schräggestellte Schaufelbleche l, l' tragen, die sich an dem zwischen Mühle und feststehenden Mantel m befindlichen Spalt n, n' vorbeibewegen und als Ventilator wirken, der den Staub von dem Austrittspalt abhält und nach innen saugt. Die sonst üblichen und nachteiligen Filzdichtungen kommen also in Fortfall.

Besonders beachtenswert an dieser Mühle ist es, daß bei ihr der sonst gebräuchliche Zahnräderantrieb vermieden und durch eine sinnreiche Anordnung der Tragrollen ersetzt erscheint. Bei der bekannten symmetrischen Anordnung der Rollen ist es nämlich nicht möglich, diese Rollen als Treibrollen zu benutzen und die Mühle durch Drehen dieser Rollen, also lediglich durch Vermittlung der rollenden Reibung, in Bewegung zu setzen. Es ist das deshalb nicht möglich, weil der durch das Gewicht der Mühle auf die Rollen ausgeübte Druck zur Entwicklung der notwendigen Umfangskraft nicht ausreicht. Bei der *Pfeiffer*schen Konstruktion sind nun diese Rollen, wie Fig. 138 zeigt, derart angeordnet, daß fast das gesamte Mühlengewicht auf den Antriebrollen *d, d'* ruht, während die Rollen *c, c'* in der Hauptsache als Stütze dienen. Durch diese Anordnung ist es möglich einen derartigen Druck auf die Treibrollen zu erzeugen, daß die für die Inbetriebnahme der Mühle erforderliche Umfangskraft mit Sicherheit erreicht wird. Die Vorteile dieser Konstruktion sind ganz bedeutend. Die Kosten des Zahnradantriebes und dessen Unterhaltung kommen ganz in Fortfall und an Kraftverbrauch werden — nach *Pfeiffers* Schätzung — etwa 10 Proz. gespart.

Nach derselben Quelle beträgt die Leistungsfähigkeit der Doppelhartmühle 8000 kg/St. Drehofenzementmehl mit nur 11,4 Proz. Rückstand auf dem Sieb von 4900 Maschen/qcm, bei einem Kraftverbrauch von 185 PS. —

In der Einleitung zu diesem Abschnitt wurde gesagt, daß die Kugelmühlen erst dann die ihnen zukommende Bedeutung für die Industrie zu

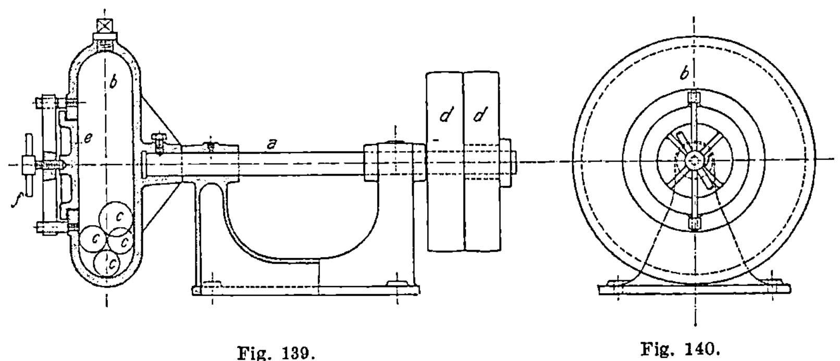

Fig. 139.Fig. 140.

erlangen vermochten, als es gelungen war, ihre Arbeitsweise zu einer stetigen zu gestalten. Immerhin ist den absatzweise arbeitenden Kugelmühlen doch noch ein — wenn auch eng begrenztes — Wirkungsgebiet geblieben, das sie wohl auch in Zukunft behaupten werden. Diese Maschinen sind nämlich für alle Fälle, wo es sich darum handelt, bei geringem Kraftaufwand kleine Stoffmengen in ein unfühlbar feines Pulver zu verwandeln, ganz besonders gut geeignet und in ihrer qualitativen Leistung unübertroffen.

Die Konstruktion der Kugelmühlen für absatzweisen Betrieb ist ungemein einfach. Sie bestehen aus einer geschlossenen Trommel aus Hart- oder Stahlguß, in welcher sich eine Anzahl Stahlkugeln von verschiedener Größe befindet, die bei der fortgesetzten Umdrehung der Trommel das Mahlgut zerkleinern. Die Trommel hat eine verschließbare Öffnung, durch die das Gut aufgegeben und, nachdem es den gewünschten Feinheitsgrad erreicht hat, auch wieder entfernt wird.

Bei größeren Mühlen dieser Art ist die dann längliche Trommel in zwei Böcken gelagert und wird mittels Riemen angetrieben. Bei kleineren Mühlen ist die Trommel auf die Welle fliegend aufgesetzt. Der Antrieb kann im letzteren

Falle auch von Hand erfolgen. — Das Gut: Farben, Chemikalien, Gewürze, Kohlen, Emaille, Schellack usw. kann trocken oder naß vermahlen werden.

Eine solche kleine Mühle ist in Fig. 139 und 140 dargestellt. Dort bedeutet *b* die Mahltrommel, *c* die Kugeln, *e* ein Verschlußstück mit der Klemmschraube *f*, *a* die zweimal gelagerte Welle und *dd* die feste und lose Riemenscheibe.

In Fällen, wo das Mahlgut nicht mit Eisen in Berührung kommen darf, wird die Trommel aus Rotguß angefertigt oder mit Holz, Granit, Hartporzellan u. dgl. ausgefüttert und statt der Stahlkugeln werden dann solche aus Rotguß oder auch Flintsteine verwendet.

Mit einer für Handbetrieb eingerichteten Kugelmühle von 500 mm Durchmesser und 130 mm Breite der Trommel können in der Stunde 5 kg Holzkohlen zu einem unfühlbaren Pulver vermahlen werden. Für 75 kg Stundenleistung ist eine mit Riemen anzutreibende Kugelmühle von 1000 mm Durchmesser und ebensolcher Breite der Mahltrommel mit $1^1/_2$ PS Kraftverbrauch erforderlich. —

Mit den steigenden Anforderungen mancher gewerblicher Großbetriebe — vor allem der Zementindustrie — an die Mahlfeinheit ihrer Erzeugnisse wuchsen auch die Schwierigkeiten, die sich ihrer Erfüllung unter alleiniger Anwendung von Kugelmühlen gewöhnlicher Bauart entgegenstellten. Wie gezeigt wurde, ist die Kugelmühle älterer Bauart nicht eine Mühle schlechtweg, sondern gleichzeitig auch eine Siebvorrichtung, und zwar — da von der ganzen Siebfläche immer nur ein kleiner Teil (die bei der Umdrehung gerade untenliegenden Felder des Siebes) zur Wirkung kommt — eine solche von einem bemerkenswert ungünstigen Nutzeffekt. Bei der in der Kugelmühle vorliegenden Konstruktion: Mühle und Sieb, ist das letztere zweifellos der schwächere Teil schon bei gröberer Mahlung, der bei wirklicher Feinmahlung nahezu gänzlich versagt. Das Bestreben der Konstrukteure mußte sich also darauf richten, entweder

1. den Sieben eine derartige Stellung anzuweisen, daß sie auf die Feinheit des Enderzeugnisses keinen unmittelbar bestimmenden Einfluß auszuüben vermochten, oder

2. die Mahlarbeit von der Siebarbeit ganz und gar zu trennen, oder endlich

3. ohne jegliche Siebung oder Sichtung auszukommen.

Die unter 1. angegebene Lösung der Aufgabe findet sich durch die Kominor- und Cementor-Mühlen verwirklicht, die sich darauf beschränken, das Mahlgut für die dahinterfolgende Feinmahlmaschine vorzubereiten und bei denen neben einer gesteigerten Mahlleistung eine, infolge Verwendung gröberer Gewebe in besonderen Anordnungen, erhöhte Siebwirkung einhergeht.

Eine vollständige Trennung von Mahl- und Siebarbeit nach Punkt 2 ist in den Konstruktionen der sieblosen Kugelmühlen durchgeführt.

Die dritte Lösungsart endlich erforderte es, dem Mahlgut einen so langen, bzw. so langsam zurückzulegenden Weg durch das Mahlgerät vorzuschreiben, daß damit eine hinreichende Feinung des Gutes bewirkt wurde, die eine nachträgliche Absiebung entbehrlich machte. (Dieses ist das den Rohrmühlen zugrundeliegende Prinzip.) Um aber dabei nicht auf abenteuerliche Längenabmessungen zu kommen, war es nötig das Aufschüttgut vorher schon so weit zu zerkleinern, daß der Endzweck: Fortfall jeglicher Sieberei — auch mit unbedingter Sicherheit erreicht wurde. Diese Vorschrotung ist natürlich an keine bestimmte Gattung von Zerkleinerungsvorrichtungen gebunden, sie kann auf Kugelmühlen der verschiedensten Bauart (Kominor, Cementor, Molitor usw.) oder auf verkürzten Rohrmühlen, auf Kollergängen und Mahlgängen erfolgen, die sämtlich nur die eine Bedingung zu erfüllen haben: Lieferung eines Erzeugnisses von einer ganz bestimmten, nicht überschreitbaren Korngröße.

Die Rohrmühle, in ihrer jetzigen Gestalt, ist von *F. L. Smidth & Co.* in Kopenhagen i. J. 1892 zuerst in die Zementindustrie eingeführt worden und hat eine ganz beispiellos schnelle und ausgedehnte Verbreitung gefunden, was sie in allererster Linie ihrer überaus einfachen, jegliche Betriebsstörung mit fast unbedingter Sicherheit ausschließenden Bauart zu verdanken hat. Sie

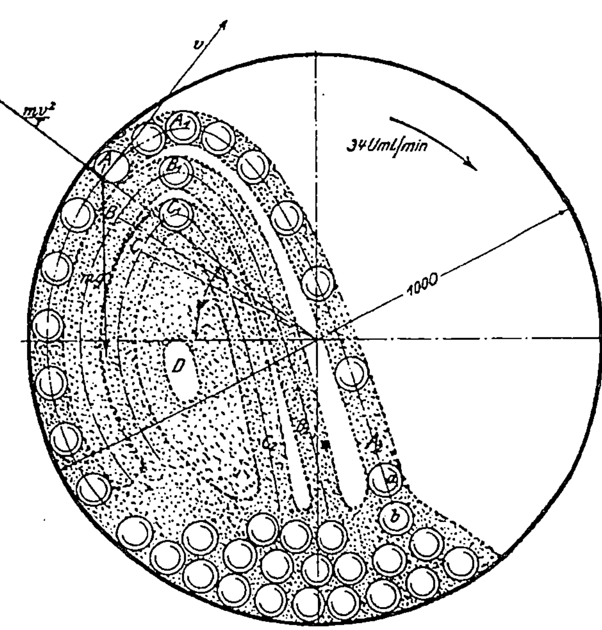

Fig. 141.

besteht aus einem schmiedeeisernen, mit einem widerstandsfähigen Material ausgepanzerten Rohr, das mit einer großen Anzahl kleiner Mahlkörper (Flintsteine oder Stahlkugeln) gefüllt wird, an einem Ende eine Aufgabevorrichtung besitzt und am anderen Ende zur stetigen Austragung des fertigen Erzeugnisses eingerichtet ist. Auf dem Trommelmantel ist an passender Stelle ein Zahnkranz aufgesetzt, der mittels eines ausrückbaren Vorgeleges angetrieben wird und seinerseits die Mahltrommel in Umdrehung versetzt.

Der Mahlvorgang ist derselbe wie bei jeder Kugelmühle mit geschlossener Mahlbahn. Es ist eine erstaunliche Tatsache, daß es ganze zwölf Jahre nach der Einführung der Rohrmühle dauerte, bis über den Arbeitsvorgang in dieser so einfach erscheinenden Maschine Klarheit geschaffen worden war. Es ist das Verdienst Prof. *Hermann Fischers* durch seine klassischen Versuche[1] in der Versuchsanstalt von *Fried. Krupp-Grusonwerk* in Magdeburg den Nach-

---

[1] Zeitschr. d. Ver. deutsch. Ing.: Der Arbeitsvorgang in Kugelmühlen. 1904.

weis erbracht zu haben, daß die bis dahin geltende Auffassung von der Wirkungsweise der Rohrmühle eine durchaus irrtümliche und falsche war.

Man dachte sich den Vorgang im allgemeinen so: Die Kugeln oder Flintsteine rollen auf der Böschung des Trommelinhaltes und verschieben sich in dem Haufwerk gegeneinander, so das zwischen ihnen liegende Mahlgut zerkleinernd, und letzteres bewegt sich vom Eintritt- zum Austrittende der Trommel, da die Öffnung an jenem Ende höher liegt als an diesem.

An einer Versuchsrohrmühle, die so eingerichtet war, daß die Vorgänge im Innern der Mahltrommel von außen bequem beobachtet werden konnten, wies *Fischer* unwiderleglich nach,

1. daß die Rohrmühle das Mahlgut weder an der Böschung noch im Innern des Haufwerks nennenswert zerreibt, es vielmehr durch sog. schiefen Schlag zerkleinert, und

2. daß eine höhere Lage der Eintrittöffnung gegenüber der Austrittöffnung für die Förderung des Mahlgutes ohne Bedeutung ist.

Fig. 141 veranschaulicht die berechnete Wurfbewegung der Kugeln in der Versuchsrohrmühle, die sich mit der von ihnen wirklich ausgeführten Bewegung — wie der Augenschein lehrte — vollständig deckte. Die Kugeln, die unten und an der Steigseite die Trommelwand berühren, liegen auf dieser infolge der durch die Umdrehung der Mahltrommel erzeugten Fliehkraft so lange fest, bis sie, auf einer gewissen Höhe angekommen, sich loslösen und einen deutlichen Wurfbogen beschreiben. Die herabsausenden Kugeln treffen auf die untere Kugelschicht oder auf die Trommelwandung auf, wobei das Mahlgut, das sie mittreffen, zerschlagen, nach allen Seiten ziemlich weit verspritzt und von den benachbarten Hohlräumen, die zwischen Kugeln und Mahlgut sich vorfinden, aufgenommen wird. Befindet sich an einer Schlagstelle viel Mahlgut, so wird von hier aus viel verteilt, sonst wenig. An der Austragseite der Mühle wird das Gemisch naturgemäß ärmer an Mahlgut, so daß der Ausgleich zwischen gefüllteren und weniger gefüllten Hohlräumen in der Hauptsache nach dem Auslauf zu gerichtet sein und ein unterbrochenes Wandern des Mahlgutes von der Eintrag- zur Austragstelle zur Folge haben muß. Der Höhenunterschied zwischen beiden Stellen spielt dabei gar keine Rolle; durch den Versuch wurde nachgewiesen, daß der Austritt unter gewissen Bedingungen sogar an einer erheblich höheren Stelle erfolgen kann als der Eintritt des Mahlgutes. Es ist nur nötig, daß die Eintrittöffnung da liegt, wo der Trommelinhalt locker genug ist, um das Mahlgut aufzunehmen oder wo die Trommel überhaupt leer ist und daß die Austrittöffnung von dem Trommelinhalt gestreift wird.

Die Mahlwirkung der Rohrmühle wird bedingt durch den Durchmesser und die Umfangsgeschwindigkeit der Trommel, ferner durch das Gewicht und die Zahl der Mahlkörper. In der Veränderung dieser Faktoren hat man das Mittel in der Hand bei gegebenen Verhältnissen sich den bestmöglichen Mahlerfolg zu sichern.

Mit derselben Frage wie *Fischer* hat sich — etwa ein Jahr später — *H. A. White* in ungemein gründlicher Weise beschäftigt und namentlich die

Umfangsgeschwindigkeit naß mahlender Rohr- und Kugelmühlen zum Gegenstand zahlreicher Versuche und Beobachtungen gemacht. Auf diese sehr interessante Arbeit[1] kann hier nur hingewiesen werden.

Die Einrichtung einer „Dana" - Rohrmühle, Bauart *F. L. Smidth & Co.*, Kopenhagen, geht aus der Fig. 142 hervor, die den Längenschnitt durch diese Mühle zeigt. Es bedeutet *a* die schmiedeeiserne, mit Hartgußplatten *b* oder mit irgendeinem anderen harten Material (Tonfliesen, Silexsteine) ausgepanzerte und mit gleichfalls gepanzerten Stirnwänden abgeschlossene Trommel, die in zwei Hohlzapfen e_1 und e_2 läuft, von denen der erstere zur Zuführung des Aufschüttgutes dient. Auf der Trommel sitzt ein Zahnkranz, der von einem ausrückbaren Stirnradvorgelege mit Riemscheibe *f* und Reibungskupplung oder mit fester und loser Riemscheibe in Umdrehung versetzt wird.

Das Gut wird mittels der von der Vorgelegwelle aus angetriebenen Schnecke *d* dem Mahlraum zugeführt, durchwandert diesen unter der beständigen Mahlwirkung des Mahlmittels und verläßt ihn als fertiges Erzeugnis durch die rostartigen Öffnungen *c*, die am Umfang des Austrittendes der Trommel verteilt angebracht sind. Das die genannten Öffnungen umschließende Blechgehäuse muß zur Verhütung des Staubaustrittes ein Abzugrohr erhalten oder — besser noch — an eine Staubfängeranlage (siehe weiter unten) angeschlossen werden.

Die Dana-Rohrmühlen werden in zehn Modellgrößen, von 500 bis 12 000 kg Flintsteinfüllung und 5 bis 120 PS Kraftverbrauch gebaut. Die Leistung wird — außer von den weiter oben genannten Faktoren — auch noch durch die Härte und Korngröße des Aufschüttgutes und die Feinheit des Erzeugnisses beeinflußt. Sie beträgt beispielsweise bei einer Rohrmühle von 1,75 m Durchmesser etwa 7000 kg Mehl mit 17 Proz. Rückstand auf dem Siebe von 4900 Maschen im Quadratzentimeter, aus einem sehr harten Portlandzementklinker, der auf einer, mit Sieb Nr. 30 bespannten Kominor-Mühle vorgeschrotet war.

Die Rohrmühlen von *Krupp, Polysius, Luther* u. a. unterscheiden sich von der vorbeschriebenen Mühle im wesentlichen nur durch eine andere Austragsweise, die bei ihnen durch den hohlen Endzapfen, bei *Smidth* dagegen am Umfang der Trommel erfolgt, doch ist dieser Unterschied — wie *Fischer* gezeigt hat — auf den Arbeitsvorgang in der Mühle von gar keinem Einfluß[2]. Als Vorteil der zentralen Austragung kann es angesehen werden, daß bei dieser die Staubloshaltung bequemer durchzuführen ist als bei der *Smidth*schen Bauweise.

Ein großer praktischer Vorzug der Rohrmühlen — im allgemeinen — ist ihre geringe Ausbesserungsbedürftigkeit. Nach *Smidth*[3] beträgt der Ver-

---

[1] Journ. of the Chemical Metallurgical and Mining Society of South Africa 1905, S. 290. Johannesburg.

[2] Durch Versuche von *Zeyen* — Tonindustrie-Zeitung 1913, S. 558 u. 559 — ist sogar eine günstige Einwirkung der zentralen Austragsweise auf das Ergebnis der Rohrmühlenarbeit bezüglich Feinheit und Menge nachgewiesen worden.

[3] *F. L. Smidth & Co.*, Kopenhagen: Flugschrift.

schleiß bei Feinvermahlung von Schachtofenzement durchschnittlich 1 kg Flintsteine auf 10 t Zement, bei Drehofenklinker etwa 1¹/₂ kg; die Lebensdauer einer Silexauspanzerung erstreckt sich oft über mehrere Jahre und die störungsfreie Arbeitszeit solcher Mühlen beläuft sich stellenweise auf 6 bis 7000 Stunden im Jahre.

Die Rohrmühle bedarf, um als Feinmahlmaschine wirken zu können, einer verhältnismäßig großen Mahltrommellänge, die stets ein Vielfaches des Trommeldurchmessers sein muß. Verkürzt man also die Rohrmühle, so wird ihre Wirkung um so mehr nur vorschrotend sein, je weiter man in der Verringerung der Trommellänge gegangen ist. Auf diese Erwägung gründet sich die Konstruktion der Molitor - Rohrmühle der *Herm. Löhnert A.-G.*, Bromberg, Fig. 143 und 144, die als eine derartige verkürzte Rohrmühle anzusehen ist. Sie dient dazu, besonders harte Stoffe (z. B. Drehofenklinker) vorzuschroten und das Mahlgut ohne Rückführung der Grieße so weit vorzubereiten, daß die Ausmahlung mittels der dahintergeschalteten Feingrießmühle in einem Durchgang erfolgen kann. Bei dieser Kombination geht also die ganze Vermahlung ohne Zuhilfenahme irgendwelcher Siebe oder Windsichter vor sich, doch kann die Molitor-Rohrmühle ebenso gut mit einem Windseparator zusammengeschaltet werden, wodurch dann selbstverständlich die Ausmahlvorrichtung entbehrlich wird.

Die mit Fallplatten ausgestattete und zu einem Teil mit Stahlkugeln gefüllte Mahltrommel *a* läuft in zwei Zapfen und wird in üblicher Weise durch ein Zahnräder-Riemscheiben-Vorgelege betrieben. Die Länge der Mahlbahn ist gegeben, fest, und von ihr und der Kugelfüllung hängen Menge und Feinheit des durch die Schlitzwand *s* entfallenden Erzeugnisses ab; durch entsprechende Einstellung der Aufgabevorrichtung *b* kann das letztere so in seinem Feinheitsgrade beeinflußt werden, daß die darauffolgende Feingrieß-(Rohr)-Mühle die beabsichtigte Endfeinheit zu liefern vermag. Um nun einzelne grobe Stücke abzufangen, wie solche bei allen derartigen Mühlen entfallen und deren Menge erfahrungsgemäß 2 bis 3 Proz. der Aufschüttmenge beträgt, geht das Mahlgut durch ein grob gelochtes starkes Umlaufschlitzsieb *u*, durch dessen Öffnungen das fertige Erzeugnis leicht hindurchfällt, während die wenigen groben verirrten Stücke am Ende des Siebes der Mühle am Umfang wieder zugeführt werden. Ist für ein bestimmtes Mahlgut die Mühle durch Regelung der Zufuhrmenge mittels der Aufgabevorrichtung einmal richtig auf den gewünschten Feinheitsgrad eingestellt, so arbeitet sie fortlaufend und in jeder Beziehung selbsttätig. — Die Molitor-Rohrmühle wird in zehn Modellgrößen gebaut, von 1500 bis 1800 mm Durchmesser und von 2500 bis 4000 mm Länge der Mahltrommel. Bei etwa 6000 kg Kugelfüllung des kleinsten Modells beträgt der Kraftverbrauch ungefähr 65 PS, bei 12 000 bis 16 000 kg Füllung des größten Modells etwa 140 bis 160 PS.

Gleichfalls als verkürzte Rohrmühle ist die Kugelrohrmühle der *A.-G. Amme, Giesecke & Konegen*, Braunschweig, — Fig. 145 und 146 — anzusehen. In den Abbildungen bezeichnet *e* die mit Fallplatten ausgestattete an den Stirnwänden gepanzerte Mahltrommel, die in zwei Hohlzapfen *b* und *i*

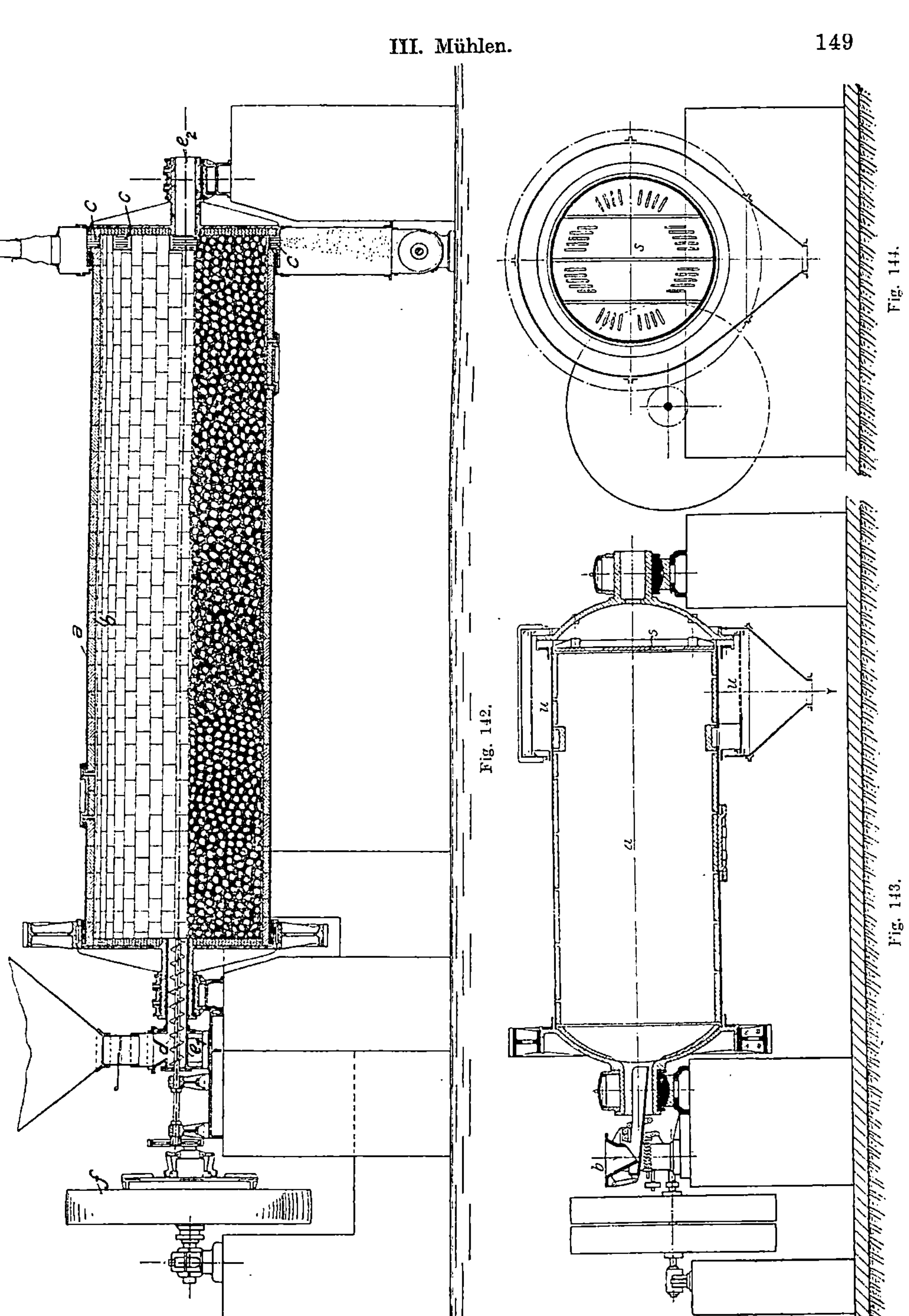

Fig. 142.
Fig. 143.
Fig. 144.

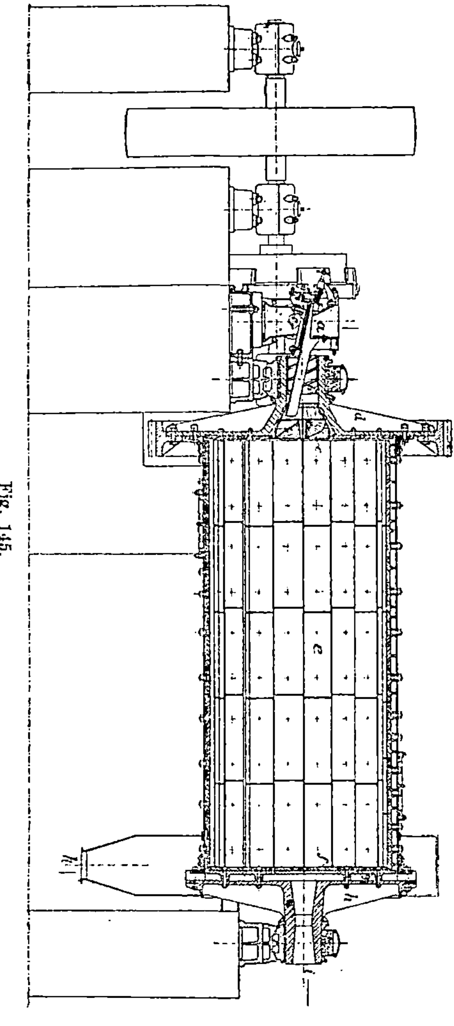

Fig. 145.

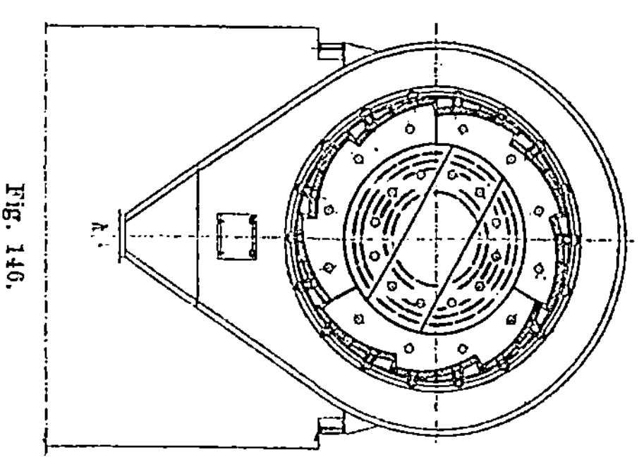

Fig. 146.

läuft und in bekannter Weise angetrieben wird. Das Mahlgut wird der Mühle mittels einer regelbaren Aufgabevorrichtung *a* durch den Hohlzapfen *b* zugeführt, wobei Schraubenflügel *c* seinen Rücktritt verhindern. An der Austrittseite ist die Stirnwand *f* mit einer Reihe von Schlitzen versehen, durch die das gemahlene Gut in die Kammer *h* tritt, um bei *k* den Auslauftrichter zu verlassen, der wieder zweckmäßig an eine Entstäubungseinrichtung anzuschließen ist.

Die Kugelrohrmühle ist nicht als Vorschroter für einen dahinterliegenden Ausmahlapparat gedacht, sondern sie wird ausschließlich — gleich der *Pfeiffer*schen Hartmühle und der Orion-Mühle — in Verbindung mit einem Windsichter zum gleichzeitigen Schroten und Feinmahlen verwendet. Die Stundenleistung eines solchen Systems wurde vom Verf. mit 4300 kg festgestellt. Das Aufschüttgut war Drehofenzementklinker, der in ein Mehl mit 1,3 Proz. Rückstand auf dem Sieb von 900 Maschen im Quadratzentimeter und 17 Proz. auf jenem von 4900 Maschen im Quadratzentimeter verwandelt wurde. Der Kraftverbrauch betrug 125 PS. —

Die in den letzten Jahren hervorgetretenen, in mehr als einer Richtung bedeutsamen und erfolgreichen Bestrebungen im Kugelmühlenbau haben es nicht verhindert, sondern im Gegenteil dazu beigetragen, dem Gedanken der unmittelbaren Verbindung der Kugelmühle mit der Rohrmühle in einem einzigen Mahlgerät näher zu treten oder, richtiger gesagt, da er an sich schon lange nicht mehr neu ist[1]), ihn in eine zeitgemäße Form

---

[1] Dinglers polytechn. Journ. **306**, Heft 2. 1897.

zu bringen. Es entstanden so die sog. „Verbundmühlen", deren gemeinsames Kennzeichen darin besteht, daß die gemeinschaftliche Mahltrommel durch eine Scheidewand in zwei Kammern geteilt erscheint, von denen die erste, kürzere, mit großen und schweren Stahlkugeln gefüllte Kammer der Vorzerkleinerung und Schrotung, die zweite, längere, mit kleineren und leichteren Kugeln oder Flintsteinen arbeitende Kam-

mer der Ausmahlung der in der Vorkammer erzeugten Grieße dient.

Die Einrichtung und Wirkungsweise der Verbund-Kugelmühle von *Fried. Krupp-Grusonwerk*, Magdeburg, geht aus Fig. 147 hervor. Das Mahlgut gelangt hier durch *a* in den Mahlraum *b* und fällt nach erfolgter Zerkleine-

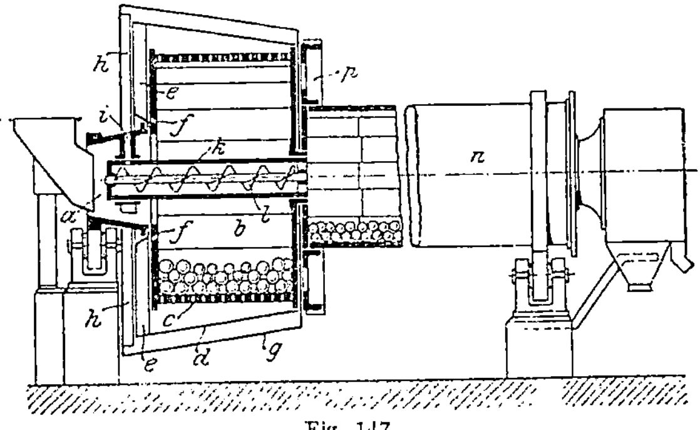

Fig. 147.

rung durch die Öffnungen *c* der Mahlplatten auf das kegelförmige Vorsieb *d*. Die von diesem zurückgehaltenen Überschläge kehren durch den Hebestern *e* und Öffnungen *f* der Stirnseite in den Mahlraum zu erneuter Bearbeitung zurück, während das Durchfallende von einem zweiten Hebestern *h* den hohlen Armen *i* der Einlaufnabe und durch diese der im Rohr *k* angeordneten

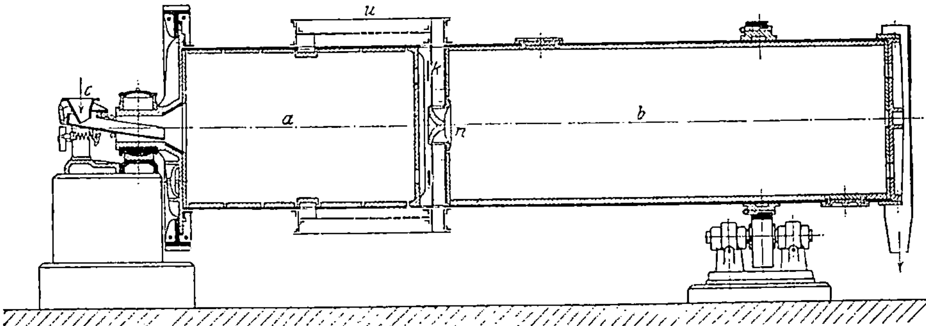

Fig. 148.

Schnecke *l* zugeführt wird, die es in den Mahlraum der anschließenden Ausmahlrohrmühle *n* befördert.

Die Molitor-Verbundmühle der *Herm. Löhnert A.-G.*, Bromberg (siehe Fig. 148), ist eine Verbindung der Molitor-Rohrmühle mit der Flintstein-Rohrmühle in einem Rohr, das zu einem Zweikammersystem ausgebildet ist. In ihrem vorderen Teil *a* arbeitet die Mühle genau wie die vorhin beschriebene Molitor-Rohrmühle, in dem hinteren Teile *b* wie eine gewöhnliche Flintstein-Rohrmühle. Das aus der Vorschrotmühle fallende Erzeugnis wird auf einem mit Förderleisten versehenen Umlaufmantel *u* in die gepanzerte Zwischenkammer *k* übergeführt, hier nach der Mitte befördert und durch

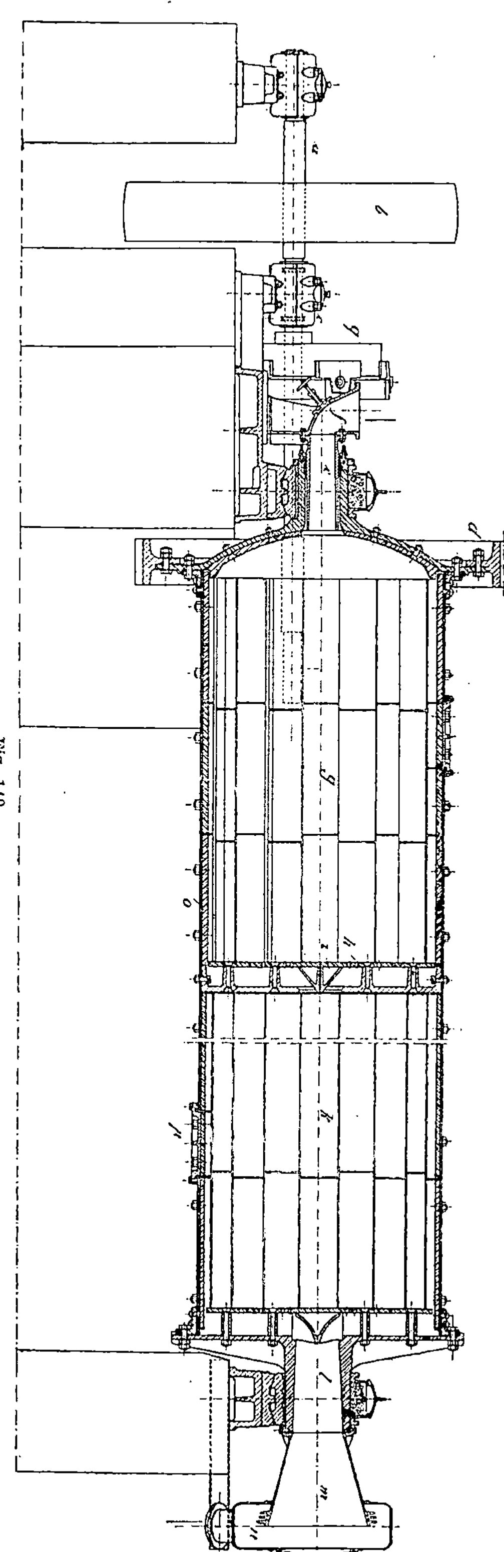

eine in die Feinmühle einmündende Nabe n dieser zugeleitet, an deren Ende das fertige Feinmehl in üblicher Weise austritt. Die Mühle läuft am vorderen Ende in einem Zapfenlager mit Kugelbewegung, am hinteren Ende auf in wagerechter Richtung verstellbaren Rollen. Der Feinheitsgrad des Mehles wird wie bei der Molitor-Rohrmühle durch die in den Zapfen hineinragende einstellbare Aufgabevorrichtung geregelt.

Die Molitor-Verbundmühlen werden in drei Modellgrößen gebaut, von 1500 bis 1800 mm Durchmesser und 8200 mm Länge der Mahltrommel.

Die Kugelfüllung beträgt von 6500 bis 11 000 kg, die Flintsteinfüllung von 5500 bis 8500 kg, der Kraftverbrauch von 100 bis 175 PS.

Die Verbundmühle der *A.-G. Amme, Giesecke & Konegen,* Braunschweig, ist durch Fig. 149 veranschaulicht, worin g die Vorschrotkammer, k die Ausmahlkammer, h die mit Schlitzen versehene Abschlußplatte der ersteren mit dem Förderstern i bezeichnet (welche Einrichtung sich bei k wiederholt). f und e sind Teile des Einlaufes, l, m, n Teile des Auslaufes, a, b, d und g Teile des Antriebes. o bedeutet den Trommelmantel und p ist ein Mannloch, das auch bei der Vorschrotkammer angebracht ist.

Im allgemeinen lösen die Verbundmühlen die Aufgabe der unmittelbaren Feinmahlung in größeren Stücken aufgegebener besonders harter Stoffe in befriedigender Weise und bieten gegen-

über der üblichen Vermahlung durch Vorschrot- und Feinmühle den Vorteil geringeren Raumverbrauches, einfacherer Fundamente, sowie ferner geringerer Anlagekosten und Wartung, da eine Anzahl Lager und ein Antrieb
fortfallen, und damit auch den Vorteil des geringeren Kraftverbrauches,.
bezogen auf die Leistungseinheit. — Um die Überfüllung der Vorschrotkammer bei Verbundmühlen mit den zurückgeführten Grießen und eine
daraus entspringende etwaige Überlastung dieser Kammer zu verhüten, sowie
um eine zweckmäßigere Vermahlungsweise nach dem Grundsatz: für jede
Mahlgutkategorie eine der Korngröße möglichst entsprechende Vermahlungsweise hinsichtlich des Eigengewichtes der Mahlkörper durchzuführen, sind
in letzter Zeit Verbundmühlen mit drei Kammern gebaut worden. Davon
dient die erste wie üblich zum Vorschroten, die mittlere zum Mahlen der
Grieße und die dritte zum Ausmahlen.

Eine solche dreistufige Verbundmühle, Bauart *Ströder*, Düsseldorf,
ist in den schematischen Skizzen (Fig. 150 und 151) dargestellt. Vorschrot-
und Grießmahlkammern zusammen, besitzen hier etwa die Länge der Vorschrotkammer einer zweistufigen Verbundmühle und die Feinmahlkammer

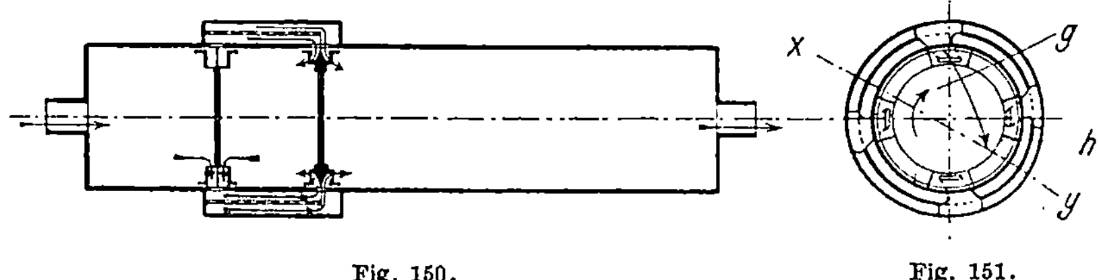

Fig. 150.

Fig. 151.

entspricht in bezug auf Abmessungen und Mahlkörperfüllung der Feinmahlkammer der genannten Mühlenart. Die Vorschrotkammer ist mit stufenförmigen Mahlplatten ausgerüstet, während die beiden anderen Kammern
eine glatte Mahlbahn aufweisen. Die Kugeldurchmesser sind von 80 bis 90
in der ersten auf 40 bis 60 mm in der zweiten Kammer abgestuft, entsprechen
somit in dieser Hinsicht den ihnen zufallenden, gleichfalls voneinander verschiedenen Aufgaben.

Bemerkenswert ist auch die Art der Überführung des Mahlgutes bzw.
der Rückführung der Grieße, die aus der Abbildung wohl ohne weiteres verständlich sein dürfte. Während, nach *Ströder*[1], „bei den bisherigen Bauarten.
der Austritt des Gutes aus der Übertragungskammer unterhalb der Linie
x—y (Fig. 151), d. h. also innerhalb der Zone des Kugelhaufens erfolgt,.
wobei der freie Austritt des Mahlgutes durch die davorliegende Kugelschicht
gehemmt wird, wird bei der in Fig. 151 und 152 dargestellten Bauart das
Gut durch eigenartig geformte Taschen über die Höhe des Kugelhaufens
hinweggehoben und bis zum höchsten Punkt der Mahltrommel mitgenommen,
von wo aus es, den Taschen entgleitend, im Wurfbogen g—h in die Zone der
niederfallenden Mahlkörper hineinfällt".

---

[1] Tonindustriezeitung, J. 1913, Nr. 46.

Über Leistungen und Kraftverbrauch der *Ströder*schen dreistufigen Verbundmühle liegen dem Verf. noch keine zuverlässigen Zahlen vor, er vermag daher auch nicht darüber zu berichten. Dagegen sei an dieser Stelle auf die sorgfältigen Versuche *Zeyens* hingewiesen, deren Ergebnisse in den Aufsätzen: „Über Trommelmühlen"[1], „Betrachtungen über Verbundmühlen"[2] und „Trommelmühlen verglichen mit anderen Mahlmaschinen"[3] niedergelegt sind.

d) Naßmühlen.

In manchen gewerblichen Großbetrieben, wie z. B. in der Erzaufbereitung, Portlandzementfabrikation, Tonwarenindustrie u. dgl., gibt es Zwischenstufen der Fabrikation, die einen brei- oder schlammförmigen Zustand der Rohstoffe verlangen, was sich auf einem zweifachen Wege erreichen läßt. Entweder vermahlt man die künstlich getrockneten oder an sich schon genügend trockenen Stoffe zu einem feinen Pulver und setzt dem Mehl das Wasser in Pfannen, Rührwerken oder ähnlichen Einrichtungen zu, oder der Wasserzusatz erfolgt schon vorher, wenn das Material bis zu einem gewissen Grade oder auch gar nicht vorzerkleinert ist.

Weiche Stoffe, wie Lehm, Ton, Kaolin, Kreide u. dgl. werden in der Regel ohne vorhergehende Zerkleinerung in Schlämmaschinen „aufgelöst". Handelt es sich dabei ausschließlich um eine feine Zerkleinerung, so wird nur so viel Wasser zugesetzt, daß ein eben noch transportfähiger dicker Schlamm entsteht; soll das Material aber gleichzeitig von fremden Beimengungen (Sand, Kies, Feuerstein, Wurzelknollen usw.) befreit, also gewaschen werden, so muß die Wasserzugabe so reichlich sein, daß der Dünnschlamm oder die „Trübe" siebfähig wird und daß spezifisch schwere Verunreinigungen sich in der Trübe nicht mehr schwebend erhalten können, sondern in künstlich geschaffenen Ruhepunkten — Labyrinthleitungen, Absitzkästen — zu Boden sinken müssen.

Die Schlämmaschine besteht in einem Rührwerk, das sich in einem gemauerten oder eisernen oder hölzernen Bottich langsam dreht und das eingeworfene Gut mit dem zugesetzten Wasser so lange durcheinandermengt, bis daraus ein Schlamm von der gewünschten Konsistenz entstanden ist. Diese sehr einfache Einrichtung setzt sich zusammen aus einer stehenden, durch ein Kegelrädervorgelege angetriebenen, in Spur und Halslager geführten Welle, die ein oder mehrere Armkreuze trägt. An diesen sind senkrechte Stäbe befestigt, die das Material vor sich herschieben, mit sich im Kreise herumführen und dessen Auflösung im Wasser bewirken. Der Schlamm fließt durch eine im oberen Teile des Bottichs angeordnete Öffnung ab, die mittels eines Schiebers abschließbar gemacht ist, um bei Bedarf auch absatzweise arbeiten zu können.

---

[1] Tonindustriezeitung, J. 1913, Nr. 42.
[2] Tonindustriezeitung, J. 1913, Nr. 62 und 123.
[3] Tonindustriezeitung, J. 1913, Nr. 83.

Häufig findet man die Rührstäbe mit den Armen nicht starr verbunden, sondern in Form einer Egge mit Ketten an die ersteren angehängt, wie aus den Fig. 152 und 153 ersichtlich, die eine Schlämmaschine in der Bauart der

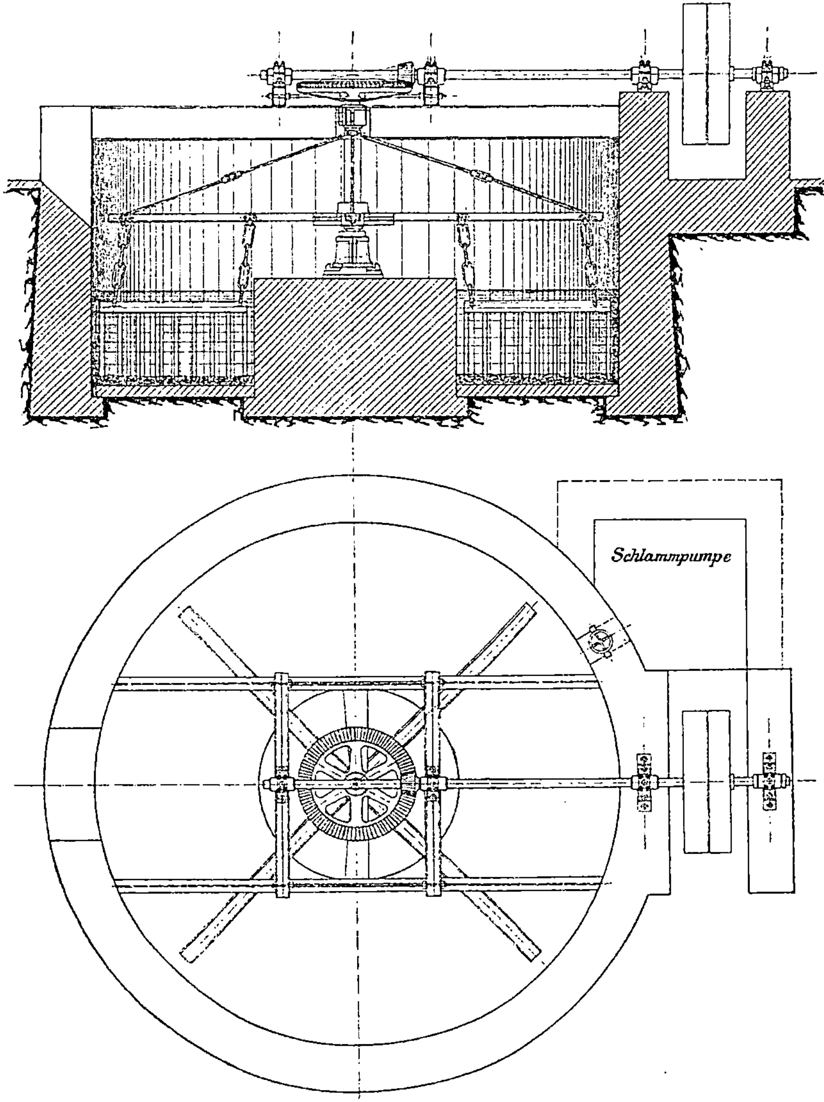

Fig. 152 u. 153.

Gebr. Pfeiffer, Kaiserslautern, darstellen. Diese beweglichen Rechen sind vorteilhaft überall dort anzuwenden, wo das Material viele und grobstückige Verunreinigungen enthält, die sich in kurzer Zeit am Boden des Bottichs zu beträchtlicher Höhe ansammeln. Dann können sich die Rechen heben und

auf den Hindernissen schleifen, ohne — wie das bei festen Rechen der Fall
sein würde — einer Bruchgefahr ausgesetzt zu sein.

Die Leistung der Schlämmaschinen hängt von der Schlämmbarkeit des
Gutes, die natürlich nicht bei allen Rohstoffen dieselbe ist, ferner von der
Konsistenz des Erzeugnisses und von ihren Abmessungen ab. In der Zementfabrikation sind Durchmesser von 3 bis 7 m und Bottichtiefen von 1,5 bis
2,4 m, für Leistungen von 3000 bis 10 000 kg/St. gebräuchlich. Kraftbedarf
etwa 5 bis 18 PS.

Kleinere Schlämmaschinen werden gewöhnlich mit wagerechten Rühr-
werkswellen versehen.

Mit dem Dünneinschlämmen ist die ganze Zerkleinerungs- und Mahlarbeit auch schon erledigt. Bei der Dickschlämmerei weicher Stoffe, wo der
Dickschlamm noch nicht hinreichend aufgelöste Stoffteilchen und feinkörnige
fremde Beimengungen enthält, ist dies aber nicht der Fall, sondern es muß
hier noch eine Nachfeinung des Schlammes erfolgen, die bis vor kurzem ausschließlich auf Mahlgängen oder Rohrmühlen vorgenommen wurde. Als
Ersatz für letztere hat sich die von *G. Polysius* gebaute Clarke-Mühle mit
sehr gutem Erfolge einzuführen begonnen. *Clarke*[1] betrachtet die übliche
Arbeitsweise, wonach das ganze, zum großen Teil schon einen feinen Schlamm
darstellende Erzeugnis der Schlämmaschinen, das unmittelbar weiter verarbeitet werden könnte, der Rohrmühle zugeführt wird, als unwirtschaftlich.
Seine Mühle bezweckt, diesen feinen Schlamm von den gröberen Bestandteilen zu trennen, die in den letzteren enthaltenen Kreide- und Tonklümpchen,
die zu ihrer feinsten Zerkleinerung keines großen Kraftaufwandes bedürfen,
zu mahlen und die schwer mahlbaren Verunreinigungen (Flintsteine u. dgl.)
auszuscheiden. Er löst seine Aufgabe mit sehr einfachen Mitteln.

Die Clarke - Mühle, Fig. 154, enthält eine stehende, durch ein Riem-
scheiben-Rädervorgelege angetriebene Welle *a*, die ein mit starken Stahlbürsten *b* ausgerüstetes Flügelkreuz *c* in rasche Umdrehung versetzt. Der
Schlamm wird durch den Trichter *d* aufgegeben, unter dem ein als starkes
Sieb ausgebildeter Boden *e* angeordnet ist, der den Eintritt grober Stücke
in das Innere der Mühle verhindert. Die Streichvorrichtung *f* dient dazu,
die weichen Kreide- und Tonklümpchen zu zerdrücken und ein Verstopfen
der Löcher zu verhindern. Der grob gesiebte Schlamm wird infolge der hohen
Umlaufgeschwindigkeit des Flügelkreuzes an die gleichfalls siebartig gestalteten Wände *g* des inneren Mantels geschleudert, auf dem Wege dahin
von den Stahlbürsten zerrieben und gelangt, durch die Sieblöcher hindurch-
gehend, in eine Sammelrinne *h* und von da aus in die Mischbottiche und die
Öfen. Die kleineren harten Verunreinigungen, die vom oberen Sieb nicht zurückgehalten werden konnten, werden durch eine verschließbare Öffnung
in die Rührwerke zurückgeleitet. — Die Leistung der Clarke-Mühle wird
von *Brendel*[2] auf etwa 24 000 kg trockenen Rohstoff bei einem Kraftaufwand
von nur 6 PS angegeben. —

[1] Zeitschr. d. Ver. deutsch. Ing. 1910, S. 5.
[2] Protokoll der Verhandl. des Vereins deutscher Portlandzement-Fabrikanten 1908.

Die Naßvermahlung harter, wenig Feuchtigkeit enthaltender Stoffe kann unter Umständen vorteilhafter sein als die für solche Fälle natürlicher erscheinende Verarbeitung auf ausschließlich trockenem Wege; stellenweise ist sie sogar unbedingt geboten, wie z. B. bei den Stampfmühlen für Erzaufbereitung, deren an sich schon nicht sehr große Leistungsfähigkeit ohne das allgemein übliche Ausschwemmen des genügend Gefeinten aus den Pochgehäusen auf ein unzulässig geringes Maß herabsinken würde. Aber auch in anderen Betrieben, beispielsweise in der Portlandzementfabrikation hat die Naßmahlung harter Rohstoffe manche praktischen Vorteile erkennen lassen, die in der Hauptsache in der Verhütung der Staubentwicklung, in der leichten Mischbarkeit der Rohmasse und in einem etwas verringerten Kraftbedarf bestehen.

Bei der nassen Verarbeitung harter Rohstoffe erfolgt der Wasserzusatz erst, nachdem diese vorgebrochen oder grob vorgeschrotet sind. Die Vermahlung geschieht auf Mahlgängen, Kollergängen, Kugel-, Rohr-, Pendel- oder Fliehkraftkugelmühlen, die für diesen Zweck entsprechend eingerichtet sein müssen. Die konstruktiven Abweichungen gegenüber denselben, der trockenen Verarbeitung dienenden Maschinen sind aber nur geringfügig.

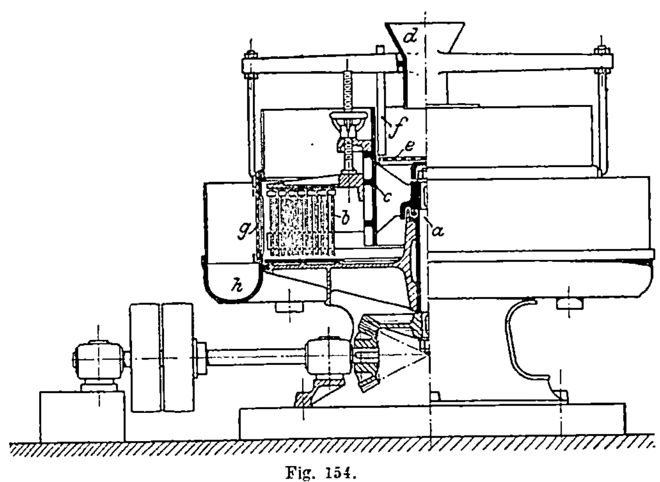

Fig. 154.

Sie ergeben sich bei einiger Überlegung von selbst, und auf eine weitere Behandlung dieses Gegenstandes kann daher verzichtet werden.

Dagegen muß an dieser Stelle noch die Beschreibung einer Maschine Platz finden, die gleich der oben erwähnten Clarke-Mühle die Aufgabe hat, das Erzeugnis einer vorgeschalteten Zerkleinerungsvorrichtung nachzufeinen, außerdem aber auch als Mischapparat von höchster Intensität zu dienen. Es ist dies die in der Silbererzaufbereitung vielfach in Anwendung stehende Pfanne.

Die Pfannen[1] sind mit Rühr- und Reibvorrichtungen versehene Gefäße von der Gestalt niedriger, stehender Zylinder oder abgestumpfter Kegel. Sie bestehen gewöhnlich ganz aus Gußeisen, in manchen Fällen werden die Seitenwände auch aus Holz hergestellt. Der Durchmesser der Pfannen beträgt 1,2 bis 1,7 m, die Höhe 0,6 bis 0,76 m.

Die Reib- und Rührvorrichtung hat den Zweck, das gepochte Erz in feinen Staub zu verwandeln und es mit dem Quecksilber und den zugesetzten

---

[1] *Schnabel:* Metallhüttenkunde **1**, 837. 1901.

sonstigen Reagentien in die innigste Berührung zu bringen. Sie besteht aus einem Läufer und dem Mahlboden. Der Läufer ist ein gußeiserner Kegel, in dessen Mantel einige Öffnungen angebracht sind; unten verbreitert sich der Kegel zu einer Scheibe, die mit einer Anzahl (nicht unter sechs) Hartgußschuhen von je 250 bis 400 kg Gewicht besetzt ist, die auf dem Mahlboden gleiten. Der Läufer wird durch eine stehende Welle angetrieben und läßt sich heben und senken. Der Hartgußmahlboden ist aus einzelnen Segmenten zusammengesetzt und mit Furchen versehen.

Durch die Umdrehungen des Läufers (60 bis 90 in der Minute) wird das Quecksilber auf dem Boden der Pfanne zerteilt und in eine Bewegung versetzt, welche dessen einzelne Teile mit dem Erzbrei in Berührung bringt. Es bilden sich infolge der Gestalt der Schuhe und der Öffnungen im Läuferkegel Strömungen, die den Erzbrei an den Seiten der Pfanne in die Höhe heben, während das Quecksilber sich am Boden bewegt. Der an den Seiten der Pfanne in die Höhe gestiegene Erzbrei sinkt in der Mitte nieder, gelangt unter den Läufer, wo er mit dem Quecksilber in innige Berührung kommt, und tritt dann zwischen den Schuhen und dem Mahlboden hindurch an die Pfannenwand, wo er von neuem emporgehoben wird. Um ein zu starkes Emporsteigen des Erzbreies zu verhindern, sind in einer gewissen Höhe an den Seitenwänden der Pfanne Flügel angebracht, die die Bewegung des Gemisches nach unten ablenken.

Die Reaktionen in der Pfanne gehen am besten vor sich, wenn die Temperatur der Füllung ungefähr den Siedepunkt des Wassers erreicht. Zu diesem Zwecke wird die Pfanne durch Wasserdampf erwärmt, den man entweder unter den Pfannenboden in einen Raum, der durch Herstellung eines falschen Bodens gebildet wird, oder ohne weiteres in die Pfanne leitet. Auch lassen sich beide Arten der Erwärmung gleichzeitig anwenden. Die unmittelbare Einleitung des Dampfes ist am empfehlenswertesten, doch muß dieser Dampf dem Kessel selbst entnommen werden, da sich der Abdampf der Maschinen, wegen seines Gehaltes an Schmieröl, das auf die Amalgamation hindernd einwirkt, hierzu nicht eignet. — Der Dampf wird durch den Deckel zugeführt, mit dem die Pfanne verschlossen ist.

Im Laufe der Zeit sind Pfannen von den verschiedensten Einrichtungen ausgeführt worden, ohne daß hierdurch indes die wesentlichen Prinzipien der ersteren verändert worden wären. Die Abweichungen der einzelnen Pfannen sind hauptsächlich durch die Zahl der Schuhe und deren Befestigung am Läufer, durch die Zahl der Mahlbodenplatten und deren Befestigung am Pfannenboden, durch die Gestalt sowie die Vorrichtungen zum Aufhängen, Heben und Senken des Läufers und durch die Form der an den Seitenwandungen der Pfannen angebrachten Flügel bedingt. —

In Fig. 155 und 156 ist die in den Silberminen Nordamerikas vielfach anzutreffende sog. „Kombinationspfanne" von *Fraser & Chalmers*, Chicago, dargestellt[1]. Dort bezeichnet *d* den Pfannenboden mit dem Aus-

---

[1] *R. H. Richards:* Ore dressing **1**, 240.

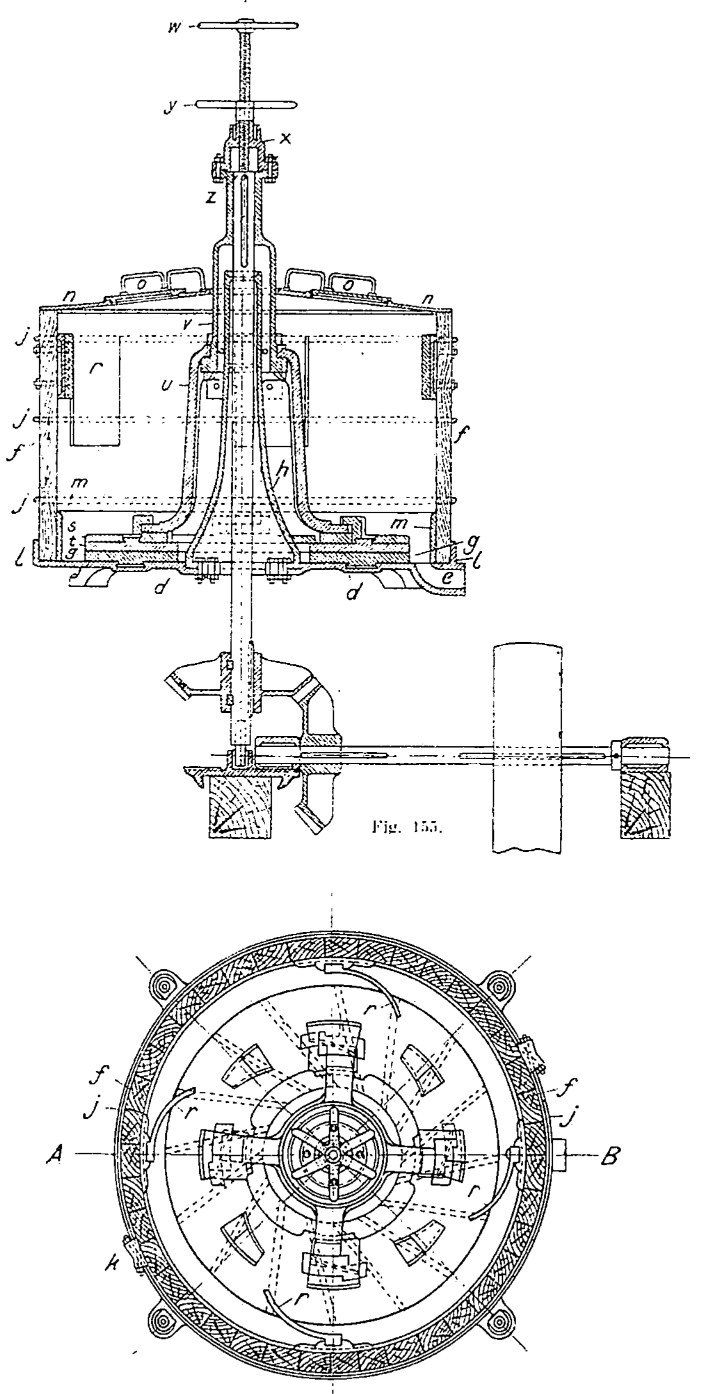

Fig. 155.

Fig. 156.

lauf *e* (während der Arbeit durch einen Pfropfen verschlossen), *l* den äußeren, *m* den inneren Flanschenring für den Holzbottich *f*, der mit drei eisernen Reifen *j* und Schlössern *k* zusammengehalten und mit dem Deckel *n* verschlossen wird. Der Läufer, an dem die acht auf dem Mahlboden *g* gleitenden Schuhe *t* mit Schwalbenschwanznut befestigt sind, besteht aus den vier Teilen *s*, *u*, *v* und *x*; er wird von der stehenden Welle *z* in Umdrehung versetzt, die mittels Schraubenspindel und der Handräder *w* und *y* einstellbar gemacht und in der Hülse *h* sowie einer Spur gelagert ist. Mit *r* sind die Abweiser und mit *o* die Mannlöcher mit Deckel bezeichnet. — Der Betrieb geht absatzweise vor sich. Die Leistung einer 5-Fuß-Pfanne beträgt 15 t in 24 St., der Kraftbedarf etwa 14 bis 15 PS.

IV. Siebvorrichtungen und Windsichter.

Unter einem Sieb versteht man im allgemeinen ein flächenartiges Gebilde, das mit Löchern oder Schlitzen in regelmäßiger Anordnung versehen ist. Bringt man ein aus ungleich großen Stücken oder Teilen bestehendes Haufwerk auf das Sieb, so wird alles, was kleiner ist als die Öffnungen der Siebfläche, durch diese hindurchfallen, während die größeren Stücke darauf liegen bleiben.

Man bedient sich der Siebvorrichtungen also in allen jenen Fällen, wo es sich darum handelt, aus einem ungleichmäßig zusammengesetzten Haufwerk jene Teile zu gewinnen, die eine bestimmte Größe — Körnung — aufweisen. Es liegt in der Natur der Sache, daß das Gut, das die Öffnungen des Siebes passiert hat, ebensowenig eine ganz gleichmäßige Zusammensetzung — der Korngröße nach — aufweisen wird als wie das Aufschüttgut selbst, da die Öffnungen der Siebe nicht nur jene Stücke durchfallen lassen, die der Größe der ersteren entsprechen, sondern auch alle anderen, die diese Größe unterschreiten. Eine Scheidung des Produktes nach verschiedenen, untereinander genau gleichen Korngrößen, wie solche bei der Klassierung von Erzen u. dgl. angestrebt wird, ist auch durch Anwendung mehrerer Siebe hintereinander nicht zu erreichen, da sich stets Zwischenstufen in den Korngrößen bilden werden, die weder den einen noch den anderen der angewandten Sieböffnungen entsprechen.

Dieser Umstand hat indessen für die Hartmüllerei wenig Bedeutung, da es fast immer darauf ankommt, durch die Siebung zu verhindern, daß Teile des Zwischen- oder Enderzeugnisses eine bestimmte Korngröße überschreiten, als deren oberstes Maß die Größe der Sieböffnungen festliegt. —

Die Windsichter sind Vorrichtungen, die den gleichen Zweck wie die Siebe, jedoch mit anderen Mitteln, zu erreichen suchen. Wie schon in der Bezeichnung angedeutet, erfolgt bei diesen Maschinen die Siebung durch einen in sich zurückkehrenden Luftstrom, der in dem Apparat selbst erzeugt wird. Siebgewebe, gelochte Bleche u. dgl. kommen hier also nicht in Anwendung.

a) Siebvorrichtungen.

Die Siebvorrichtungen lassen sich wie folgt einteilen:

a) Feststehende Siebe: { Stangenroste,
Gelochte Platten und Drahtgitter;

b) Bewegliche Siebe: { Schwingende oder sonstwie bewegte Roste,
Umlaufende Trommeln von rundem oder vieleckigem
Rätter. [Querschnitt,

Die feststehenden Siebe üben naturgemäß nur eine geringe sichtende Wirkung aus. Stangenroste, die aus einer Reihe starker, hochkantgestellter Flacheisenstäbe bestehen, werden meist als Schutzroste verwendet; sie halten zu grobe Stücke zurück, die dann von Hand mit dem Hammer zerschlagen werden, während das durch die Spalten Gefallene der Zerkleinerungsvorrichtung zuläuft. Sie werden wagerecht oder nahezu wagerecht gelegt, wenn sie nur das Grobe, und erhalten eine stärkere Neigung dann, wenn sie — z. B. zwecks Entlastung eines darunter liegenden Vorbrechers — das Feine ausscheiden sollen. Das Grobe rutscht dann durch seine eigene Schwere dem Vorbrecher zu und das Feine hat Zeit, durch die Rostspalten hindurchzufallen.

Ähnlich verhalten sich starke gelochte Blechplatten, wogegen Drahtgewebe meist dazu dienen, um grobe Teile aus einer durch nasse Vermahlung erzeugten Flüssigkeit (Schlamm, Trübe) zurückzuhalten und gleichzeitig dem genügend Gefeinten den Austritt aus dem Mahlraum zu ermöglichen. Als Beispiel seien hier die Siebgewebe an den Pochgehäusen der Stampfmühlen und die Drahtgitter an den Ausflußöffnungen der Schlämmaschinen genannt.

Die beweglichen Roste dienen fast ausschließlich zum Ausscheiden desjenigen Gutes aus einem Haufwerk, das fein genug ist, um — unter Umgehung des ersten Vorbrechapparates — sofort dem Schroter zugeführt werden zu können. Sie entlasten also den Vorbrecher, und indem sie ihm das Grobe infolge ihrer geregelten Bewegung gleichmäßig zuführen, wirken sie gleichzeitig als vorzügliche Aufgabevorrichtungen.

In Fig. 157 und 158 ist ein sog. Briartscher Rost, Bauart der *G. Luther A.-G.*, Braunschweig, dargestellt. Er besteht aus zwei ineinanderliegenden Rosten a_1, a_2 aus Keileisenschienen, die an eisernen Trägern pendelnd aufgehängt sind und wovon jeder durch zwei Exzenter b_1, b_2 und b_1, b_2, die auf einer gemeinschaftlichen Welle c sitzen, angetrieben wird. Die Roste erhalten dadurch eine schwingende Bewegung, die das sichere Durchfallen des Feinen durch die Rostspalten bewirkt, während die gröberen Stücke auf ihnen in eine Schurre hinabgleiten, die nach dem Maul des Brechers führt.

Für große Leistungen empfiehlt sich hierbei die Anwendung eines mechanisch betriebenen Kreiselwippers d; der Antrieb wird dann durch eine Kette vom Rost auf den Wipper übertragen. Diese Anordnung hat den Vorteil, daß der Wipper zugleich mit dem Rost außer Tätigkeit gesetzt wird. Die Ausrückvorrichtung e ist daher zweckmäßig auf dem Wipperboden anzubringen, so daß der Rost von dort aus, je nach Bedarf, in oder außer Betrieb gesetzt werden kann.

Fig. 159 veranschaulicht einen sog. Kaliberrost, bei dem das Feine nicht durch Spalten, sondern durch vierseitige Öffnungen hindurchfällt, wodurch eine noch genauere Sichtung stattfindet.

Der Kaliberrost, System *Diestel-Susky*, Bauart der *G. Luther A.-G.*, Braunschweig, ist aus einzelnen Walzensträngen a, a ... gebildet, die auf einem geneigt liegenden eisernen Gestell b fest und parallel zueinander ge-

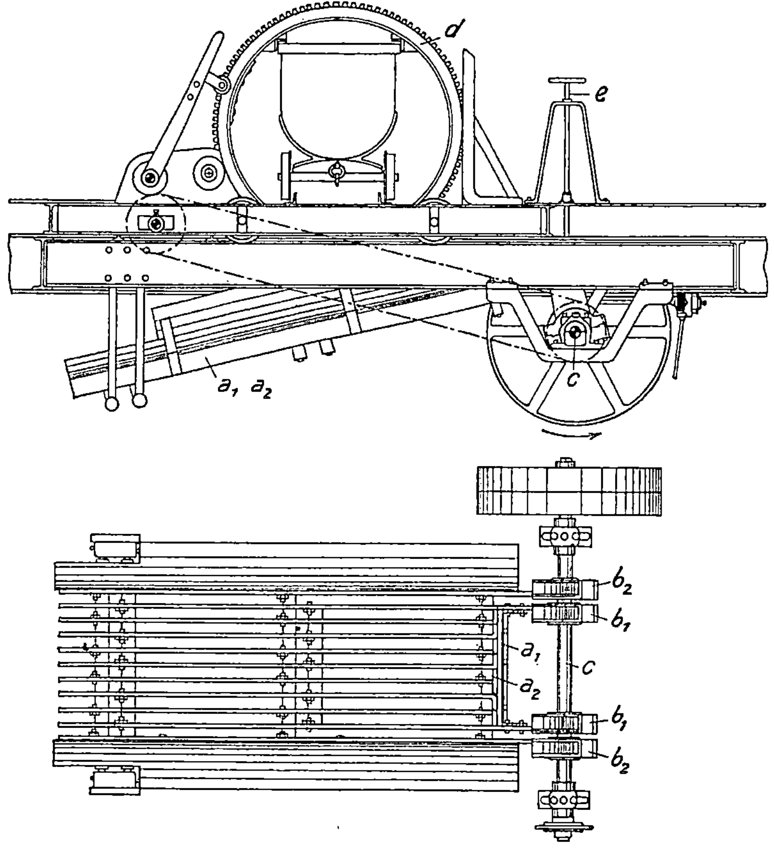

Fig. 157 u. 158.

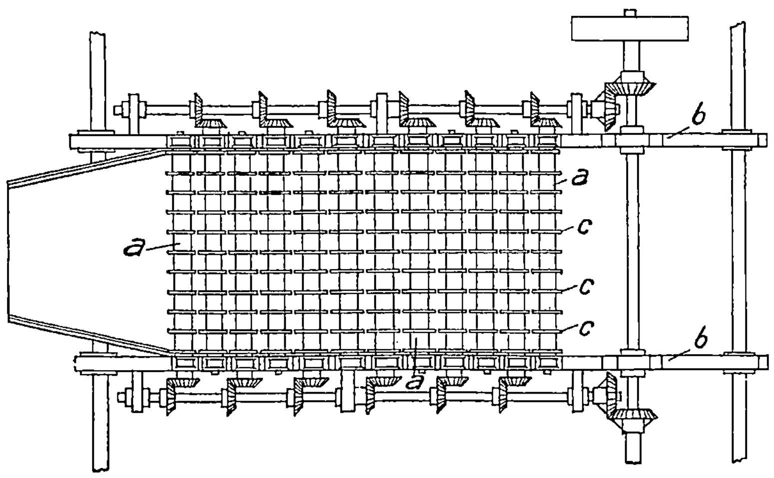

Fig. 159.

lagert sind und in der durch die Abbildung veranschaulichten Weise angetrieben werden.

Auf den Walzen sind Rippen $c, c \ldots$ in Bogendreiecksform starr befestigt, die sich dicht aneinander vorbei bewegen. Da die quadratischen Durchfallöffnungen bei der drehenden Bewegung stets die gleichen bleiben, so wird damit eine sehr gleichmäßige Ausscheidung erzielt. Auch die Förderung gestaltet sich sehr zweckmäßig, weil das Aufschüttgut infolge der eigentümlichen Form der Rippen gehoben, ohne Stoß von Walze zu Walze vorwärtsbewegt und diese Bewegung durch die geneigte Lage des Rostes noch unterstützt wird. — Die feste Lagerung des Kaliberrostes hat auch noch den Vorteil, daß die darunterliegende Schurre staubdicht angeschlossen werden kann.

Der Seltner-Rost[1], Fig. 160 bis 162, der gleichzeitig als Aufgeber wirkt, hat bei normaler Ausführung eine Länge von rund 1600 mm, eine Breite von rund 1100 mm und eine Maschenweite, die sich nach dem jeweils vorliegenden Zweck richtet. Der Hub beträgt 140 mm, die Neigung rund 13°, die Hubzahl rund 67 in der Minute. Die Arbeitsweise dieses in der Kohlenaufbereitung seit Jahren vielfach angewendeten Rostes besteht darin, daß die beweglichen, mit Maschen bildenden Ansatzrippen versehenen Querstäbe des Rostes zwischen gleichartigen, jedoch feststehenden Querstäben in eine auf und ab gehende Bewegung schräg zur Austragrichtung versetzt werden. Hierdurch gleitet die Grobkohle von Stufe zu Stufe hinab und wird am vorderen Ende über den Rost ausgetragen, während die Kleinkohle durch die maschenartigen Zwischenräume fällt. Die drei Maschenkanten eines jeden Stabes müssen sich über die vierte Maschenkante des davorliegenden Stabes heben, damit sich die Masche nach vorn öffnen kann. Das Gut wird hierbei unter schonender Behandlung vollkommen getrennt. Die feststehenden Stäbe sind in den Lagerungsrahmen des Rostes untergebracht, während die dazwischenliegenden beweglichen Stäbe in einem beweglichen Rostrahmen befestigt sind, der, auf vier Stützhebeln ruhend, durch zwei einfache Schubstangen angetrieben wird und im Kreisbogen auf und nieder schwingt. Durch entsprechend angeordnete Gegengewichte wird das Gewicht des beweglichen Rostrahmens ausgeglichen. Die Wangen der feststehenden Stäbe sind konvex, die der beweglichen Stäbe konkav, so daß der senkrechte Abstand zwischen den die Maschen bildenden Kanten der Roststäbe bei jeder Stellung der letzteren derselbe ist und damit stets eine gleich große Maschenweite erhalten bleibt. Die einfachen und wenigen beweglichen Teile sichern bei niedrigen Anschaffungskosten einen guten Dauerbetrieb dieses Rostes. —

Umlaufende Siebtrommeln von rundem oder vieleckigem Querschnitt werden sowohl für die Absiebung und Ausscheidung grob vorgebrochener als auch geschroteter oder fein gemahlener Stoffe verwendet und je nach ihrer Bestimmung verschieden ausgeführt.

Trommeln für vorgebrochenes Gut erhalten einen Mantel aus starkem, gelochtem Eisenblech, der an einem aus Winkeleisen zusammengesetzten

---

[1] Zeitschr. des Vereins deutscher Ingenieure, J. 1916, Nr. 24.

Rahmen befestigt ist und bei der Ausführung für größere Leistungen mit
Laufringen auf breiten Rollen aufruht, die, von einem Vorgelege aus an-

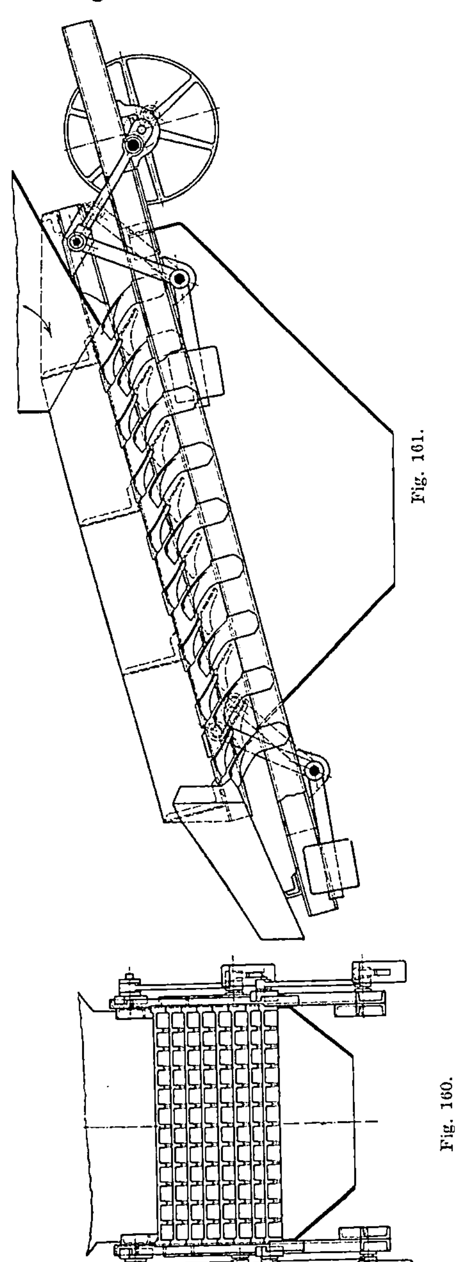

Fig. 161.

Fig. 160.

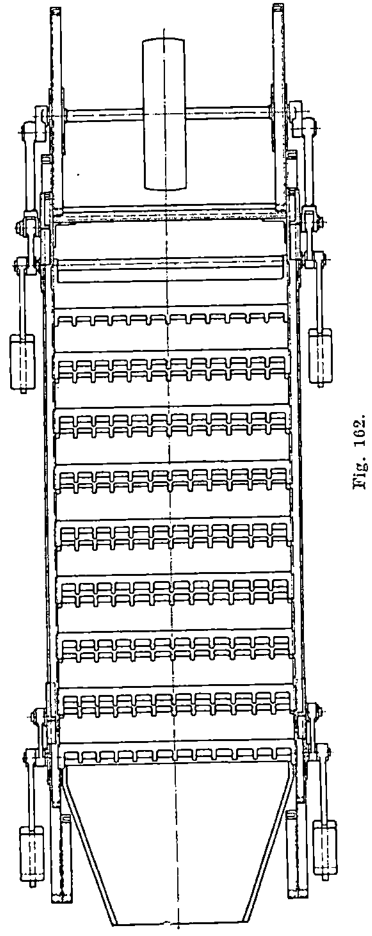

Fig. 162.

getrieben, die Trommel in Umdrehung
versetzen.

Für kleinere Leistungen wird der
Rahmen mittels einiger Armkreuze mit
einer durchgehenden Welle verbunden,
die außerhalb der Trommel beiderseitig
gelagert ist. Der Antrieb erfolgt hier
entweder durch eine auf der Welle
sitzende Riemenscheibe oder es wird
ein Rädervorgelege angeordnet.

Solche Trommeln werden zum Sortieren von Kleinschlag, Erzen, Kies,
Kohlen usw. angewendet und hinter der Vorbrechmaschine aufgestellt, um

deren Erzeugnisse nach der Stückgröße abzusondern. Wird eine Sortierung nach mehr als zwei Stückgrößen verlangt, so sind die Trommeln aus einer der gewünschten Zahl von Sorten entsprechenden Zahl von Blechschüssen mit passender Lochung zusammenzusetzen, wobei mit der geringsten Lochweite an der Einlaufseite zu beginnen ist.

Die Fig. 163 und 164 zeigen eine Sortiertrommel, Bauart der *Alpinen Maschinenfabrik-Gesellschaft*, Augsburg. Hier ist a die aus zwei Schüssen zusammengesetzte Trommel, die an dem äußeren, aus Winkeleisen gebildeten Rahmen befestigt ist. Letztere werden an den Enden durch starke gußeiserne Ringe b zusammengehalten, die auf breiten Hartgußlaufrädern $c_1 c_1$, $c_2 c_2$ abrollen. Der Antrieb erfolgt von der, mit fester und loser Riemenscheibe g, g versehenen Vorlegewelle b aus, mittels zweier Kegelräderpaare e, f, die die Bewegung auf die beiden Rollenachsen d und dadurch auch auf die Trommel übertragen. — Zur Aufnahme des Horizontalschubes der geneigt liegenden Trommel dient die Druckrolle i.

An die Leistungsfähigkeit solcher Trommeln werden meist große Ansprüche gestellt, da sie fast nur in Betrieben Verwendung finden, die der Massenerzeugung dienen. Eine Einrichtung der beschriebenen Bauart leistet an sortiertem Kleinschlag bei 1000 mm Durchmesser und 4200 mm Länge der Trommel stündlich 13 000 kg; bei 1200 mm Durchmesser und 5400 mm Länge stündlich 25 000 kg. Kraftbedarf 1,25 bzw. 2 PS. —

Die dem Absieben feingeschroteter oder gemahlener Stoffe dienenden Trommeln werden, um dem Verstäuben vorzubeugen und eine bequeme Sammlung und Abführung des Durchgesiebten zu ermöglichen, in hölzerne oder eiserne Gehäuse eingeschlossen, die an den Längsseiten mit großen abnehmbaren Türen versehen sind, welche eine rasche Freilegung der Trommel gestatten. Werden mehr als zwei Sorten Siebgut verlangt, so ist der unterhalb der Trommel liegende Teil des Gehäuses in die entsprechende Anzahl Kammern zu teilen, bzw. durch Schrägwände in die entsprechende Anzahl Ausläufe zusammenzuziehen. Bei der gewöhnlichen Art der Ausführung, wo nur zwei Erzeugnisse — Mehl und Überschlag — gezogen werden, ist das Gehäuse unten zu einem Trog verengt, in dem eine Schnecke zum Hinausbefördern des Mehles nach der einen oder anderen Seite gelagert ist. Der Überschlag wird durch Rutschen zu den Auslauföffnungen geleitet.

Die Trommel besteht, wenn geschrotetes Aufschüttgut gesiebt werden soll, aus gelochtem oder geschlitztem Eisenblech. Für Mehlsiebung bedient man sich eines Gewebes aus Stahl- oder Messingdraht, das auf Holzrahmen gespannt, d. h. aufgenagelt ist. Die Rahmen lassen sich leicht herausnehmen und die Bespannungen bequem reinigen und ausbessern.

Der Querschnitt der Trommel kann rund oder vieleckig (meist sechseckig) sein. Letztere Ausführungsart besitzt den Vorzug der besseren Siebwirkung, während es bei der ersteren vorteilhaft erscheint, daß man zwecks kräftiger selbsttätiger Reinigung des Gewebes an der runden Trommel leicht eine umlaufende Bürste anbringen kann, mit deren Anwendung aber auch ein größerer Verschleiß des Siebgewebes verbunden ist, zu dem noch jener der Bürste hinzutritt.

Ist das Aufschüttgut stark mit grobem Schrot gemischt, so muß die feine Außenbespannung durch eine eingelegte, mitumlaufende Siebtrommel — den Innenzylinder — aus starkem Eisenblech mit grober Lochung vor Beschädigungen geschützt werden.

Soll ein nicht ganz trockenes, leicht schmierendes („klammes") Aufschüttgut abgesiebt werden, so werden zur Reinhaltung der Bespannung Klopfvorrichtungen oder die schon erwähnten Bürsten angeordnet, die von der Trommel oder von der Trommelwelle aus betätigt werden. Der Erfolg dieser Vorkehrungen ist aber meistens nur gering.

Besser wird die Siebwirkung, wenn man in der langsam laufenden äußeren Siebtrommel ein rasch kreisendes, mit Schöpf- und Schleuderschaufeln versehenes Flügelwerk anbringt, das das Sichtgut auf die ganze Sichtfläche verteilt und durch den entstehenden Luftstrom durch die Öffnungen des Gewebes hindurchdrückt. Derart eingerichtete Siebe heißen Zentrifugalsichtmaschinen. — Da ihre kräftige Sichtwirkung mit einer raschen Abnutzung der Siebgewebe Hand in Hand geht, so haben sie in der Hartmüllerei nur geringe Verbreitung gefunden.

Ein Zylindersieb, Bauart des *Eisenwerks vorm. (Nagel & Kaemp) A.-G.*, Hamburg, ist in den Fig. 165 bis 167 dargestellt. Auf der geneigt liegenden Trommelwelle *a* sitzen die drei Armkreuze *b*, die den Siebmantel *c* tragen. Das Aufschüttgut wird durch den Trichter *i* in das Innere der Trommel geführt; es gleitet langsam über die Siebfläche hinweg und abwärts und gibt auf diesem Wege sein Mehl an die Schnecke *m* ab, die es je nach Erfordernis nach einer vorn oder hinten liegenden Ausfallöffnung befördert. Der Überschlag, d. h. die Stücke, die größer als die Sieblochung sind, und derjenige Teil

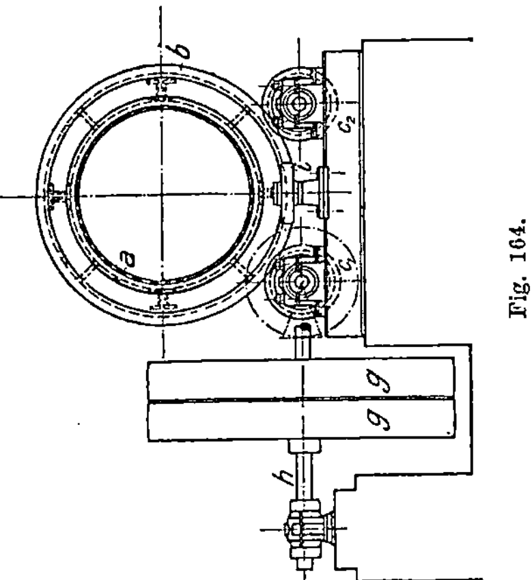

Fig. 164.

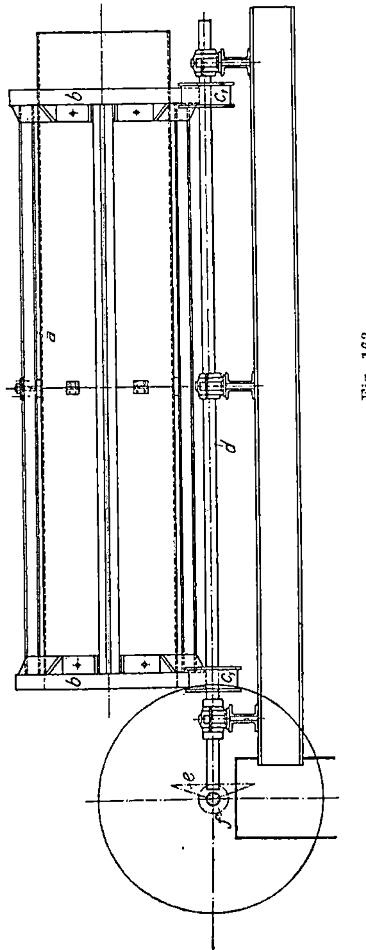

Fig. 163.

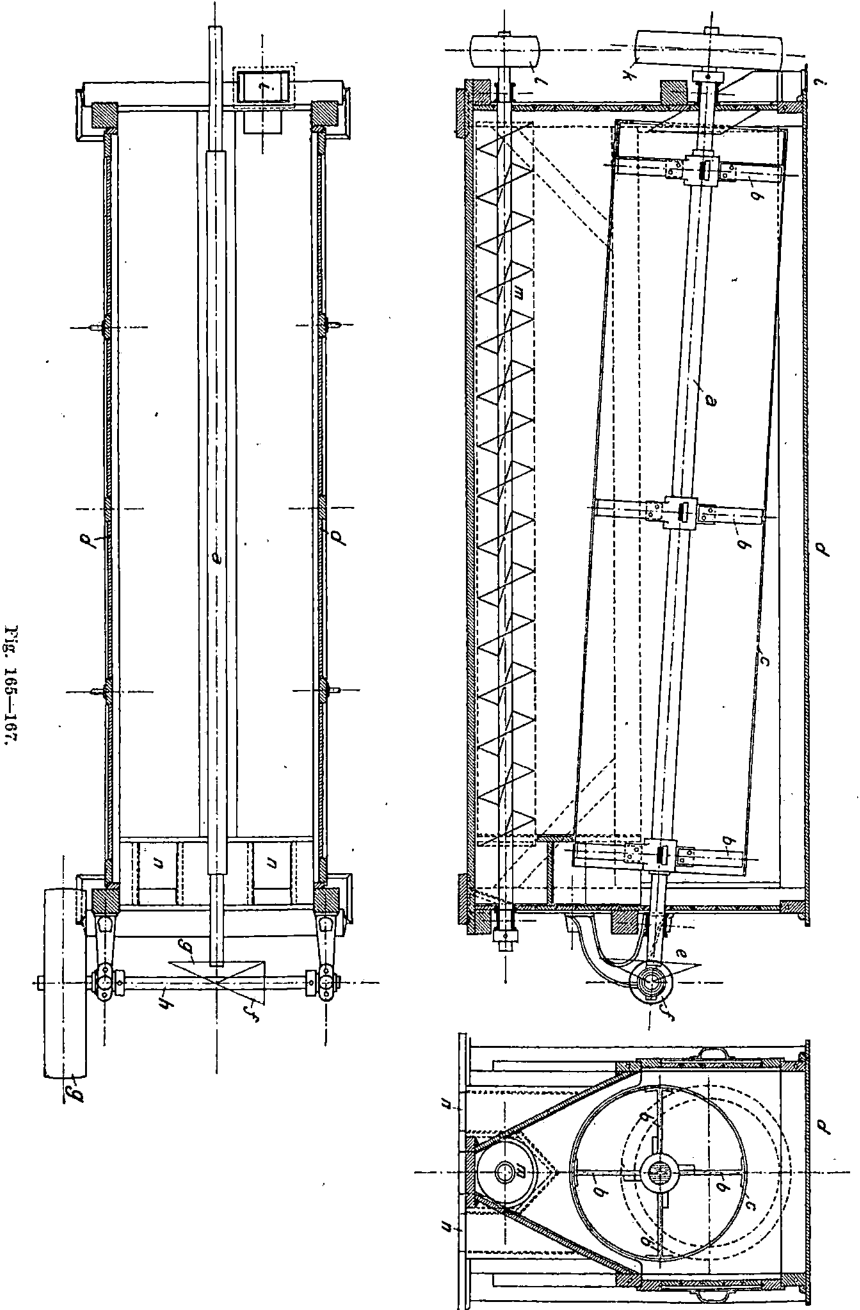

Fig. 165—167.

des Mehles, der nicht gleich beim ersten Durchgang zur Aussiebung gelangte, fällt über eine dachförmige Rutsche in die beiden Auslauföffnungen *n.*

Der Antrieb der Siebtrommel besteht aus der Riemenscheibe *g*, der Vorgelegewelle *h* und dem Kegelräderpaar *e, f*. Die Bewegungsübertragung auf die Schnecke *m* vermitteln die beiden Riemenscheiben *k* und *l.* — Das auf jeder Langseite mit großen Türen versehene Gehäuse *d* ist aus Holz.

Ein ganz in Eisen konstruiertes **Zylindersieb**, Bauart der *A.-G. Amme, Giesecke & Konegen*, Braunschweig, zeigen die Fig. 168 und 169, worin *a* den Einlauftrichter, *b* einen Transportschneckenflügel, *c* einen vollwandigen Schutzzylinder, *d* die untere Siebtrommel, *e* die Trommelwelle, *f* die Armkreuze, *g* den Trog, *h* die Sammelschnecke, *i* den Antrieb, *k* die aus Walzeisen und Blechplatten zusammengenieteten Stirnwände bedeuten. Das Mehl wird von der Sammelschnecke zum Auslauf *n* befördert, während der Überschlag die Maschine am entgegengesetzten Ende verläßt.

Der Kraftbedarf der Zylindersiebe ist ein sehr mäßiger und beträgt bei den größten Ausführungen nur 2 bis $2\frac{1}{2}$ PS. Die Leistung ist abhängig von Länge

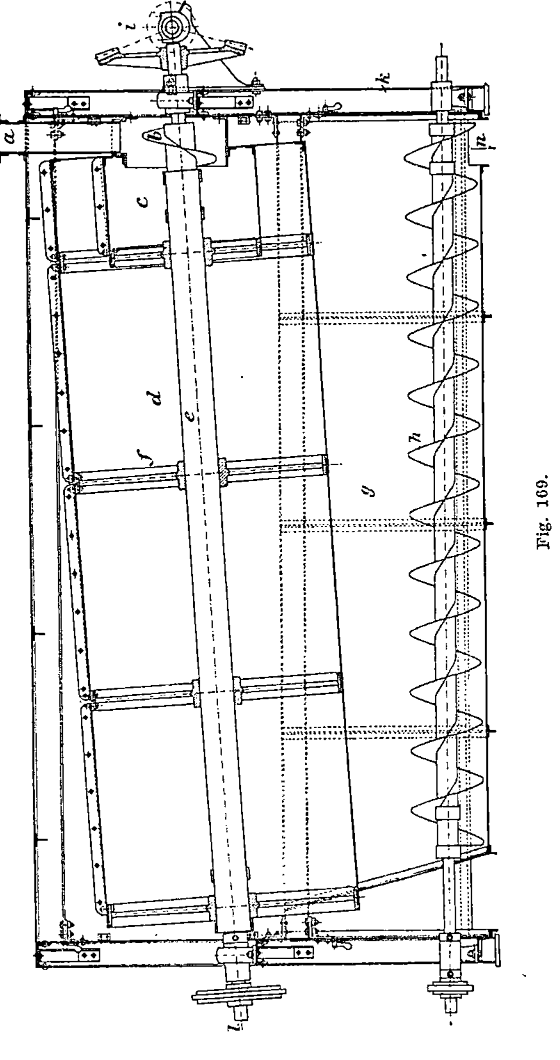

Fig. 169.

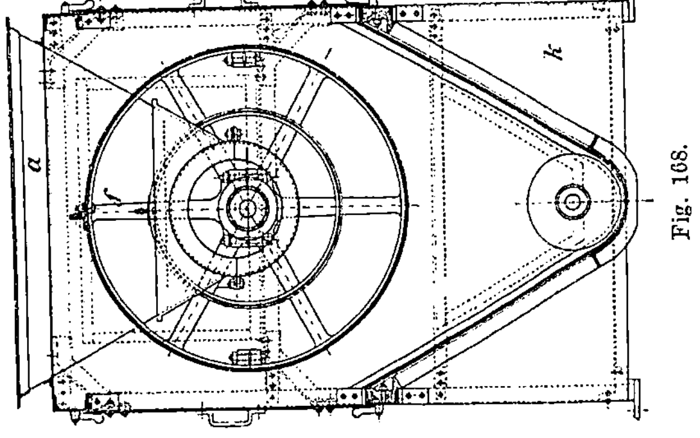

Fig. 168.

Durchmesser, Lochweite und Umfangsgeschwindigkeit. Hinsichtlich der letzteren wurde schon bei Besprechung der Kominor-Mühle mit Fasta-Sieben (S. 134) auf den Einfluß der Fliehkraft auf die Siebleistung hingewiesen. Hier gelten genau dieselben Erwägungen, die in betreff der Umfangsgeschwindigkeit der Kugelmühlen (S. 123) angestellt wurden, man hat also demzufolge als oberste Grenze der Umdrehungszahl in der Minute gleichfalls den dort gefundenen Wert

$$n = \frac{42{,}3}{\sqrt{D}}$$

anzusehen, worin D den Durchmesser der Siebtrommel bedeutet.

Als empfindliche Mängel der Zylindersiebe sind zu betrachten: der namentlich bei angreifendem Aufschüttgut sehr starke Verschleiß und das nicht seltene Reißen des Siebgewebes, wodurch, wenn das letztere Vorkommnis nicht sofort entdeckt wird, höchst unangenehme Weiterungen entstehen. Diese Übelstände sind mit der Bauart der Zylindersiebe untrennbar verknüpft und müssen mit in Kauf genommen werden. Daß ihre Verbreitung trotzdem noch eine verhältnismäßig große ist, dürfte wohl hauptsächlich in den, im Verhältnis zur Leistung geringen Anschaffungskosten begründet sein. —

Eine ganz eigenartige Stellung unter den Siebvorrichtungen nimmt der Seck-Sichter, Patent *Hiller*, der *Mühlenbauanstalt vorm. Gebr. Seck*, Dresden, ein[1], der nicht eigentlich — wie die gewählte Bezeichnung vermuten ließe — nur ein Sichtapparat, sondern gleichzeitig auch eine Zerkleinerungs- und Mischvorrichtung ist, die sich in ersterer Eigenschaft und als Mischer für Stoffe aller Härtegrade, als gleichzeitige Zerkleinerungsvorrichtung aber auch für weiche bis mittelharte Stoffe eignet. Das Neuartige daran ist, daß bei ihm die Sichtung nicht durch die Schwere — wie bei Rund- oder Plansieben — und auch nicht durch die Saugluft — wie bei den Windsichtern —, sondern durch einen von der Maschine selbst erzeugten Luftstrom bewirkt wird, der das Sichtgut durch die Bespannung hindurchtreibt, ähnlich wie bei den Zentrifugalsichtern, doch nicht wie dort mit wagerecht umlaufendem Flügelkreuz und ebensolchem Siebzylinder, sondern mit senkrecht umlaufendem Flügelkreuz in feststehendem Siebzylinder. Der *Hiller*sche Sichter nutzt also, im vorteilhaften Gegensatz zu gewöhnlichen Rund- oder Sechskantsieben, die ga n ze Siebfläche aus, wobei als stets erwünschte Nebenerscheinung eine kräftige Mischwirkung auftritt, die noch dadurch unterstützt wird, daß der im oberen Teil der Maschine eingebaute Auflösemechanismus das Aufschüttgut nachfeint und gegebenenfalls gröbere Stücke in Staubform verwandelt.

Der eigentliche Sichtapparat dieser Maschine, siehe Fig. 170 bis 172, ist ein schnellaufendes Schaufelwerk a mit senkrechter Welle b. Letztere hängt oben in einem Kugellager c und wird unten durch ein selbstschmierendes, staubdichtes Halslager d geführt. Der Eintritt von Öl in das Innere der Ma-

---

[1] Zeitschrift des Vereins deutscher Ingenieure 1910, 2201.

schine ist vollständig ausgeschlossen. Um das Schaufelwerk herum legt sich in kleinem Abstande davon der zweiteilige Siebzylinder *e*. Um das Aufschüttgut in den Arbeitsraum zu leiten und zu verteilen, sind zwischen Welle und Schaufelwerk und mit diesem fest verbunden Blechkegel *f* angebracht. Über dem eigentlichen Sichtraume befindet sich der Oberteil *g*, der eine Auflösevorrichtung enthält, die aus einem Schlagstern *h* und einer eigenartig ausgebildeten Schlagplatte *i* besteht. Im Unterteil *k* der Maschine, der mit dem Oberteil durch drei schmiedeeiserne Säulen verbunden ist, sind Räumer *l* angeordnet, die die Rückstände zum

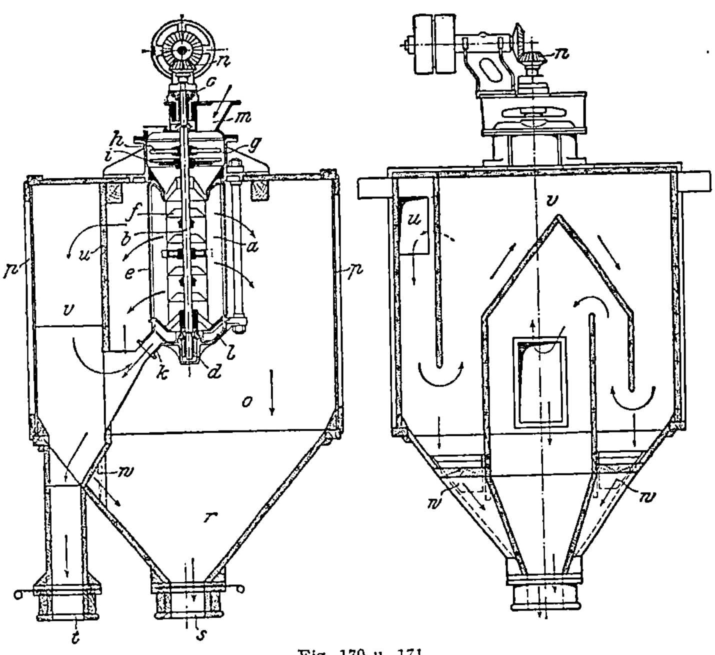

Fig. 170 u. 171.

Auslauf führen. Oben wird die Maschine von einem Deckel *m*, an dem sich auch der Einlauf mit Antrieb und Rädervorgelege *n* befindet, abgeschlossen. Soweit der Sichtraum reicht, ist die Maschine in einen geschlossenen Kasten *o* eingebaut, der das gesichtete Gut aufnimmt, wodurch ein Verstauben des letzteren vermieden wird. Durch eine herausnehmbare Filterwand *p* können die Siebe nachgesehen werden.

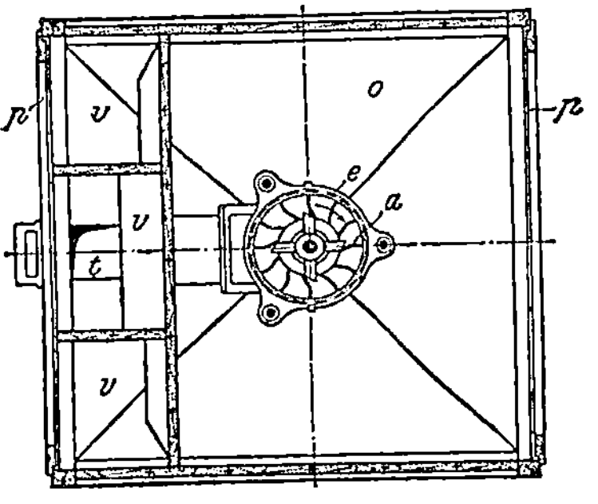

Fig. 172.

Die Arbeitsweise der Maschine ist folgende: Das zu verarbeitende Gut gelangt zunächst durch den Einlauf in den Oberteil der Maschine, wird von der Auflösevorrichtung gelockert und aufgelöst und fällt alsdann in den Sichtraum, um infolge der Fliehkraftwirkung des Schaufelwerkes durch das Siebgewebe hindurch in den Auffangkasten getrieben zu werden. Das gesichtete Gut sammelt sich in dem angebauten trichterförmigen Auslauf *r* und wird in einem an den Rohrstutzen *s* angehängten Sack aufgefangen. Die Rückstände werden durch den am unteren Ende des Siebzylinders angeordneten schrägen Auslauf abgestoßen und auf gleiche Weise bei *t* abgesackt. Da das Schaufelwerk des Sichtapparates nicht nur von oben durch den Einlauf, sondern auch von unten durch den Auslauf Luft ansaugt, tritt den ausgestoßenen Rückständen ein Luftstrom entgegen, der die ihnen etwa noch anhaftenden Mehlteilchen in die Maschine zurückführt. Die mit dem Sichtgut durch das Gewebe geblasene Luft entweicht einesteils durch die beiden

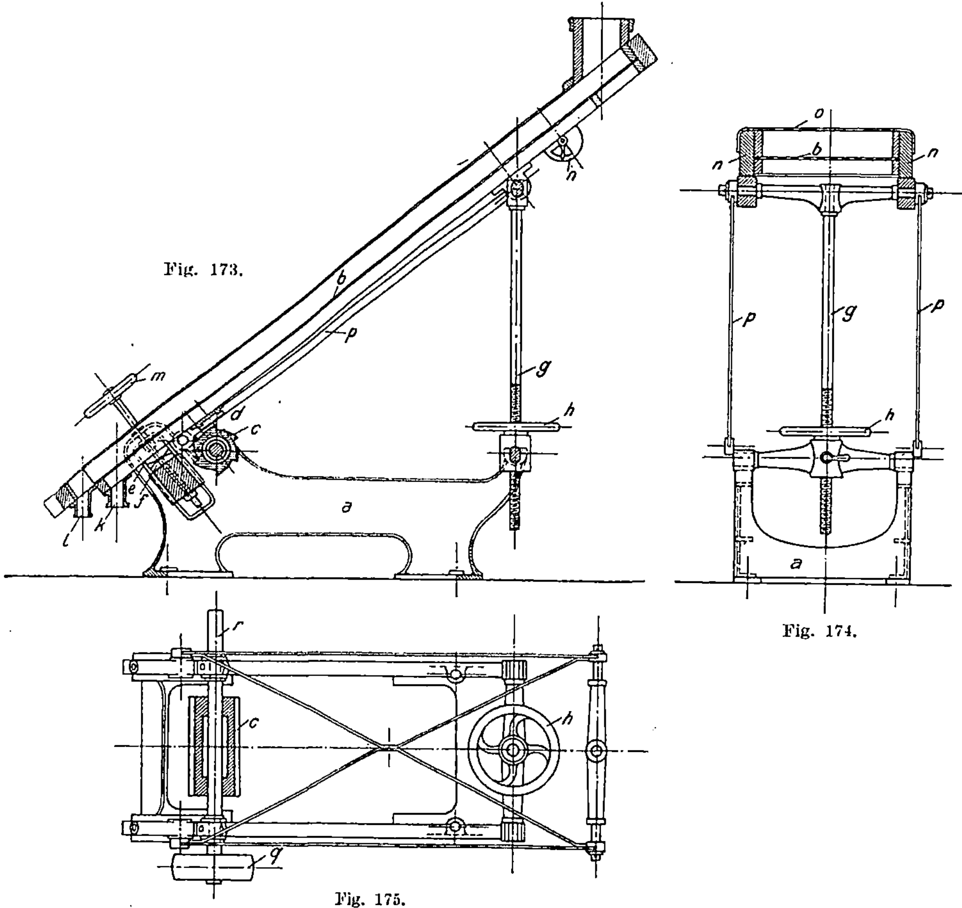

Fig. 173.

Fig. 174.

Fig. 175.

Filterwände *p* ins Freie, anderenteils durch die oben im Kasten angebrachte Öffnung *u* in die Kammer *v*. Hier setzen sich die von der Luft mitgerissenen Mehlteilchen ab, und sobald sich eine genügende Menge davon angesammelt hat, geben die leicht schließenden Klappen *w* nach und lassen das Gut in den trichterförmigen Mehlauslauf *r* fallen, während die Luft, wie schon bemerkt, durch den Auslauf wieder in die Maschine zurückströmt. —

Rätter sind Siebe mit einer ebenen Siebfläche, der von einer umlaufenden Welle eine schüttelnde, schaukelnde oder kreisende Bewegung erteilt wird. Je nach der Art der letzteren lassen sie sich in vier Gruppen einteilen:

α) Schüttelsiebe, welche eine hin und her gehende Bewegung in der Längs- oder Querrichtung der Siebebene, mit oder ohne Stoßwirkung vollführen;

β) Schüttelsiebe, die eine auf- und abgehende Bewegung senkrecht zur Siebebene erhalten, zu der noch eine Stoß- oder Fallwirkung hinzutritt;

γ) kreisende Siebe mit kreisrunder oder elliptischer Bahn, genau oder nahezu in der Siebebene;

δ) Siebe mit kreisender Bewegung in einer zur Siebfläche senkrechten Ebene.

Von diesen vier Gruppen kommen hier nur die drei ersten in Betracht; die vierte Gruppe ist für die Hartmüllerei ohne wesentliche Bedeutung.

Die unter α) gekennzeichneten Siebe weisen durchgehends eine sehr einfache Bauart auf. Sie bestehen aus einem länglich viereckigen Kasten, der ein gelochtes Blech oder ein auf einen Rahmen gespanntes Gewebe enthält und mittels elastischer stählerner oder Holzfedern am Deckengebälk aufgehängt oder auf dem Fußboden stehend befestigt ist. Am unteren Boden des Kastens greift eine Stange an, die an eine Durchkröpfung oder ein Exzenter einer rasch umlaufenden Welle angeschlossen ist und dem Sieb eine schüttelnde Bewegung erteilt. Letztere im Verein mit der

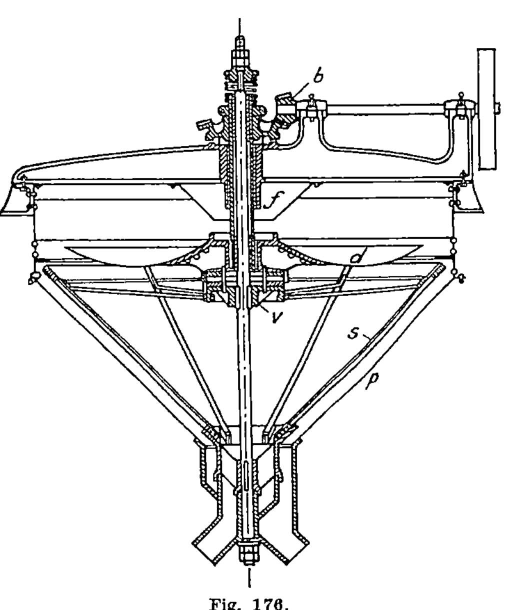

Fig. 176.

schrägen Lage des Siebes bewirkt, daß das Aufschüttgut über die ganze Länge des Siebes wandert, wobei das Feine durch die Öffnungen oder Maschen hindurchfällt, während der Überschlag bis zum unteren Rande des Siebes gleitet und von hier aus weiter befördert wird.

Der Siebkasten kann auch zwei oder mehrere Siebe übereinander enthalten, wenn eine Sortierung in mehr als zwei Erzeugnisse gewünscht wird.

Wegen ihrer niedrigen Bauart sind die Schüttelsiebe überall dort vorteilhaft anzuwenden, wo es an größerer Bauhöhe gebricht.

Das in den Fig. 173 bis 175 dargestellte S c h u r r s i e b (stellbare Schrägsieb), Bauart des *Eisenwerks (vorm. Nagel & Kaemp) A.-G.*, Hamburg, gehört der zweiten Gruppe der Rätter an. Es besteht aus einem Flachsieb b — meist mit Schlitzlochung aus Stahl-, Kupfer- oder Zinkblech gefertigt —, das in einem oben mit Segeltuch o abgedeckten und unten mit einer Blechplatte d

verschlossenen, in zwei Auslaufstutzen (*k* für den Überschlag und *l* für das Mehl) endigenden Holzrahmen *n* eingelegt ist. Der Rahmen stützt sich mittels der beiden Gelenkstangen *p* und der Spindel *g* auf das gußeiserne Gestell *a*, in dem die Welle *t* mit der Antriebscheibe *q* und dem Sechsschlag *c* gelagert ist, der das bewegliche Ende des Rahmens in eine schüttelnde Bewegung versetzt. Die Heftigkeit der letzteren, bzw. der dadurch verursachten Schläge ist von der Entfernung zwischen den beiden Prellklötzen *e* und *f* abhängig; sie läßt sich nach Bedarf mittels zweier Schraubenspindeln und der Handräder *m* verstärken oder mildern.

Auch die Neigung der Siebfläche ist mittels Schraubenspindel *g* und Handrad *h* leicht zu verändern, wobei zu berücksichtigen ist, daß eine steilere Neigung ein feineres, eine flachere ein gröberes Sieberzeugnis liefert, da die Größe der durchfallenden Teilchen — wie bei allen Schrägsieben — nicht durch die wirkliche Loch- oder Schlitzweite, sondern durch deren Projektion auf die wagerechte Ebene bestimmt wird. Man kann also mit grober Lochung ein verhältnismäßig feines Mehl absieben, aus welchem Grunde sich das Schurrsieb namentlich für die Absiebung etwas feuchter oder backender Stoffe eignet, die ein feines Sieb bald zusetzen würden.

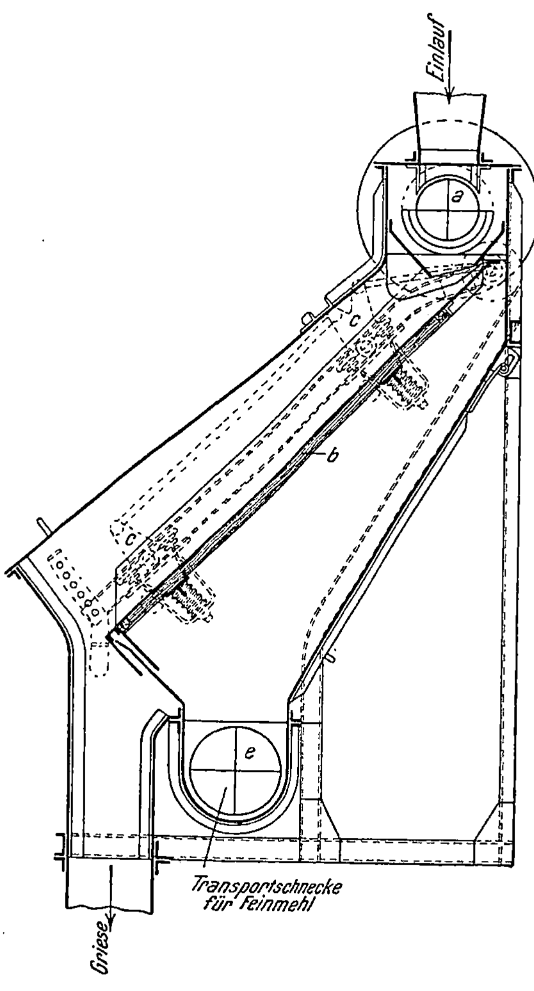

Fig. 177.

Der Umstand, daß bei diesem Sieb die größte Wirkung dort ausgeübt wird, wo am wenigsten Sichtgut vorhanden ist, während die am dichtesten bedeckte Stelle nahezu im Ruhestande verharrt, hat zu Konstruktionen geführt, bei denen auch der dem Einlauf zunächst gelegene Teil der Siebfläche in schüttelnde Bewegung gebracht (Schaukelsieb) oder bei denen die Siebfläche überhaupt nicht bewegt, sondern nur in Vibration versetzt wird.

Von letzterer Bauart ist der Vibracone Separator der *StephensAdamson*

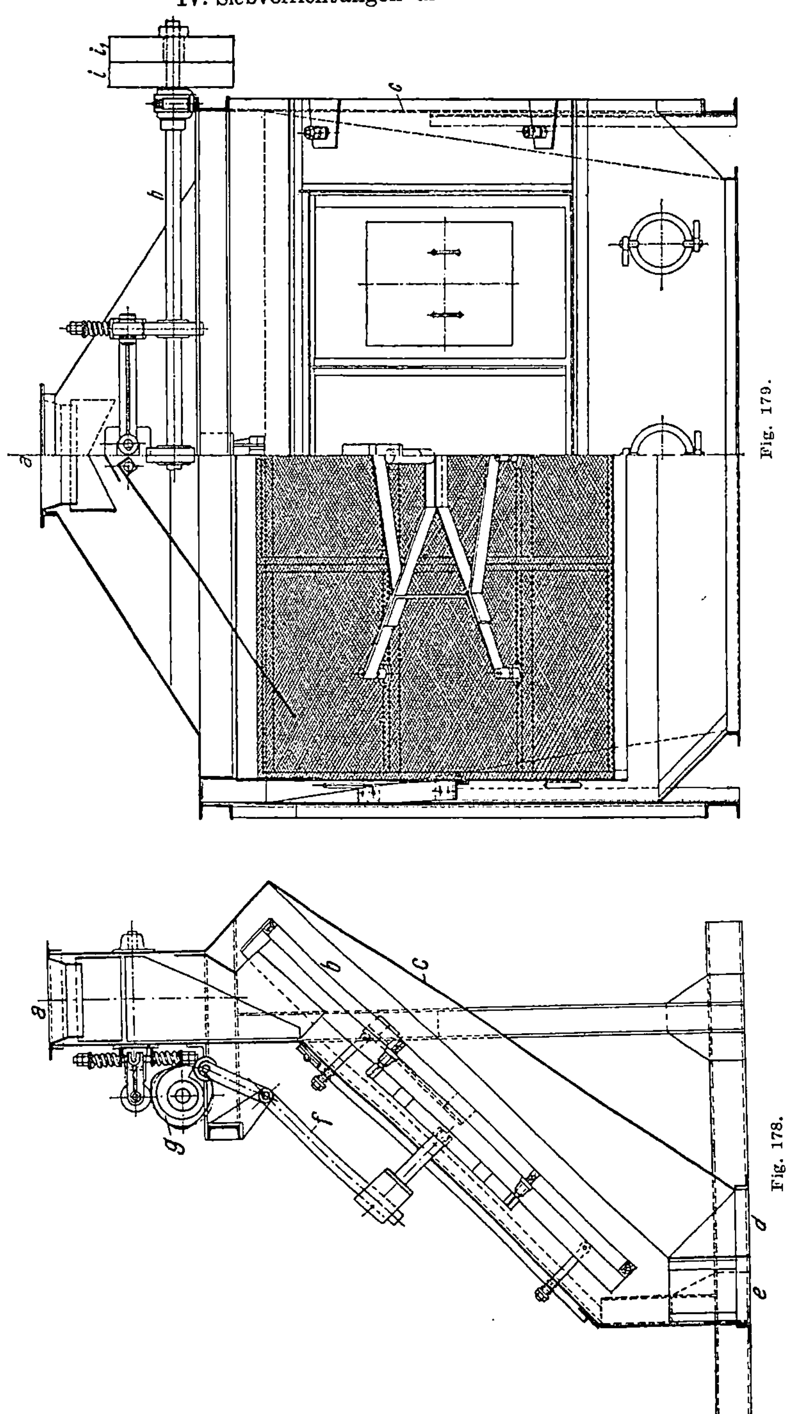

Fig. 179.

Fig. 178.

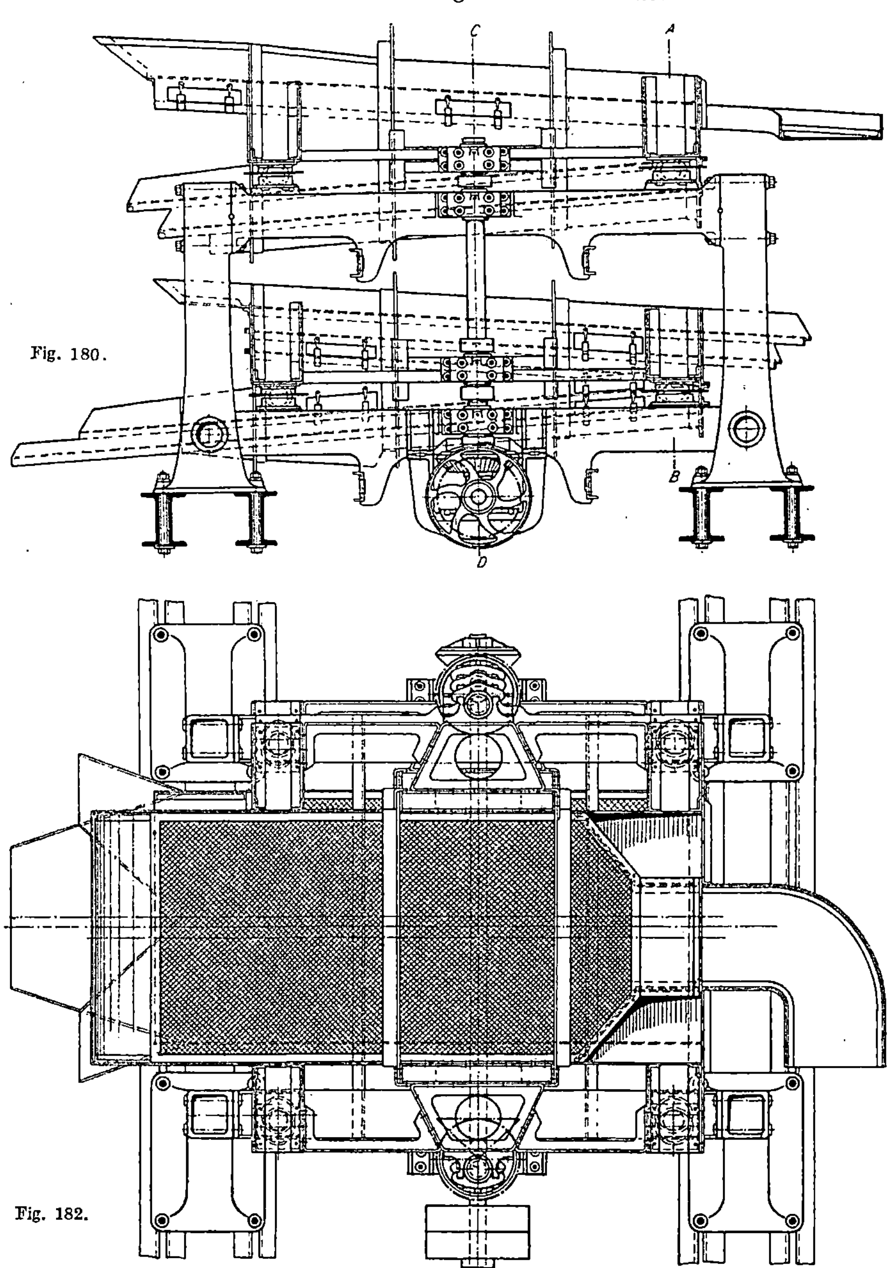

Fig. 180.

Fig. 182.

Mfg. Co.[1], Aurora, Illinois, ferner der **Newaygo - Separator**[2] — ein stellbares Schrägsieb, über dessen Länge drei Klopfwerke verteilt sind — sowie

---

[1] *Stephens Adams Mfg. Co.*, Aurora, Illinois: Flugblatt.
[2] *Naske:* Die Portland-Zement-Fabrikation, 2. Aufl., S. 76.

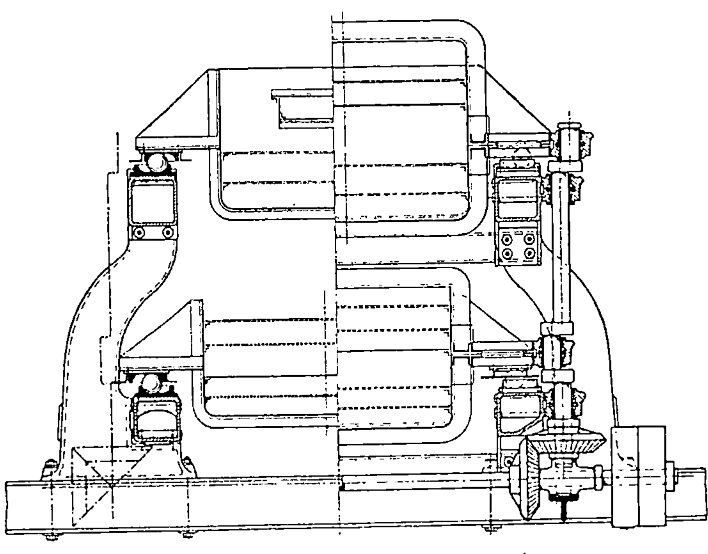

Fig. 181.

das *v. Grueber*sche und das Schrägsieb der *Rheinischen Maschinenfabrik*, Neuß, weiteren Kreisen bekannt geworden.

Der Vibracone Separator (siehe Fig. 176) ist eigentlich kein Rätter im üblichen Sinne, da seine Siebfläche nicht eben, sondern kegelförmig gestaltet ist. Er bildet daher eine Klasse für sich.

Das Gut tritt bei diesem Sieb durch den Trichter *f* in das Gehäuse *p* ein, fällt auf den von der stehenden Welle mit dem Vorgelege *b* in Umdrehung versetzten, schüsselförmig gestalteten Verteiler *d* und über den Rand des letzteren auf das kegelförmige Sieb *s*, das durch eine von der stehenden Welle aus betätigte Vorrichtung *v* in vibrierender Bewegung gehalten wird.

Die Einrichtung eines Schrägsiebes, Bauart *v. Grueber*, Berlin, geht aus der Abbildung, Fig. 177, hervor. In der meist üblichen Weise wird am Kopfende der stark geneigt stehenden Siebfläche eine Förderschnecke *a* verwendet, die das Sichtgut über die ganze Siebfläche gleichmäßig verteilt. Entgegen früher bekannt gewordenen Anordnungen wird dem die Siebbespannung enthaltenden Rahmen nicht mehr durch Exzenter eine schwingende Bewegung erteilt, die eine ziemlich starke und gleichmäßige Abnutzung des Gewebes zur Folge hatte, sondern der außerhalb des Siebgehäuses auf Spiralfedern getragene Siebrahmen *b* wird durch als Doppelhebel ausgebildete Klopfer *c* über die ganze Fläche in leichte, aber genügend ausgiebige Schwingungen versetzt, wobei die von oben gegen die Federunterstützung wirkende Klopfbewegung dem Verstopfen der Siebmaschen entgegenarbeitet.

Das abgesiebte Feingut fällt in eine unterhalb des Siebes angeordnete Schnecke *e*, während der grobe, über das Sieb hinweggehende Rückstand erneuter Vermahlung zugeführt wird.

Das Schrägsieb, Bauart der *Rheinischen Maschinenfabrik*, Neuß a. Rh., zeigen die Fig. 178 und 179, worin a den Einlauf, b den Siebrahmen, c das eiserne Gehäuse, d den Mehl- und e den Grießauslauf, f und g den Klopfmechanismus, h die Antriebwelle mit den Riemscheiben i, i_1 bedeutet.

Eine Besonderheit dieser Konstruktion besteht in der Verteilvorrichtung des Siebgutes, die nicht durch Schnecken od. dgl. bewirkt wird, sondern durch dachartig gegeneinander geneigte Flügelbleche, die in leichte Schwingungen versetzt werden und so abgeschrägt sind, daß das Gut in einer gleichmäßigen Schicht über die ganze Breite der Siebfläche verteilt wird.

Als typischer Vertreter der dritten Gruppe soll hier endlich noch der durch die Fig. 180 bis 182 veranschaulichte Seltner - Rätter[1] gezeigt werden, der aus zwei übereinander angeordneten, mit Sortiersieben und Rückführblechen ausgerüsteten Rätterkästen besteht, die an ihren vier Eckpunkten mittels Tragstücken in eigens hierzu ausgebildeten Kugelpfannenlagern ruhen. Die Kästen werden an ihren beiden Längsseiten durch doppelt gekröpfte Kurbelwellen angetrieben, deren Kröpfungen um 180° gegeneinander versetzt sind, wodurch alle Punkte der in die Rätterkästen eingebauten, schwach geneigten Siebe eine Kreisbewegung erhalten. Der Durchmesser der Bewegungsbahn der Kugeln in den Kugelpfannenlagern ist hierbei halb so groß wie der Durchmesser der Bewegungsbahn der Rätterkästen und des Kurbelkreises. Die beiden Kurbelwellen sowie die unteren Pfannen der Kugellager ruhen in einem gußeisernen Gestell, ebenso auch die quer unter den Rätterkästen liegende Antriebswelle, auf der sich die Riemscheibe und die beiden kegeligen Zahnradgetriebe für den Kurbelwellenantrieb befinden.

Sämtliche Antrieb- und Lagerungsteile befinden sich somit übersichtlich und leicht zugänglich außerhalb des Rättergestells. Die Rätterkästen sind durch Putztüren zugänglich und die Siebe können leicht ausgewechselt werden. Die Kugelpfannenlager, die durch Schutzhauben vor dem Eindringen von Schmutz gesichert sind, ermöglichen demzufolge einen jahrelangen anstandslosen Dauerbetrieb. Sie werden aus bestem Stahl hergestellt, die Kugeln sind glashart und geschliffen.

Derartige Kreiselrätter können selbst in größeren Höhen über dem Erdboden aufgestellt werden, weil sich die Massenkräfte der gewöhnlich übereinander angeordneten Siebkästen gegeneinander ausgleichen und demgemäß den Unterbau, der, wie es sich von selbst versteht, kräftig auszubilden ist, nur verhältnismäßig wenig beanspruchen.

b) Windsichter.

Die Schattenseiten der Siebvorrichtungen, deren Sichtflächen aus mehr oder weniger feinen Geweben bestehen, wurden bereits weiter oben erwähnt. Sie treten um so stärker hervor, je größer die Ansprüche an die Feinheit des Siebzeugnisses werden und mit je angreifenderen, spezifisch schwereren Stoffen man es zu tun hat — wie letzteres in der Hartmüllerei ja fast immer der Fall ist. Es hat selbstverständlich nicht an Bestrebungen gefehlt, die

---

[1] Zeitschrift des Vereins deutscher Ingenieure, J. 1916. Nr. 24.

mit der Gewebesieberei verbundenen Übelstände zu vermeiden, wobei sich im allgemeinen von sämtlichen eingeschlagenen Wegen nur zwei als gangbar erwiesen haben: die Separation unter Wasser und die Sichtung mit Luft.

Der erstere Weg wird beschritten, wenn — wie bei manchen Arten der Edelmetallgewinnung — der Fabrikation das nasse Aufbereitungsverfahren zugrunde liegt. In allen anderen Fällen, vor allem aber dann, wenn das gewonnene Feinmehl ein fertiges Erzeugnis darstellt, das in trockenem Zustande in den Handel gebracht werden soll, ist man auf den zweiten Weg angewiesen.

Das Prinzip der Separation unter Wasser wie der Sichtung mit Luft beruht darauf, daß das bewegte Wasser oder die bewegte Luft imstande ist, je nach der Strömungsgeschwindigkeit verschieden feine Teilchen mitzuführen. Eine starke Strömung vermag grobe und schwere Partikel zu tragen, die in einer schwachen Strömung sofort zu Boden sinken würden. Durch Regelung der Stromstärke ist es also ohne weiteres möglich, eine Absonderung nach verschiedenen Korngrößen herbeizuführen. Um eine reine, scharfe Aussichtung zu erzielen, ist es aber noch weiter erforderlich, das zu behandelnde Gut möglichst gleichmäßig in dem Strom zu verteilen, damit dieser Gelegenheit findet, jedes einzelne Teilchen zu umspülen und so alles Feine fortzuführen.

Die Umsetzung dieses an sich sehr einfachen Gedankens in die praktische Tat hat bei der schon seit langer Zeit geübten Separation unter Wasser von vornherein befriedigende Ergebnisse gezeitigt, wogegen die Ausführung eines praktisch brauchbaren Windsichters nur wenig über 25 Jahre zurückreicht. Wenn auch das Prinzip in beiden Fällen das gleiche ist, so sind doch die Schwierigkeiten, die sich seiner Durchführung entgegenstellen ungleich größer und vielgestaltiger, sobald statt des Mediums Wasser das Medium Luft gewählt werden muß. Denn dem Wasser läßt sich ebenso leicht eine ganz bestimmte Geschwindigkeit erteilen, als es leicht ist seine Menge zu regeln; es ist ebenso leicht, das Wasser zur Ruhe zu bringen und zu sammeln, als es leicht ist es in jeder gewünschten Richtung zu führen. Alles dieses ist aber, auf Luft angewendet, sehr schwierig zu bewerkstelligen, wozu sich noch gesellt, daß es ferner nicht nur nötig ist, das Sichtgut in vollkommenster Gleichmäßigkeit in dem Luftstrom zu verteilen, sondern auch das Feinmehl später dem Luftstrom vollständig und unter Vermeidung jeglicher Staubentwicklung zu entziehen. Denn Staub bedeutet nicht nur Stoffverlust, sondern gleichzeitig auch eine Schädigung der Gesundheit der Arbeiter, eine Herabminderung ihrer Arbeitsfreudigkeit und endlich noch eine Verkürzung der Lebensdauer der Maschinenanlage.

Allen diesen Forderungen suchten die Konstrukteure des ersten, praktisch brauchbaren Windsichters, die Engländer *Mumford* und *Moodie*, dadurch gerecht zu werden, daß sie den ganzen Vorgang, den man bis dahin allgemein in räumlich getrennten Vorrichtungen sich hatte abspielen lassen, in das Innere eines einzigen geschlossenen Apparates verlegten.

Fig. 183 stellt eine der ersten Ausführungsformen eines *Mumford-* und *Moodie*schen Windsichters aus dem Jahre 1889 dar, gebaut von *Gebr. Pfeiffer*,

Kaiserslautern, die das alleinige Ausführungsrecht von den Erfindern er-
worben hatten und die Konstruktion im Laufe der Zeit auf eine hohe Stufe
der Vollendung gebracht haben.

In der Abbildung bezeichnet k die von einem Vorgelege l in rasche Umdrehung versetzte stehende Welle, die den Ventilator a und den Streuteller b
trägt und in zwei Halslagern des oberen Gestelles sicher geführt ist. Das
Aufschüttgut fällt aus dem Einlaufstutzen auf den Streuteller, wird von
diesem gegen die Wand des mittels der Schrauben e an dem Gehäuse aufgehängten Trichters c, d geschleudert und in eine
Staubwolke aufgelöst, aus der der Ventilator das
Feine heraussaugt, um es gegen die Außenwand
des Gehäuses i zu treiben, an der das Mehl langsam nach unten gleitet und den Apparat durch
einen zentralen Auslauf verläßt.

Die Teile des Gutes, die zu schwer sind, um
von dem Luftstrom getragen werden zu können —
der Grieß oder Überschlag — fallen in den inneren Trichter f, g, werden dort gesammelt und
durch eines der beiden seitlichen Rohre abgeführt, während die vom feinen Staub befreite Luft,
einen Kreislauf vollführend, wieder unter
den Streuteller zurückkehrt.

Diese Ausführungsform beschränkte sich
auf das eigentliche Prinzip der Erfindung und
erwies sich in mancher Hinsicht als noch recht
verbesserungsfähig. Es sind dort keine Vorkehrungen getroffen, um die Staubaufnahme oder
die Abscheidung besonders wirksam zu gestalten.
Die Scheidewand c zwischen dem inneren (Staubaufnahme) und dem äußeren (Staubabscheidung)
Raum diente gleichzeitig als Anwurfring oder
Verteiler. Trotzdem lieferte dieser Sichter bei

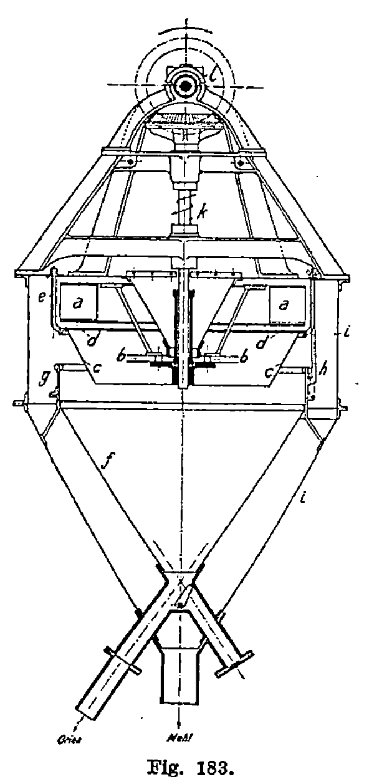

Fig. 183.

den zu jener Zeit noch wesentlich geringeren Ansprüchen an die Feinheit
des Portlandzementes, Thomasschlackenmehles u. dgl. immerhin schon recht
befriedigende Ergebnisse.

Die Ausführungsform nach Fig. 184 enthält bereits einen besonderen
Anwurfring zur Verteilung des Gutes im Luftstrom, ferner ist unterhalb des
Streutellers ein birnenförmiger Doppelkegel angeordnet, um eine gewisse
Führung für den Luftstrom zu schaffen und Wirbelbildungen in dem toten
Raum unterhalb des Streutellers zu vermeiden. — Jm übrigen bedeutet
hier E_2 die stehende Welle, E_1 den Streuteller, E den Ventilator, D den Doppel-
kegel, A den Mehltrichter, B den Grießtrichter und a das Grießauslaufrohr.

In Fig. 185, worin a das zylindrische Gehäuse, b die senkrechte, rasch
umlaufende Welle, e den Ventilator und h den Einlauftrichter bedeutet, ist
die letzte Ausführungsform veranschaulicht. Dieser Windsichter hat einen

Anwurfring *d*, dessen innere, dem Streuteller *c* zugekehrte Fläche regelmäßig gekrümmt ist, so daß das an verschiedene Stellen anprallende Gut nach ebenso vielen verschiedenen Richtungen abgelenkt wird und auf diese Weise eine vollkommene Streuung und Auflösung erfährt, die dem Luftstrom gestattet, jedes Teilchen zu umspülen und den Staub mit fortzunehmen. Die fallenden Teilchen gelangen auf einen zweiten größeren Streuteller *f* und werden einer wiederholten, stärkeren Schleuderung unterworfen zu dem Zwecke, um an den Grießkörnern etwa noch haftengebliebene Mehlteilchen loszulösen und dem Luftstrom zu übergeben. Dieser zweiten Sichtung folgt

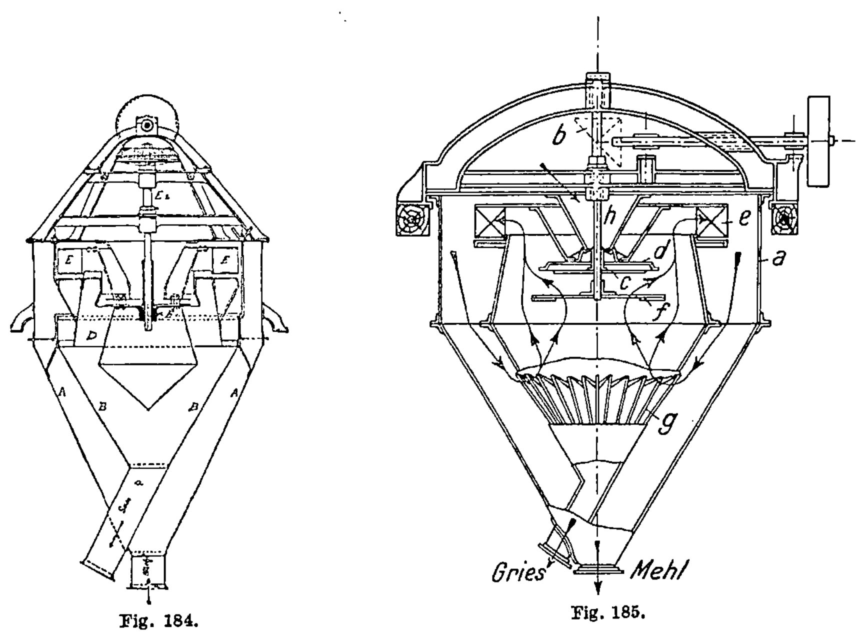

Fig. 184.   Fig. 185.

noch eine dritte an der Stelle, wo die rückkehrende Luft in den Grießtrichter eintritt und den nach unten rieselnden Grießen begegnet. Hier sind jalousieartige Durchlässe *g* angeordnet, die dem Zweck dienen, die Luft in wirksamer Strahlenform durch die Grieße zu leiten, um diese zum drittenmal gründlich zu sichten.

Die Sichtung erfolgt somit nach dem Prinzip des Gegenstroms; die Luft geht von unten nach oben, das Sichtgut von oben nach unten. Die reinste, d. h. die staubfreieste Luft, die mithin am besten Staub aufnimmt, wird zur letzten Nachsichtung benutzt. Die Reinsichtung wird auf diese Weise bis auf den denkbar höchsten Grad getrieben, indem jedem Staubteilchen nach gründlicher Lockerung wiederholt Gelegenheit geboten wird, mit dem Luftstrom zu entschweben.

Eine Hauptbedingung des Erfolges ist, daß die ständig kreisende Luft im Mehlraum auch wirklich gut von Staub befreit und wieder aufnahmefähig gemacht wird. Nach der neuen Bauart *Pfeiffers* wird das Prinzip des

Zyklons (siehe weiter unten) voll durchgeführt, indem der Staubluftstrom in einer langen Spirale in kräftiger Wirbelung nach unten geleitet und so ganz systematisch und scharf in eine äußere Mehl- und eine innere Luftschicht zerlegt wird. Das Mehl setzt seinen Weg nach dem Ablauf fort, die gereinigte Luft wird in der Höhe der erwähnten Jalousien nach innen abgeleitet und tritt in den Grießtrichter zurück.

Dieser Sichter scheidet Mehle ab bis zu einer Feinheit von etwa 1 Proz. Rückstand auf dem Sieb von 900 Maschen im Quadratzentimeter und 15 Proz.

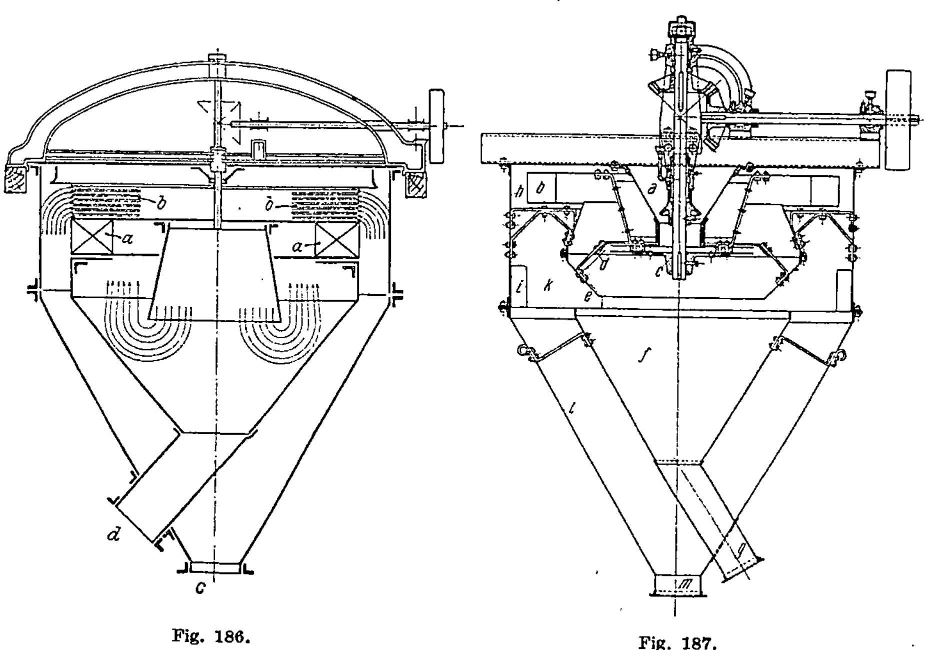

Fig. 186.   Fig. 187.

Rückstand auf 4900 Maschen im Quadratzentimeter und gröber, je nach der Einstellung, die selbst während des Betriebes leicht geändert werden kann. Will man noch feinere und sog. „unfühlbare" Mehle absichten, so tritt an seine Stelle der „Selektor", System *Moodie-Pfeiffer*.

Beim Selektor, Fig. 186, streicht der Staubluftstrom durch ein oberhalb des Ventilators *a* angeordnetes, mitkreisendes System von Scheiben oder Tellern *b*, wodurch er in eine Anzahl dünner Schichten zerlegt wird. Auf dem Wege durch die Zwischenräume von *b* sinken die größeren und schwereren Teilchen jeder Schicht nach unten auf die Teller, werden durch die Fliehkraft der letzteren nach außen geschleudert und fallen hier nach unten in den Grießtrichter bzw. den Grießauslauf *c*. Die feinsten Teilchen dagegen unterliegen dem Einfluß der Fliehkraft nicht, sondern werden in den Staubabscheideraum geführt und verlassen den Sichter bei *d*. Die Feinheit wird entweder durch Schwächung bzw. Verstärkung der Ventilatorwirkung oder durch die Einstellung der Teller auf größere oder geringere Abstände geregelt.

Es leuchtet ein, daß auf dem beschriebenen Wege eine vollständige Mehlfreiheit und Reinheit der Grieße erzielt wird, die auch die Leistungsfähigkeit des mit dem Selektor verbundenen Mahlapparates in günstigem Sinne beeinflussen muß.

Der Patent - Almag - Windsichter der *Alpinen Maschinenfabrik*

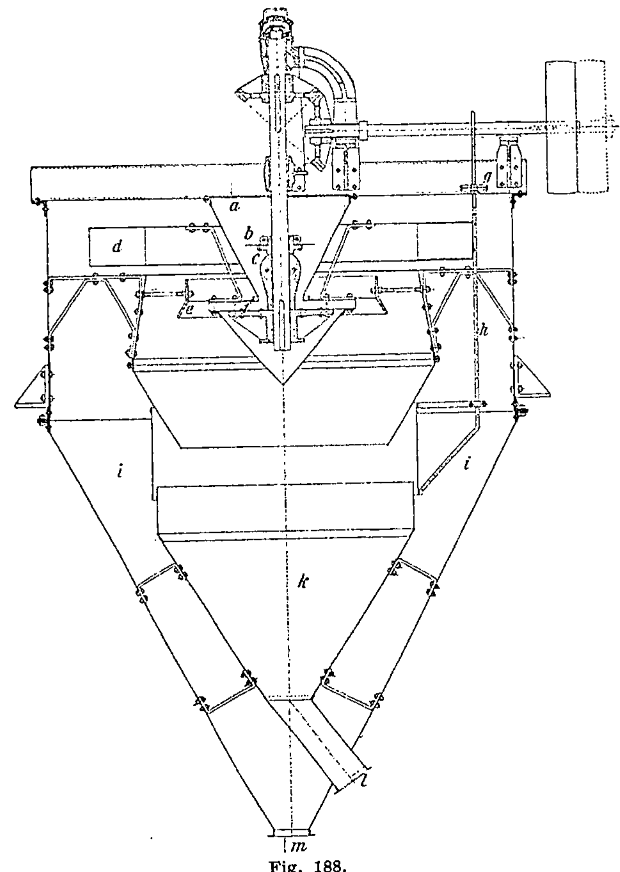

Fig. 188.

Gesellschaft in Augsburg, Fig. 187, ist gleichfalls aus dem *Moodie*schen Windsichter hervorgegangen.

Die Zuführung des Sichtgutes erfolgt bei *a*, in der Mitte eines wagerecht angeordneten Ventilators *b*, mit dem, auf derselben Achse sitzend, ein Streuteller *c* umläuft. Dieser schleudert das aufgegebene Gut infolge der Fliehkraft nach außen gegen einen Anwurfring *d*, von wo es weiter gegen den Blechkegel *e* geworfen wird, um sodann in den Grießtrichter *f* zu fallen. Die vom Ventilator angesaugte Luft durchströmt nun das in dünner Schicht vom Streuteller fortgeschleuderte Gut zweimal, und zwar zunächst während seines Falles vom Blechkegel *e* in den Grießtrichter *f*, und das zweitemal auf seinem Wege vom Streuteller nach dem Blechkegel *e*. Der Windstrom sättigt sich dabei mit den feineren Bestandteilen des Sichtgutes, während die gröberen Teile aus dem Grießtrichter *f* mittels des Grießrohres *g* abgeleitet werden. Der mit Feinmehl gesättigte Luftstrom wird in den Ventilator *b* geführt und von letzterem an die Wand des zylindrischen Oberteiles des Mantels *h* geblasen. Durch das große Volumen des Teiles *k* zwischen dem äußeren und dem inneren Sichtermantel wird nun die Geschwindigkeit des Windstroms derartig verlangsamt, daß er nicht mehr imstande ist, das Mehl zu tragen, das infolgedessen an der Wand des äußeren Blechkegels *l* entlang durch den Mehlauslauf *m* den Sichter verläßt. Um zu verhindern, daß der in den inneren Teil des Sichters zurückkehrende Windstrom noch Mehlteilchen mitnimmt, sind an der inneren Zylinderwand *h*, auf dieser senkrecht stehend, eine Anzahl Bleche *i* angenietet. Gegen diese stößt der nach unten sich spiralförmig bewegende Luftstrom, wird dabei in seiner Bahn abgelenkt und läßt die mitgenommenen Mehlteilchen fallen.

Der Feinheitsgrad der Windsichtung läßt sich hier — wie bei allen Windsichtern — in weiten Grenzen durch die Veränderung der Umlaufzahl des Ventilators beeinflussen, und kleinere Änderungen des ersteren können durch Heben oder Senken des an Schrauben *f* hängenden Ringschiebers *e* bewirkt werden.

Besondere Erwähnung verdient noch eine an dem vorstehend beschriebenen Windsichter getroffene Neuerung, welche bezweckt, eine etwa nötig gewordene Änderung des Feinheitsgrades der Absichtung ohne Beeinflussung der Schleuderwirkung des Streutellers, also ohne Änderung der Umlaufzahl zu bewirken, was bei spezifisch leichtem Aufschüttgut von Wichtigkeit sein kann. Zu diesem Behufe ist der Ventilator mit verstellbaren Flügeln versehen, derart, daß durch eine leicht vorzunehmende Stellungsveränderung auch die Luftstromstärke geändert wird.

Der Almag-Windsichter wird in sechs verschiedenen Modellgrößen gebaut, von 1500 bis 3500 mm Durchmesser und von 2000 bis 3900 mm Höhe. Kraftbedarf von $^1/_2$ bis 3 PS.

Von den sonstigen zahlreichen, aus dem Boden der grundlegenden *Moodie*schen Erfindung hervorgegangenen Windsichterkonstruktionen, sei nur noch jene der *A.-G. Amme, Giesecke & Konegen*, Braunschweig, erwähnt. Dieser Sichter ist durch eine verhältnismäßig einfache Bauart bemerkenswert, die es aber nicht verhinderte, daß er sich — namentlich in der Zementmüllerei — gut eingeführt und günstige Beurteilung erfahren hat.

Er besteht (Fig. 188) aus dem bekannten Blechgehäuse mit dem Mehltrichter *i* und Auslauf *m*, dem Grießtrichter *k* mit Auslauf *l* und dem Einlauftrichter *a*. Der Ventilator *d* und der Streuteller *f* sind durch die Nabe *b, c*, mit der senkrechten Welle verbunden, die von einem Kegelrädervorgelege in Umdrehung versetzt wird. Die hier zur Windführung angewandten Mittel bestehen aus einem mit der Unterseite des Streutellers verbundenen Kegel, der zum Teil in einen darunter liegenden Kegelstumpf hineinragt, und aus einem mittels der Stange *h* und dem Handrädchen *g* einstellbaren Ring-schieber.

Von den vorstehend beschriebenen Sichtapparaten in der äußeren Er-scheinung vollkommen abweichend, stellt sich der Windsichter der *Raymond Bros* in Chicago (Fig. 189) dar, der aus einem Abscheider, einem Exhaustor und einem Zyklon (s. w. u.) zusammengesetzt ist. Das Aufschüttgut wird diesem Sichter an einer Stelle zugeführt, wo der durch den Exhaustor erzeugte

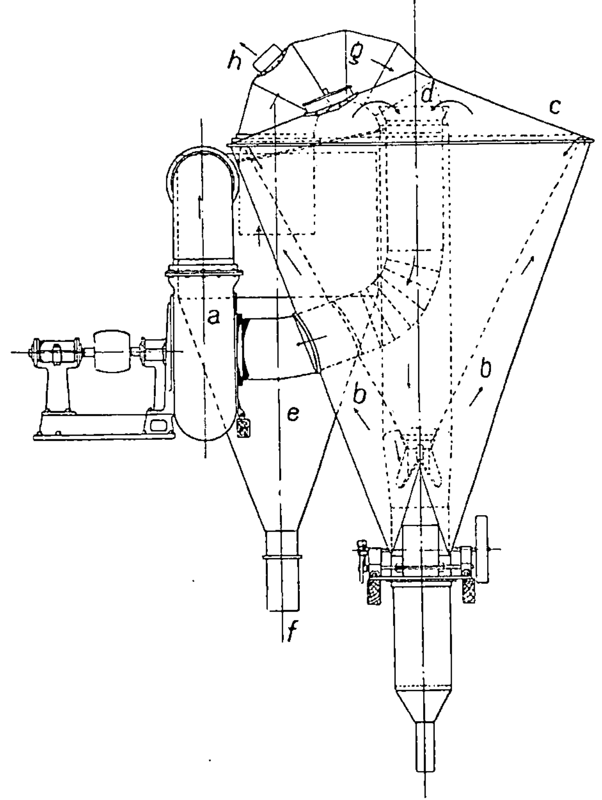

Fig. 189.

Luftstrom am stärksten ist (unmittelbar oberhalb der Stelle, wo der aus dem Zyklon kommende Luftstrom eintritt). Die feinen Teilchen werden durch den Luftstrom in den äußeren Raum *b* des Abscheiders mit stetig sich ver-mindernder Geschwindigkeit nach oben geleitet, wobei die schweren (gröberen) Teilchen nach unten fallen. Der durch die Prellwand *c* abgelenkte Luftstrom hat nur noch so wenig Tragkraft, daß bloß die allerfeinsten Teilchen die obere Mündung des Rohres *d* erreichen können, die schweren Teilchen aber im Innenraum des Abscheiders zu Boden fallen müssen. Erstere werden vom Exhaustor *a* in den Zyklon *e* hineingeblasen und bei *f* abgezogen. Aus dem Zyklon geht die gereinigte Luft durch die Rohrleitung *g* nach dem Abscheider zurück, sie vollführt daher — ebenso wie beim *Moodie*schen Sichter — einen Kreislauf. Durch den Stutzen *h* entweicht die mit dem Mahlgut eintretende überschüssige Luft, die man zweckmäßig zu einem Staubsammler (s. w. u.) hinführt, der den allerfeinsten Staub niederschlägt, während die beiden Überschläge aus dem Abscheider zu erneuter Vermahlung gelangen. Man vermag also mit diesem — nur auf den ersten Anblick etwas verwickelt erscheinenden — System dreierlei, in Verbindung mit dem Staubsammler aber viererlei Erzeugnisse zu erzielen, wird sich aber meist mit zweien begnügen, indem man einerseits die beiden Überschläge und andererseits die beiden Mehle zusammenlaufen läßt.

Die Abmessungen dieses Sichters richten sich nach der Menge und Feinheit des Erzeugnisses, die Durchmesser des Abscheiders wechseln daher von 1,6 bis 6 m. —

Das Verwendungsgebiet des Windsichters im allgemeinen ist ein fast unbegrenztes. Seine Vorzüge liegen nach den gegebenen Beschreibungen klar zutage. Sie bestehen in seiner Zuverlässigkeit, in seinen höchst bescheidenen Ansprüchen an Wartung und Beaufsichtigung und — als Folge des Fehlens jeglicher Art Bespannung — auch in seiner unübertroffenen Bedürfnislosigkeit in bezug auf Erneuerung der arbeitenden Teile. Diese unleugbar guten Eigenschaften haben ihm ein entschiedenes Übergewicht über alle anderen Siebvorrichtungen verschafft und haben es vermocht, letztere an vielen Stellen zum Verschwinden zu bringen. Manche Industrien, wie z. B. die Sackkalkfabrikation, verdanken der Einführung des Windsichters eine ganz außerordentliche Förderung und sind ohne ihn heutzutage gar nicht mehr denkbar.

V. Die Entstäubung der Arbeitsräume.

Staubfreie Arbeitsräume und ausreichend gelüftete Maschinen gehören zu den Hauptbedingungen eines zweckdienlichen Betriebes. Wo also in irgendeinem Zeitpunkt der Fabrikation sich Staubentwicklung geltend macht, ist deren Beseitigung — nicht nur weil die gesetzlichen Bestimmungen es so wollen, sondern weil es auch im eigensten Interesse der gewerblichen Anlage selbst liegt — eine unabweisliche Pflicht.

Die Bemühungen der Technik zur Schaffung einwandfrei arbeitender Entstäubungsanlagen reichen allerdings nur über höchstens dreiundeinhalb Jahrzehnte zurück, da der Industrie die Erkenntnis von der außerordentlichen Wichtigkeit der Staubverhütung erst sehr spät — und dann auch erst vielfach nur unter dem Druck, den der Staat im Interesse der Arbeiterwohlfahrt ausüben mußte — gekommen war. Dessenungeachtet haben die mechanischen Einrichtungen, die für diesen Zweck den staubentwickelnden Industrien heute zu Gebote stehen, einen hohen Grad der Vollkommenheit erreicht, und es darf wohl gesagt werden, daß es unüberwindliche Schwierigkeiten auf diesem Gebiete für die moderne Staubverhütungstechnik überhaupt nicht mehr gibt.

Der Hauptgrundsatz, dem man diesen Erfolg zu verdanken hat, ist kurz ausgedrückt der, daß man sein Augenmerk darauf lenkt, nicht mehr, wie das anfänglich vielfach geschehen ist, den Arbeitsraum, sondern die Arbeitsmaschine zu entstäuben, indem man den Stauberreger durch geeignete Mittel daran hindert, mit dem von ihm erzeugten Staub die Umgebung zu erfüllen, und auf diese Weise das Übel im Keime erstickt.

Der nächstliegende Weg zur Isolierung des Stauberregers scheint vor allem seine möglichst dichte Einkleidung und Abschließung zu sein. Da diese jedoch aus praktischen Gründen niemals in vollkommener Art durchgeführt werden kann, so muß dieses Mittel durch die saugende Wirkung eines Exhaustors unterstützt und in dem Gehäuse des Stauberregers ein solcher Unterdruck erzeugt werden, daß die mit Staub beladene Luft nicht mehr das Bestreben hat, aus dem Gehäuse auszutreten, sondern der Saugwirkung des Exhaustors zu folgen.

Mit diesen sehr einfachen Mitteln erscheint zwar die Aufgabe, die Verstäubung von Arbeitsräumen zu verhüten, auch schon gelöst, nicht aber die zweite, schwierigere Aufgabe, die staubbeladene Luft von dem Staub so zu befreien, daß sie, ohne die Umgebung zu belästigen, ins Freie treten oder in die Arbeitsräume zurückgeleitet werden darf.

Für die Trennung des Staubes von seinem Träger, der ihn fortführenden Luft, stehen der Technik nun fünf Wege offen:

a) Verminderung der Luftgeschwindigkeit in Staubkammern,
b) trockene Filtration,
c) Ausscheidung durch Fliehkraft,
d) Niederschlagung mittels fein verteilter Wasserstrahlen und nasse Filtration, und
e) Niederschlagung durch elektrische Ströme.

a) Staubkammern.

Die auf dem ersten Grundsatz beruhenden Staubkammern sind Räume, in die man den staubbeladenen Luftstrom hineinführt, wo dieser infolge der plötzlich eingetretenen Querschnittvergrößerung und dadurch bedingten Geschwindigkeitsverminderung einen Teil des Staubes fallen läßt, der um so größer sein wird, je geringer die Luftgeschwindigkeit wurde. Da man nun aus naheliegenden Gründen die letztere nicht auf Null ermäßigen kann und ein, wenn auch noch so schwach bewegter Luftstrom immer noch Staubträger bleibt, so ist klar, daß eine vollkommene Staubbeseitigung auf diesem Wege nicht zu erreichen ist.

b) Trockene Filtration.

Besser, ja unter Umständen in vollkommenster Weise, wird die Aufgabe von der Filtrationsmethode gelöst, die darin besteht, daß die verunreinigte Luft durch passend gewebte Tücher gedrückt oder gesaugt und dadurch auf der einen Seite der letzteren der Staub zurückgehalten wird, während auf der anderen Seite die gereinigte Luft austritt. Man verwendet dabei zweckmäßigerweise niemals nur ein einziges Filtertuch, sondern zerlegt die zur Reinigung einer gegebenen Staubluftmenge erforderliche Filterfläche in eine Anzahl Elemente (Zellen) und unterscheidet je nach der Form und Anordnung der letzteren zweierlei Bauarten: α) Schlauchfilter und β) Sternfilter.

α) Schlauchfilter.

Schlauchfilter bestehen aus einer Anzahl enger, zylindrischer Schläuche in Verbindung mit einem Exhaustor, der die staubbeladene Luft durch die Schläuche entweder hindurchsaugt oder hindurchdrückt, wobei der Staub an dem Filtertuch hängenbleibt, während die gereinigte Luft ins Freie geblasen wird. Die Schläuche sind zu je vieren oder achten in Abteilungen eines schrankartigen Gehäuses angeordnet, unten offen und in dem Boden des Gehäuses befestigt, oben jedoch durch Holzdeckel abgeschlossen, die mit einem Schaltwerk in Verbindung stehen. Die Reinigung der Schläuche erfolgt absatzweise durch das selbsttätig vom Schaltwerk bewirkte, mehrmals hintereinander erfolgende Schlaffwerden und Straffziehen der Filterschläuche. Bei Saugschlauchfiltern wird außerdem noch in den gleichen Perioden ein reiner Außenluftstrom eingeleitet, der seinen Weg von außen nach innen nehmen muß und auf diese Weise zur Abreinigung beiträgt.

Während Saugschlauchfilter stets in einem Gehäuse eingeschlossen sein müssen, ist dies bei Druckschlauchfiltern zwar nicht unbedingt erforderlich, wohl aber der offenen Ausführungsweise — wegen der größeren Feuersicherheit und der gefälligeren äußeren Form der ersteren — vorzuziehen. Bei offenen Druckschlauchfiltern sind die Schläuche fest zwischen die Böden eines oberen Luftzuführungskastens und eines unteren Staubsammelkastens eingespannt. Die Abreinigungsvorrichtung besteht aus einem Rahmen mit einem grobmaschigen Drahtnetz. Durch jede solche viereckige Masche, die kleiner ist als der Schlauchdurchmesser, ist ein Schlauch hindurchgezogen. Beim selbsttätigen Auf- und Niedergehen dieses Rahmens werden die Schläuche eingeschnürt, wodurch sich der an den Innenwandungen haftende Staub loslöst und unter der Wirkung des abwärts gerichteten Luftstromes in den unteren Sammelkasten fällt, aus dem er mittels eines Scharrwerkes oder einer Schnecke beständig entfernt wird. — Die gereinigte Luft tritt bei diesen Filtern durch die Schlauchporen in den Aufstellungsraum. Sie sind daher vorteilhaft nur für solche Anlagen zu verwenden, wo die Luft leichte, aber größere Teile mitführt, die nicht durch die Schlauchporen hindurchgeblasen werden können.

Die Fig. 190 bis 193 zeigen einen Saugschlauchfilter, Bauart *W. F L. Beth*, Lübeck, in schematischer Darstellung. Die Staubluft nimmt ihren Weg durch den Kasten *a* in den unteren in Abteilungen *f* geteilten Kanal *b*, von wo aus sie, wie mit Pfeil angedeutet, von unten in das Innere der Schläuche *c* tritt. Der Staub wird an den inneren Wandungen der Schläuche zurückgehalten, während die Luft gereinigt in das Filtergehäuse *d* entweicht und von da aus ihren Weg durch den Saugstutzen *e* nach dem Exhaustor nimmt, der sie ins Freie oder nach einem anderen Verwendungsorte befördert.

Um das Zusetzen der Schläuche zu vermeiden, werden die einzelnen Schlauchabteilungen *g* durch den auf dem Filter angebrachten Mechanismus von der Saugewirkung des Exhaustors zwecks Reinigung abgeschaltet. Dieses geschieht durch einen Hebel *h*, der durch Gestänge *i* die Klappe *k* (Fig. 190) in die Lage *L* (Fig. 191) bringt. Der Hebel *m* ist mit dem Hebel *h* beweglich verbunden, so daß er, wenn letzterer in der Pfeilrichtung nach vorn gezogen wird, denselben Weg macht und so in den Bereich des Abklopfdaumens *n* kommt (Fig. 192), infolgedessen das betreffende Schlauchsystem mittels des Hebels *m* angehoben und fallen gelassen wird. Beim Zurückfallen in die Ursprungstellung geraten die Schläuche durch das Aufschlagen des Gehänges in kurze schütternde Bewegungen. Das Anheben und Fallenlassen geschieht je nach Erfordernis 7 bis 14 mal hintereinander. Es sei hier aber besonders bemerkt, daß die Schläuche nur glatt und nicht straff gezogen werden, was für ihre Lebensdauer von ganz besonderer Bedeutung ist.

Durch die Erschütterungen fällt der an den inneren Schlauchwandungen hängende Staub in der Pfeilrichtung (Fig. 191) in den unteren Teil des Filters, wo er unmittelbar abgesackt oder durch eine Schnecke weiterbefördert wird.

Der ungeteilte, mit sämtlichen Abteilungen *f* — siehe Fig. 193 — in Verbindung stehende Kasten *a* verpflanzt den in den Nachbarabteilungen herrschenden Unterdruck auf die Abreinigungsabteilung, so daß eine geringe

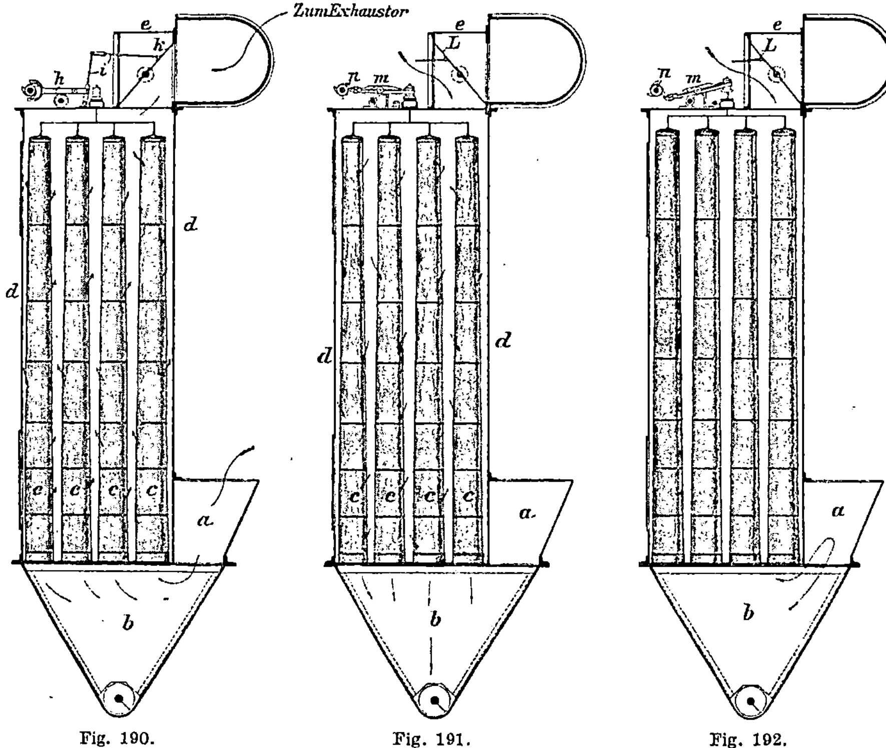

Fig. 190.   Fig. 191.   Fig. 192.

Menge Luft durch den Saugstutzen *e* in das Filtergehäuse *d* und durch die Schläuche von außen nach innen gesaugt wird. Während des Durchstreichens des Luftstromes durch das Stoffgewebe reißt er die durch das Erschüttern

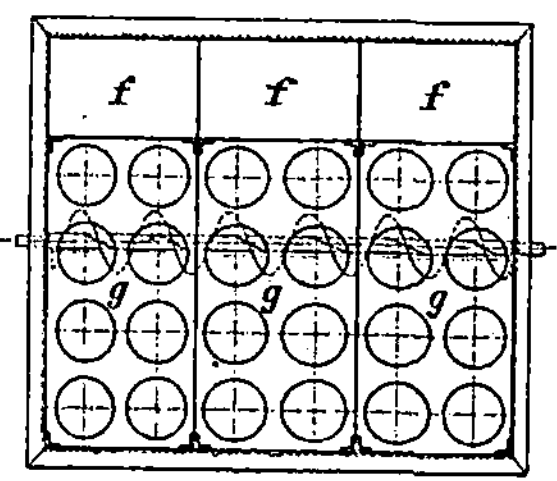

gelockert im Gewebe sitzenden Staubteilchen mit sich fort und läßt sie in den Kanal *b* fallen.

Nach der Abreinigungsperiode schaltet der Mechanismus die im Saugstutzen befindliche Klappe *L* (Fig. 191) wieder in die Ursprungstellung (Fig. 190) zurück.

Durch die Fig. 194 bis 197 ist die Einrichtung und Wirkungsweise eines Bethschen geschlossenen Druckschlauchfilters veranschaulicht. Der Kanal *a* steht mit den einzelnen Filterabteilungen durch Kanäle *b* (siehe besonders Fig. 197) in Verbindung. Die von dem Exhaustor in den Kanal *a* gedrückte Staubluft nimmt ihren Weg durch *b* von unten in das Innere der Schläuche *c* und entweicht durch deren Poren, den Staub an den Schlauchwandungen zurücklassend, in das Gehäuse d. Öffnungen *e* in der Seitenwandung und im Deckel des Gehäuses gestatten das Ausströmen der Luft in den Raum.

Wie bei dem Saugschlauchfilter erfolgt die Abreinigung der einzelnen Schlauchsysteme auch hier selbsttätig. Durch das Vorziehen des punktierten Gabelhebels *f* in die ausgezogene Stellung wird auch der mit ihm verbundene Winkelhebel *g* in die Lage *h* gebracht und steuert die Winkelklappe *i* mittels

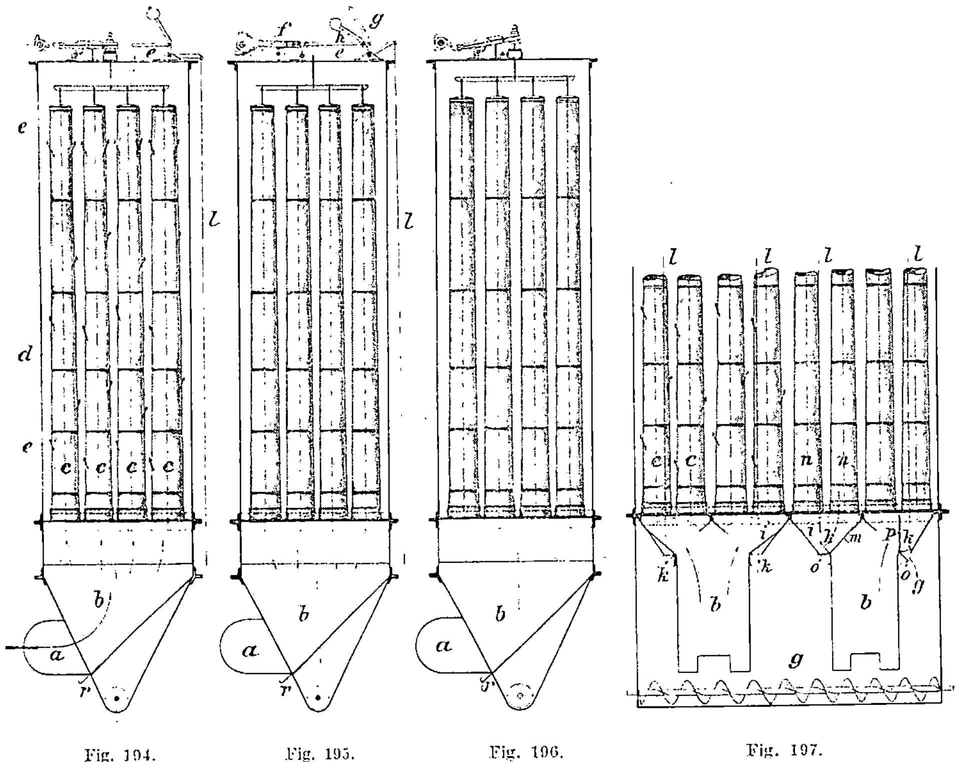

Fig. 194.   Fig. 195.   Fig. 196.   Fig. 197.

des Winkels *k* und Gestänges *l* in die Lage *m*, schließt also die abzureinigende Schlauchabteilung *n* von dem Druckkanal *b* ab.

Das Abreinigen der Schläuche geschieht durch Anheben und Fallenlassen, wie beim Saugschlauchfilter. Nach dem Abreinigen schaltet der Mechanismus die Winkelklappe wieder selbsttätig aus der Lage *m* in die Lage *i* (*p* zeigt die Klappe auf halbem Wege während der Umsteuerung). Während des Umschaltens fällt der Staub, der sich in der Periode der Abreinigung auf dem Winkelstück *o* abgelagert hat, in der Pfeilrichtung *g* in den mit einer Schnecke versehenen Unterbau des Filters. Der Schieber *r* dient dazu, etwaige Ablagerungen im Kanal *b* in den Schneckentrog fallen zu lassen. — Der Kraftverbrauch des Filterapparates an sich ist sehr gering — etwa $^1/_{10}$ PS —; jener des Exhaustors richtet sich nach der erforderlichen Luftleistung und der zu erzeugenden Luftleere. —

Bei der Abreinigung besonders großer und schwerer Schläuche ent-stehen, wenn sie nach der oben beschriebenen Art geschieht, starke Stöße, die eine rasche Abnutzung der bewegten Teile zur Folge haben. In solchen Fällen empfiehlt *Beth*, das Schütteln der Schläuche mit Hilfe eines Motors mit hin und her gehender Bewegung vorzunehmen, mit dessen Kolben die Schläuche derart in Bewegungszusammenhang gebracht sind, daß sie ohne Zwischenschaltung einer Drehbewegung die hin und her gehende Bewegung des Motors ganz oder teilweise mitmachen. Die Einleitung des Reinigungs-vorganges erfolgt hierbei nach wie vor durch umlaufende Antriebteile.

In Fig. 198 ist ein Ausführungsbeispiel dargestellt.

Die Schläuche z hängen an einem Gestänge y, das mit dem Kolben i eines Druckluftmotors l zwangläufig oder kraftschlüssig vereinigt ist. Dem Motor l wird die Druckluft durch die Leitung n zugeführt und die Umsteuerung erfolgt durch einen vom Kolben i mittels geeigneter Anschläge mitgenommenen Schleppzylinder k, dessen Ein- und Ausströmungsöffnungen abwechselnd mit der Zuleitung n und dem Auspuff p zur Deckung kommen. Die Ein- und Ausschaltung des Motors geschieht hierbei auf folgende Weise: Das unter Federdruck stehende Ventil h wird geöffnet, wenn der Schwinghebel f, der mit der Windabstellklappe s verbunden ist, aus der punktierten in die ausgezogene Lage gebracht wird. Das geschieht durch eine verhältnismäßig rasch umlaufende Mitnehmerscheibe d, die gegen den Zahn e einer mit dem Schwinghebel f verbundenen Gabel c trifft, sobald diese Gabel durch einen langsam kreisenden Nocken a angehoben worden ist. Läßt der Nocken aber die Gabel c wieder fallen, so trifft der Mitnehmer der Scheibe d gegen den oberen Zahn r der Gabel c und legt den Schwinghebel f und mit ihm die Wind-abstellklappe s in die punktierte Lage zurück.

Die Umsteuerung der Windabstellklappe s kann auch auf beliebige andere Weise, z. B. durch einen besonderen Motor, einen Elektromagneten od. dgl. erfolgen.

Nachdem nun im vorstehenden die Bauart und die Einzelheiten der gebräuchlichsten Schlauchfilter zur Genüge erörtert worden sind, sei zum Zwecke des besseren Verständnisses der folgenden Beispiele vollständiger Entstäubungsanlagen noch einiges über die Regeln mitgeteilt, die dabei — ohne Rücksicht auf das jeweils angewendete Staubfängersystem — zu be-achten sind.

Zunächst hat man danach zu trachten, die Entstehung des Staubes möglichst einzuschränken und die stauberzeugenden Maschinen so viel wie möglich einzukleiden, um zu verhüten, daß Staub nach außen dringt. Kann man eine stauberzeugende Maschine so umhüllen, daß gar kein Staub heraus-dringt, so ist eine weitere Entstäubungsanlage nicht nötig. Meistens wird dies — wie bereits weiter oben erwähnt — nicht möglich sein; einerseits sind die Einkleidungen häufig nicht staubdicht zu erhalten, anderseits müssen bei den Maschinen Öffnungen verbleiben, welche nicht verschlossen werden dürfen, wie z. B. die Einschüttöffnungen von Steinbrechern, wenn das Gut von Hand eingeschaufelt wird.

Man sucht daher, wie gleichfalls schon gesagt, in den stauberzeugenden Maschinen eine geringe Luftverdünnung hervorzubringen dadurch, daß man sie an das Saugrohr eines Staubfängers anschließt. Diese Luftverdünnung muß so bemessen sein, daß sie nur eben das Herausdringen von Staubluft aus den Öffnungen der Maschine verhindert.

Beim Zerkleinern und Mahlen wird in den Maschinen gewöhnlich Wärme entwickelt, so daß ein Streben der warmen staubhaltigen Luft nach oben eintritt. Es empfiehlt sich daher in diesen Fällen meistens, diese natürliche Luftbewegung zu benützen und die absaugenden Rohrleitungen oben an die Maschinen anzuschließen.

Die Anschlüsse der Saugleitungen an die Maschinen werden zweckmäßig nach letzteren zu trichterförmig erweitert, damit die abzusaugende Luft mit geringer Geschwindigkeit austritt und infolgedessen möglichst wenig Staub mitnimmt. Es muß überhaupt dahin getrachtet werden, mit der abzusaugenden Luft möglichst wenig Staub mitzureißen.— Jedes Rohr, welches eine Maschine absaugt, ist mit einem Schieber oder einer Klappe zu versehen, so daß man die Stärke

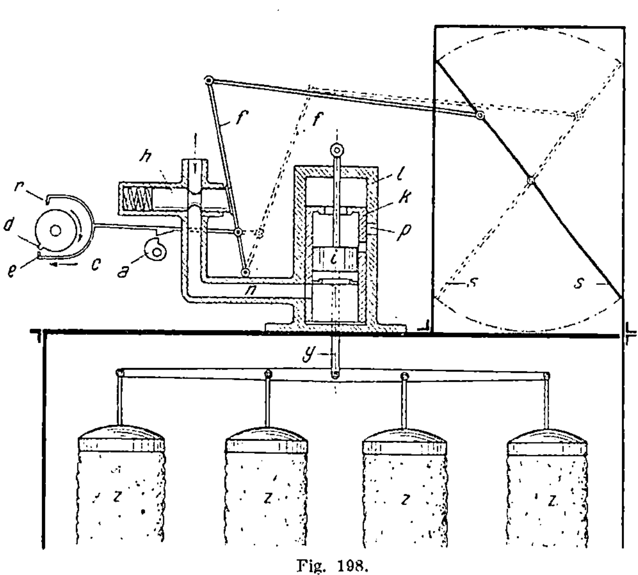

Fig. 198.

des Luftstromes genau regeln kann und auch imstande ist, die betreffende Maschine ganz von der Absaugung abzuschließen.

Bei der Führung der Saugrohrleitung ist zu beachten, daß man schroffe Querschnittsänderungen vermeidet. Die Luftgeschwindigkeit soll in der Leitung überall nahezu dieselbe und so groß sein, daß der mitgeführte Staub innerhalb der Röhren nicht zur Ablagerung kommt, sondern mitgerissen wird. Wagerechte Leitungen sind ganz zu vermeiden; kann eine solche nicht umgangen werden, so ist sie mit einer Schnecke zur Fortschaffung des Staubes zu versehen.

Die Staubfänger sind möglichst nahe den abzusaugenden Maschinen und möglichst oberhalb der letzteren aufzustellen. Die aus dem Staubfänger austretende gereinigte Luft kann man entweder unmittelbar innerhalb des Gebäudes oder ins Freie ausströmen lassen. Ersteres verdient den Vorzug bei warmer Luft, die zum Heizen des Arbeitsraumes benützt werden kann, letzteres hat den Vorteil, eine beständige Lufterneuerung zu bewirken.

Erwähnt sei noch, daß für die d a u e r n d gute Wirkung der Staubsammel-apparate a l l e r Systeme deren gewissenhafte Beaufsichtigung und Instand-haltung die unerläß-liche Vorbedingung bildet. —

Die Fig. 199 und 200 veranschau-lichen die zweck-mäßige Aufstellung eines *Beth*schen Saugschlauchfilters in einer Zement-mühle, die aus einem Steinbrecher, einer Kugel- und einer Rohrmühle, zwei Becherwerken und den nötigen Zube-hörteilen besteht und an die sich un-mittelbar ein Silo-speicher mit Pack-einrichtung an-schließt.

Die Anordnung ist so getroffen, daß durch die ganze Länge der Mühle, des Speicheroberbaues und des Packraumes je eine Staubsam-melschnecke mit er-weitertem Trog ge-legt ist, an die die Saugrohre der ein-zelnen Stauberreger anschließen. Die Sammelschnecken sind durch Saug-rohre mit dem — in der schematischen Skizze Fig. 190 mit *a* bezeichneten —

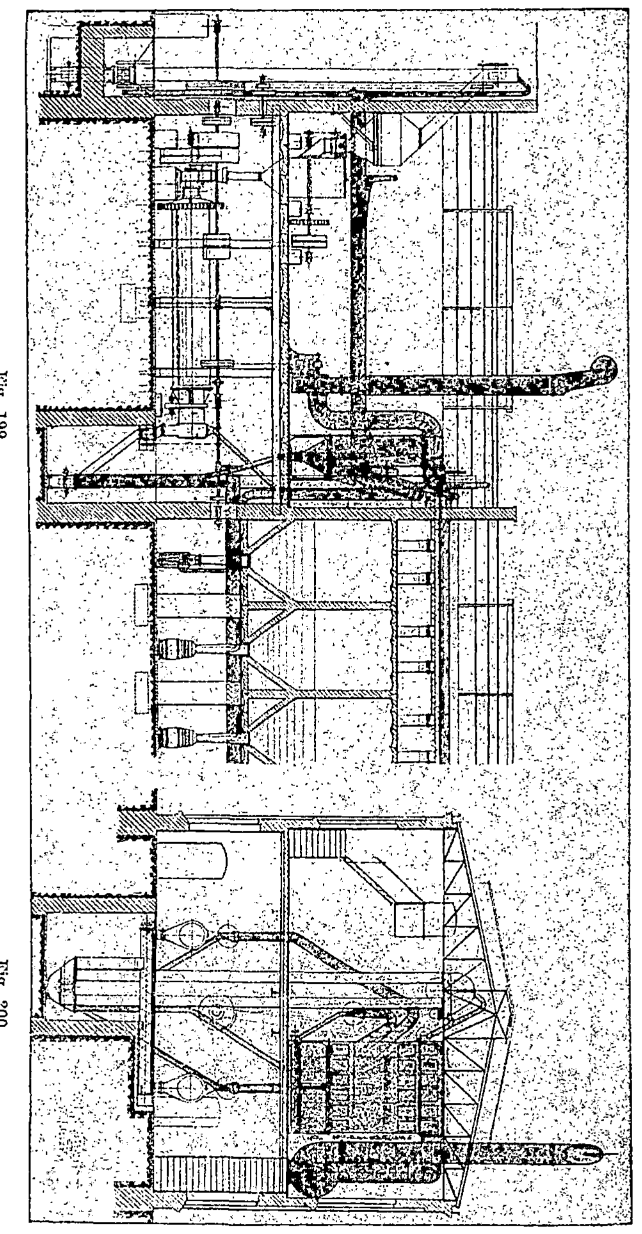

Kasten des Filters verbunden. Der Exhaustor saugt den letzteren oben ab und bläst die gereinigte Luft über das Dach hinaus ins Freie. Der im Filter

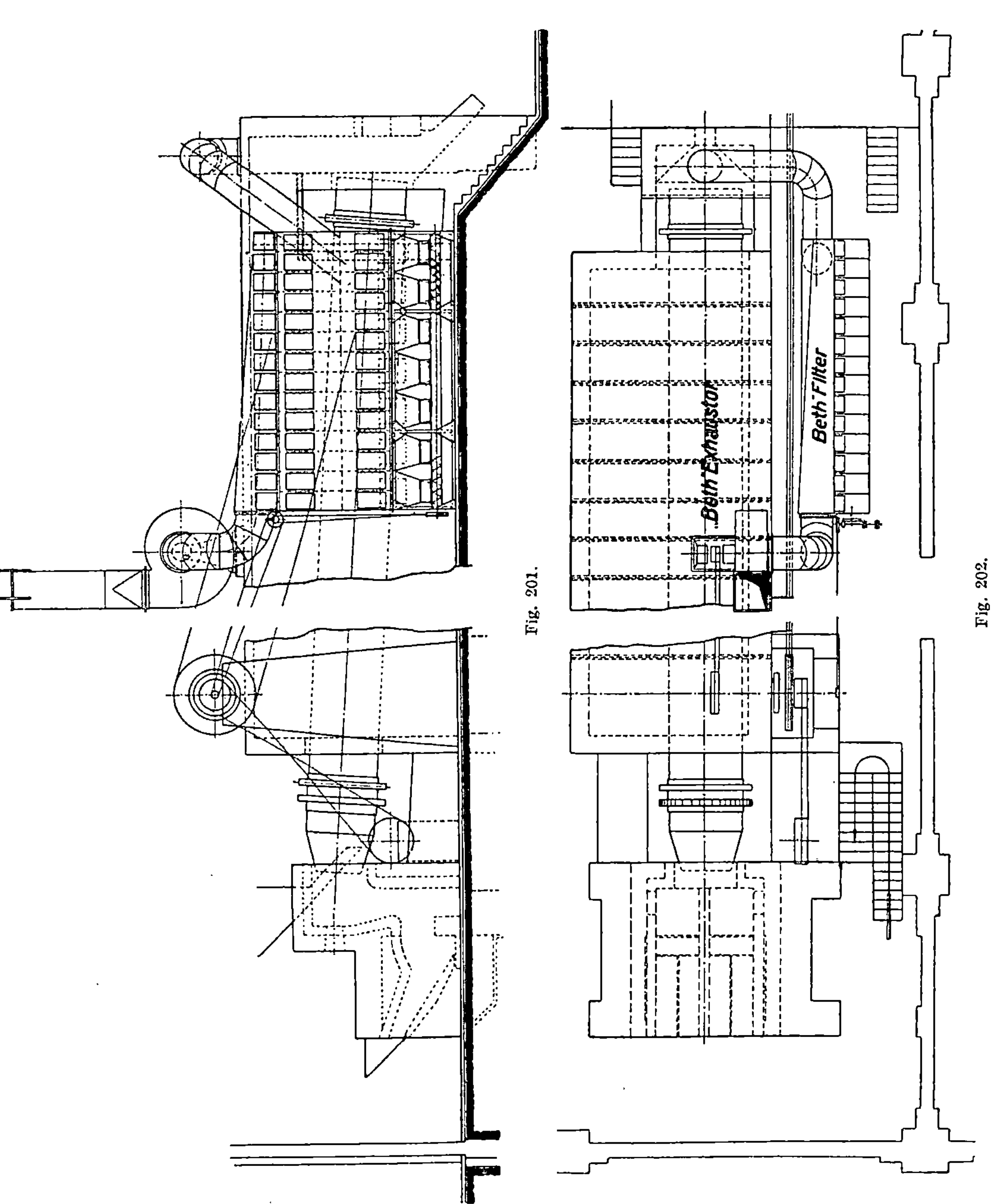

und in den Staubsammelschnecken gesammelte wertvolle Staub fällt beständig in das zweite Becherwerk zurück, das ihn auf die Verteilungsschnecke oberhalb der Silozellen schafft. Die Anlage arbeitet vollkommen selbsttätig.

Zu der Entstäubungs- und Staubsammelanlage, Bauart *Beth*, für Rohstofftrockentrommeln, Fig. 201 bis 203, ist folgendes zu bemerken.

Der Anschluß der Trockentrommel erfolgt in der dargestellten Weise durch eine Hauptrohrleitung an den Hinterbau des Filters, der möglichst warm, also am besten neben dem Trockentrommelmauerwerk aufzustellen ist, um Kondensationen zu vermeiden, die besonders — weil nur Eisengehäuse in Anwendung kommt — zu unangenehmen Betriebsstörungen Veranlassung geben würden. Der Exhaustor saugt die filtrierte, mit Wasserdampf geschwängerte Staubluft ab und befördert sie ins Freie. Der Staub haftet naturgemäß trocken an dem Filter und wird ebenso — abgereinigt — durch eine Sammelschnecke in geeigneter Form, die allerdings aus der Zeichnung nicht hervorgeht, abgeführt. Bemerkt sei noch, daß die Anordnung der Filter eine den vorliegenden hohen Anforderungen für Trokkentrommeln entsprechende ist und sich überall gut bewährt hat.

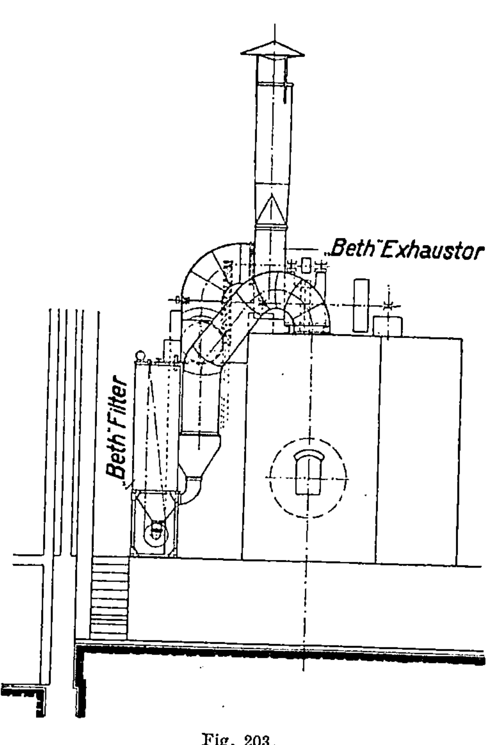

Fig. 203.

β) Sternfilter.

Der Staubfänger für Saugluft, Bauart des *Eisenwerks* (*vorm. Nagel & Kaemp*) *A.-G.*, Hamburg (Fig. 204 und 205) besteht aus einem allseitig mit großen abnehmbaren Türen i_2 versehenen, in Holz oder Eisen konstruierten Gehäuse i, in dem ein sternförmiger Filterkorb a an einer Zwischenwand aufgehängt ist. Die staubgeschwängerte Luft wird von unten durch das Rohr h zentral eingeführt, verteilt sich radial in die Zwischenräume zwischen den Filterzellen und wird durch die Flanellwände der letzteren filtriert. Die gereinigte Luft steigt im Inneren der Zellen auf, gelangt durch deren obere Öffnung und entsprechende Schlitze der erwähnten Zwischenwand in den oberen Teil des Gehäuses und von da in die mittels Riemenscheibe o_1 und Welle c angetriebenen Exhaustoren d, welche sie in der durch Pfeil angedeuteten Richtung ausstoßen. Der im unteren Teil des Gehäuses zurückgehaltene Staub lagert sich hier auf dem Boden ab oder er bleibt zum Teil an den Zellwänden hängen.

Die Reinigung der Filterzellen vom anhaftenden Staub wird absatzweise durch einen Gegenluftstrom mit Hilfe des im Gehäusedeckel drehbar aufgehängten, durch das Gegengewicht i_1 ausgeglichenen Krümmers b, dessen untere Öffnung genau der Öffnung einer Filterzelle entspricht, in der Weise bewirkt, daß durch diesen oben offenen Krümmer ein Strom frischer reiner Luft ins Innere der Zelle geleitet und durch deren Wände hindurchgetrieben wird. Schläge eines am Krümmer b aufgehängten Hammers g verstärken die reinigende Wirkung des Gegenluftstromes.

Durch einen von der Exhaustorwelle aus (Riemscheibe o_2 o_3) angetriebenen Mechanismus f werden Krümmer und Hammer in bestimmten Zeitabschnitten im Kreise herum um eine Zellenteilung weiter gedreht. Zur unausgesetzten Fortschaffung des auf dem Boden des Gehäuses sich ansammelnden Staubes dient ein Scharrwerk m, dessen Zahnkranz k auf Rollen l geführt, von der oberen Welle (Riemscheiben o_4, o_5) aus in Umdrehung versetzt · wird. Das Scharrwerk bringt den Staub nach der an beliebiger Stelle des Bodens anzusetzenden Ausfallöffnung n. Wird statt der selbsttätigen Staubaustragvorrichtung unter dem Staubfänger ein Sammelrumpf mit Absackrohr angebracht, so darf nicht übersehen werden, das letztere mit einem Absperrschieber oder mit einer selbstschließenden Fingerklappe zu versehen, da andernfalls von hier aus frische Luft in den Apparat gelangen würde.

Das Prinzip des oben beschriebenen Staubfängers und seine andauernd gute Wirkung beruht darauf, daß die Exhaustoren im oberen Teil und mittelbar

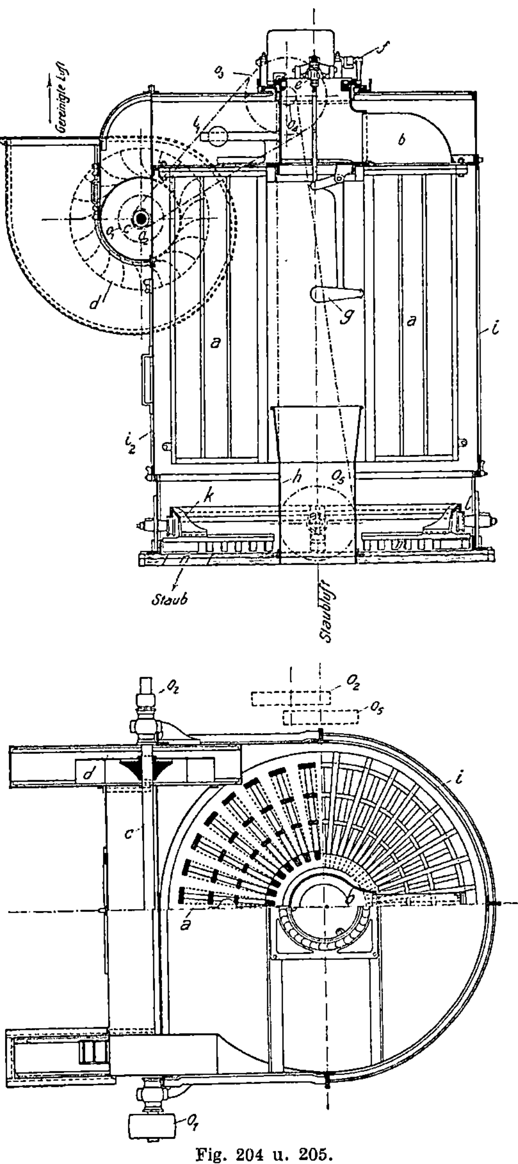

Fig. 204 u. 205.

auch im unteren Teil des Gehäuses die Luft in solcher Weise verdünnen, daß zwischen diesen beiden Räumen immer ein wesentlich (5 bis 20 mal) geringerer Druckunterschied besteht als zwischen dem unteren Raum und dem unter atmosphärischer Pressung stehenden Hohlraum des Krümmers b, bzw. der einen, gerade unter diesem befindlichen Zelle. Entspricht beispielsweise die Luftverdünnung im oberen Gehäuseteil einer Wassersäule von 39, im unteren Teil einer Wassersäule von 36 mm Höhe, so wird das Filtertuch mit einem Druckunterschied von 39 — 36 = 3 mm verunreinigt, dagegen mit einem Druckunterschied von 36 — 0 = 36 mm gereinigt; es ist also die reinigende Wirkung des Gegenluftstromes $\frac{36}{3}$ = 12 mal so kräftig als wie die verunreinigende Wirkung des Staubluftstromes.

Es liegt auf der Hand, daß der Druckunterschied zwischen dem oberen und unteren Gehäuseteil, also der Unterschied der Pressungen vor und hinter dem Filtertuch, um so höher steigen wird, je größer die von dem Staubfänger zu bewältigende Menge Staubluft genommen wird. Die Filter sind nun so konstruiert, daß sie bei ziemlich staubarmer Luft eine sehr große Luftmenge abfiltrieren können, die aber je nach dem Grade und der Art der Verunreinigung beschränkt werden muß, damit der Filter nicht außer Tätigkeit gerät. Es ist deshalb besonders darauf zu achten, daß bei der Aufstellung in das Zuführungsrohr kurz vor der Einmündung in den Staubfänger ein Sperrschieber oder eine Drosselklappe eingeschaltet wird. Mit diesem ist in einfachster Weise der erwähnte Druckunterschied höchstens auf denjenigen Wert einzustellen, der in dem vorliegenden Falle gerade noch zulässig ist. — Um die Einstellung zu erleichtern, wird jeder solche Staubfänger mit einem einfachen Vakuummeter ausgestattet, das aus einer U-förmig gebogenen, mit Wasser zu füllenden Glasröhre besteht, deren beide Schenkel mit kurzen Gummischläuchen an den oberen und unteren Gehäuseteil des Filters angeschlossen sind. Dieses Vakuummeter zeigt unmittelbar den Druckunterschied vor und hinter dem Filtertuche an.

Während bei dem vorstehend beschriebenen Apparat die Staubluft durch die Zellen des Sternfilters hindurch gesaugt wird, wird sie beim Perfektion - Staubsammler der *Prinz and Rau Mfg. Co.*, Milwaukee, siehe Fig. 206 und 207, durch das Filtertuch hindurchgedrückt. Dieser Staubsammler ist also ein Druckfilter. Er besteht aus einer Anzahl sternförmig um eine Trommel angeordneter Zellen *b*, aus einem luftdurchlässigen, dabei aber den Staub zurückhaltenden Gewebe. Die staubbeladene Luft tritt bei *a* ein und wird durch eine geeignete Vorkehrung über die verschiedenen Zellen gleichmäßig verteilt. Die Trommel wird absatzweise in Drehung versetzt, wobei jedesmal eine Reihe Zellen über einen besonderen Behälter *c* gelangen, in den der Staub hinunterfällt. Letzterer wird durch eine kleine Schnecke *d* bei *e* nach außen befördert.

Zur Reinigung wird absatzweise Außenluft in den erwähnten Behälter bei *f* geleitet, der durch eine besondere Rohrleitung mit der Saugleitung des Exhaustors abstellbar verbunden ist. Ist die Verbindung hergestellt, so entsteht im Behälter und der an ihn angeschlossenen Zellenreihe ein Unterdruck, der die Außenluft nötigt, in entgegengesetzter Richtung — also von außen nach innen — einzuströmen. Die Wirkung dieses Vorganges ist so kräftig, daß die Zellenwände zusammenklappen und den an den Innenseiten haften-

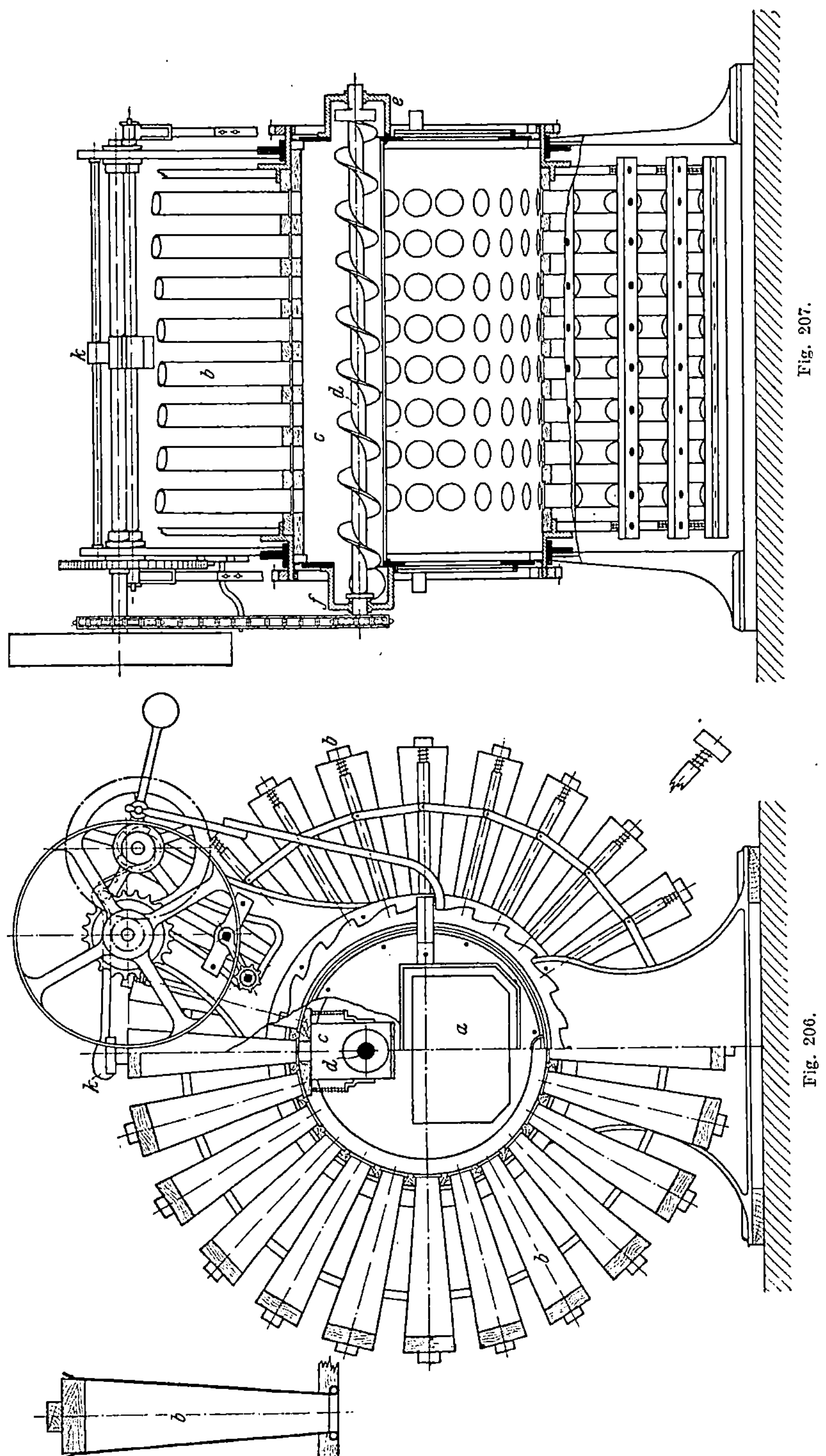

Fig. 207.

Fig. 206.

den Staub fallen lassen. Gleichzeitig werden die in der Reinigung befindlichen Zellen durch Gummihämmer k erschüttert, welche die die Zellen spannenden Federn zusammendrücken und so eine Schüttelwirkung ausüben.

Die Reinigung der Zellen erfolgt also bei diesem Druck-Staubfilter ebenso auf zweifache Weise wie bei dem oben beschriebenen Saug-Sternfilter und dem Saug-Schlauchfilter, wogegen sie beim Druck-Schlauchfilter nur einfach ist. Aus diesem Grunde eignet sich der letztere nur wenig für die Beseitigung eines sehr feinen, spezifisch schweren Staubes (Zement, Phosphat, Schlacke u. dgl.).

Fig. 208 zeigt die Anwendung eines Perfektion-Staubsammlers in Ver-

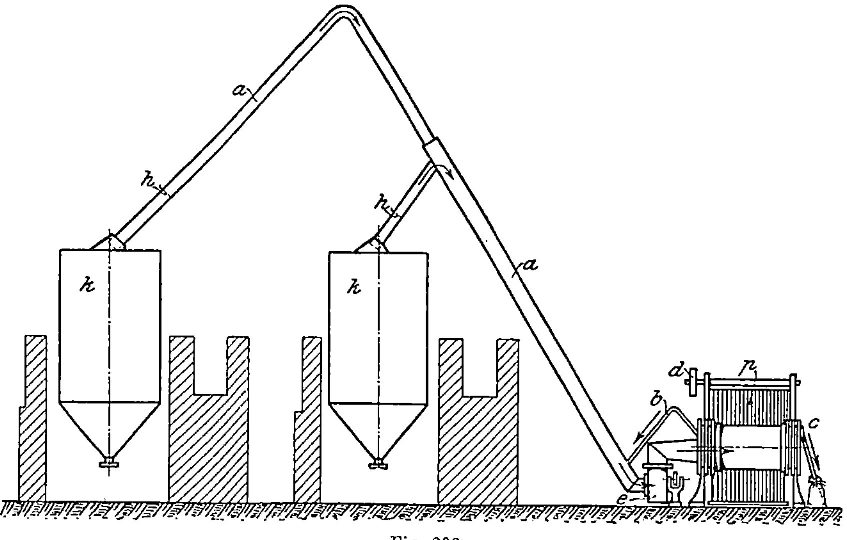

Fig. 208.

bindung mit zwei Kugelmühlen, worin a die Rohrleitung von den letzteren zum Exhaustor e, b die Gegenstrom-Luftleitung, c den Austritt des gesammelten Staubes, d die Antriebscheibe für den Staubsammler p, h die Regelschieber und k, k die Kugelmühlen bedeutet.

c) Ausscheidung durch Fliehkraft.

Ein mit großer Geschwindigkeit im Kreise herumgeführter Staubluftstrom hat die Wirkung, daß die schwereren Staubteilchen nach außen drängen und sich dort niederschlagen, während die leichteren und leichtesten Staubteilchen mehr im Mittelpunkt der kreisenden Bewegung verbleiben.

Der in Fig. 209 schematisch dargestellte Staubsammler „Zyklon" ist obigem Gedankengange gemäß konstruiert. Er besteht aus einem oberen weiten Blechgehäuse, in das die Staubluft von einem Ventilator V in tangentialer Richtung eingeblasen wird. Der ausgeschiedene Staub fällt, den Windungen einer Spirale folgend, der Ausfallöffnung S zu, während die nahezu gereinigte Luft aus der größeren Öffnung L im Deckel entweicht und durch ein aufgesetztes Rohr ins Freie geleitet wird.

Die Staubausscheidung mittels des „Zyklon" ist natürlich keine vollkommene, da er nur diejenigen Staubteilchen beeinflußt, die eine genügende Masse besitzen, um der Wirkung der Fliehkraft noch zu erliegen. Immerhin ist dieser Apparat in solchen Fällen ganz vorzüglich verwendbar, wo die staubgeschwängerte Luft gleichzeitig warm und feucht ist, und wo daher Trockenfilter (falls nicht eine gleichmäßige Erwärmung des den Filterstoff umgebenden Raumes die Niederschlagung des Wasserdampfes hintanhält) wegen Verschmierens und Verrottens der Filtertücher versagen. Auch dort, wo es sich um die Ausscheidung sehr grober Beimengungen wie z. B. der Holzspäne in Faßfabriken und anderen Holzbearbeitungswerkstätten handelt, ist der Fliehkraftausscheider ein vortreffliches und unersetzbares Hilfsmittel.

Soll ein Fliehkraftausscheider zweckdienlich sein, so muß er möglichst große Fliehkräfte erzeugen; er muß mittels dieser starken Fliehkräfte den Staub einen möglichst kurzen Weg, also nur durch möglichst dünne Luftschichten zu treiben haben und er muß endlich den ausgeschiedenen Staub in einer Weise und an einer solchen Stelle abführen, daß einerseits keine Wirbelungen wieder etwas davon mitnehmen können und andererseits auch kein starker Zweigstrom nötig ist, um den Staub hinauszubefördern, weil dann nicht ein Staubkuchen sondern eine Staubwolke als Endresultat herauskommen würde[1].

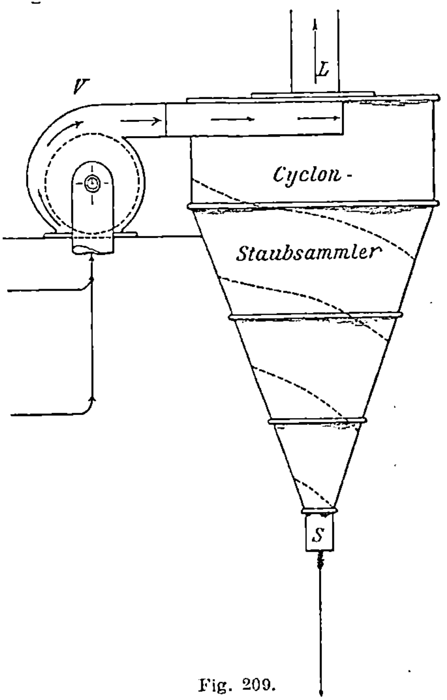

Fig. 209.

Diese Bedingungen erfüllt der „Zyklon" insofern nicht ganz, als er der Luft ganz erhebliche Widerstände (bis zu 100 mm Wassersäule und darüber) entgegensetzt und dadurch unnötigen Kraftverbrauch des Ventilators verursacht. Der Fliehkraftausscheider. Bauart *Danneberg & Quandt*, Berlin (Fig. 210 und 211), vermeidet den erwähnten Übelstand, da er nach folgenden Gesichtspunkten konstruiert ist:

1. Die Luftgeschwindigkeit ist vermindert, wodurch erreicht wird, daß die Luft den Staub leichter fallen läßt und die Bewegungswiderstände verringert werden;

---

[1] *Isaachsen:* Über einige Wirkungen von Zentrifugalkräften in Flüssigkeiten und Gasen. Civilingenieur **42**, Heft 4. 1896.

2. die durch Verminderung der Geschwindigkeit verringerte lebendige Kraft wird in diesem Abscheider in nutzbaren Unterdruck umgesetzt;

3. die Fliehkraftwirkung wird durch zunehmende Krümmung der Spiral-Mantelführung *c* verstärkt und hierdurch das Abscheidungsvermögen des Apparates erhöht;

4. in den gewöhnlichen Abscheidern kreist die Luft vielmals mit hoher Geschwindigkeit zwecklos, wobei die Luftströme aufeinanderstoßen und Reibungs- und Wirblungsverluste entstehen; diese Verluste werden hier vermieden, da die Luft durch den Spiralmantel *c* auf kürzestem Wege zum Austritt *d* geführt und eine Vermischung von Luftströmen hintangehalten wird.

Zu den schematischen Skizzen, Fig. 210 und 211, sei noch bemerkt, daß dort *a* den Stutzen für den Eintritt der Staubluft, *b* das Gehäuse, *c* den Spiral-mantel, *d* das Austrittrohr für die gereinigte Luft und *e* den Staubaustritt bedeutet.

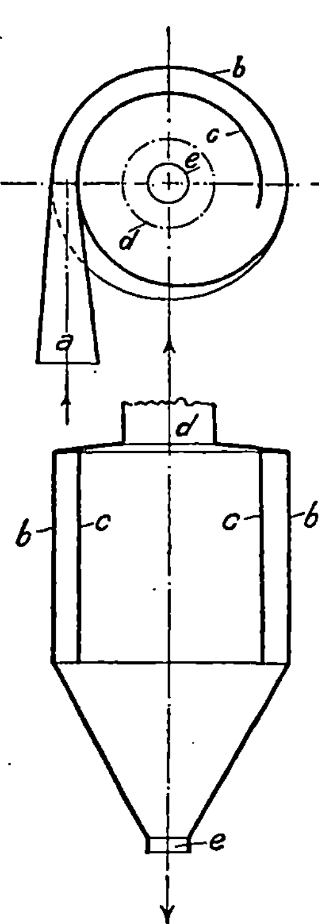

Die Ersparnisse an Betriebskraft und der Gewinn an Saugwirkung sind bei Anwendung dieses Abscheiders ganz beträchtlich, wie aus den Ergebnissen eines auf der Kaiserlichen Werft zu Wilhelmshaven anfangs 1905 durchgeführten Parallelversuches hervorgeht. Zum Vergleich stand ein Abscheider, Bauart „Zyklon" mit einem solchen nach Bauart *Danneberg & Quandt*. Die Versuchsanordnung zeigt Fig. 212; Fig. 213 ist das Kräftediagramm.

Beim Betrieb mit dem „Zyklon" wurde dicht vor dem Exhaustor ein Saugdruck von 82 mm Wassersäule gemessen, gleich hinter dem Exhaustor ein Widerstand der Druckleitung einschließlich Abscheider von 67 mm WS. Es betrug demnach infolge des hohen Widerstandes des Abscheiders der Widerstand der kurzen Druckleitung fast ebensoviel (82 Proz.) wie der Saugdruck vor dem Exhaustor, welch letzterer für die Anlage als allein nutzbringend in Frage kommt. Der Kraftbedarf betrug 67 Amp. bei 230 Volt.

Nach erfolgtem Umbau des Abscheiders in einen solchen nach System *Danneberg & Quandt* und nach Ermäßigung der Umdrehungszahl des Exhaustors, wurde vor dem Exhaustor ein Saugdruck von

Fig. 210 u. 211.

i. M. 113 mm und hinter ihm ein Widerstand der Druckleitung einschließlich Abscheider von 3 mm WS gemessen. Gleichzeitig ergab sich ein Sinken des Kraftbedarfes von 67 Amp. auf 52 Amp.

Das Ergebnis des Umbaues bestand also darin, daß eine Kraftersparnis von 15 Amp. oder 5 PS erzielt wurde bei einer gleichzeitigen Verstärkung der Saugwirkung von 82 auf 113 mm WS. Es betrug daher die Kraftersparnis

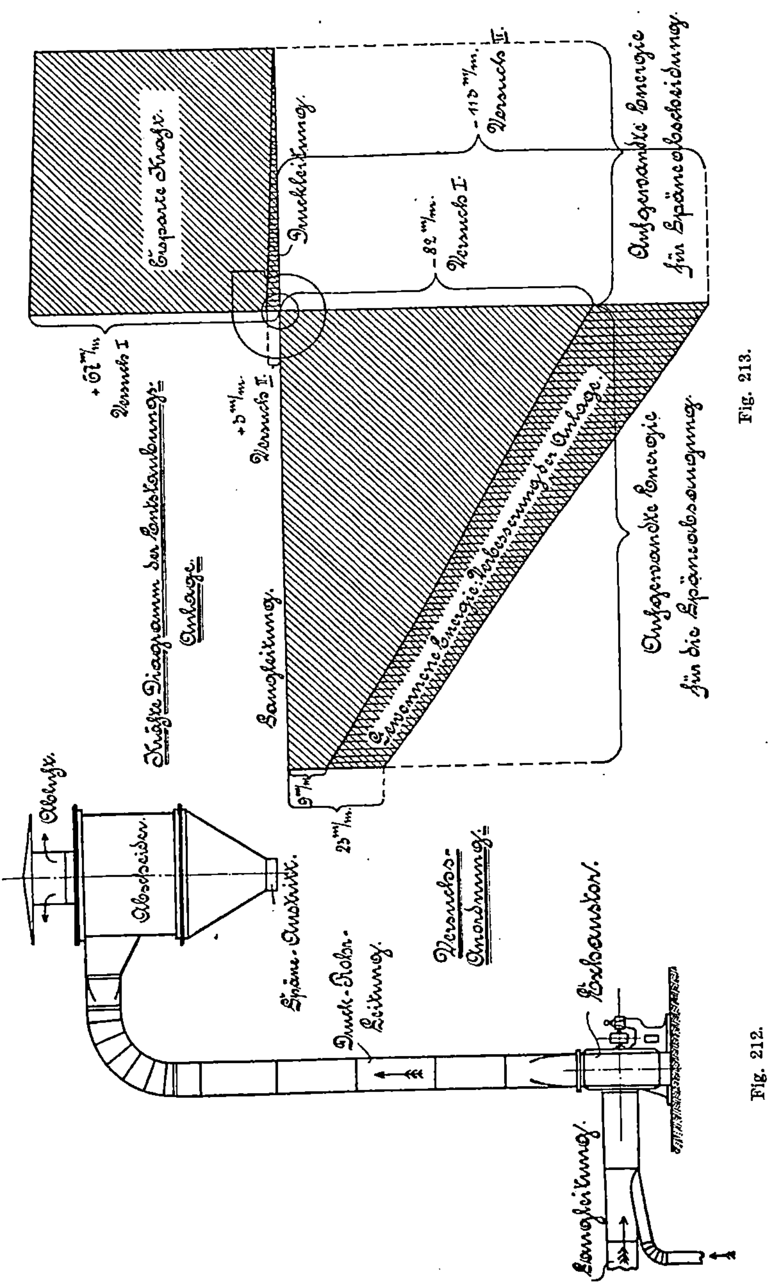

Fig. 213.

Fig. 212.

etwa 25 Proz. und gleichzeitig der Gewinn an Saugwirkung etwa 40 Proz. Beides zusammen bedeutet somit eine allgemeine Verbesserung der Anlage um 65 Proz.

Auch der in Fig. 214 und 215 dargestellte Staubabscheider, Bauart *Winkelmüller*, Leipzig, darf als ein wesentlicher Fortschritt auf dem Gebiete der Fliehkraftabscheider angesehen werden[1]. Die staubbeladene Luft tritt bei ihm durch a in den zylindrischen Teil des Apparates und bewegt sich in der punktiert angedeuteten Linie nach abwärts, wobei sie die Staubteile abstößt, die das Gehäuse an dessen unterer Öffnung verlassen. Wieder aufsteigend, streicht die Luft durch den Zylinder c, der mit schraubenförmig gestalteten Leisten d, d_1, d_2, d_3 versehen und von einem zweiten Zylinder b mit schräg nach oben gerichtetem Randvorsprung e umgeben ist. Durch die erwähnten Leisten, die unten steil ansteigen und oben flach auslaufen, wird oberhalb des Zylinders c eine Wirbelbewegung erzeugt. Die hierbei abgestoßenen Staubteilchen werden gegen den Zylinder b und den Rand e geschleudert und fallen durch den ringförmigen Raum zwischen b und c, welcher gleichzeitig saugend wirkt, nach unten in den Apparat zurück.

Es erfolgt also bei diesem Abscheider eine zweimalige Reinigung der Luft. Hervorzuheben ist daß die bei der zweiten Reinigung ausgeschleuderten Teilchen durch einen besonderen Hohlraum (zwischen b und c) abgeleitet werden, wodurch die Gefahr vermieden wird, daß sie durch den in c aufsteigenden Luftstrom wieder mitgerissen werden könnten.

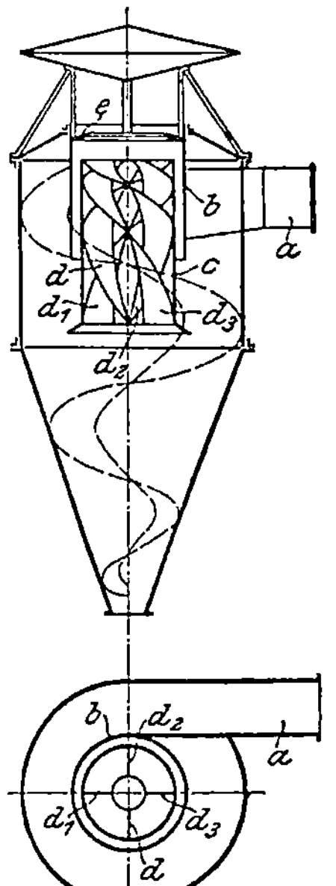

Fig. 214 u. 215.

d) Niederschlagung
mittels fein verteilter Wasserstrahlen und nasse Filtration.

Die Niederschlagung mittels fein verteilter Wasserstrahlen kommt nur dann in Frage, wenn es gilt, große Mengen eines feinen Staubes, der von einem feuchten Luftstrom getragen wird, zu beseitigen, wo also einerseits seine Feuchtigkeit die Anwendung von Stoffiltern, andererseits die Feinheit und Leichtigkeit des Staubes die Benutzung von Fliehkraftabscheidern ausschließt. Ein solcher Fall findet sich z. B. bei der künstlichen Trocknung von Rohstoffen für die Zementfabrikation vor, wo den Abzugschloten der umlaufenden Trockentrommeln erhebliche Mengen eines feinen Staubes gleichzeitig mit dem aus dem Wassergehalt des Trockengutes sich bildenden Schwaden entweichen. Hier ist diese Art der Staubbeseitigung um so mehr am Platze als der durch das Niederschlagen gewonnene Schlamm im Betriebe wieder verwendet werden kann und bei sachgemäßer Anordnung der Entstäubungseinrichtung keinerlei Beeinträchtigung der Zugverhältnisse in der Trockenanlage eintritt.

Aus Fig. 216 und 217 ist die sehr einfache Konstruktion einer derartigen von der *A.-G. Amme, Giesecke & Konegen*, Braunschweig, mehrfach aus-

---

[1] Zeitschrift des Vereins deutscher Ingenieure 1910, S. 139.

geführten Vorkehrung zum Niederschlagen des Staubes der Rohstofftrocknerei einer Zementfabrik zu ersehen. Die Staubluft tritt hier bei *a* ein, durchstreicht das zweimal gekrümmte Rohr — dessen Abmessungen sich nach der zu bewältigenden Staubluftmenge richten — und tritt, nachdem sie eine Anzahl Wasserstreukegel *b* passiert hat, in gereinigtem Zustande bei *d* aus. Der in den Tümpeln *e* sich ansammelnde dünne Schlamm wird nach den Anfeuchteschnecken für das Rohmehl gepumpt. — Die Menge des unter einer Pressung von etwa 3 bis 4 Atmosphären in die Rohrleitung gedrückten Wassers wird mittels des Ventils *c* geregelt.

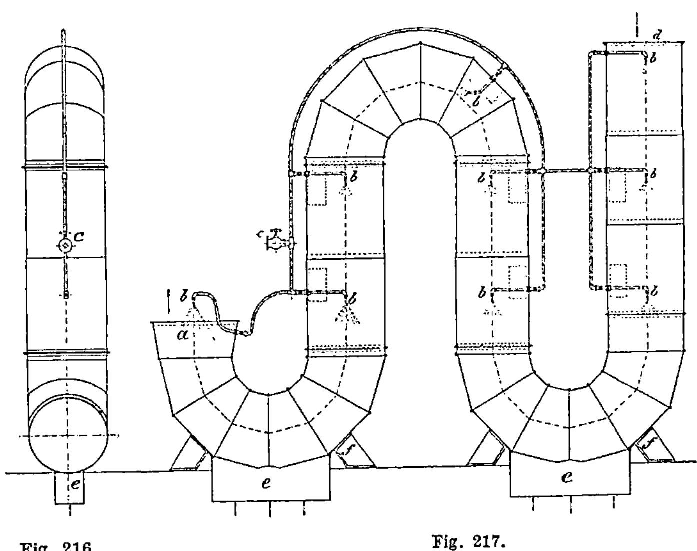

Fig. 216.   Fig. 217.

Zu den Vorrichtungen der vorbeschriebenen Art („Gaswäschern") gehören auch die in den Fig. 218 und 219 abgebildeten Gaswäscher von *Schultheß* und *Zervas*[1].

Der Gaswäscher, Bauart *Schultheß* (Fig. 218), besteht aus einem sehr weiten, senkrecht angeordneten Rohr R_1, in welches die staubbeladenen Abgase durch ein etwas engeres Rohr R_2 eingeführt werden. Im Innern des weiteren Rohres sind ringförmige Zellen Z und Wasserstaubbrausen B angeordnet, die derart mit feinen Löchern versehen sind, daß bei Einführung des Wassers trichterförmige Nebelschleier gebildet werden. Die Gase werden gezwungen diese zu durchstreichen, wobei das erzeugte Schlammwasser von den ringförmigen Zellenräumen aufgenommen und aus diesen durch die Rohrleitung *r* abgeführt wird.

Bei der *Zervas*schen Bauart (Fig. 219) wird an der oberen Öffnung des Ausblasekamins ein derart erweiterter Blechaufsatz *f* angebracht, daß durch den darin angeordneten Trichter *m* eine Zugverminderung der Abgase nicht

---

[1] Tonindustriezeitung, J. 1911, Nr. 101.

eintreten kann. Über diesem Trichter, der mit einem Abflußrohr n versehen ist, befindet sich eine Haube o. Das Druckwasser wird durch das innerhalb des Kamins aufsteigende Zuleitungsrohr b zwei mit feinen Öffnungen ver-

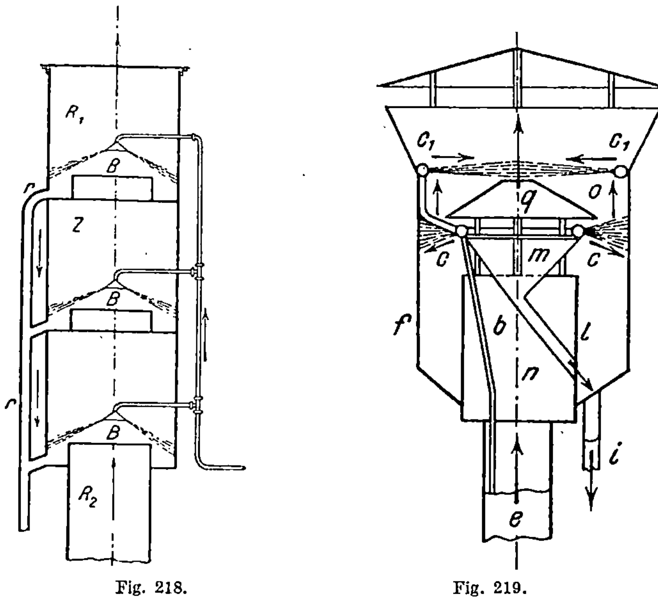

Fig. 218.   Fig. 219.

sehenen Strahlrohren c und c_1 zugeführt, die an der Innenwand des Kamins über dem Trichter m bzw. der Haube o befestigt sind.

Das Strahlrohr c spritzt das Wasser vom Rande des Trichters nach dem äußeren Mantel des Aufsatzes hin und schlägt auf diese Weise die aus der oberen Öffnung des Blechaufsatzes l aufsteigenden Staubschwaden zum größten Teil nieder. Der noch nicht niedergeschlagene, aufwärts durch die Mittelöffnung der Haube o oder auch außerhalb der letzteren abziehende Teil wird sodann durch das nach innen spritzende Strahlrohr c_1 berieselt. Das gebildete Schlammwasser wird durch das Abflußrohr i abgeleitet.

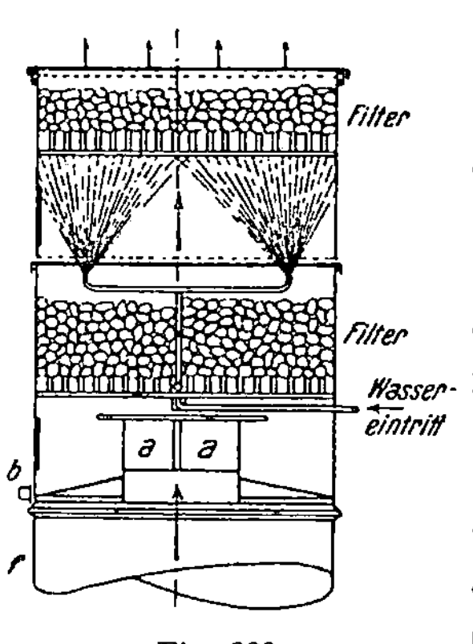

Fig. 220.

Die nasse Filtration wird selten für sich allein, sondern meist in Verbindung mit einem Fliehkraftabscheider angewendet, der den größten Teil des Staubes vorweg sammelt und nur die feinsten und spezifisch leichtesten Teilchen des Staubes der Wasserbehandlung überläßt.

Ein Naßfilter, Bauart *Danneberg* und *Quandt*, Berlin, veranschaulicht Fig. 220. Dieses Naßfilter[1] steht in Verbindung mit einem Zyklon. Der bei a aus dem Vorabscheider f austretende Gasstrom geht in senkrechter

---

[1] Tonindustriezeitung, J. 1911, Nr. 101.

Richtung durch das Naßfilter, das aus mineralischem Filterstoff besteht und von mehreren Streudüsen gleichmäßig und ununterbrochen benetzt

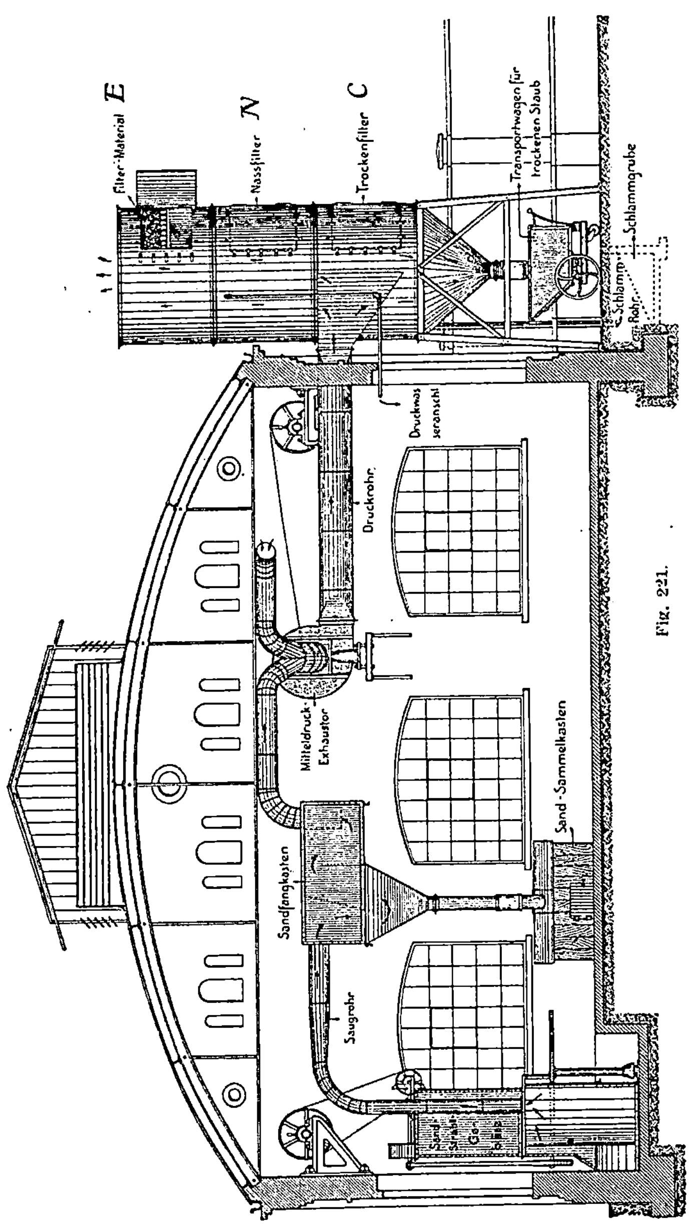

Fig. 221.

wird. Der fortgeführte Schlamm fließt bei *b* aus dem Apparat ab. Zum Betriebe des Druckfilters ist Druckwasser von mindestens 1 Atm oder nasser Dampf von mindestens $^{1}/_{2}$ Atm Druck erforderlich.

Fig. 221 zeigt eine, gleichfalls von *Danneberg & Quandt*, Berlin, ausgeführte Entstäubungsanlage für eine Gußwarenputzerei, die mit Sandstrahlgebläsen arbeitet.

Die Staubluft tritt in den als Vorabscheider wirkenden Fliehkraftabscheider *C* ein, der den größten Teil des Staubes auf trockenem Wege abfängt. Dieser wird an der unteren Austrittmündung einfach abgesackt, während die mit den feinsten Staubteilchen behaftete Luft in den Naßfilter *N* übergeht; in letzterem befindet sich eine je nach der Staubart zu verändernde Schicht eines mineralischen Filtermaterials *E*, welche gleichmäßig und ununterbrochen von Wasser berieselt wird. Die staubhaltige Luft ist nun gezwungen, die Filterschicht *E* zu durchstreichen und gibt dabei ihren Staubgehalt an das nasse Filtermaterial ab, von welchem der Staub aber ununterbrochen wieder abgespült und in Schlammform durch ein Abflußrohr in die Schlammgrube geleitet wird.

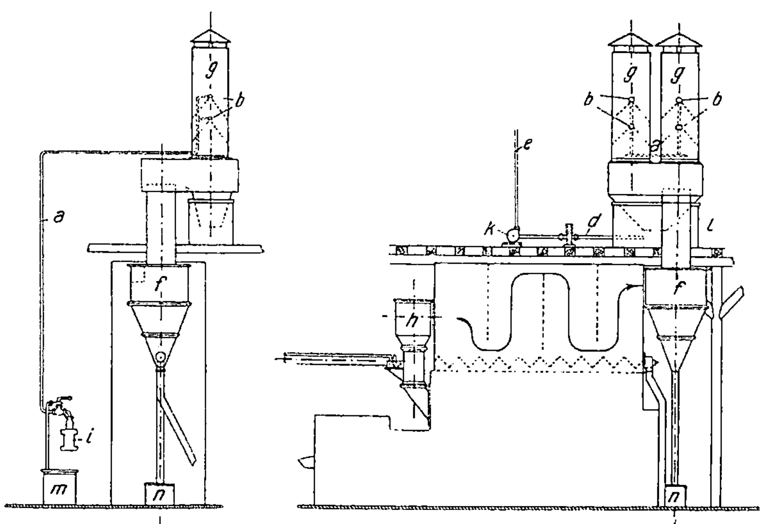

Fig. 222 u. 223.

Zum Schlusse dieses so wichtigen Abschnittes sei noch an einem Ausführungsbeispiel die Vereinigung von Staubkammer, Zyklon und Gaswäscher durch die Fig. 222 und 223 vorgeführt, die an einer Trockentrommel *Cummer*scher Bauart vom *Eisenwerk* (vorm. *Nagel & Kaemp*) *A.-G.*, Hamburg, in Anwendung gebracht worden ist. In diesen Abbildungen bedeutet: *a* die Hochdruckwasserleitung, *b* die Streudüsen, *c* ein Überdruckrohr vom Sicherheitsventil, *d* das Schlammsaugrohr, *e* die Schlamm-Druckleitung zur Ziegelei, *f* den Zyklon, *g, g* die Schwadenabzugrohre, *h* den Ventilator, *i* die Hochdruckpumpe, *k* die Schlamm-Kreiselpumpe, *l* den Schlammsammler, *m* den Wasserbehälter und *n* den Schlammkasten.

e) Niederschlagung durch elektrische Ströme.

Die Befreiung der Gase von mitgeführten festen Teilchen durch mechanische Mittel (Filter) hat den Nachteil, daß sie einen starken Strömungswiderstand verursacht und größeren Arbeitsaufwand bedingt. In dieser Beziehung stellen sich daher jene Reinigungsarten günstiger, die die Scheidung durch Kräfte vornehmen, die allein auf die festen Teile, nicht aber auf den Träger der letzteren — den Gasstrom — einwirken. Besonders magnetische und elektrische Kräfte kommen hierbei in Frage[1].

Schon 1850 erwähnt *Ginhard* das Niederschlagen von Tabakrauch durch statische Elektrizität, und *Moeller* in Deutschland, *Walker* und *Lodge* in England befassen sich 1884 damit, praktische Versuche auf diesem Gebiet anzustellen, die aber keine größeren Erfolge erzielten. *Lodge* stellte sich die Aufgabe, durch Elektrizität Rauch, Staub und Nebel[2] niederzuschlagen.

Cottrell machte zuerst in den Jahren 1906 bis 1911 in industriellen Anlagen Versuche, wozu er einen umlaufenden Gleichrichter benutzte, der den Wechselstrom eines Hochspannungstransformators in hochgespannten Gleichstrom von 80 000 Volt und darüber umwandelte. So glückte es *Cottrell*, Staubteilchen statt durch ein elektrostatisches Feld durch Korona-Entladung abzuscheiden. Die Gase werden durch mehrere, meist senkrecht angeordnete Rohre von 120 bis 300 mm Durchm. je nach der angewandten Stromspannung, die zwischen 30 000 und 80 000 Volt schwankt, hindurchgeleitet. In der Mittelachse dieser bis 4 m langen Rohre sind isolierte Drähte angebracht, die mit dem negativen Pol des Gleichrichters verbunden werden. Durch die bei richtig bemessenem Durchmesser der Drähte eintretende Glimmentladung wird das Gas in dem Rohr stark ionisiert, wodurch die schwebenden festen und flüssigen Teile niedergeschlagen werden. Sie sammeln sich an der Rohrwand und fallen durch ihre Schwere zu Boden.

Durch die negative Korona werden 95 bis 98 Proz. der schwebenden Teile ausgeschieden, während man bei Verwendung der positiven Korona nur 70 bis 80 Proz. ausfällen würde. Bei der Einrichtung, die an und für sich sehr einfach ist, darf mit Rücksicht auf die hohe Temperatur, die die Gase meist haben und die chemischen Einwirkungen, falls Säuredämpfe gereinigt werden sollen, nur hochwertiger Baustoff verwendet werden.

Die von *Cottrell* ausgeführten Anlagen dienten hauptsächlich dazu, Säuren oder andere chemische Stoffe niederzuschlagen. Dadurch wird eine Vergiftung der Luft durch giftige chemische Abgase vermieden, und Stoffe, die sonst ungenützt entweichen würden, können wiedergewonnen werden. So wurden bei einer elektrischen Leitung von 1,5 KW täglich 500 kg Schwefelsäure gewonnen. Chlor, Salzsäure, Kalisalze werden in anderen Werken ausgeschieden

---

[1] „The Engineer." 13. Nov. 1914. — Zeitschrift d. V. d. I. 1914, Nr. 51 und 1916, Nr. 49.

[2] Über Entnebelungsanlagen vgl. „Heizungs- und Lüftungsanlagen in Fabriken", von *Valerius Hüttig* (S. 280 u. ff.). Leipzig, Otto Spamer.

und verwertet. Eine Portlandzementfabrik erhielt bei einem Brennofen mit *Cottrell*scher Anlage täglich etwa 5000 kg Zementstaub. Die Dämpfe von Silberraffinerien und anderen Metallhüttenwerken enthalten oft wertvolle Bestandteile, die nach dem beschriebenen Verfahren meist leicht zurückzugewinnen sind.

Schwieriger gestaltet sich die Abscheidung von Rauch- und Rußteilen, da die lockeren Rußmengen sich nur schwer wegschaffen lassen.

Um das Verfahren weiter durchzubilden, wurde 1912 eine Studiengesellschaft in den Vereinigten Staaten gegründet, die wissenschaftliche Weiterarbeit liefert und auch Versuche für die Industrie durchführt. Das bisher erzielte Ergebnis verdient weitgehende Beachtung.

VI. Lagerung und Verpackung.

Die Lagerung mehlartiger Fertigerzeugnisse kann entweder den Zweck haben, dem Fabrikat durch das Ablagern noch gewisse Eigenschaften. zu verleihen, die es im frisch vermahlenen Zustande noch nicht oder in nicht genügendem Maße besitzt, oder die fertige Ware in solcher Menge aufzuspeichern, daß den in manchen Industrien absatzweise wechselnden Ansprüchen des Versandes unter allen Umständen nachgekommen werden kann, oder es können endlich mit der Lagerung beide Zwecke gleichzeitig verfolgt werden. Je nach dem Einfluß, den der eine oder der andere der genannten Faktoren (oder beide zusammen) auf die Fabrikation ausübt, ist die Aufnahmefähigkeit der Lagerräume zu bemessen, weshalb sich allgemeine Angaben über die zweckmäßige Größe eines Speichers nicht machen lassen und diese Frage von Fall zu Fall entschieden werden muß.

Man unterscheidet im allgemeinen drei Ausführungsformen von Lagerhäusern: a) Kammerspeicher, b) Silospeicher, c) Bodenspeicher.

a) Kammerspeicher.

Der Kammerspeicher ist ein Lagerhaus von großer Grundfläche bei verhältnismäßig kleiner Höhe; während man bei der Bemessung der ersteren gewissermaßen unbeschränkt ist (d. h. nur an die Größe der überhaupt verfügbaren Fläche gebunden erscheint), sollte man bei letzterer aus Konstruktionsrücksichten nicht über das Maß von 6 m hinausgehen.

Wie schon durch die Bezeichnung ausgedrückt, wird dieses Lagerhaus durch gemauerte oder hölzerne Zwischenwände in eine Reihe von Kammern geteilt, die man gewöhnlich 5 bis 10 m breit wählt, bei einer Länge von 10 bis 25 m. Hölzerne Zwischen- und Außenwände bestehen zweckmäßig aus Rundhölzern von etwa 13 cm Stärke, die dicht aneinandergefügt und mit ihren unteren Enden in eine Betonschicht eingebettet, an den oberen Enden durch Zangen zusammengefaßt werden. Die Zwischenwände sind untereinander noch in geeigneter Weise durch eiserne Anker zu verbinden, die so stark sein müssen, daß sie im Verein mit den erwähnten Zangenhölzern, den Seitendruck des lagernden Gutes mit Sicherheit aufzunehmen vermögen und die Übertragung des Druckes auf die Umfassungswände des Bauwerkes verhindern.

Gemauerte oder Beton-Zwischenwände erhalten gleichfalls eine Verankerung, welche mit Rücksicht auf die im Vergleich zur Holzwand recht geringe Elastizität des Baustoffes ganz besonders sorgfältig ausgeführt sein muß.

14*

An einer, unter Umständen auch an der anderen Langseite des Kammerspeichers, wird in einer Mindestbreite von 5 m der Packraum angeordnet; in jeder Kammer ist eine Einfahröffnung von 1,2 bis 1,5 m Breite bei 2 bis 2,5 m Höhe vorgesehen, die beim Füllen der Kammer nach und nach mit Brettern gedichtet wird. Beim Entleeren der Kammer werden die Bretter in der umgekehrten Reihenfolge entfernt.

Die Baukosten des Kammerspeichers sind verhältnismäßig niedrig; dagegen gestaltet sich der Betrieb insofern teuer, als wohl das Füllen, nicht aber das vollständige Entleeren der Kammern mit maschinellen Hilfsmitteln geschehen kann, sondern ausschließlich durch Handarbeit bewirkt werden muß. Diese Arbeitsweise ist kostspielig und gewöhnlich mit starker Staubbelästigung der Arbeiter verbunden, sie dürfte heutzutage kaum noch irgendwo anzutreffen sein. Dagegen findet man jetzt häufig die Einrichtung, daß an der einen Längsseite des Kammerspeichers eine Förderschnecke angeordnet ist, die das Gut einem Becherwerk zuführt, von dem es in ein oder zwei sog. „Packsilos" entleert wird. Letztere bieten — bis auf den kleinen Fassungsraum — alle Vorteile, deren sich die Silolagerungsmethode im allgemeinen erfreut und von denen weiter unten noch die Rede sein wird. Allerdings kann auch bei dieser Kombination das Entleeren der Kammern nur von Hand geschehen, da ja das Gut der Förderschnecke zugeschaufelt bzw. zugekarrt werden muß, doch gestaltet sich hinwiederum die Arbeit des Verpackens bequemer und leichter.[1] — Es empfiehlt sich, durch Einschaltung geeigneter Fördermittel die Einrichtung zu treffen, daß die Packsilos auch unmittelbar von der Mühle aus gefüllt werden können, um bei starkem Versand in der Lage zu sein, das Füllen der Kammern ganz zu umgehen.

In Fig. 224 bis 226[2] ist ein mit vier Packsilos ausgestatteter Kammerspeicher dargestellt. Er besteht aus vier Kammern von 10 m Breite und 13 m Länge bei 3,5 seitlicher und 6 m mittlerer Höhe. Die hölzernen Zwischen- und Außenwände der Kammern sind aus Rundhölzern von 13 cm Stärke zusammengesetzt und mittels der Anker a und 4 Paar Zangenhölzern untereinander fest verbunden. Die Kammern sind oben mit einer einfachen Bretterlage abgedeckt und in dieser Verschalung mit Beobachtungsklappen versehen. Die 8 Auskarröffnungen sind 2 m hoch und 1,2 m breit. Über sämtliche Kammern führt ein Laufsteg hinüber, der gleichzeitig die Füllschnecke s_3 trägt.

Der Packraum, in dem die schon erwähnten vier Packsilos aufgestellt sind, hat eine Breite von 5,4 m; er geht seitlich in die 1,5 m breite Laderampe über, deren Höhe über Schienen-Oberkante dem Normal-Eisenbahnprofil entsprechend gewählt ist.

Die Umfassungswände des Gebäudes sind massiv, können aber auch in leichtem Fachwerk hergestellt sein, da sie nur das gleichfalls leichte Dach

---

[1] Über die nahezu vollständige maschinelle Entleerung eines Kammerspeichers s. w. u. folgende Ausführungsbeispiele, Fig. 227 bis 229.

[2] Der Querschnitt — Fig. 226 — ist der Deutlichkeit wegen in einem etwas größerem Maßstab gehalten.

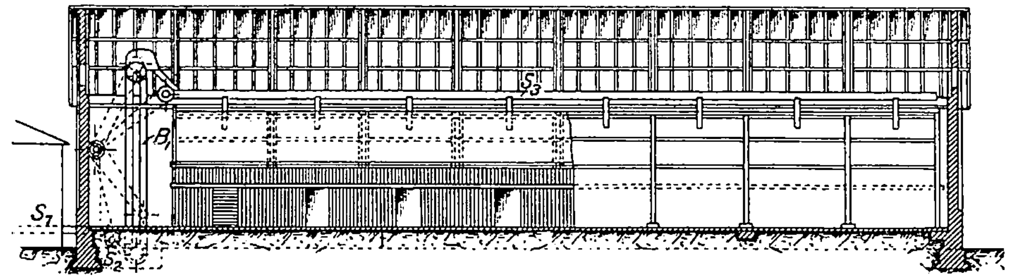

Fig. 224.

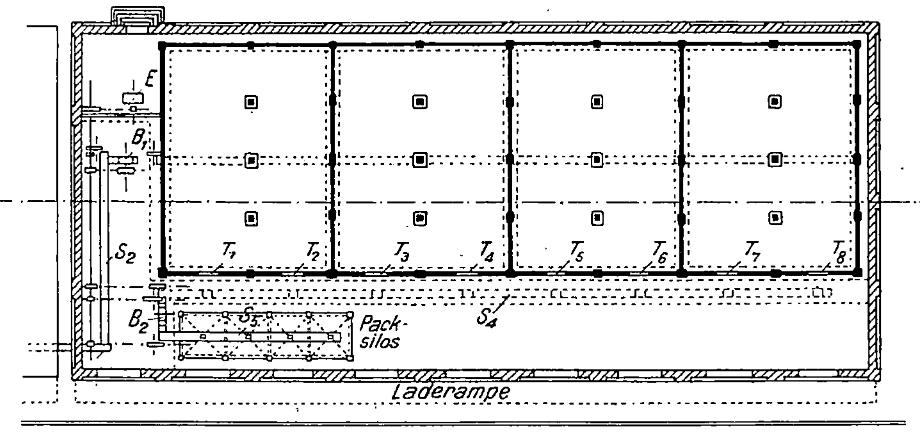

Fig. 225.

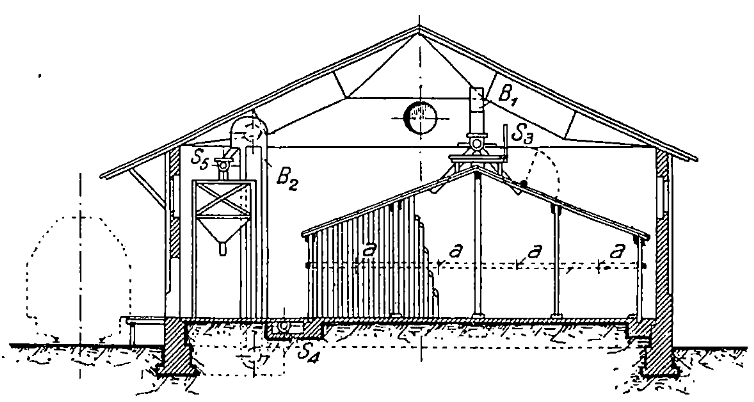

Fig. 226.

zu tragen haben. Die Vorderwand enthält 9 Ausfahröffnungen, die durch Schiebetüren verschließbar sind.

Die maschinelle Einrichtung besteht aus der Schnecke S_2, die das Gut von der Mühlenschnecke S_1 empfängt und an das Becherwerk B_1 abgibt, der an letzteres anschließenden Schnecke S_3, die das Gut mittels 16 Fallrohren (mit Absperrschiebern) in die vier Kammern verteilt, ferner aus der Schnecke S_4, in die der Kammerinhalt mittels Handkarren entleert wird und die das Gut an das Becherwerk B_2 heranschafft, das mittels der Schnecke S die vier Packsilos füllt. Unterhalb der letzteren sind die Packvorrichtungen aufgestellt. — Der Kraftbedarf der beschriebenen Einrichtung beträgt etwa 18 PS, der Fassungsraum rund 2500 cbm.

Die Einrichtung eines Kammerspeichers, der gleichzeitig mit mechanischen Hilfsmitteln gefüllt und entleert wird, ist durch Fig. 227 bis 229 veranschaulicht.

Der Lagerraum ist hier in 10 Kammern von je 2,5 m Breite, 15 m Länge und 6 m Höhe geteilt. Außen- und Zwischenwände sind aus hölzernen starken Bohlen und Riegeln zusammengesetzt und solide verankert (*a*); sie bilden zusammen einen Kasten von 25 m Länge, 12 m Breite und 6 m Höhe, der auf einer Betonplatte von 0,4 m Dicke aufruht.

Die maschinelle Einrichtung besteht aus der Zubringerschnecke S_1, der Schnecke S_2, dem Becherwerk B_1, der Schnecke S_3, den drei Verteilschnecken S_{4-6}, den zehn Entleerungsvorrichtungen K_{1-10} — über die das Nähere weiter unten noch gesagt werden wird, — der Sammelschnecke S_7, dem Becherwerk B_2 und der Schnecke S_9, die das Gut in die vier Packsilos verteilt, unter denen die Sack- oder Fässerpackvorrichtungen angeordnet sind. — Der Kraftverbrauch dieser Anlage beträgt im normalen Betriebe etwa 34 PS, der Fassungsraum etwa 2000 cbm.

Die Konstruktionseinzelheiten der Vorrichtung zur mechanischen Entleerung der Kammern gehen aus Fig. 230 bis 232 hervor. Sie besteht aus einer langgliedrigen Laschenkette *a*, die, durch die Öffnungen *k* und k_1 der Kammerwände hindurchtretend, über zwei Kettenräder geführt und von einem Vorgelege *c, d, e, f* in Bewegung gesetzt wird. Hierbei schleift der untere Kettenstrang in einem Kanal und schiebt das ihn umgebende Gut durch die Öffnung *k* in die Schnecke *i*, die es seiner weiteren Bestimmung zuführt, während sich der obere, rückkehrende Strang auf einer gehörig abgestützten Bohlenunterlage bewegt. — Zwecks Nachspannens der mit der Zeit schlapp werdenden Kette sind die Lager *h* der einen Kettenrolle als Schiebelager eingerichtet. Gegen den Druck des überlagernden Gutes wird die Einrichtung durch eine kräftige schmiedeeiserne Haube geschützt.

Eine sehr bemerkenswerte Ausführungsform eines Kammerspeichers mit selbsttätiger Entleerung nach *Lathbury & Spackman*[1], die sich in manchen Einzelheiten bereits der Silobauweise nähert, möge hier noch mit einigen Worten beschrieben werden. Die Kammern sind bei diesem Speicher nicht

---

[1] *Lathbury* and *Spackmann:* The rotary Kiln, S. 55 u. 57. Philadelphia 1902.

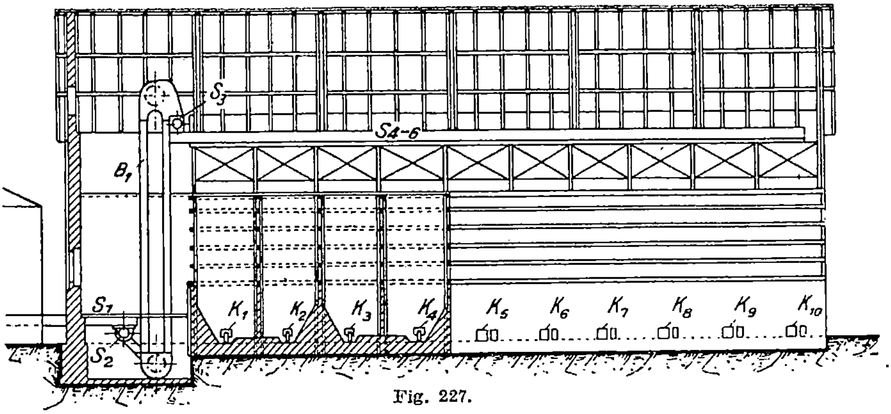

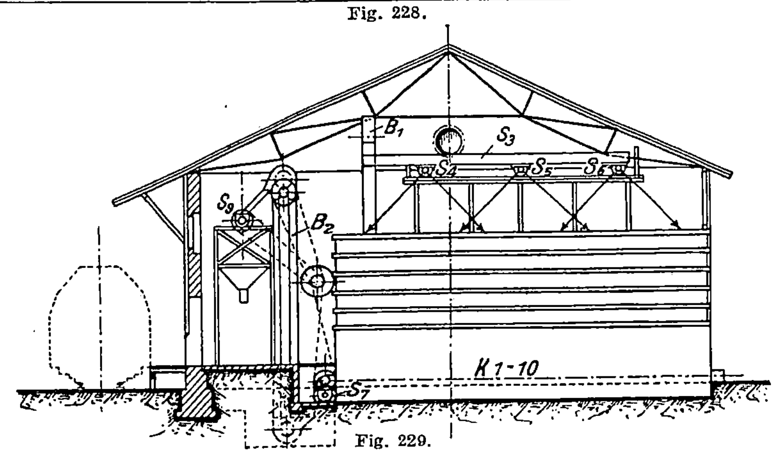

Fig. 227.

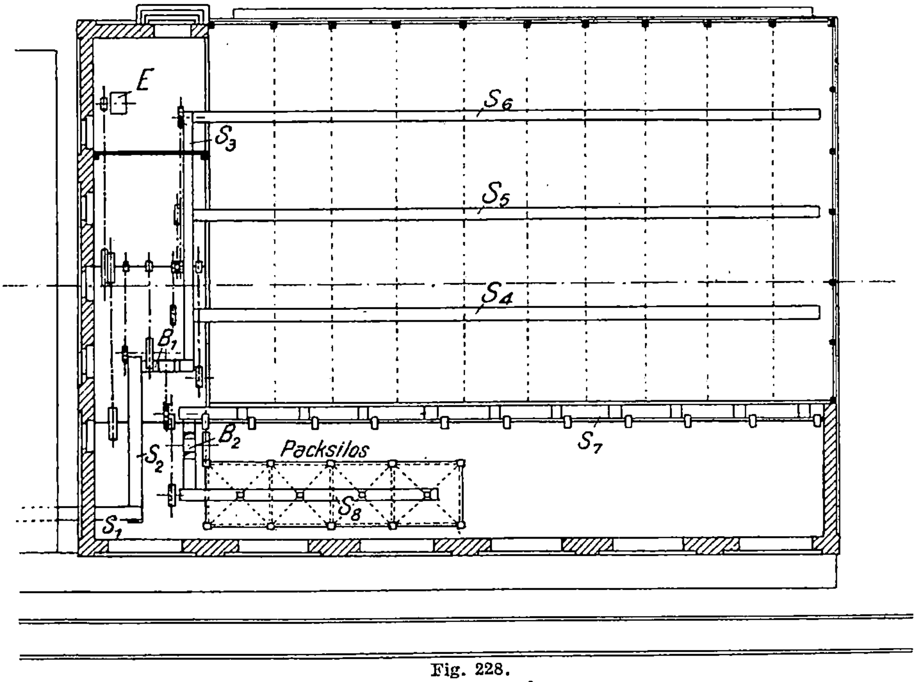

Fig. 228.

Fig. 229.

nur in der Quer-, sondern auch in der Längsrichtung durchgeteilt, so daß eine
Anzahl Zellen entsteht, wovon je zwei Reihen mittels einer Förderschnecke
gefüllt werden. Der Boden ist nicht eben, wie bei gewöhnlichen Kammer-
speichern, sondern für die beiden zusammengehörigen Zellenreihen schräg nach
unten zusammengezogen, so daß der Inhalt durch Öffnungen in einen bequem
begehbaren Tunnel entleert werden kann, von wo aus das Gut mittels Schnecke
und durch ein an diese anschließendes Becherwerk in einen Packsilo hinein-
befördert wird. Die Schrägen müssen selbstverständlich unter einem Neigungs-
winkel angelegt sein, der etwas größer ist als der Reibungswinkel des Gutes
auf einer gemauerten Unterlage, so daß die Entleerung auch wirklich selbst-

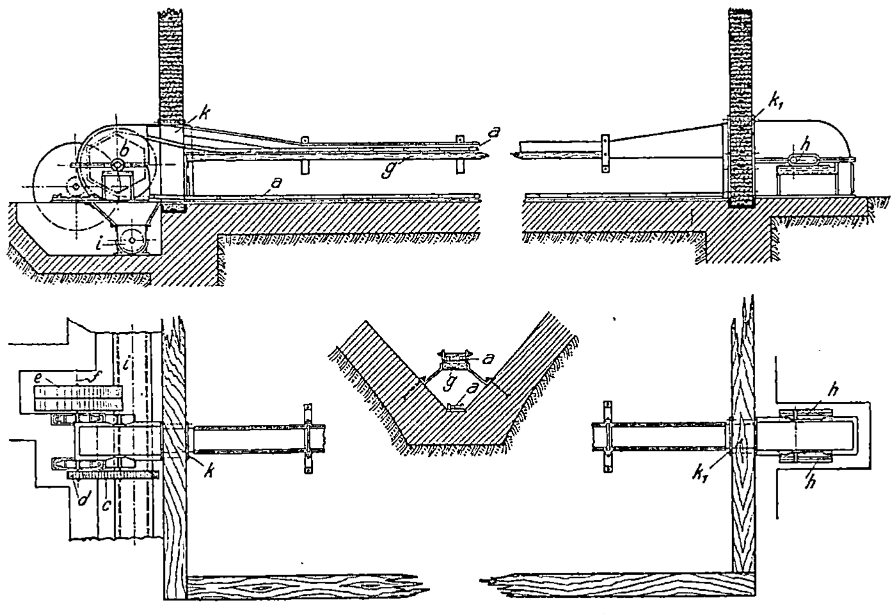

Fig. 230—232.

tätig erfolgt und ohne daß es nötig ist, den Inhalt den Öffnungen im Tunnel
zuzuschaufeln.

Ein derartiger Speicher ist von den genannten amerikanischen Ingenieuren
für „*Alsens American Portland Cement Works*" in West Camp, N. Y., ausgeführt für eine Aufnahmefähigkeit von 100 000 Faß (1600 W. zu 10 000 kg).

Billiger als der vorbeschriebene stellt sich der durch die Fig. 233 und 234
im Querschnitt und Grundriß veranschaulichte Kammerspeicher, Bauart
Amme, Giesecke und *Konegen*, Braunschweig, bei dem die fast vollständige,
selbsttätige Entleerung dadurch erreicht wird, daß in dem Eisenbetonfuß-
boden jeder Kammer drei Abzugöffnungen angebracht sind, die das Mehl
in die darunter liegenden Schnecken s_{3-8} mittels abschließ- und regelbarer
Verbindungsstutzen abgeben. Eine vor s_{3-8} liegende Sammelschnecke s_9,
ein Becherwerk b und die Schnecke s_{10} vermitteln die Weiterbeförderung des

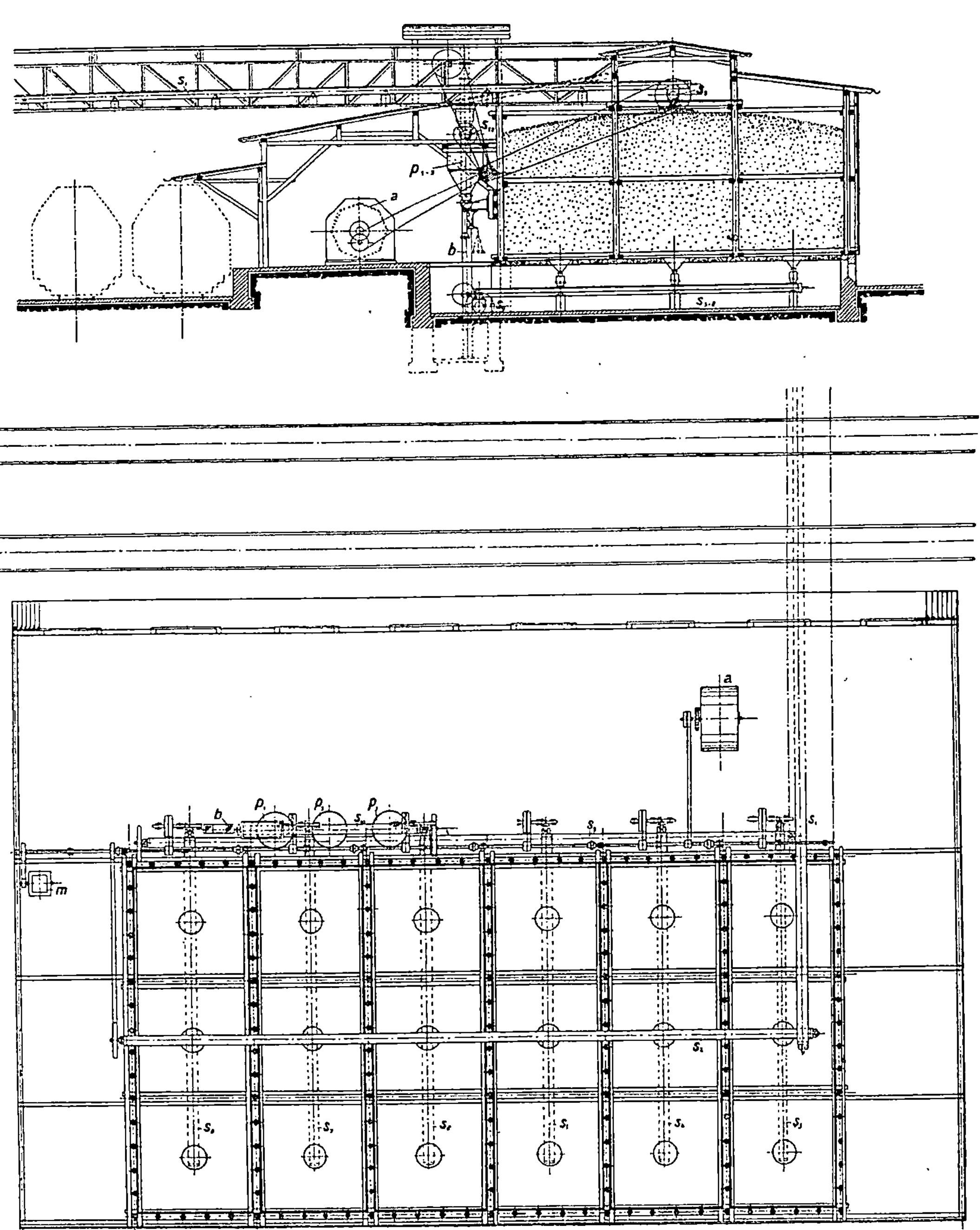

Fig. 233 u. 234.

Mehles in die drei kleinen Packsilos p_{1-3}, an deren Ausläufen selbsttätige Sackwagen oder Faßpackmaschinen (über beide s. w. u.) angebracht sind.

Zum Füllen der Kammern dient die Verteilschnecke s_2, die das Mehl von der Zubringerschnecke s_1 aus der Mühle empfängt. — a ist eine Sackschüttelmaschine (s. w. u.) und m der Elektromotor zum Betrieb der ganzen Einrichtung.

Eine von den vorstehend beschriebenen Lagerhäusern stark abweichende Konstruktion zeigt der Salzspeicher, Fig. 235 und 236, Bauart der *G. Luther* A.-G., Braunschweig. An die Stelle der bei den ersteren durchgeführten Querteilung ist hier eine einfache Teilung in der Längsachse des Lagerraumes getreten; auch liegt das Gut nach der Mitte zu frei, so daß nicht eigentlich von einer Einlagerung in Kammern, sondern von einer Aufschüttung in Haufen gesprochen werden muß. Ganz besonders hervorzuheben ist aber die ausschließliche Verwendung der Elektrohängebahn sowohl zur Ein- als auch zur Ausspeicherung, unter gänzlicher Vermeidung der sonst üblichen Fördermittel, wie Schnecken, Bänder, Rinnen u. dgl.

Von vornherein sei jedoch bemerkt, daß diese Speicherbauart sich nur für solche Stoffe eignet, die in gemahlenem Zustande nur wenig oder gar nicht zur Verstäubung neigen. Für Zement z. B. ist sie nicht zu gebrauchen, wohl aber für Kalisalze, deren hygroskopische Natur der Staubentwicklung wirksam entgegentritt.

Der Arbeitsvorgang bei diesem Speicher ist folgender:

Beim Einspeichern füllen sich die Fördergefäße bei einer der beiden Füllvorrichtungen a, die durch die Mühlenbecherwerke beschickt werden, und entleeren sich während der Fahrt an beliebigen Punkten der Strecke b oder c. Auf der Strecke d kehren sie wieder nach den Füllvorrichtungen zurück, nehmen eine neue Füllung auf und bringen sie auf dem beschriebenen Wege in den Speicher.

Bei der Ausspeicherung füllen sich die Fördergefäße bei der fahrbaren Füllvorrichtung e, bringen das Salz auf der Strecke f nach der Verladestation, wo sie sich während der Fahrt in einen der beiden Behälter g entleeren, und kehren auf der Strecke h zur fahrbaren Füllvorrichtung zurück, um von neuem gefüllt zu werden.

Die Füllvorrichtung e ist mit heb- und senkbarer Förderschale ausgerüstet, die das Gut dem gleichfalls mit selbsttätiger Füllvorrichtung versehenen Kratzer i entnimmt. Der Kratzer ist heb-, senk-, schwenk- und fahrbar; er hat die Aufgabe, das Salz, das zwecks Zerkleinerung der Klumpen vorher noch durch ein Stachelwalzwerk gegangen ist, nach der Füllvorrichtung e zu schaffen, die durch ein endloses Seil mit dem fahrbaren Kratzer verbunden ist, so daß eine beiderseitige Übereinstimmung in jeder Stellung gesichert erscheint.

Für den ganzen Betrieb und eine Leistungsfähigkeit von 60 t/St. sind zum Fördern sowohl beim Einspeichern wie auch beim Ausspeichern bloß zwei Fördergefäße erforderlich, zu deren Fahrbetrieb nur 3 PS nötig sind.

Dadurch, daß bei diesem Speicher das Mittelfeld nicht zum Lagern be-

c
e
h
b
16000
i
14250
14250
3200
4200
g
a
d
Mühle
a
g
f
6000
6000
14250
3200
14250
12000
c
i
h
b

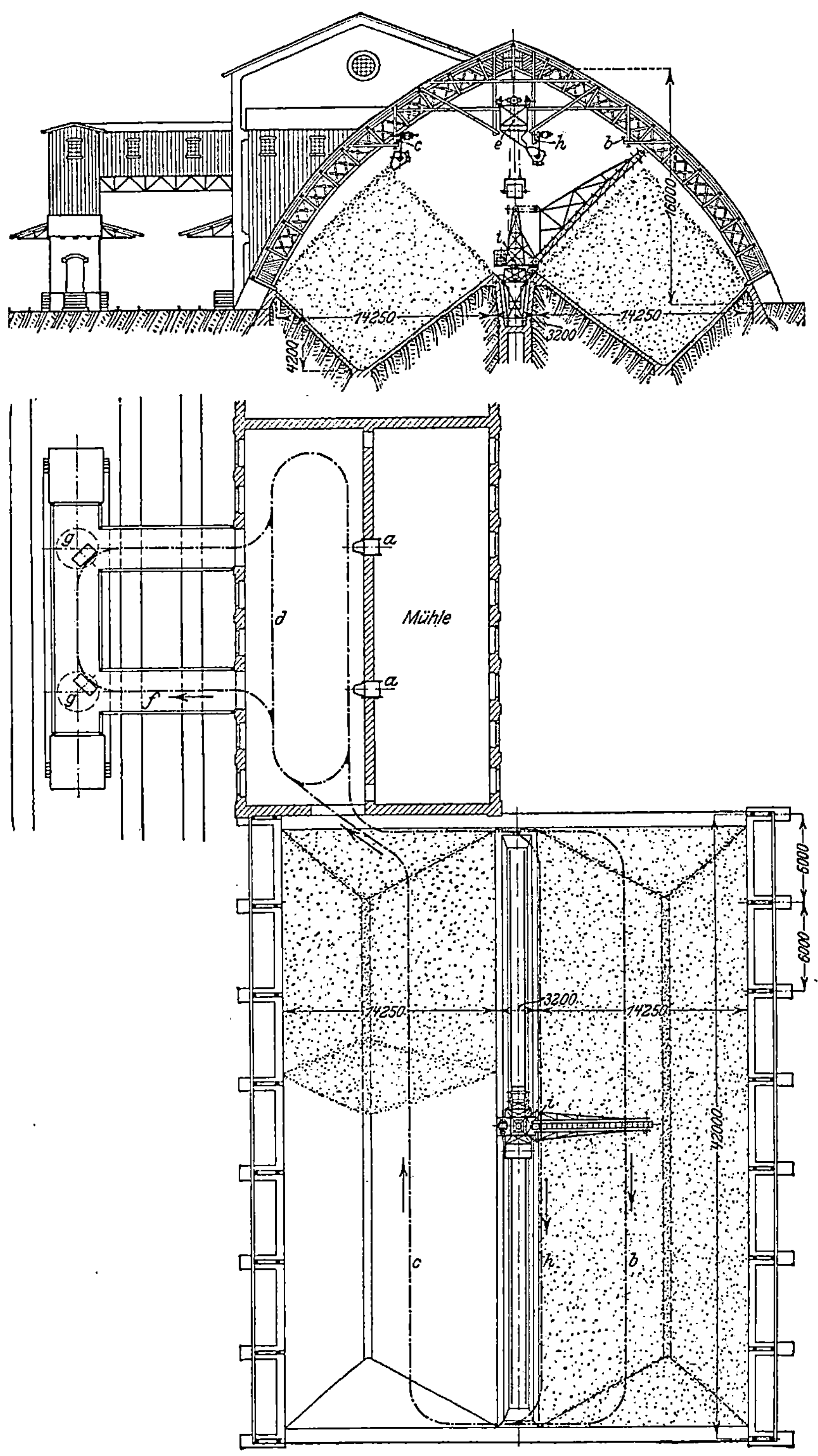

Fig. 235 u. 236.

nutzt wird, kann das Salz an jeder beliebigen Stelle unabhängig von der Gesamtfüllung entnommen werden, was bei Lagerung von Salzen verschiedener Beschaffenheit (hoch- oder normalwertigen) von ganz besonderer Bedeutung ist. Durch die Anordnung der beiderseitigen Mulden wird der um das Mittelfeld frei bleibende Querschnitt zum Teil wieder ersetzt.

Der ganze Betrieb ist selbsttätig und erfordert zur Bedienung des Kratzers einen Mann. Die Lagerfähigkeit beträgt 500 Wagen zu 10 t (5000 t); sie kann durch Verlängerung des Speichers beliebig vergrößert werden.

b) Silospeicher.

Ein Silospeicher besteht aus einer Anzahl Zellen von rundem oder vier- oder sechseckigem Querschnitt, die in einer, zwei oder auch mehr Reihen angeordnet sind. Die runde Form der Zellen wird man wählen, wenn man Eisen oder Eisenbeton, die vier- oder sechseckige, wenn man Holz als Konstruktionsmaterial zur Verfügung hat. Mit dem Durchmesser bzw. der Seitenlänge geht man für gewöhnlich nicht über 5 m hinaus, da das vollständige Entleeren der Zelle bei größeren Abmessungen schon Schwierigkeiten bietet.

Wie beim Kammerspeicher die Länge und Breite, so ist beim Silospeicher die Höhe in erster Linie für den Fassungsraum bestimmend; die Anlage eines solchen Lagerhauses wird sich also schon überall da empfehlen, wo wenig Bodenfläche zur Bebauung verfügbar ist. Aber auch die Annehmlichkeiten und Betriebsersparnisse einer rein maschinellen Speicherarbeit dürfen nicht unterschätzt werden und lassen die Silolagerung auch in dieser Beziehung der Kammerlagerung überlegen erscheinen. Dagegen sind die mit der ersteren verknüpften höheren Baukosten zweifellos ein Nachteil, der sich auch durch reichlichere Bemessung der Zellenhöhe nicht ausgleichen läßt, da letzterer praktisch ziemlich enge Grenzen gesteckt sind.

Entsprechend der gewaltigen Last, die eine gefüllte Zelle darstellt, ist auf die Konstruktion und Ausführung des tragenden Unterbaues die größte Sorgfalt zu verwenden. Als Baumaterial für diesen kommen nur bester Zementbeton und eiserne Träger in Frage, da Pfeiler aus gewöhnlichem Ziegelmauerwerk unpraktisch groß bemessen werden müßten. Die Umfassungswände, falls solche überhaupt für nötig erachtet werden, können aus Wellblech, Moniermauerwerk oder Holzverschalung bestehen. Die Zellen sind oben mit einer staubdichten Abdeckung versehen, und darüber ist ein leicht konstruiertes Dachgeschoß von genügender Geräumigkeit errichtet. Der Treppenturm liegt gewöhnlich außerhalb des eigentlichen Lagerhauses, selbstverständlich aber im unmittelbaren Anschluß an das letztere.

Zur Füllung der Silozellen bedient man sich, wie beim Kammerspeicher, der Förderschnecken oder der Förderbänder[1]; erstere versieht man mit einer der Anzahl der Zellen entsprechenden Anzahl von Auslaufstutzen mit Schiebern oder Klappen, letztere erhalten fahrbare Abwurfvorrichtungen. Das Ent-

---

[1] Über Schnecken, Bänder usw. s. *Michenfelder*: „Die Materialbewegung in chemisch-technischen Betrieben"; Leipzig, Spamer, 1915.

leeren der Silozellen geschieht zweckmäßig mittels Förderschnecken mit darüberliegenden Drehrosten, die den Druck der darüber lagernden Masse aufnehmen, oder durch Doppelschnecken od. dgl.

Die Baukosten von Silospeichern sind natürlich je nach den örtlichen Verhältnissen sehr verschieden. Im allgemeinen kann nur gesagt werden, daß, je höher man die Zellen bei demselben Querschnitt wählt, der Koeffizient für die Einheit gelagerter Ware kleiner und das ganze Bauwerk — verhältnismäßig — billiger wird. Das ergibt sich aus der einfachen Überlegung, daß — bei gleicher Grundfläche — Dach und Unterbau nahezu eine Konstante bilden, denn das Dach ist für den niedrigen Silospeicher dasselbe wie für den hohen, während die Mehrkosten für den stärkeren Unterbau (den die höheren Zellen erfordern) nur in ganz geringem Maße wachsen. Die Mehrkosten des höheren Silos stecken also fast nur in der Wandung, man baut den Silospeicher daher am billigsten, wenn man die Zellen so hoch wie möglich macht.

Als Ausführungsbeispiel diene der von *Wayß & Freytag* in Neustadt a. W. für die Zementfabrik von *Märker & Co.* in Harburg (Bayern) in Eisenbeton ausgeführte Zementsilo nach Fig. 237 und 238, die nach dem Voraufgegangenen wohl keiner weiteren Erläuterung bedürfen. Der Fassungsraum der sechs Zellen beträgt rund 14 000 Faß (235 Wagen zu 10 000 kg)[1].

Für die Entleerung der Silozellen sind verschiedenartige Vorrichtungen im Gebrauch, unter denen

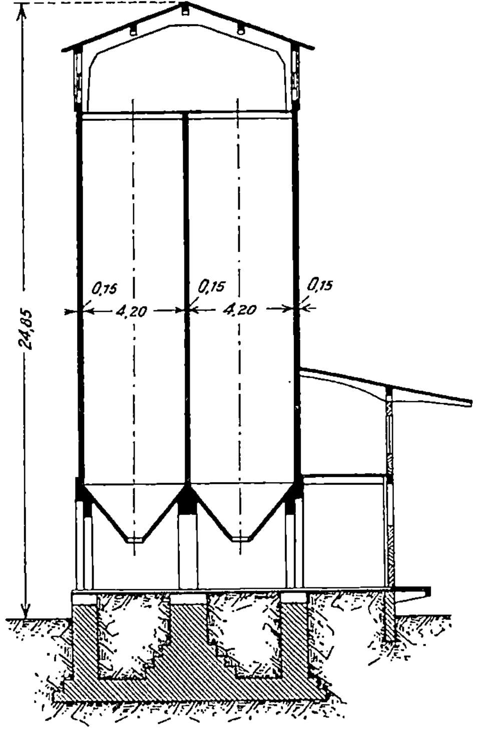
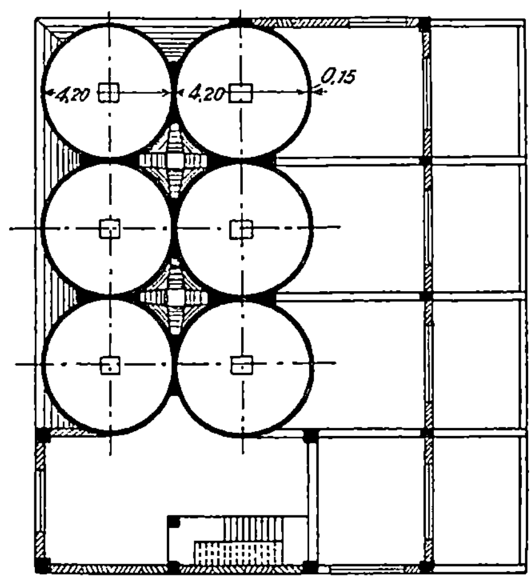

Fig. 237 u. 238.

die Doppelschnecke an erster Stelle Erwähnung verdient. Sie besteht aus zwei nebeneinander in einem gemeinschaftlichen Gehäuse gelagerten Schnecken,

____

[1] „Mitteilungen der Zentralstelle." J. 1911, Nr. 32.

die in einander entgegengesetzter Richtung (nach innen zu) umlaufen. Das Gehäuse ist unterhalb des Siloauslaufes weit, daran anschließend aber so eng, daß die Schneckengewinde darin nur sehr wenig Spiel besitzen. Diese Anordnung verhindert das Durchschießen des Mehls sowie die lästige Gewölbebildung im Siloauslauf in vollkommener Weise.

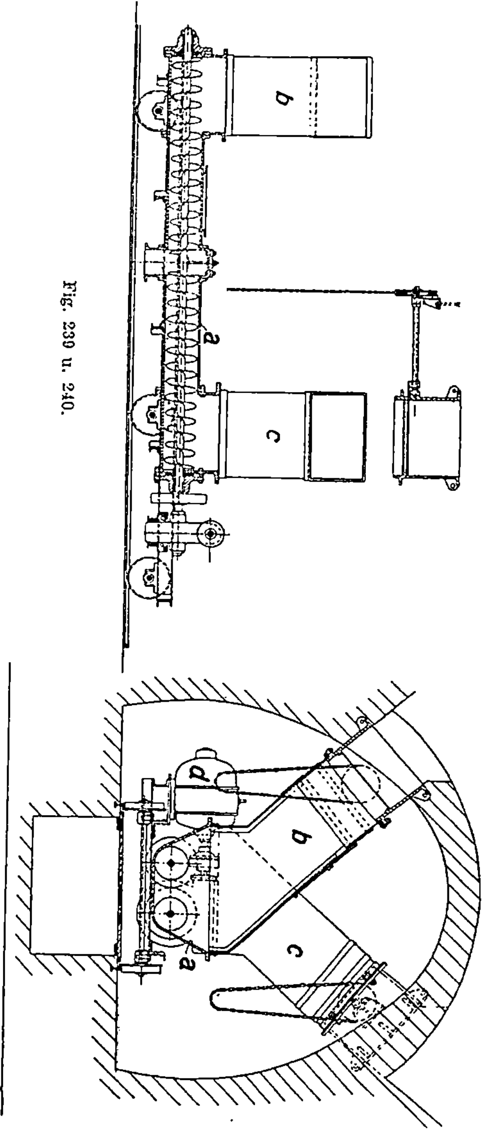

Für große Speicheranlagen mit vielen Auslaufstellen hat die in Fig. 239 und 240 dargestellte d o p p e l t e   S i l o e n t l e e r u n g s v o r r i c h t u n g der *Herm. Löhnert A.-G.*, Bromberg, vorteilhafte Anwendung gefunden. Sie entnimmt das Mehl dem Silo gleichzeitig an zwei Stellen durch die Fallrohre b und c und befördert es durch zwei Doppelschnecken a nach der in der Mitte der letzteren liegenden Austrittöffnung. Die Einrichtung ist fahrbar angeordnet und wird von dem Elektromotor d in Tätigkeit gesetzt. Sobald eine Zelle an zwei Absackstellen leer ist, werden die Fallrohre b und c an die mit Kettenzugschiebern versehenen Auslaufrahmen der Siloöffnungen staubdicht (Lederbeutel) angeschlossen, was sich nach Bedarf wiederholt.

Zur Entnahme grießigen oder noch gröberen Lagergutes aus Silozellen, das nicht zur Verstäubung neigt, eignen sich am besten einfache S c h w i n g s c h u h e, die ihre absatzweise Bewegung von der darunterliegenden Förder- und Sammelvorrichtung empfangen, oder P e n d e l s c h i e b e r mit Einzelantrieb, wovon die Fig. 241 bis 243 ein Ausführungsbeispiel, Bauart der *Rheinischen Maschinenfabrik*, Neuß a. Rh., zeigen. Die Einrichtung besteht aus dem feststehenden Teller c, der mittels Vorgelege und Lenker in hin und her gehende Bewegung versetzten Stahlschiene d und dem Stutzen $b \cdot b$ und c sind in dem Gehäuse a eingeschlossen, das an der Siloauslauföffnung befestigt wird. Die Leistung läßt sich durch Verstellen des Gelenkes bzw. Ausschlages genau regeln.

Für die Beschickung und Entleerung von Silos, die zur Aufnahme bzw.
zur Speicherung von schlamm- oder mehlförmigen, auf dem Wege der Naß-
oder Trockenmahlung entstandenen Zwischenerzeugnissen der chemischen
Industrie dienen, hat seit einigen Jahren die auf anderen Gebieten bewährte
pneumatische Förderung mit großem, in dem Wesen und der Ausführungs-

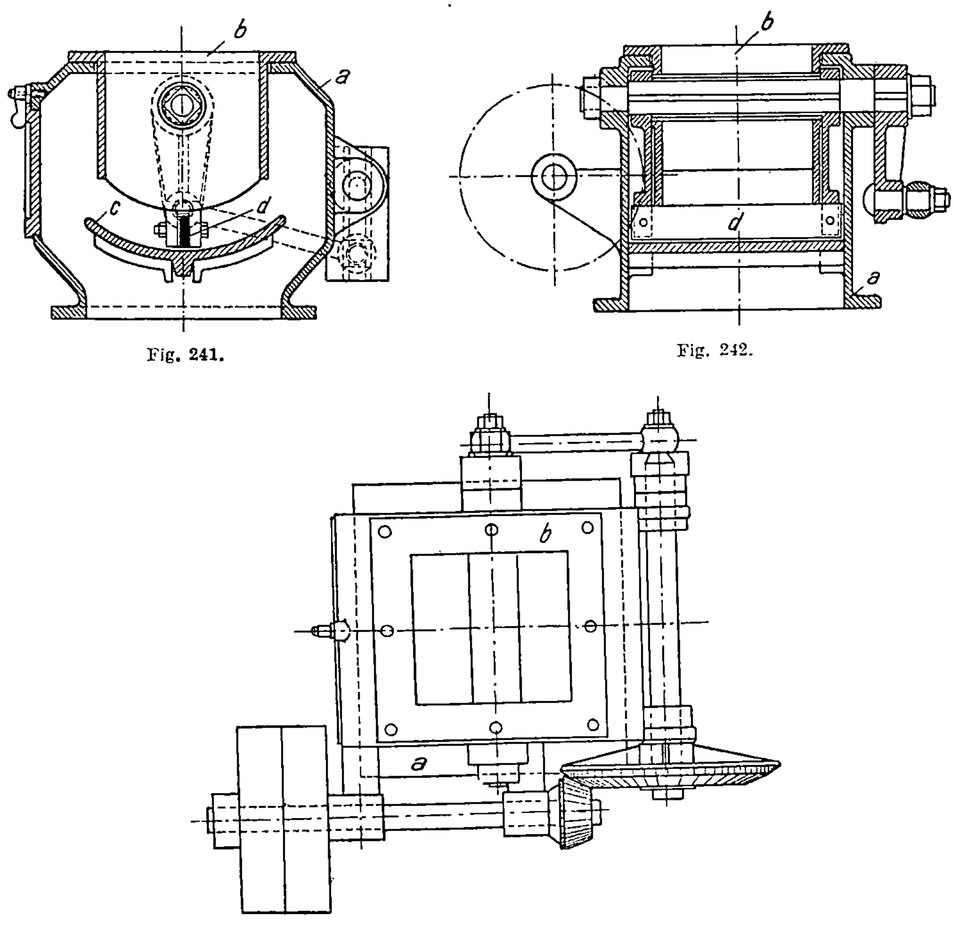

Fig. 241.

Fig. 242.

Fig. 243.

form wohlbegründetem Erfolg Anwendung gefunden. Die Förderung erfolgt
hierbei dadurch, daß durch den von einer Pumpe erzeugten Luftstrom, der
entweder saugend oder drückend wirkt, das Fördergut in der Richtung des
ersteren mitgenommen wird.

Eine pneumatische Schlammfördereinrichtung, Bauart *Ströder*,
Düsseldorf, die die Förderung des von den Naßmühlen erzeugten Zement-
rohschlammes zu den Schlammsilos und von diesen zu den Drehöfen zu
bewerkstelligen hat, ist in den Fig. 244 bis 246 dargestellt. Sie besteht, wie

aus Fig. 244 ersichtlich, aus zwei auf je einem Hebelarm pendelnd aufgehängten Fördergefäßen a_1, a_2, welche durch die Kanäle des darüber angeordneten Umsteuerapparates b abwechselnd mit der Saug- bzw. Druckluftleitung c_1, c_2 in Verbindung gesetzt werden. Der mit der Saugluftleitung in Verbindung stehende Behälter füllt sich infolge des atmosphärischen Überdruckes mit Schlamm aus e_1 oder e_2; nach Erreichung eines bestimmten Füllgewichts, das durch das Gegengewicht d_1, d_2 eingestellt werden kann, senkt sich der Behälter und betätigt dadurch den Umsteuerapparat. Nunmehr steht der mit Schlamm gefüllte Behälter mit der Druckluftleitung in Verbindung, während der andere, noch leere Behälter an die Saugluftleitung angeschlossen

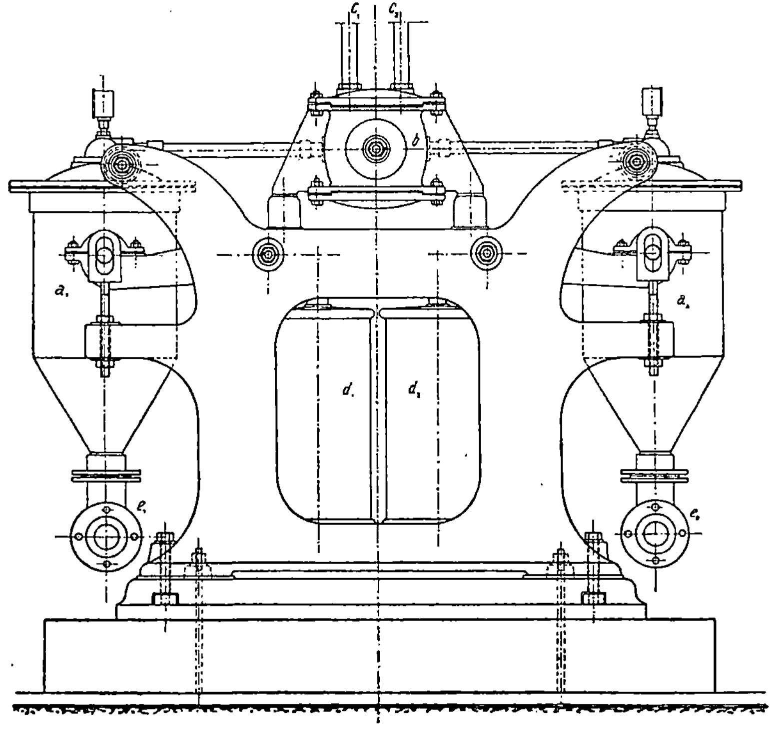

Fig. 244.

ist. Der im Behälter befindliche Schlamm wird infolge des eintretenden Überdrucks durch die Rohrleitung e_1 bzw. e_2 zu seinem Bestimmungsort hingedrückt; gleichzeitig füllt sich der mit der Saugluftleitung in Verbindung stehende zweite Behälter mit Schlamm und betätigt nach Erreichung seines Füllgewichtes den Umsteuerapparat, worauf sich der Vorgang wiederholt.

　　Die Einrichtung arbeitet in einem ununterbrochenen Wechselspiel, so daß in der Förderung des Schlammes keine Stockung entsteht. Mit dem Fördergut kommen, was besonders hervorgehoben zu werden verdient, keinerlei bewegte Teile, wie Schwimmer, Schieber u. dgl. in Berührung; die Umsteuerung wird von dem zu fördernden Schlamm nicht berührt, ihr genaues Arbeiten kann daher nicht beeinträchtigt werden. Die Leistungsregelung ist einfach

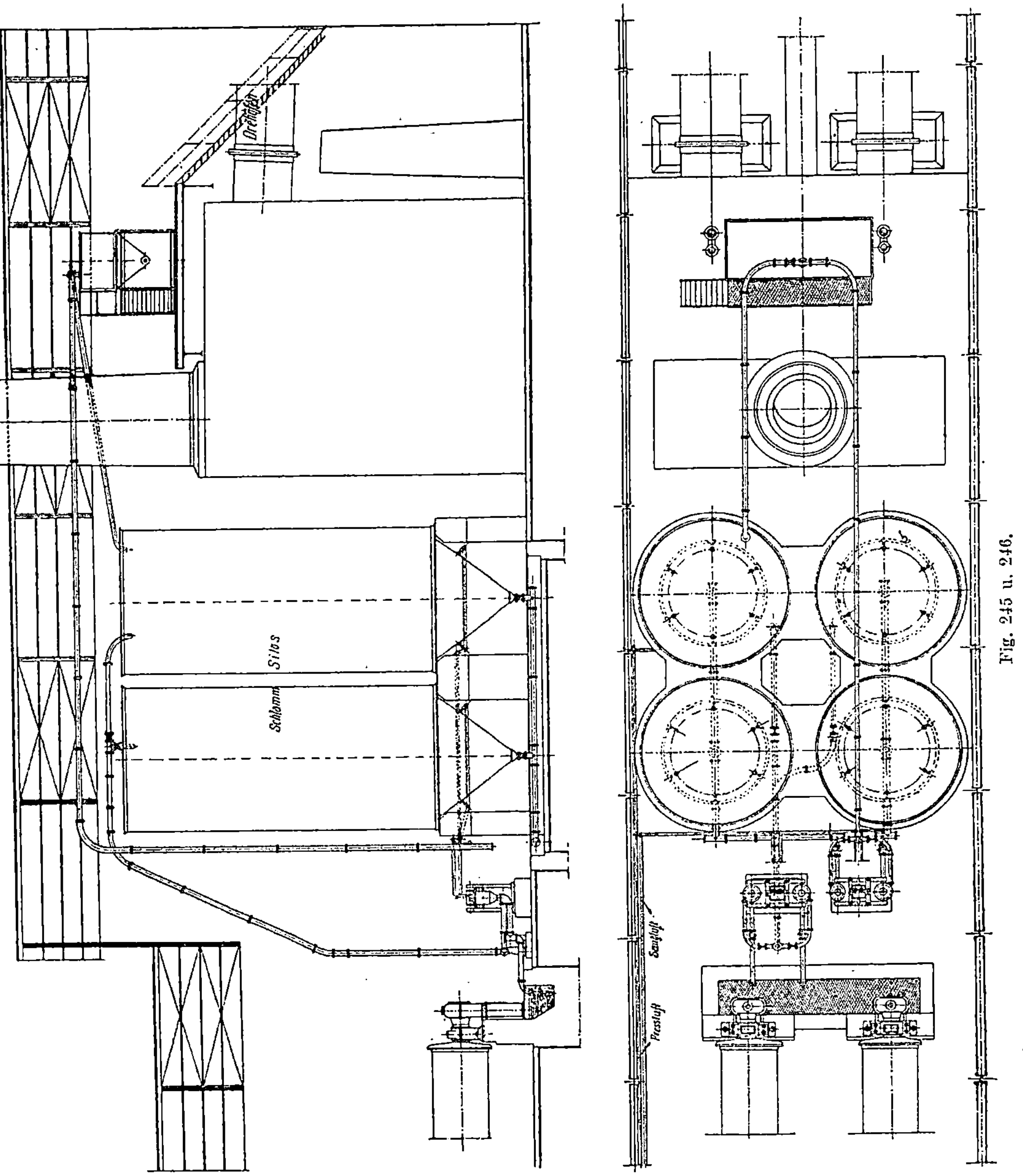

und der Kraftverbrauch mäßig. Das Anlassen und Stillsetzen des ohne jegliche Wellenleitung und ohne Schmierung arbeitenden Förderers kann von beliebiger Stelle aus erfolgen.

Die Fig. 245 und 246 veranschaulichen die Förderung des von den Naßrohrmühlen erzeugten Zementschlammes zu den Schlammbehältern durch den pneumatischen Förderer. Der Schlamm wird, wie aus dem Bild ersichtlich, in einem kleinen Behälter gesammelt, aus dem er von dem Förderer entnommen und zu seinem Bestimmungsort — entweder zu dem Sammelbehälter oder unmittelbar zu den Drehöfen — hingedrückt wird.

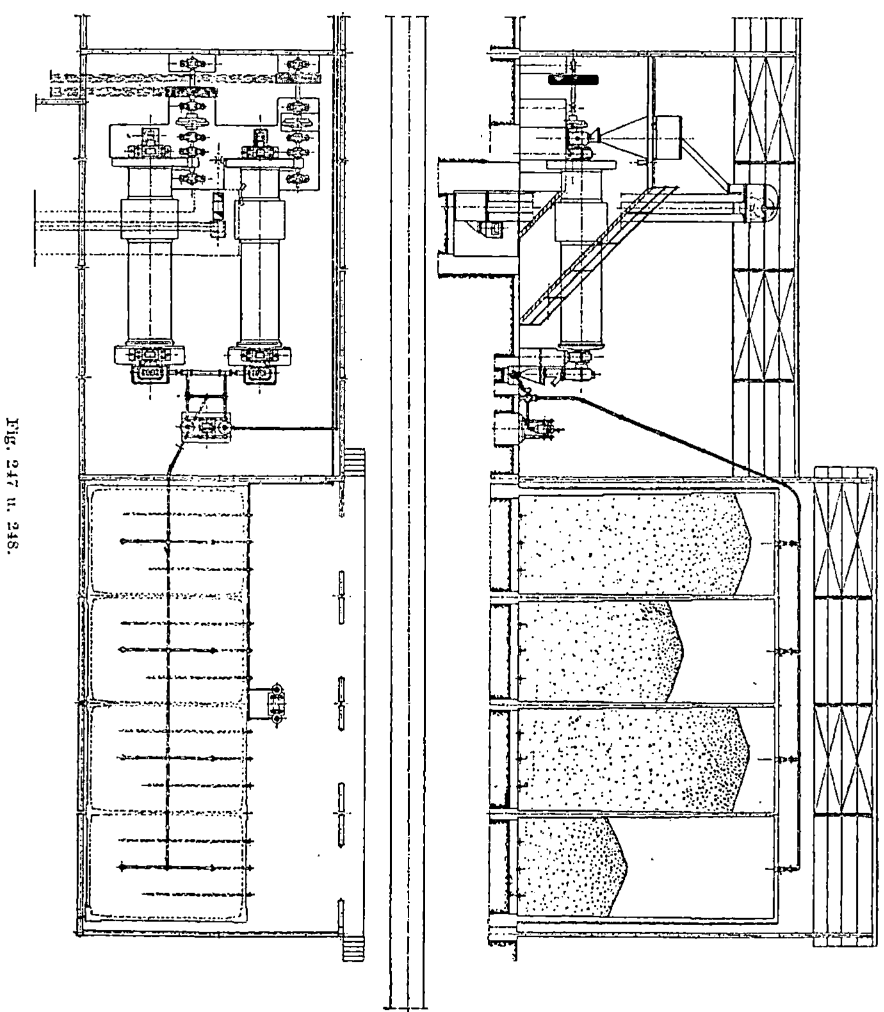

Fig. 247 u. 248.

Ebenso zeigt das Bild eine Darstellung der Mischung des Schlammes in den Behältern mittels Druckluft und seine Weiterbeförderung zum Drehofen. Die Druckluft wird durch die ringförmig um den unteren Teil des Behälters verlaufende Rohrleitung mit Hilfe von Düsen in den letzteren eingeführt und bewirkt, in großen Blasen aufsteigend, ein lebhaftes Aufrühren und damit eine höchst innige Mischung des ganzen Behälterinhalts.

Bei der Förderung des Schlammes aus den Behältern zu den Drehöfen tritt noch ein besonderer Vorzug des pneumatischen Schlammförderers dadurch hervor, daß der hydrostatische Überdruck des in den Behältern aufgespeicherten Fördergutes für die weitere Förderung nutzbar gemacht wird. Dieser Vorzug fällt zwar bei der pneumatischen Förderung trockenen, staubförmigen Gutes fort, doch bleiben alle ihre anderen Vorteile auch bei dieser Anwendungsart ungeschmälert bestehen.

Eine pneumatische Beschickungs- und Entleerungseinrichtung für Zement- oder Rohmehlsilos zeigen die Fig. 247 und 248, die nach dem Vorhergegangenen wohl ohne weiteres verständlich sein dürften. Hervorgehoben sei nur, daß für die Mehlförderung — genau wie bei einer Flüssigkeit — kein Überschuß an Luft vorhanden zu sein braucht, und daß infolgedessen alle Vorrichtungen zur Trennung des Mehles von der ihm als Träger dienenden Luft in Wegfall kommen.

c) Bodenspeicher.

Bodenspeicher sind Lagerhäuser mit 5, 6 oder mehr Stockwerken meist langgestreckter Form und i. M. 3 m Geschoßhöhe. Sie dienen als sog. „Rieselspeicher", bei denen der Inhalt der oberen Geschosse durch verschließbare Öffnungen im Fußboden in Verbindung mit Zerstreuapparaten auf die darunterliegenden Böden abgelassen werden und durch mechanische Einrichtungen wieder auf den obersten Boden befördert werden kann, der Lagerung, Mischung und Umarbeitung von Körnerfrüchten (Getreide). Mehlartige Erzeugnisse

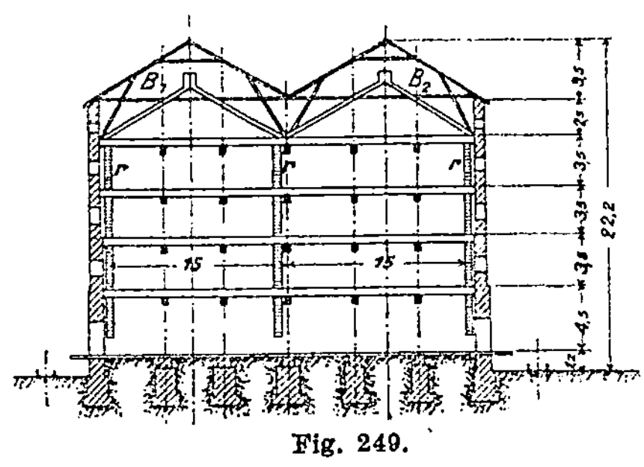

Fig. 249.

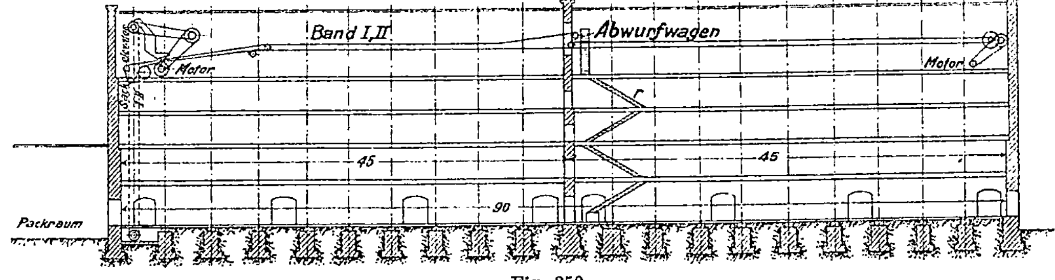

Fig. 250

können in Bodenspeichern nur in verpacktem Zustande gelagert werden.

In Fig. 249 und 250 ist ein solcher Bodenspeicher für Sackware und Ballen dargestellt. Das 90 m lange und 30 m breite Gebäude enthält 5 Geschosse von 2,5 bis 4,5 m Höhe. Die gepackten Säcke werden von zwei Elevatoren

15*

gehoben und zwei Bandförderern übergeben, die im Dachgeschoß des Hauses untergebracht sind. Die Bänder tragen die Säcke in der Längsrichtung des Speichers weiter und setzen sie mittels der fahrbaren Abwurfvorrichtung an jeder beliebigen Stelle der Fahrbahn ab. Die Beförderung in die unteren Geschosse vermitteln eiserne Rutschen r, auf denen die Säcke hinabgleiten. Der Verkehr in den unteren Stockwerken wird durch Handkarren, besser aber noch durch kurze, fahrbare Sackbänder bewerkstelligt.

Die Verpackung des gemahlenen Gutes in Säcke oder Fässer erfolgt nur selten noch von Hand, vielmehr bedient man sich dazu jetzt fast ausschließlich besonderer mechanischer Vorrichtungen.

Zum selbsttätigen Füllen und Abwiegen der Säcke werden einfache oder doppelte Sackwagen verwendet, die man unmittelbar am Siloauslauf befestigt oder auch fahrbar einrichtet. Vorzuziehen ist es jedoch immer, zwischen Auslauf und Wage eine kurze Förderschnecke einzuschalten, da der Zulauf in diesem Falle regelmäßiger vor sich geht. In der Einlauföffnung der einfachen Sackwage, Bauart der *G. Luther A. G.*, Braunschweig, sind zwei Klappen angebracht, von denen sich die eine schließt, sobald der Sack zum größten Teil gefüllt ist. Der Rest läuft durch die zweite Klappe in einem dünnen Strahl ein. Sobald der Sack das vorgeschriebene Gewicht erreicht hat, schließt sich auch die zweite Klappe und der Apparat stellt seine Tätigkeit ein. Hierauf nimmt der Arbeiter den gefüllten Sack ab, hängt einen leeren an den Sackring und setzt den Apparat durch den Einschalter von neuem in Betrieb.

Bei der doppelten Sackwage hängen die Säcke an den Stutzen eines gegabelten, mit einer Umstellklappe versehenen Rohres. Das Umstellen der Klappe, wodurch der Zulauf zu dem gefüllten Sack abgestellt und das Gut nach dem leeren Sack hingeleitet wird, geschieht selbsttätig, die Wage arbeitet also ohne jede Unterbrechung. Ein Hubzähler gibt die Anzahl der gewogenen Säcke an. — Vielfach sind bei solchen Wagen Staubrohre vorgesehen, die an die Saugleitung eines Staubfängers angeschlossen werden, so daß das Packen selbst sehr stark zur Verstäubung neigender Materialien ohne jede belästigende Staubentwicklung vor sich geht.

Die fahrbare Doppelsackwage, Bauart *Amme, Giesecke & Konegen*, Braunschweig, veranschaulichen die Fig. 251 und 252. Die Wage a ist hier auf einem Fahrgestell b befestigt, das auf Schienen laufend, den Silo in seiner ganzen Länge bestreichen und das Gut aus jeder beliebigen Zelle entnehmen kann. Die Zuteilung des letzteren erfolgt durch eine vom Motor f betriebene, in einem ausgedrehten Gußgehäuse laufende Förderschnecke c. Der beim Absacken entstehende Staub wird seitwärts durch Entstäubungsrohre d, d_1 mittels einer großen Expansionsschnecke e der Entstäubungs- bzw. Staubsammelanlage zugeführt.

Bei der Packung in Fässern handelt es sich darum, eine möglichst dichte Aneinanderlagerung der Teilchen herbeizuführen, um das Faß, das

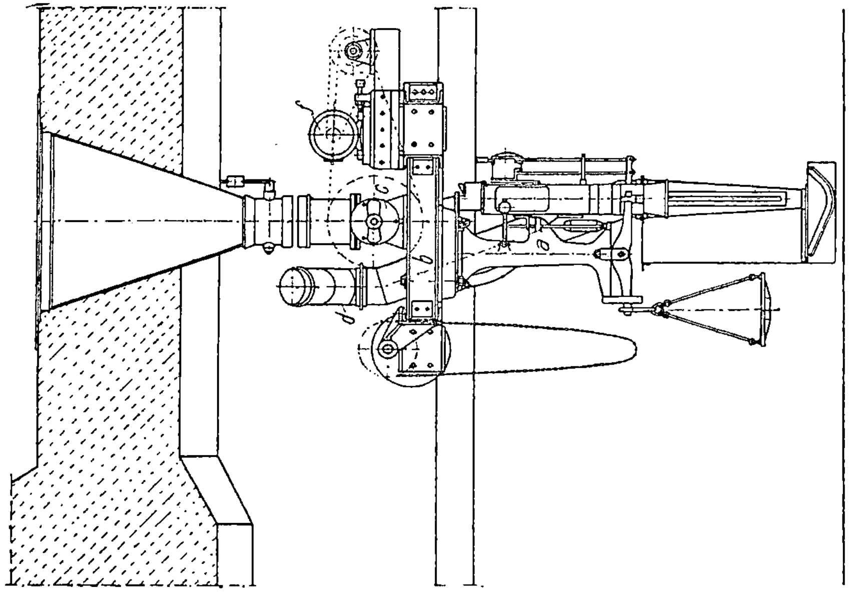

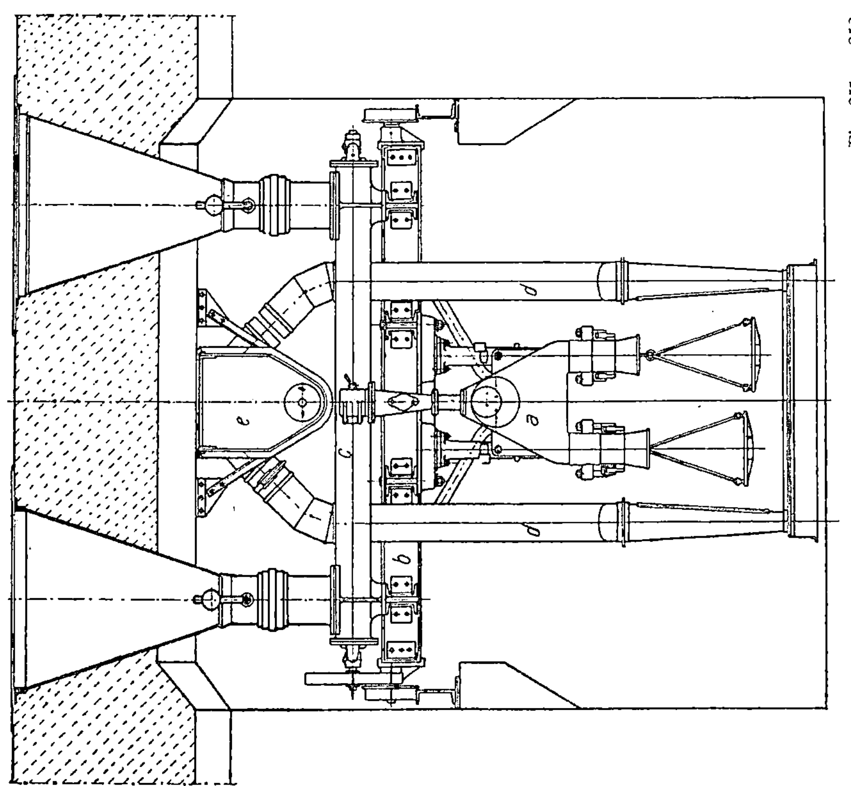

Fig. 251 u. 252.

immerhin ein ziemlich kostspieliges Verpackungsmittel ist, so klein und daher so billig wie möglich zu machen. Diese Vergrößerung des Litergewichtes kann entweder dadurch erreicht werden, daß man das Faß, während es gefüllt wird, auf eine Unterlage stellt, die man schnelle, rhythmische Bewegungen vollführen läßt, welche ein Zusammenrütteln und -schütteln des Faßinhaltes

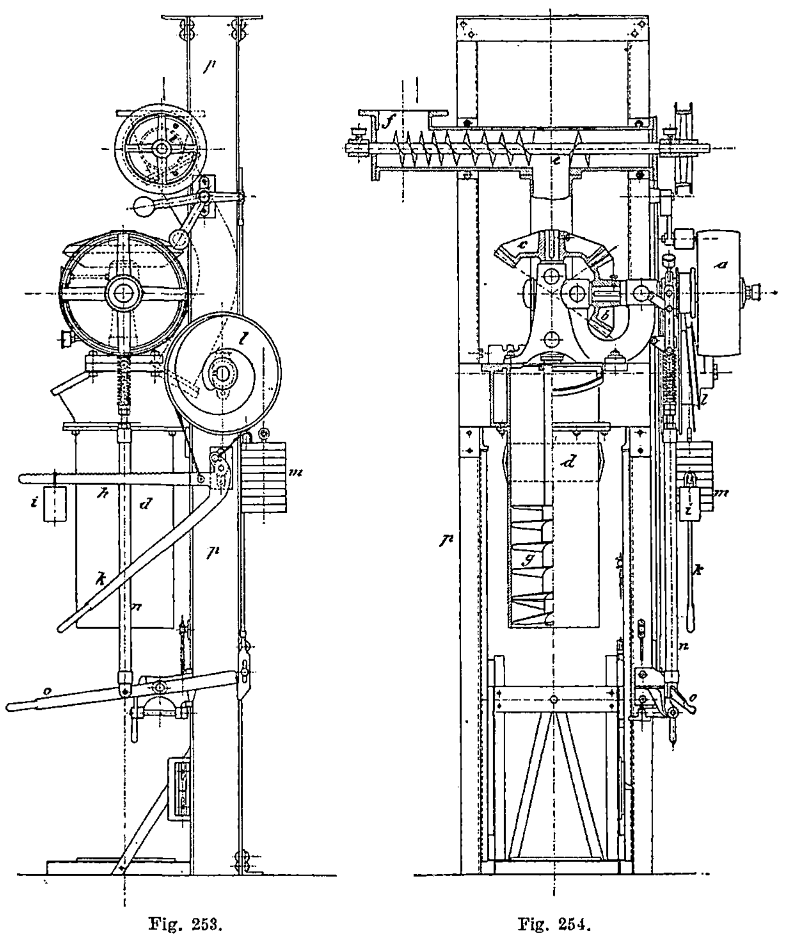

Fig. 253.Fig. 254.

bewirken, oder indem man das Gut durch eine schnell umlaufende Schnecke in das Faß hineinschraubt. Auf dem ersten Grundsatz beruhen die Faß-Rüttelwerke, auf dem zweiten die Faß-Packmaschinen.

Ein Faß-Rüttelwerk besteht aus einer viereckigen oder runden Tischplatte, auf der das zu füllende Faß lose aufsteht und die durch eine versenkt liegende Daumenwelle rasch gehoben und fallen gelassen wird. Rüttelwerke, die den Tisch zentral heben und fallen lassen, sind jenen vorzuziehen, bei denen der Tisch auf der einen Seite in Scharnieren hängt und einseitig ge-

hoben und gesenkt wird. Noch besser ist es, den Tisch auf vier starke Spiralfedern zu setzen, deren Spannung dem jeweiligen Gewicht des Fasses angepaßt
werden kann.

Als Beispiel einer **Faß-Packmaschine** sei hier die Bauart der *Amme,
Giesecke & Konegen A. G.*, Braunschweig, Fig. 253 und 254, angeführt. Das
Faß steht auf einem leichten Fahrstuhl, der unter dem Einflusse des Ge-
wichtes m angehoben wird, dessen Zugband sich auf den Spiralgängen l auf-
und abwickelt. Dieses Gewicht bestimmt gleichzeitig die Füllung des Fasses.
Bei Beginn der Füllung ragt der Zylinder d in das hochgezogene Faß hinein.

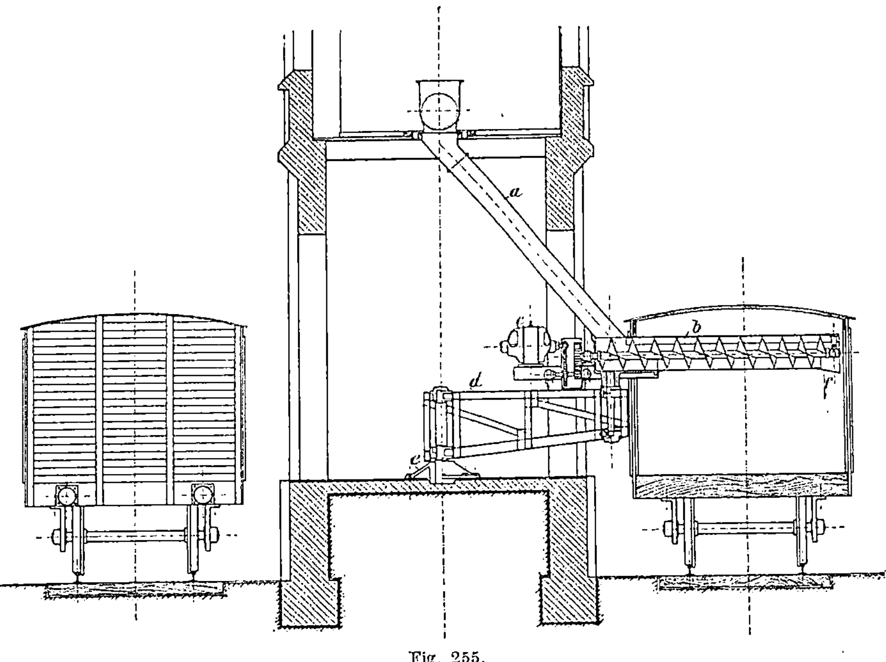

Fig. 255.

Je mehr nun bei Tätigkeit des Antriebes a, b, c die Schnecke g das Faß mit
dem von der Schnecke e, f herausgeförderten Gut füllt, um so mehr wird es
unter Heben des Gewichtes m herabgepreßt. Nachdem das Faß gefüllt ist,
rückt die Klinkeneinrichtung n, o die Maschine aus; der Arbeiter nimmt das
volle Faß ab, stellt ein leeres auf den Fahrstuhl, verschiebt die Klinke o und,
indem der Fahrstuhl in die Höhe schnellt, beginnt die Packung von neuem.

Die Maschine, die vollkommen staubfrei arbeitet, ist in einem starken
eisernen Gerüst p eingebaut, das zur Erzielung der nötigen Standfestigkeit mit
der Deckenkonstruktion des Packraumes in sicherer Verbindung stehen muß.

Massengüter, die in gemahlenem Zustande ohne jegliche Verpackung
versandt werden, wie z. B. Kalisalze, erfordern eine möglichst wenig zeit-
raubende Beladung der Eisenbahnwagen, bei welcher gleichzeitig jegliche Handarbeit auszuschalten ist. Die in Fig. 255 dargestellte Verlade-

schnecke, Bauart der *Amme, Giesecke & Konegen A. G.*, Braunschweig, löst diese Aufgabe in zufriedenstellender Weise. Die Einrichtung besteht aus dem drehbaren Auslaufrohr *a*, an das die Schnecke *b* mit dem Ausfall *f* anschließt. Die Schnecke ist auf dem um die Säule *e* drehbaren Ausleger *d*, zusammen mit

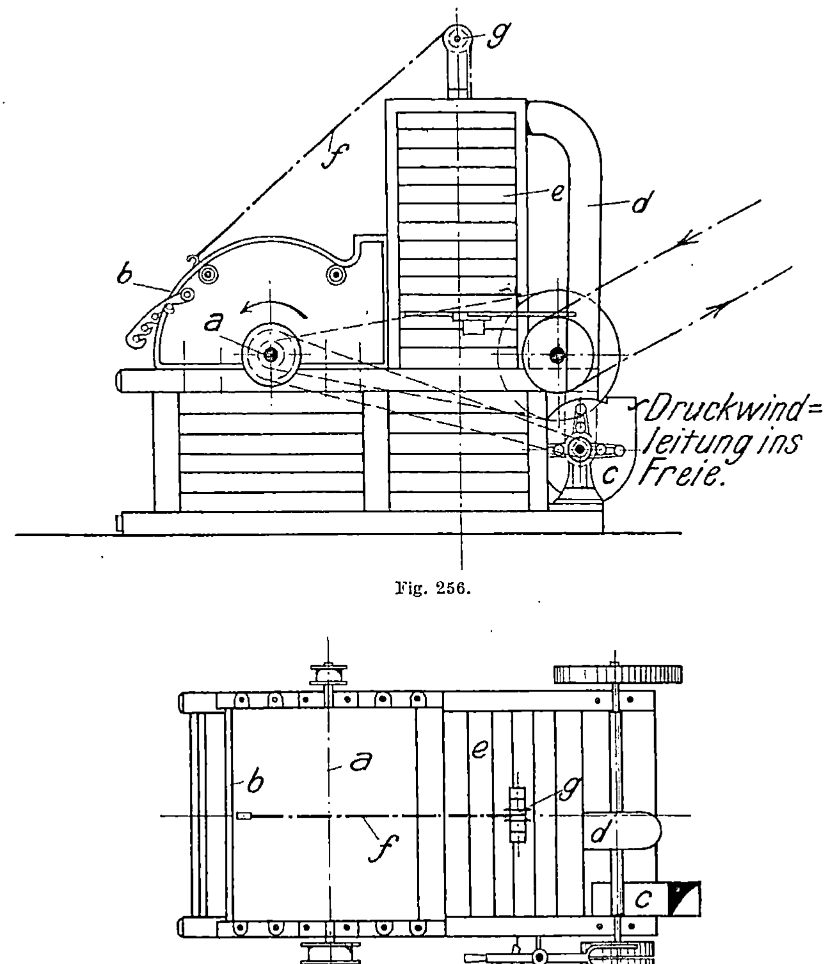

Fig. 256.

Fig. 257.

dem Elektromotor *c* aufgebaut, läßt sich also nach Bedarf so schwenken, daß der Eisenbahnwagen — ohne verschoben werden zu müssen — über seine ganze Länge gefüllt werden kann.

Ähnliche Verladeschnecken baut auch *G. Sauerbrey*, Staßfurt und die *G. Luther A.-G.*, Braunschweig, letztere mit dem Unterschied, daß die Schnecke mit dem Motor nicht auf einem Ausleger ruht, sondern an dem hängenden Auslaufrohr befestigt ist, mit diesem geschwenkt, aber auch in der senkrechten

Ebene verstellt werden kann, wobei der Raum unterhalb der Verladetasche
frei bleibt und der Verkehr auf den Rampen nicht behindert wird[1].

Die zur Verpackung gemahlener Produkte benutzten Säcke gestatten
in der Regel eine mehrmalige Verwendung, bevor sie endgültig unbrauchbar
geworden sind. Zu diesem Behufe ist es jedoch nötig, sie vor der Wieder-
benutzung und bevor etwaige Risse und Schäden, die sie auf dem Transport
und der Verwendungstelle erlitten haben, ausgebessert sind, einer gründlichen
Reinigung zu unterziehen. Die Intensität der letzteren richtet sich nach der
Natur der Ware: ist letztere hygroskopisch und leicht zusammenklebend,

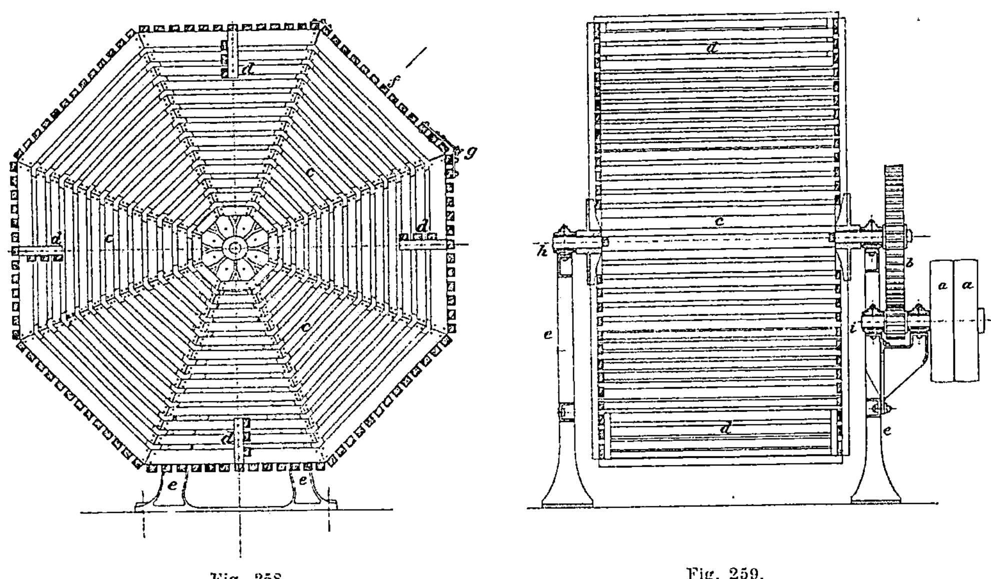

Fig. 258.   Fig. 259.

so müssen die sich bildenden Krusten durch heftiges Klopfen, nötigenfalls
auch durch Bürsten entfernt werden, haftet der trockene Staub den Säcken
aber nur lose an, so genügt schon ein kräftiges, länger anhaltendes Schütteln,
um die gewünschte reinigende Wirkung hervorzubringen.

Diese Reinigung geht nun in den allermeisten Fällen mit einer starken
und lästigen Staubentwicklung Hand in Hand; es ist daher bei der Konstruktion der Reinigungsvorrichtungen diesem Umstande Rechnung zu tragen
und gleichzeitig auf die Wiedergewinnung des vielfach wertvollen Staubes
Bedacht zu nehmen.

Die Fig. 256 und 257 zeigen die Sackklopfmaschine des *Eisenwerks*
(*vorm. Nagel & Kaemp*) *A.-G.*, Hamburg. Sie besteht aus einer rasch umlaufenden Welle a, die über denjenigen Teil ihrer Länge, welcher der lichten
Weite des staubdichten, hölzernen Gehäuses oder — was dasselbe ist — der
zulässigen Sackbreite entspricht, mit einer Anzahl biegsamer Schläger besetzt

---

[1] Zeitschr. des Vereins deutscher Ingenieure 1910, S. 176.

ist. Diese Schläger bearbeiten nun den in die vordere Öffnung *b* des Gehäuses eingeschobenen und auf einer elastischen Unterlage ruhenden Sack in kräftigster Weise. Der hierbei entstehende Staub wird, zusammen mit der durch die vordere Öffnung nachströmenden Luft, von einem an der Maschine angebrachten und von dieser aus in Tätigkeit gesetzten Exhaustor *c* mit Saugrohr *d* durch die im Aufsatz *e* befindlichen Filtertücher hinduchgesaugt, wobei er an diesen hängen bleibt, während die gereinigte Luft ins Freie oder in eine Staubkammer geblasen wird. Zwecks Reinigung des Filtertuches wird dieses durch Ziehen und plötzliches Loslassen einer über die Rolle *g* laufenden Schnur *f* von Zeit zu Zeit kräftig geschüttelt. Der im Unterteil des Gehäuses sich sammelnde Staub wird in passenden Zeiträumen entfernt.

Eine S a c k s c h ü t t e l m a s c h i n e, Bauart der *Amme, Giesecke & Konegen, A.-G.*, Braunschweig ist in Fig. 258 und 259 dargestellt. Es ist dies eine Lattentrommel *c*, die mit ihren beiden Achszapfen *h* in zwei gußeisernen Ständern *e* gelagert ist und durch ein Vorgelege, bestehend aus der Welle *i*, Riemscheiben *a, a* und Getriebe mit Zahnrad *b* in langsame Umdrehung versetzt wird. Die zu reinigenden Säcke werden in Partien von 40 bis 100 Stück — je nach ihrer Größe — durch die Klappe *f g* eingebracht und etwa 10 bis 20 Minuten in der Trommel belassen.

Das Schüttelwerk wird zweckmäßig in ein dichtes, mit einer Tür von genügender Größe versehenes Gehäuse eingeschlossen, welches mit der Saugleitung einer Staubfängeranlage in Verbindung steht.

VII. Beschreibung vollständiger Anlagen.

Die nachstehenden Beschreibungen ausgeführter Mühlen- und vollständiger Fabrikanlagen sollen Gelegenheit bieten, die in den vorhergegangenen Abschnitten im einzelnen erläuterten Zerkleinerungsvorrichtungen, Mahl-Sicht- und Staubsammelapparate, Lagerungs- und Packeinrichtungen in ihrem Zusammenwirken zu verfolgen. Sie sollen aber gleichzeitig auch demjenigen als Anhaltspunkte dienen, der vor die Aufgabe gestellt ist, für einen neu anzulegenden Betrieb die geeigneten und praktisch bewährten maschinellen Hilfsmittel zu wählen.

Selbstverständlich konnten aus der schier unendlichen Mannigfaltigkeit der hier in Frage kommenden gewerblichen Betriebe nur einige wenige herausgegriffen werden; immerhin dürfte das gebotene Material vielseitig genug sein, um den eingangs umschriebenen Zweck zu erfüllen — namentlich dann, wenn die Beschreibung nicht nur als solche hingenommnen, sondern wenn auch über die innere Begründung der angeführten Maßnahmen nachgedacht wird, soweit diese aus der beigegebenen Erläuterung nicht ohne weiteres erkennbar sein sollte.

In den Fig. 260 und 261 ist eine Phosphatmahlanlage mit Kent-Mühle dargestellt. Es bedeutet dort a die Kent-Mühle, b den Steinbrecher, c das Becherwerk, d das Schrägsieb, e die Feinmehlschnecke, f einen Behälter für vorgebrochenes Gut, g den Aufgaberost, h die Elektromagnetwalze, i die Absackstelle, k den Staubsammler, l den Exhaustor, m das Ausblaserohr, o die Anschlüsse an die Entstaubung und p die Staubschnecke.

Die Leistungsfähigkeit dieser Anlage beträgt in der Stunde 4 bis 5 t afrikanisches oder 3 bis 3,3 t Pebble — oder 2,5 bis 3 t Florida Hard Rock Phosphat, bei einem Kraftaufwand von nur 25 PS (für die Mühle allein).

Fig. 262 ist der Längenschnitt, Fig. 263 der Grundriß einer kleinen Superphosphatfabrik, Bauart der *Alpinen Maschinenfabrik-Gesellschaft*, Augsburg. Das Rohphosphat wird aus dem — im Auf- und Grundriß links liegenden — Lagerraum angefahren und in den Aufgabetrichter a des Becherwerkes e geschaufelt, welches das Gemisch von gröberen Brocken und Feinmehl (es kommt hauptsächlich Gafsa-Phosphat zur Verarbeitung) auf den am Becherwerkauslauf befestigten schrägen Rost b wirft. Die Stücke unter 10 mm Korn mit dem Feinmehl gehen dabei in den Windsichter d, gröbere Brocken dagegen über den Rost in die Orionmühle c, die ihrerseits wieder ihr Mahlgut in das Becherwerk e gelangen läßt. Das Feinmehl vom Windsichter wird durch die Schnecke f in den Trichter g geschafft und fällt von hier nach Ziehen eines Schiebers in den Aufschließapparat h und endlich in den Säurekeller i.

Aus diesem wird das aufgeschlossene Superphosphat durch Kippwagen oder Hängebahnwagen nach dem Trichter k des Becherwerkes l geschafft, geht dann über das Schüttelsieb m, welches das bereits Feine ausscheidet, während die Klumpen auf der Schleudermühle (Desintegrator) n aufgelockert werden, um dann endlich nochmals mittels der Schnecke o und des Becherwerkes l auf das Schüttelsieb m zu gelangen.

Fig. 264 ist der Aufriß einer **Mahlanlage für Farben**, Bauart der *Rheinischen Maschinenfabrik* in Neuß a. Rh., Farben, die im Handel „unfühlbar" fein verlangt werden, sich aber infolge ihrer physikalischen Eigenschaften schwer oder gar nicht sieben lassen, werden auf Mahlgängen, die so

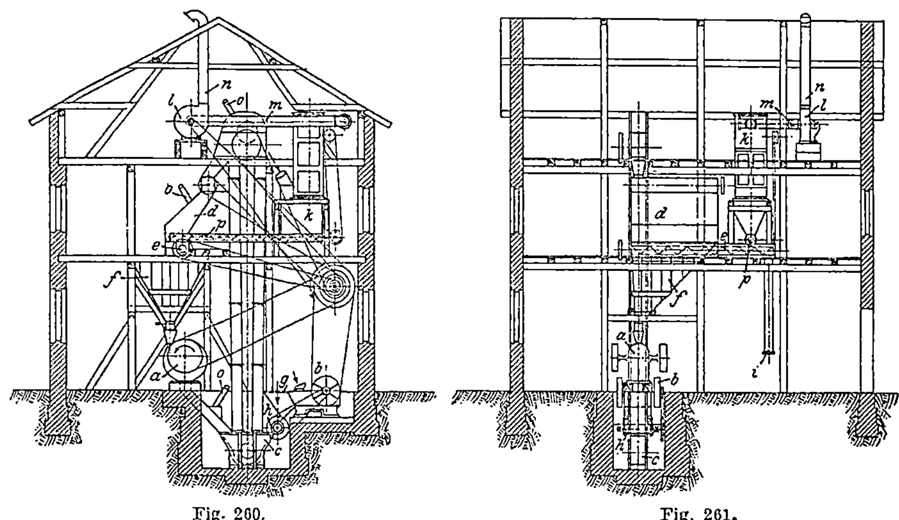

Fig. 260.   Fig. 261.

angeordnet sind, daß die Farben sie alle einzeln nacheinander passieren müssen, auf die gewünschte Feinheit gebracht. Man schaltet zu diesem Behufe oft vier und noch mehr Mahlgänge hintereinander.

Je feiner man das Gut den Mahlgängen aufgibt, desto besser ist naturgemäß das von diesen gelieferte Erzeugnis. Zweckmäßigerweise ist also hier den Mahlgängen d_1, d_2, eine Mörsermühle c vorgeschaltet, die selbst schon eine beträchtliche Menge des Allerfeinsten erzeugt, so daß die Gänge wesentlich entlastet werden. — Im übrigen bedeutet a das Vorbrechwalzwerk, b_1, b_2 zwei Becherwerke, e den Absackstutzen und f einen Saug-Schlauchfilter zur Staubloshaltung des Mühlenraumes. — Bei 30 PS Kraftverbrauch leistet die obige Anlage i. M. 1800 kg/St.

Eine **Mahl- und Packanlage für Erdfarben**, Bauart der *Rheinischen Maschinenfabrik* in Neuß a. Rh. ist im Aufriß durch Fig. 265 veranschaulicht. Das Rohmaterial wird in das in Fußbodenhöhe liegende Maul der Backenquetsche a eingeworfen, die es fein vorschrotet und in ein Becher-

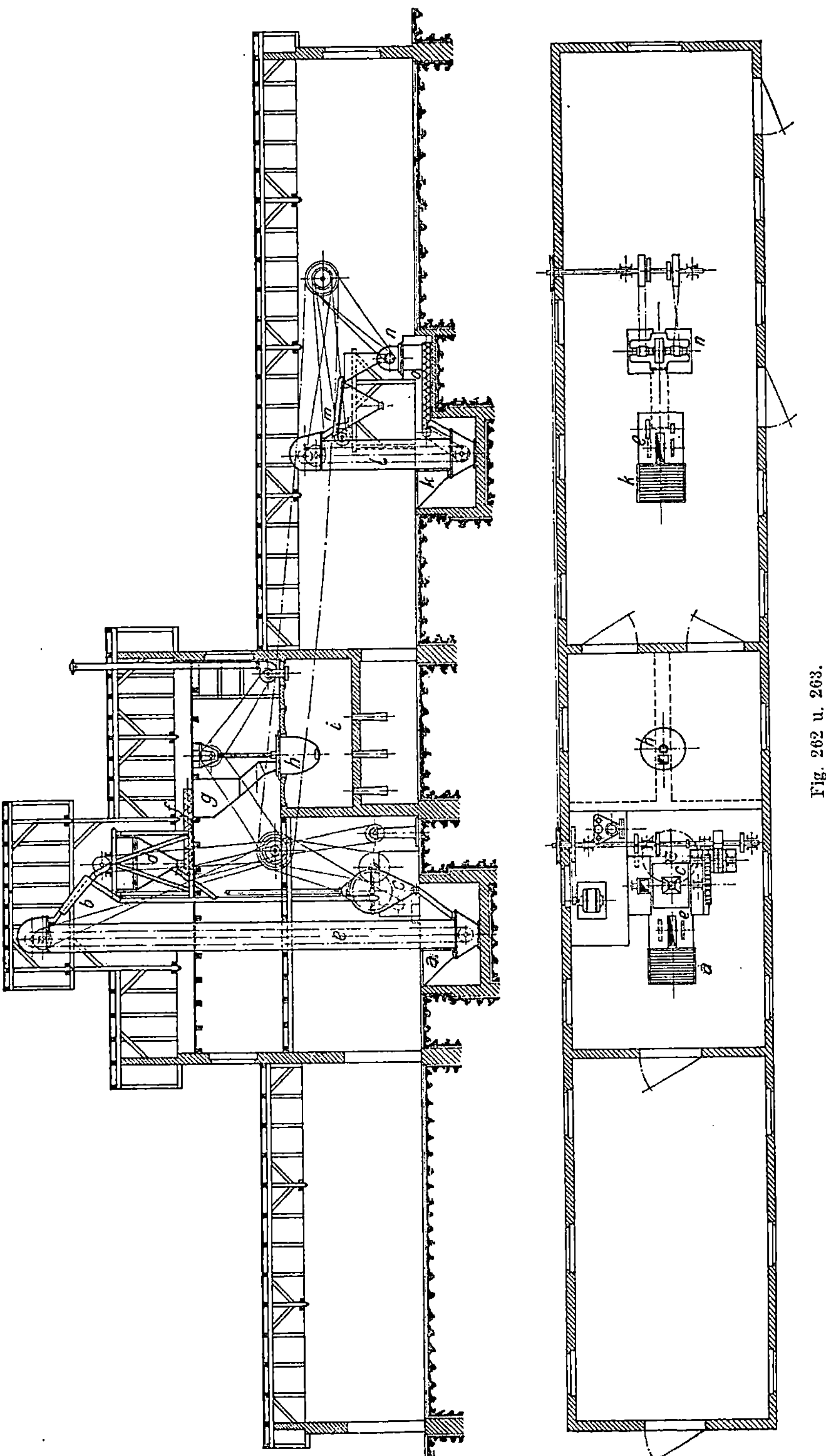

Fig. 262 u. 263.

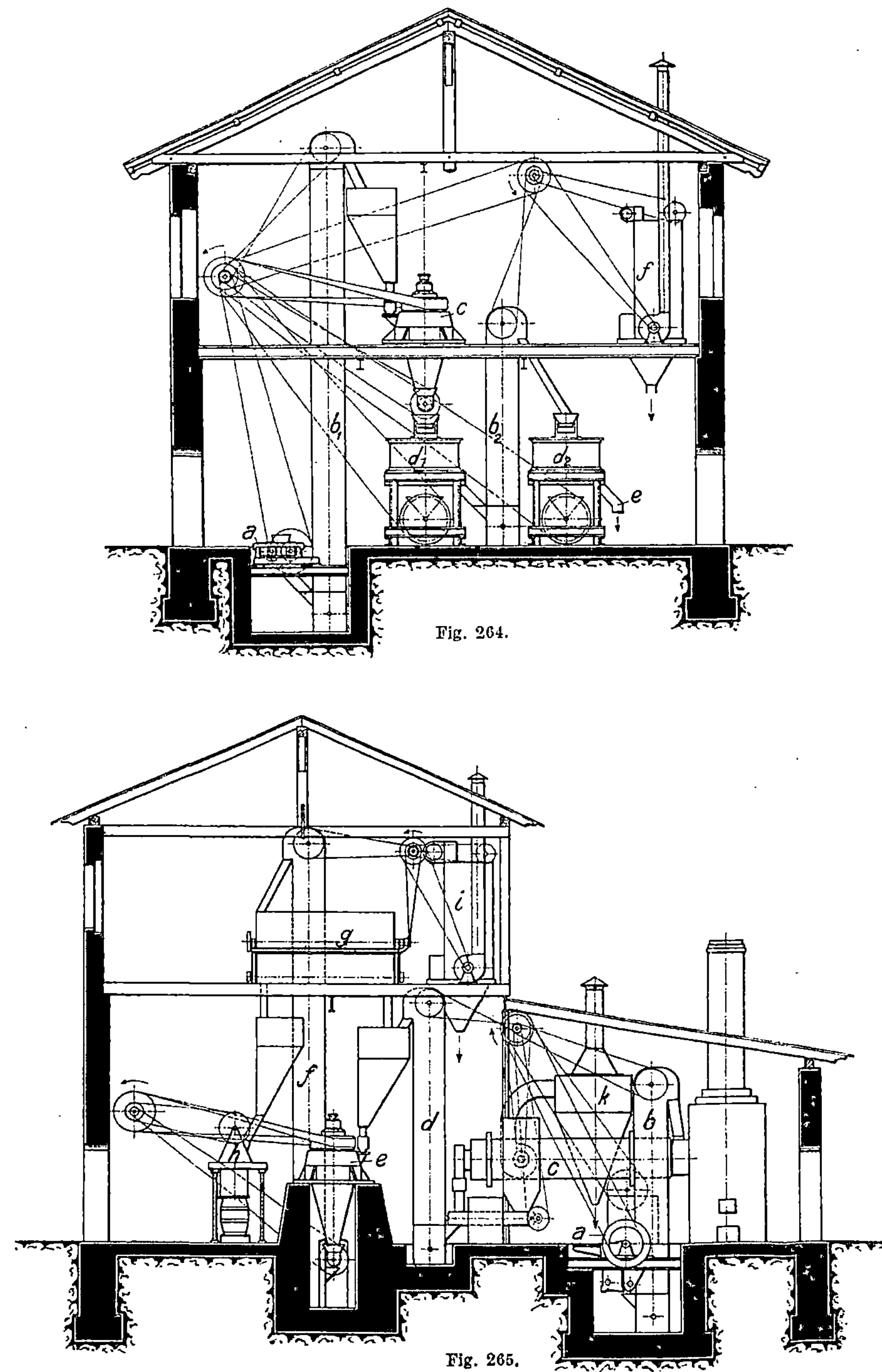

Fig. 264.

Fig. 265.

werk *b* fallen läßt, das das Gut in eine Trockentrommel *c* befördert, an die sich eine Kühltrommel anschließt.

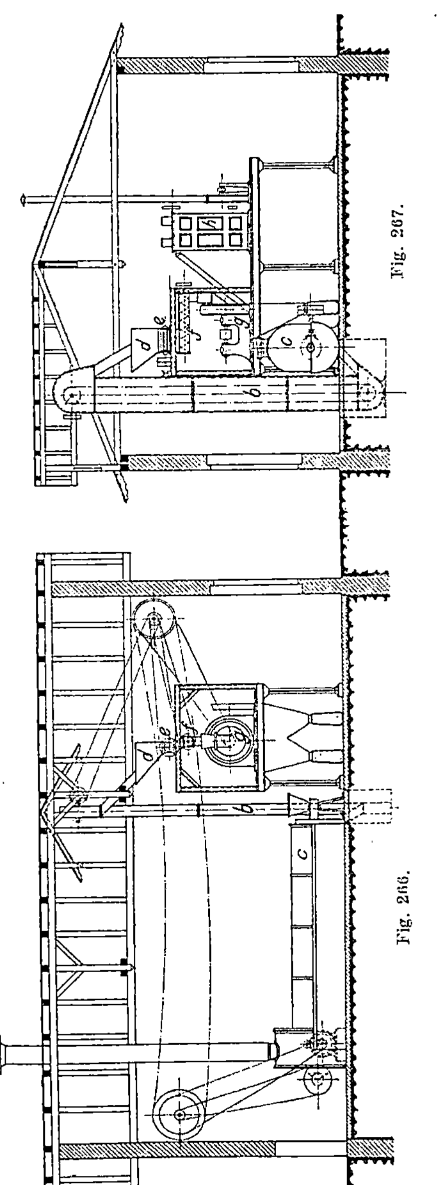

Von hier aus gelangt es mittels Schnecke und Becherwerk *d* in den Vorratsbehälter über der Mörsermühle *e*, die je nach Umständen entweder unmittelbar feinmahlen oder — wie abgebildet — ihr Erzeugnis mittels des Becherwerkes *f* an ein Zylindersieb *g* abgeben kann. Der Überschlag von letzterem geht zu nochmaliger Vermahlung auf die Mörsermühle zurück, während das fertige Erzeugnis bei *h* abgesackt oder in Fässer gefüllt wird. — Zur Entstäubung der Mühle ist wieder ein Saug-Schlauchfilter *i* vorgesehen und für die Trocknerei ein Exhaustor mit Zyklon *h* angeordnet. — Die Anlage leistet bei 35 PS Kraftverbrauch etwa 2000 kg/St.

Die Fig. 266 bis 268 zeigen Aufriß, Querschnitt und Grundriß einer Mahl-

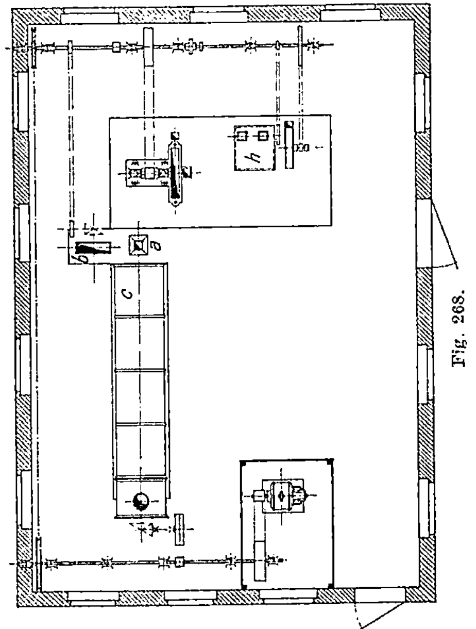

anlage für Ammoniaksalz, Bauart der *Alpinen Maschinenfabrik-Gesellschaft*, Augsburg. Das Ammoniaksalz wird durch den Trichter *a* dem Trockner *c* aufgegeben, der für eine stündliche Leistung von etwa 1000 kg ausreicht und den Feuchtigkeitsgehalt des Salzes von 4 Proz. auf 0,3 Proz. herabzumindern vermag. (Da bei den Ammoniaksalzanlagen das Gut häufig noch heiß aus den Zentrifugen zur Trocknung kommt, so würde in einem solchen Falle bei dem genannten Feuchtigkeitsgehalt auch eine etwas kleinere Trockenvorrichtung genügen.) Das getrocknete Gut wird durch das Becherwerk *b* in den Trichter *d* des Brechwerks *e* geschafft und von hier durch die Schnecke *f* der Perplex-Mühle *g* zugeführt, die es bei nur einmaligem Durchgang zu einem gleichmäßig feinen Produkt vermahlt. Änderungen des Feinheitsgrades können, wenn gewünscht, leicht vorgenommen werden.

Die Entstaubung der Anlage besorgt ein Exhaustor in Verbindung mit einem zwölfschläuchigen Filter *h*. Da aber die Erhaltungskosten des letzteren wegen der zerstörenden Wirkung der freien Säure auf das Gewebe etwas hoch sind, werden die neueren Anlagen dieser Art mit Zyklon und Staubkammer ausgeführt.

Soll das Ammoniaksalz nicht nachgedarrt werden, so wird es unmittelbar dem Becherwerk *b* aufgegeben. In diesem Falle leistet die Mühle 2 bis 300 kg/St., bei einem Feuchtigkeitsgehalt des Gutes von 4 bis 5 Proz. Der Kraftbedarf beträgt 20 bis 23 PS.

Fig. 269 ist der Aufriß einer Mahl- und Mischanlage für Bisulfat, Bauart der *Rheinischen Maschinenfabrik*, Neuß a. Rh. Das Bisulfat wird in großen Stücken, so wie diese aus den Pfannen herausgeschlagen werden, der Backenquetsche *a* karrenweise aufgegeben. Die eigenartige Form der Brechbacken dieser Maschine verhindert das Gleiten der schlüpfrigen Stücke, diese werden sofort gepackt und in einem Durchgange zu jeder gewünschten Körnung zermalmt. Vom Brecher aus wird das Gut mittels des Becherwerkes *c* in einen Behälter *e* geschafft, neben dem sich ein zweiter Behälter befindet, welcher das dem Bisulfat zuzusetzende Material, z. B. Kochsalz, enthält. Zur Feinmahlung des letzteren ist ein Desintegrator *b* vorgesehen, dessen Erzeugnis von dem schrägen Becherwerk *d* auf den erwähnten Behälter gehoben wird.

Die Pendelverschlüsse der beiden Behälter münden über dem auf einer Wage stehenden Kippgefäß *f* aus. Die abgewogenen Stoffe werden in die Mischmaschine *g* entleert, gemischt und vom Becherwerk *h* auf das obere Stockwerk gehoben, von wo sie zu den Öfen gefahren werden.

Bei 8000 kg stündlicher Leistung beziffert sich der Kraftbedarf dieser Anlage auf etwa 27 PS.

Von einer Dolomit-Aufbereitungsanlage, ausgeführt von der *Maschinenbau Anstalt Humboldt*, in Kalk b. Köln, ist Fig. 270 der Aufriß, Fig. 271 der Querschnitt und Fig. 272 der Grundriß. Der Roh-Dolomit wird mit Aufzug *a* gehoben, auf dem Steinbrecher *b* vorgebrochen und im Ofen *c* gebrannt. Das gebrannte Gut wird auf einem zweiten Steinbrecher *d* nochmals gebrochen und vom Becherwerk *e* auf die Siebtrommel *f* gebracht, die das Feine in den Behälter *g* fallen läßt, während die gröberen Stücke dem Kollergang *h* zur weiteren Zerkleinerung zugeführt werden. Das Kollergangserzeugnis läuft gleichfalls dem bereits erwähnten Becherwerk *e* zu, das es der Siebtrommel *f* übergibt.

Die Gruppe: Steinbrecher *d*, Becherwerk *e*, Siebtrommel *f* und Kollergang *h* wird auch zur Schamottemahlung benützt, doch ist, da das Formmaterial und die Schamotte feiner gemahlen werden müssen, in diesem Falle eine feinere Bespannung der Siebtrommel erforderlich.

Das aus dem Behälter *g* abgezogene Gut wird der Knetmaschine *k* aufgegeben, wobei — wenn Dolomit zu verarbeiten ist — der auf dem Teer-

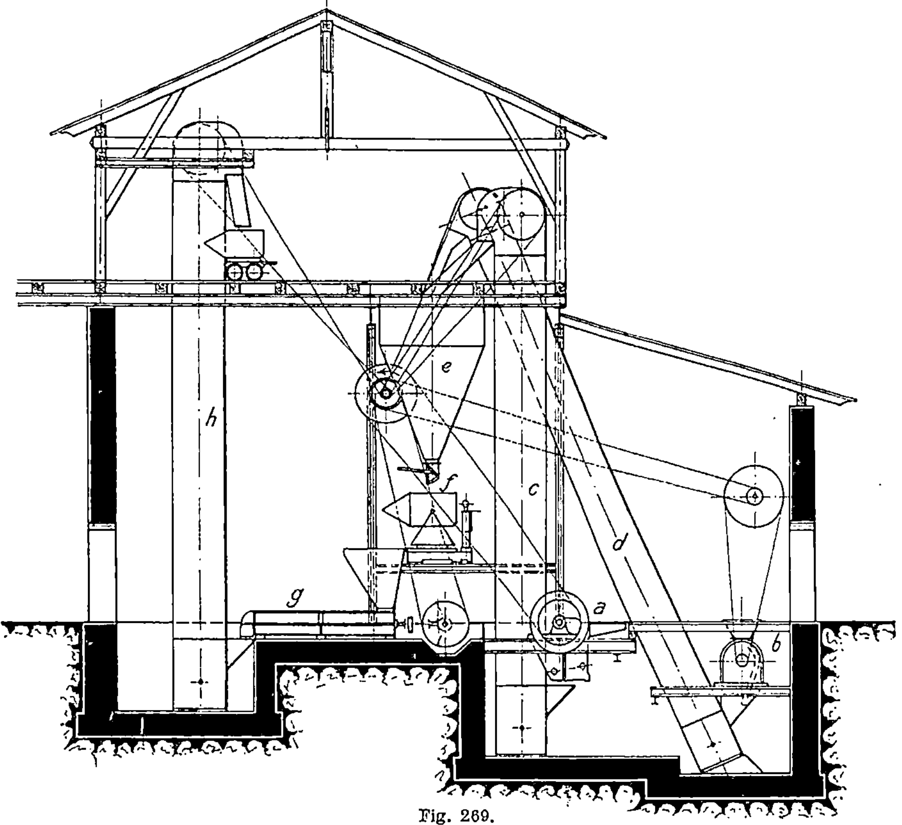

Fig. 269.

kocher *i* vorgewärmte Teer zugesetzt wird, während Schamottematerial einen Wasserzusatz erfordert. — Der Antrieb erfolgt von der Haupt-Vorgelegewelle *m* aus. Bemerkt sei noch, daß *l* den im Maschinenhause *n* aufgestellten Ventilator bedeutet, an dessen Windleitung der Brennofen *c* angeschlossen ist und daß der Aufzug *a* gleichzeitig auch zum Heben des Brennmaterials dient. — Die Leistung der beschriebenen Anlage ist 1500 kg/St. Dolomitmasse bei einem Kraftverbrauch von etwa 25 PS.

Die Fig. 273 bis 275 veranschaulichen die Einrichtung der Mahlanlage einer Sprengstoffabrik, Bauart der *Alpinen Maschinenfabrik Gesellschaft*, Augsburg. Die Rohstoffe bestehen aus drei verschiedenen Salzen, die in getrennten Lagern aufbewahrt und von da in kleinen Geleiswagen nach der

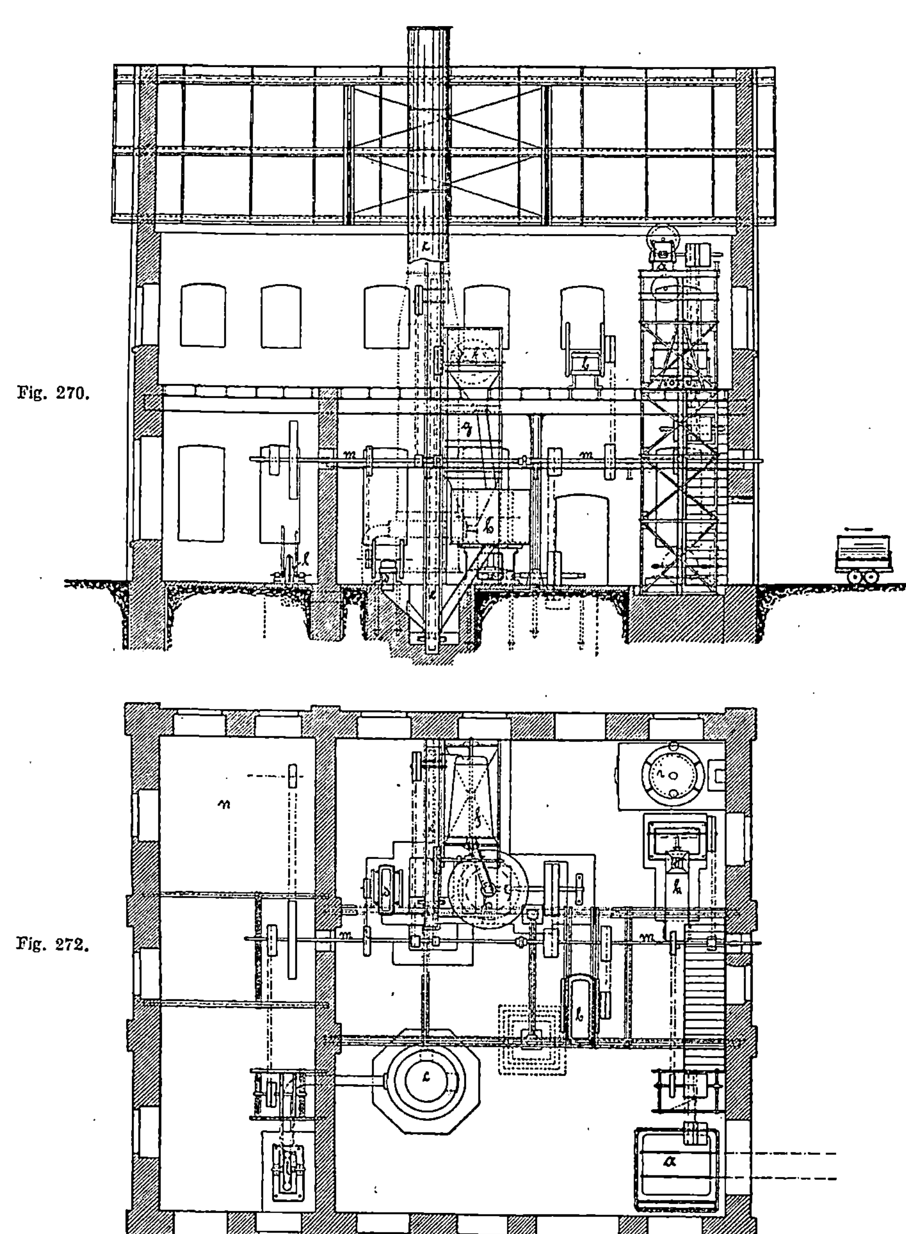

Fig. 270.

Fig. 272.

Mühle geschafft werden. Hier wird jedes der drei Salze für sich auf
Vorbrecher *a* vorzerkleinert, worauf zwei davon durch Becherwerke *b* in
Trockendarren *c* befördert werden, während das dritte Salz ohne vorherige Trocknung zur Vermahlung gelangt. Die Becherwerke sind unter Berücksichtigung der angreifenden Eigenschaften des Fördergutes ausgeführt

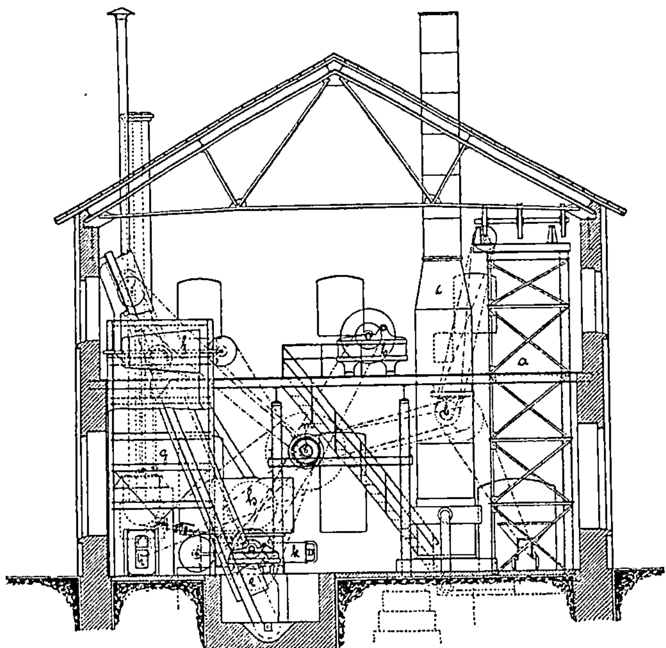

Fig. 271.

und besitzen emaillierte Becher. Die aus einem umlaufenden Schaufelwerk
bestehenden Trockenvorrichtungen haben Doppelböden für Dampfheizung
und beanspruchen nur sehr geringen Kraftaufwand.

Das getrocknete Gut wird von den Becherwerken *d* auf die Perplex-
Mühlen *e* gebracht, die es in einmaligem Durchgange so fein vermahlen, daß
sich besondere Siebvorrichtungen erübrigen. Das gemahlene Erzeugnis wird
abgesackt.

Alle drei Salze werden nun zunächst auf einer geheizten Rostpfanne
vorgemischt und durchlaufen dann eine Mischmaschine *h*. Nach dem Mischen
erfolgt die Weiterverarbeitung in säurebeständigen, innen emaillierten, mit
Rührwerk, doppeltem Boden und Dampfheizung versehenen Schmelzkesseln *g*.
Das Gemisch wird alsdann in kleine eiserne Schalen gefüllt und in 2 m hohen
eisernen, durch Dampfschlangen geheizten Trockenschränken *i* getrocknet.
Aus den letzteren wird es dem Becherwerk *k* aufgegeben, das es in eine Schnecke *l*
mit Rechts- und Linksgewinde hebt, von wo es mittels der beiden weiteren
Schnecken *m* auf die Patronisiermaschinen *n* gelangt. Diese, von Mädchen
bedienten Apparate füllen den Sprengstoff in Papphülsen, alsdann werden
die Patronen durch die Öffnungen *o* in den Paraffinierungsraum *p* weiter-
gegeben.

Die Salzmühlenanlage der Gewerkschaft Heiligenroda, erbaut
vom *Eisenwerk (vormals Nagel & Kaemp) A.-G.*, Hamburg, zeigen die Fig.
276 bis 278 im Aufriß, Grundriß und Querschnitt.

16*

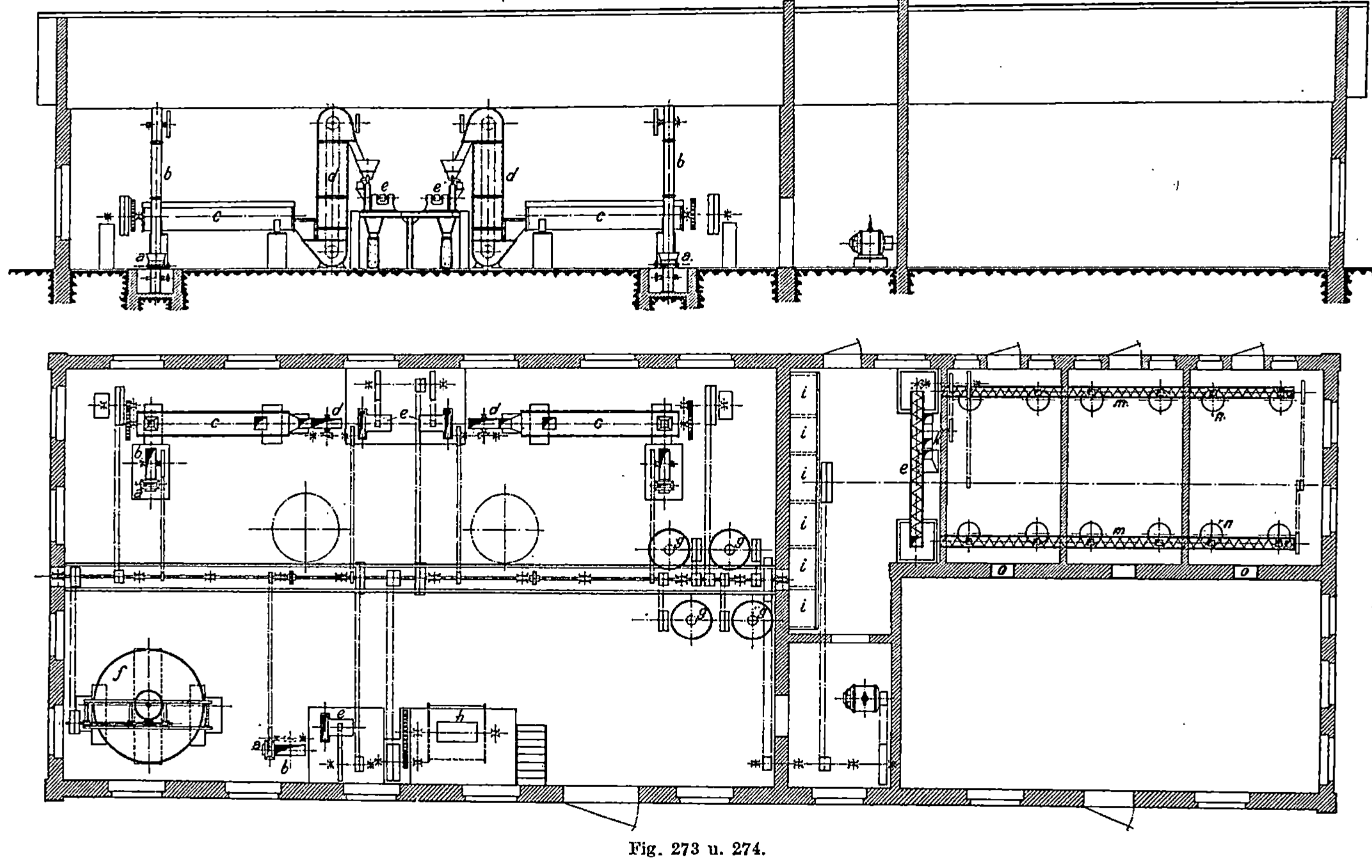

Fig. 273 u. 274.

Die Mühle ist mit einem Mahlwerk von 70 000 kg stündlicher Leistung ausgerüstet. Dieses besteht aus: 1. einer großen, unmittelbar unter der Hängebank liegenden Einlaufschurre a mit Absiebvorrichtung o im Obergeschoß des Gebäudes, 2. einem Salzbrecher b von 1000 × 400 mm Maulweite, ebenfalls im Obergeschoß, 3. zwei Gloriamühlen c_1, c_2, als Feinmahlapparaten mit Speisevorrichtungen und mit gemeinsamem Einlaufkasten im Mittelgeschoß, 4. drei Exzentersieben d_1 bis d_3 im Erdgeschoß und 5. den erforderlichen Transportmitteln.

In die große Einlaufschurre a, welche etwa 10 000 kg Salz aufnehmen kann, werden die vom Schacht kommenden Seilbahnwagen entleert; sie liegt derart geneigt, daß das Salz selbsttätig nach unten rutscht. Ihr oberer Teil ist durch eine Blechverkleidung staubdicht abgeschlossen, während der untere Teil, der über dem Einlauf des Salzbrechers mündet, offen ist. Dieser Teil der Schurre ist mit zwei Haltevorrichtungen versehen, um das Salz darin festhalten zu können. Gleichzeitig gibt der offene

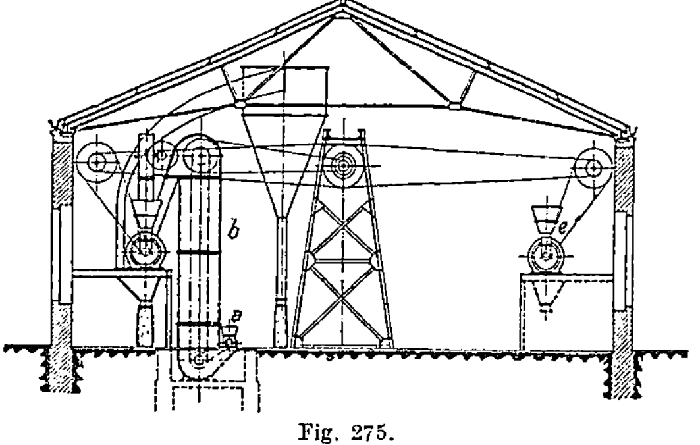

Fig. 275.

Teil der Einlaufschurre Gelegenheit zum Ausklauben von mitkommenden Eisenteilen aus dem Salz, wodurch das Leseband fortfällt.

Mit der Einlaufschurre ist eine Absiebvorrichtung o verbunden, die das Salz in drei Sortierungen weitergibt. Diese Absiebvorrichtung besteht aus einem in die Schurre eingebauten Rost von 40 mm Spaltweite und einem Sieb von 8 mm Spaltweite, das in einem Gehäuse unter dem Rost der Einlaufschurre liegt.

Das in die Einlaufschurre gebrachte Salz rutscht über den Rost mit 40 mm Spaltweite, wobei die über 40 mm großen Stücke in der Schurre nach dem Salzbrecher geleitet werden, der sie bricht und dann in den Einlaufkasten der beiden Gloriamühlen fallen läßt, während das Salz unter 40 mm Stückengröße durch den 40-mm-Rost auf das darunter befindliche Sieb mit 8 mm Spaltweite fällt. Dieses Sieb steht ebenfalls mit dem Einlaufkasten der beiden Gloriamühlen derart in Verbindung, daß auch alle Salzstücke über 8 mm bis zu 40 mm Größe nach dem mittelsten Exzentersieb geführt werden.

In dem Einlaufkasten der Gloriamühlen läuft das vom Salzbrecher kommende Salz mit dem vom Sieb unter der Einlaufschurre kommenden Salz ebenfalls über Siebe von 8 mm Spaltweite, so daß den Speiseapparaten der Gloriamühlen von hier aus in der Hauptsache nur Salz über 8 mm Stückgröße zugeführt wird.

Die Absiebung geschieht deshalb über 8-mm-Siebe, um Sicherheit zu haben, daß alles Feinsalz aus dem geförderten und vorgebrochenen Salz entfernt wird, wodurch die als Feinmahlapparate dienenden Gloriamühlen

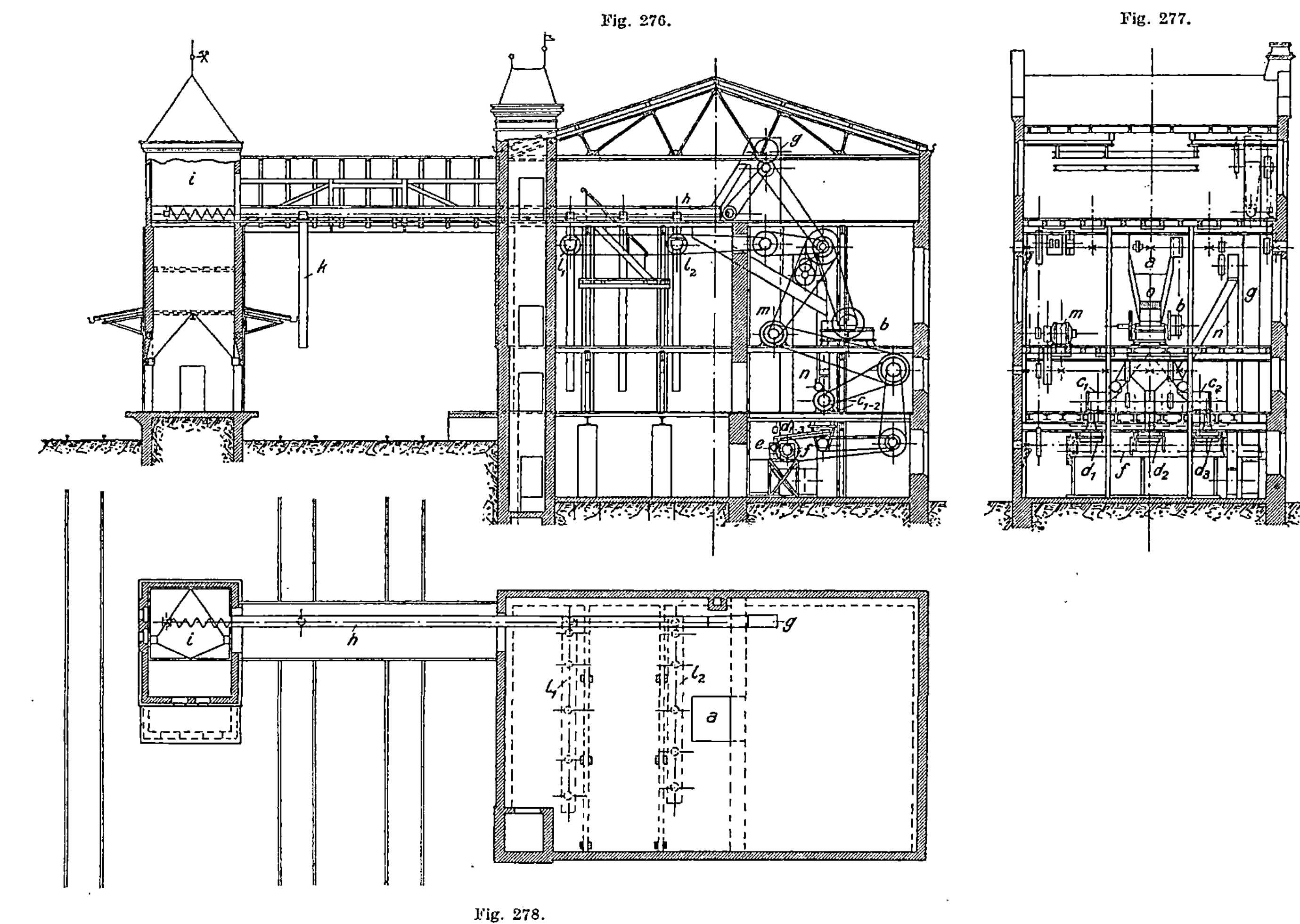

Fig. 276.

Fig. 277.

Fig. 278.

wesentlich entlastet werden. Zur Beseitigung der durch die 8-mm-Siebe mit-
durchgehenden Salzknorpel und etwaiger Salzknorpel, die sich in dem aus

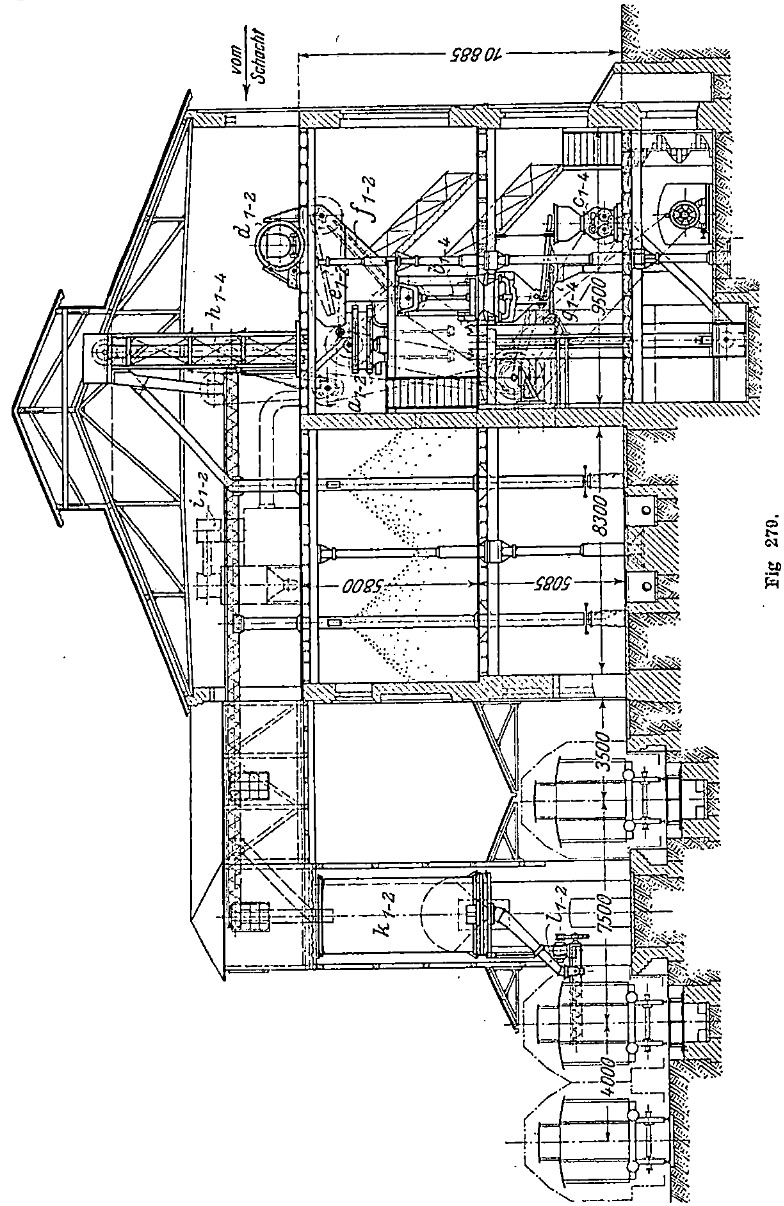

den Gloriamühlen kommenden Feinsalz noch befinden, dienen die drei Ex-
zentersiebe d_1 bis d_3 im Erdgeschoß unter den Gloriamühlen, von denen das
mittelste, wie bereits erwähnt, das vor der Mahlung abgesiebte Salz aufnimmt, während die beiden anderen das Salz aus je einer Gloriamühle auf-

nehmen. Die abgesiebten Knorpel fallen von den Exzentersieben in eine Sammelschnecke e und werden durch ein Becherwerk n den Gloriamühlen zugeführt, um hier gemahlen zu werden.

Das versandfähige Salz bis zu 4 mm Korngröße läuft von den Exzentersieben ebenfalls in eine Sammelschnecke f und aus dieser in ein Becherwerk g mit 500 $\times$ 250-mm-Bechern, das es auf 13,5 m Höhe in das Dachgeschoß hebt und in eine Verladeschnecke n nach der Verladestation auswirft. Die Ver-

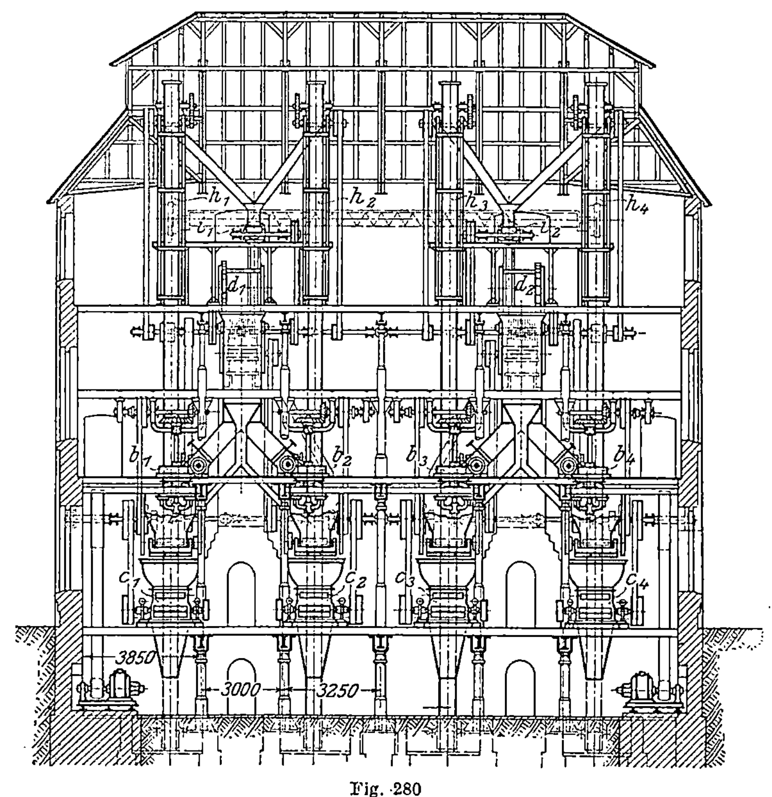

Fig. 280

ladung des gemahlenen Salzes erfolgt teilweise in Säcken, teilweise in losem Zustande unmittelbar in die Eisenbahnwagen. — Für die Sackverladung ist neben der Mühle an der Bahnseite ein Absackraum von etwa 90 qm Grundfläche und 2,85 m Höhe geschaffen, mit darüberliegendem Salzspeicher von gleicher Grundfläche und 5 m Höhe.

Die Verladeschnecke n geht quer über den Speicher für Sackverladung und über eine Brücke nach der zwischen zwei Ladegeleisen liegenden Verladestation i für loses Salz. Sie steht mit zwei in dem Speicher liegenden Verteilungsschnecken l_1, l_2 in Verbindung, und in der Verladestation für loses Salz mündet sie in eine etwa 50 cbm fassende Verladetasche. — Die Verteilungsschnecken l_1, l_2 für den Salzspeicher über dem Absackraum haben je

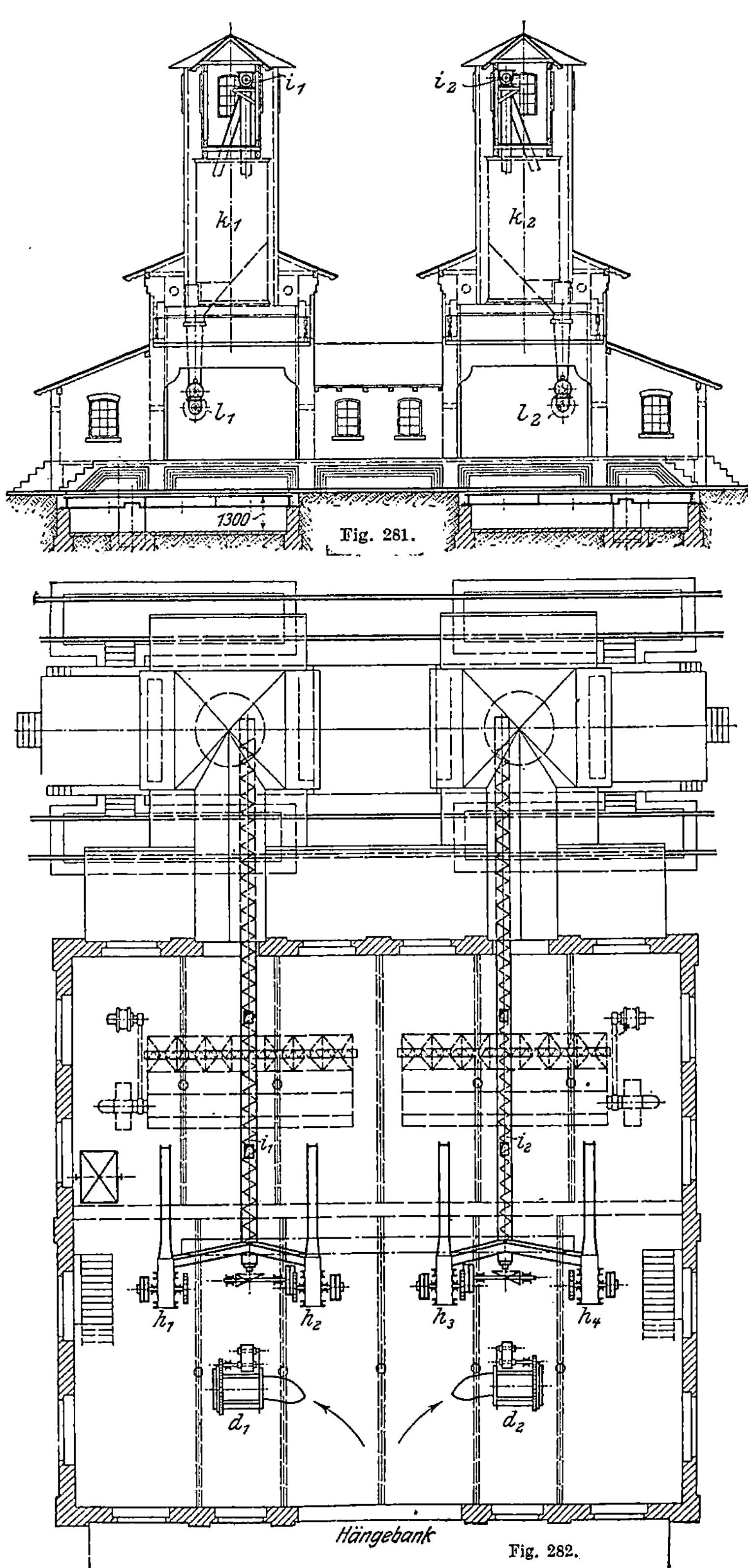

i_1
i_2
k_1
k_2
l_1
l_2
1300
Fig. 281.
i_1
i_2
h_1
h_2
h_3
h_4
d_1
d_2
Hängebank
Fig. 282.

3 mit Schiebern versehene Auslaufstutzen, durch die das Salz in den Speicher verteilt wird. Nach dem Absackraum gehen aus dem Speicher 8 gleichmäßig verteilte Absackrohre, von den beiden Verteilungsschnecken je zwei und von der Verladeschnecke ein Absackrohr.

Die Verladetasche in der Verladestation hat unten 2 Trichter und mit

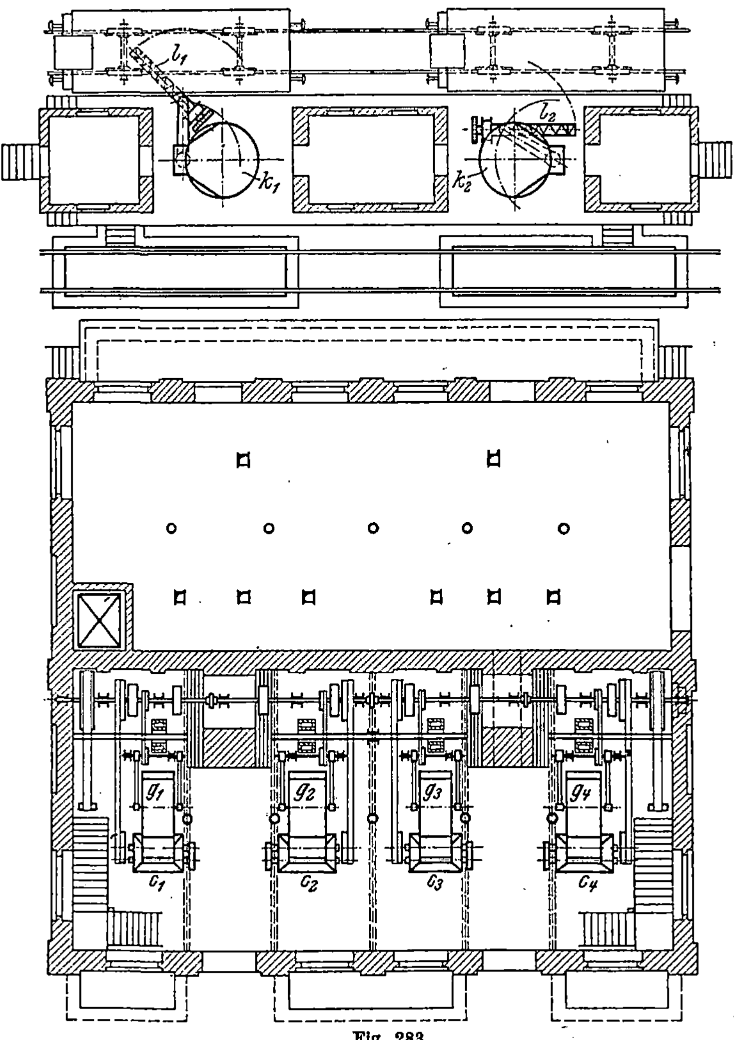

Fig. 283.

Schiebern versehene Auslaufstutzen, die über der Mitte eines auf Schienen fahrbaren Verladeapparates liegen. Letzterer erhält zu seinem Antrieb einen eingebauten Motor von 10 PS und ist damit imstande, einen Wagen von 10 000 kg Ladung in etwa 5 bis 6 Minuten zu füllen. Zum Betriebe des Mahlwerks nebst Verladeschnecke und Verteilungsschnecken dient ein Drehstrommotor von 125 PS.

In dem zur Sackverladung dienenden Teil der Mühle ist ein elektrischer Lastenaufzug von 1500 kg Nutzlast eingebaut mit je einem Zugang im Erdgeschoß, Absackraum, Salzlager und Dachgeschoß. Die Hubhöhe beträgt 11,4 m vom Erdgeschoß bis zum Dachgeschoß, die Fahrgeschwindigkeit 0,34 m/Sekunde. —

Gleichfalls eine vollständige, von der *A.-G. G. Luther*, Braunschweig, eingerichtete Salzmühlenanlage ist in den Fig. 279 bis 284 abgebildet, und zwar stellt Fig. 279 einen Querschnitt, Fig. 280 einen Längsschnitt, Fig. 281 die Ansicht der Verladestation, Fig. 282 den Grundriß des Kreiselwipperbodens, Fig. 283 den Grundriß des Walzenstuhlbodens und der Verladestation und Fig. 284 den Grundriß des Glockenmühlen- und Steinbrecherbodens dar.

Die Anlage besteht aus zwei vollkommen getrennten Gruppen, von denen sich jede aus einem Steinbrecher a_1, a_2, zwei Glockenmühlen b_1 bis b_4 und zwei Feinmahlmaschinen (Walzenstühlen) c_1 bis c_4 zusammensetzt. Die Leistung jeder Gruppe beträgt 70 bis 75 t, die Gesamtleistung also 140 bis 150 t/St.

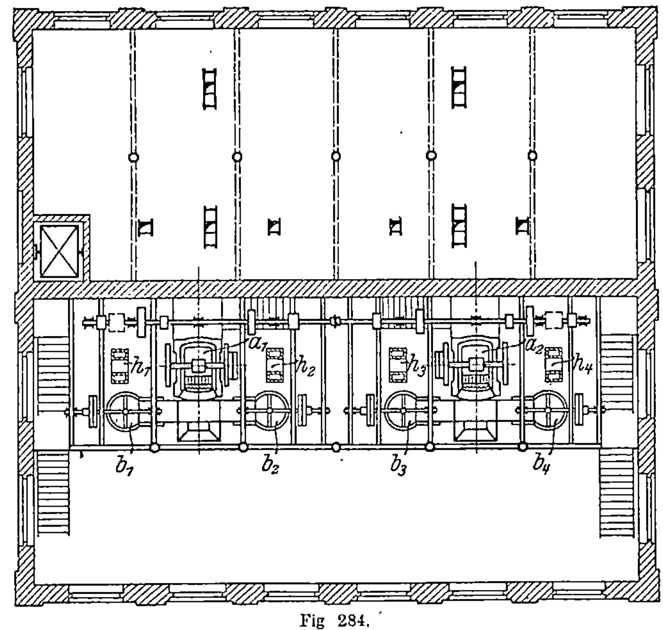

Fig 284.

Die beladenen Hunde werden über die Hängebank zu zwei mechanisch angetriebenen Kreiselwippern d_1, d_2 gefahren und umgekippt. Das Hartsalz stürzt auf *Briart*sche Roste e_1, e_2, die das grobe Gestein von dem kleineren Geröll trennen; ersteres fällt in den Brecher, letzteres in die Glockenmühle. Um diese und die Walzenstühle zu entlasten, ist doppelte Zwischensiebung (f_1, f_2, g_1 bis g_4) vorgesehen. Das den Walzenstühlen entfallende fertige Erzeugnis wird von vier Becherwerken h_1 bis h_4 gehoben und entweder mittels der Schnecken i_1, i_2 und einiger Fallrohre in den an die Mühle angrenzenden Lager- und Packraum oder mittels derselben Schnecken in die beiden zwischen den Eisenbahngleisen angeordneten Verladetürme befördert.

Der Antrieb erfolgt durch zwei im Kellergeschoß untergebrachte Elektromotoren. Gleichfalls elektrisch angetrieben werden die Exhaustoren einer später einzubauenden Entstaubungsanlage i (in Fig. 279 punktiert angedeutet).

Die Verladestation besteht aus zwei Verladetaschen k_1, k_2, mit hängenden,

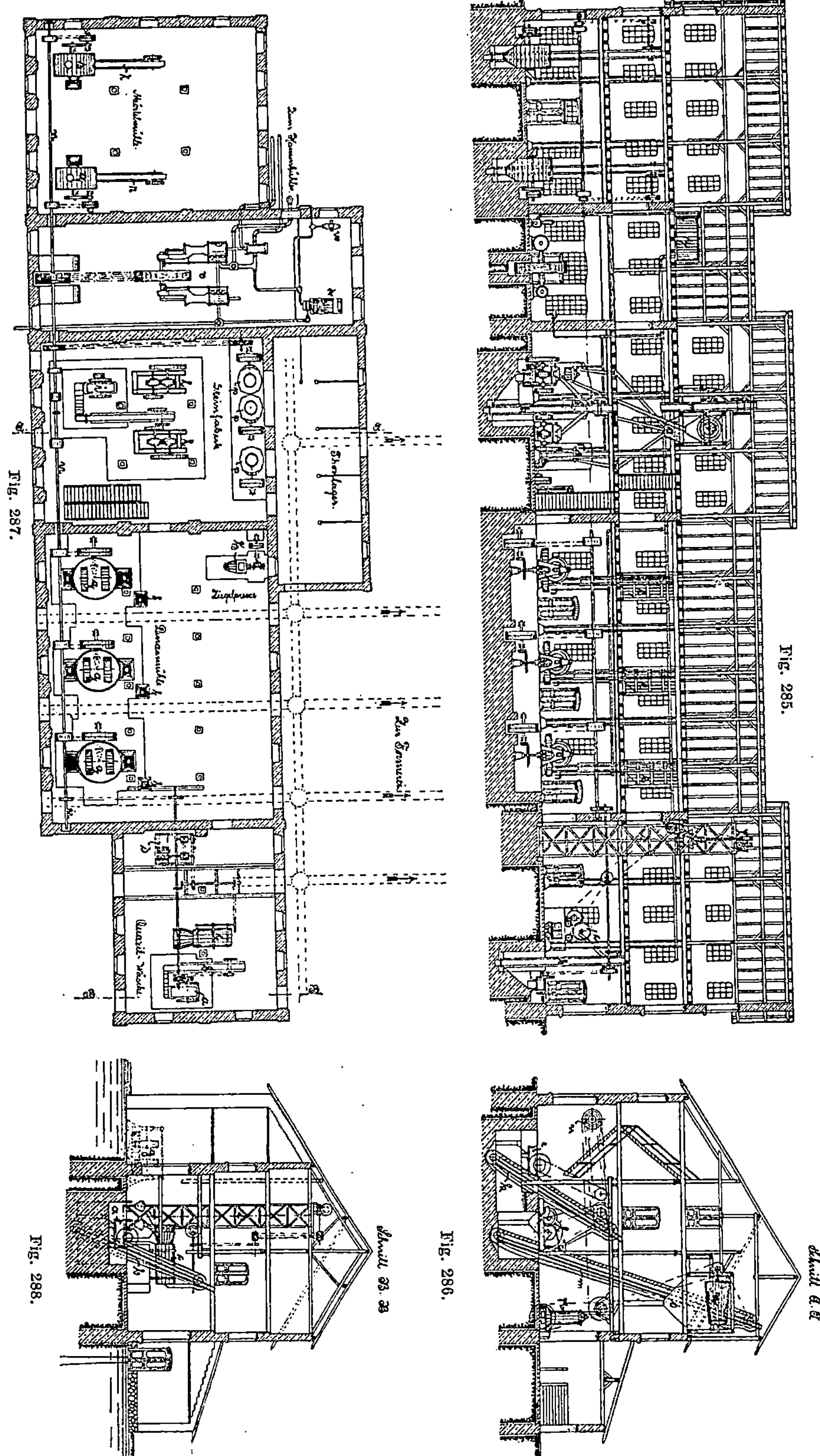

den Verkehr auf den Rampen nicht behindernden Verladeschnecken l_1, l_2, zum Füllen bedeckter Eisenbahnwagen (s. a. S. 231).

Eine Fabrik zur Herstellung feuerfester Waren, deren Inneneinrichtung durch die *Maschinenbauanstalt Humboldt* in Kalk bei Köln geliefert wurde, ist in den Fig. 285 bis 288 dargestellt. Die Gesamteinteilung geht am besten aus dem Grundrisse Fig. 287 hervor[1].

An die beiden eng zusammengehörigen Abteilungen, Quarzitwäsche und Dinasmühle, schließt sich nach links die Schamotteziegelei. Wenn bei diesen drei Abteilungen noch eine gewisse Zusammengehörigkeit unter sich vorhanden ist, die sich darin zeigt, daß sie, wenn auch unter sich gesondert, hintereinander geschaltet sind, so liegt die vierte Abteilung, die Mörtelmühle, die

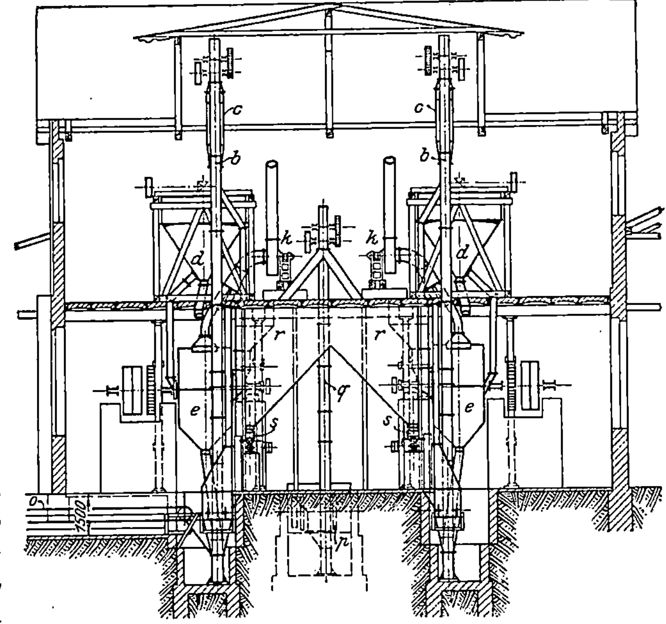

Fig. 289.

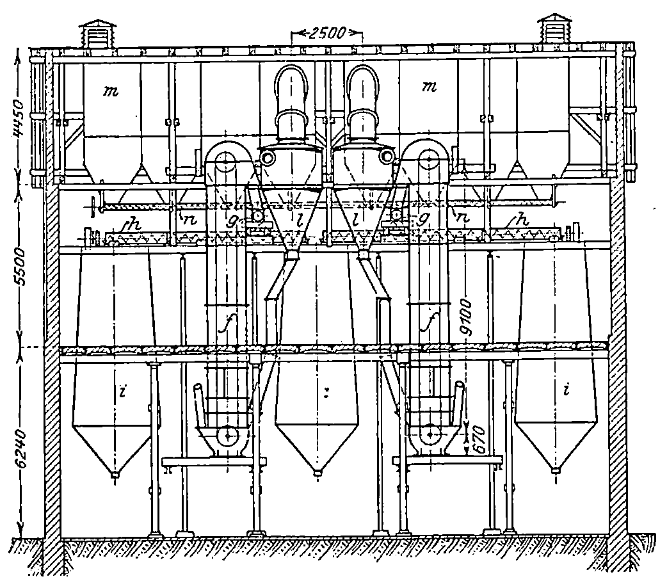

Fig. 290.

nichts mit den rechtsseitigen Abteilungen gemein hat, durch den Dampfmaschinenraum vollkommen getrennt, auf der äußersten linken Seite.

---

[1] Tonindustriezeitung 1905, S. 498.

Die Anordnung der Maschinen läßt sich am besten wiedergeben, wenn man dem Entstehungsgange eines Ziegels folgt. Da man es hier mit zwei verschiedenen Ziegelsorten, nämlich mit Schamotteziegeln und Dinasziegeln zu tun hat, so sei zunächst die Erzeugung der ersteren vorweggegriffen und mit der Zerkleinerung der beiden Hauptbestandteile, die für einen Schamotteziegel erforderlich sind, begonnen. Es sind dies feuerfester trockener Rohton und feuerfester gebrannter Ton. Beide werden in richtig ausgeprobtem Mengenverhältnis, in diesem Falle 1 : 1, auf den Steinbrecher i aufgegeben

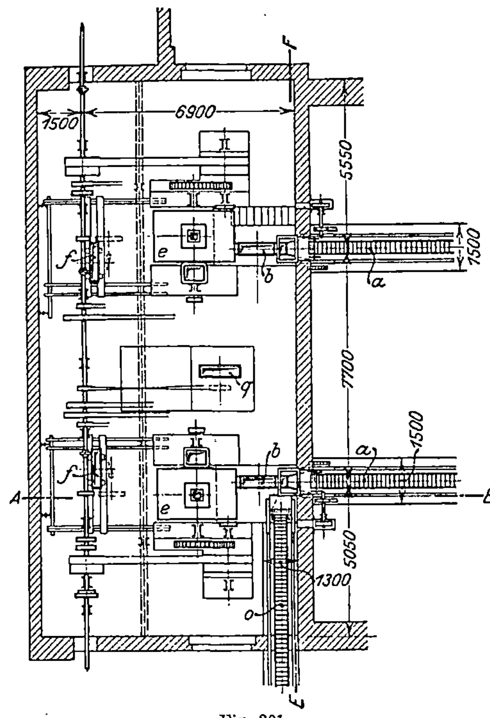

Fig. 291.

und so weit zerkleinert, daß das durch ein Becherwerk k aufgenommene und zur Walzenmühle l hingebrachte Gut weiter gemahlen werden kann (s. Fig. 286). Die Walzen der Walzenmühle haben einen Durchmesser von 950 mm und eine Breite von 300 mm. Das auf diese Weise zerkleinerte Rohgut wird mittels eines zweiten Becherwerkes m, das vier Stockwerke durchläuft, nach der hoch oben angeordneten zylinderförmigen Siebtrommel n gebracht, die so eingerichtet ist, daß jenes Siebgut, welches für die Maschen der Siebtrommel zu groß ist, wieder selbsttätig durch mit starkem Blech ausgeschlagene Lutten nach der Walzenmühle zurückgeführt wird, während die Tone und Schamottemassen, die die Trommel durchlaufen haben, ihren Weg weiter nach unten zu den über dem Kellergeschoß stehenden Tonschneidern p nehmen. Gebraucht werden von diesen Tonschneidern nur zwei, der dritte dient zur Aushilfe. Die Verbindung zwischen Siebtrommel und Tonschneider wird durch einen der Größe der Siebtrommel angepaßten Trichter o hergestellt, an den sich unten eine senkrechte Blechröhre anschließt; einer mechanischen Fortbewegung des Siebgutes bedarf es also nicht, weil das Siebgut infolge seines Eigengewichtes durch Fall die nächste Aufbereitungsmaschine erreicht. Doch bevor das bisher immer noch trockene Gut in den Tonschneider gelangt, muß es noch eine kurz über dem Tonschneider angebrachte Aufgebevorrichtung durchlaufen, wobei Wasser nach Bedarf zugeleitet wird, um die Masse zur Verarbeitung auf dem Tonschneider geeignet zu machen. Nach dem Durchlaufen der beiden Tonschneider, die einen Durchmesser von 800 mm und eine Höhe von 1500 mm aufweisen, ist letztere verarbeitungsfähig. Die Verformung erfolgt entweder auf der im Nebenraum stehenden

Ziegelpresse, mit der maschinengeformte Schamotteziegel hergestellt werden, oder mittels Handformerei, indem die Massen im Gegensatz zum Naßhandstrich trocken verformt werden. Wird noch besonderer Wert auf Scharfkantigkeit und glattes Aussehen der Ziegel gelegt, so folgt eine Nachpressung nach.

Dies die Herstellung der gewöhnlichen Schamotteziegel. Ganz abweichend davon ist die Herstellung der Dinasziegel, das Gegenstück der ersteren. Ihre Aufbereitungsweise stimmt mit der ersteren gleich zu Anfang nur insofern überein, als der Hauptbestandteil der Dinasziegel, der Quarzit, ebenso wie

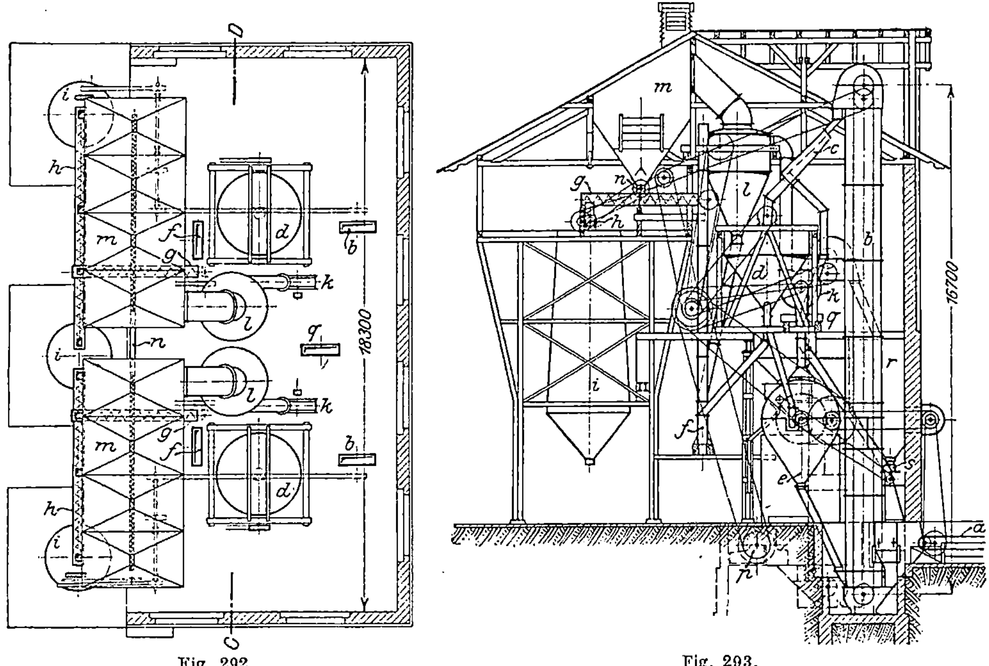

Fig. 292.   Fig. 293.

bei jener Aufbereitung der rohe und gebrannte Ton, auf einem Steinbrecher *a* vorgebrochen wird. Der vorgebrochene Quarzit wird — Fig. 288 — mittels eines Becherwerkes *b* der Waschtrommel *c* zugeführt und hier von erdigen und tonigen Gemengteilen befreit. Passend aufgestellte Kippwagen dienen dazu, den Kieselquarz der sich selbsttätig entleerenden Waschtrommel aufzunehmen. Die weitere Aufbereitung des gewaschenen Kieselquarzes erfolgt auf drei Mischkollergängen *g*; zu diesem Zwecke werden die Wagen mit Inhalt mittels Fahrstuhl *d* nach dem höher gelegenen Stockwerk gebracht, um in die Trichter *e*, die über den Mischkollergängen angebracht sind, entleert zu werden. Ehe vom Trichter aus der Quarz den Kollergängen zugeführt wird, fällt er erst noch in Meßgefäße *f*, und man erreicht damit, daß immer gleich große Mengen Quarz der Maschine zugeführt werden. Die Vermahlung auf den Mischkollergängen, die eine Masse aus feinsten, mittelfeinen und groben Bestandteilen ergeben sollen, erfolgt derart, daß das aufgegebene Gut zunächst eine Zeitlang für sich auf dem Koller läuft. Erst später, wenn der Quarz auf eine gewisse Korngröße zerkleinert worden ist, erfolgt der Zusatz von Kalkmilch, nicht mehr wie 2 Proz. Die Kalkmilch ist einerseits das Bindemittel für die Verformung, andererseits das Verkittungsmittel im Feuer. Zur Erlangung einer innigen Mischung der Kalkmilch mit der Masse wird das Kollern noch eine Zeitlang fortgesetzt, bis die entnommene Probe wie das eigenartige Aussehen der Mischung zeigt, daß mit dem Kollern aufgehört werden kann. Der richtige Versatz und die passende Vorbereitung der Masse kann nur durch Selbstbeobachtungen und durch gesammelte Erfahrungen im Betriebe gefunden werden. Die fertige Mischung gelangt nach

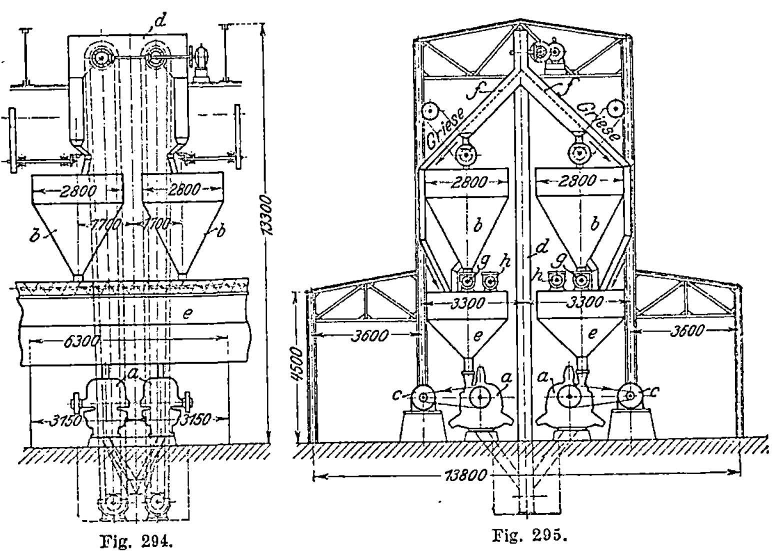

Fig. 294. Fig. 295.

der Formerei, wo die Masse mittels einer Handpresse verformt wird. Die Leistung der Wäsche beträgt in der Stunde 3300 kg Quarzit, die der Kollergänge je 700 kg.

Die Ausrüstung der Mörtelmühle besteht aus einem Becherwerk *r* für Schamotte, einem Becherwerk *t* für Sand und Ton und aus zwei Kugelmühlen *q* und *s*, auf denen einmal der gewöhnliche Schamottemörtel für verhältnismäßig niedrige Temperaturen, zum anderen der für hohe Hitzegrade bestimmte Feuer- oder Kraterzement hergestellt wird. Im allgemeinen kann man die Regel aufstellen, daß der Mörtel, je höhere Temperaturen er auszuhalten hat, um so mehr in der Zusammensetzung den jeweilig zu verwendenden feuerfesten Ziegeln gleichkommen muß.

Das Werk stellt außer Schamotte- und Dinasziegeln Retorten für Gasfabriken sowie Schmelzkessel für metallurgische Zwecke her. Als Brennöfen dienen Kammeröfen, deren Abgase zum Trocknen der Ziegel benutzt werden. Außer einer 200 pferdigen Dampfmaschine *v* für Antrieb der Maschinen ist in Verbindung mit einer Dynamo eine Dampfturbine z vorhanden, die den Strom zur Beleuchtung der Räume liefert. —

Aus den Fig. 289 bis 293 geht die Einrichtung, Bauart der *Alpinen*

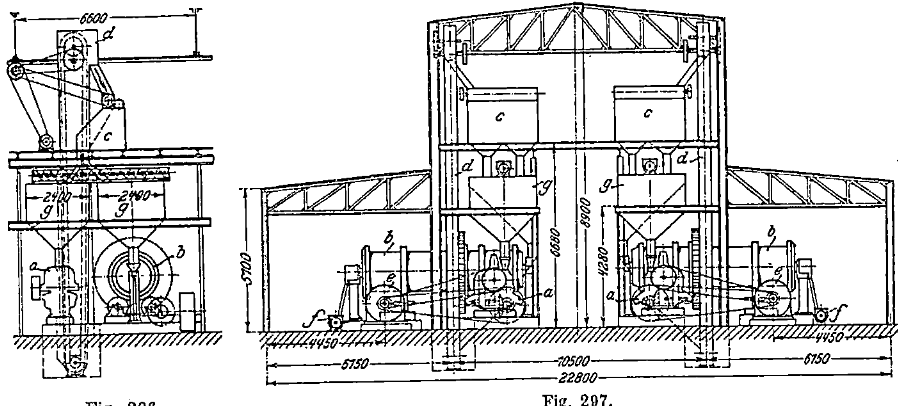

Fig. 296.　　　　　　　　　　Fig. 297.

Maschinenfabrik-Gesellschaft, Augsburg, der Kalkmühle der *Wickingschen Portlandzement- und Wasserkalkwerke* in Lengerich i. Westf. hervor.

Der gedämpfte hydraulische Kalk wird hier mittels eiserner Förder-

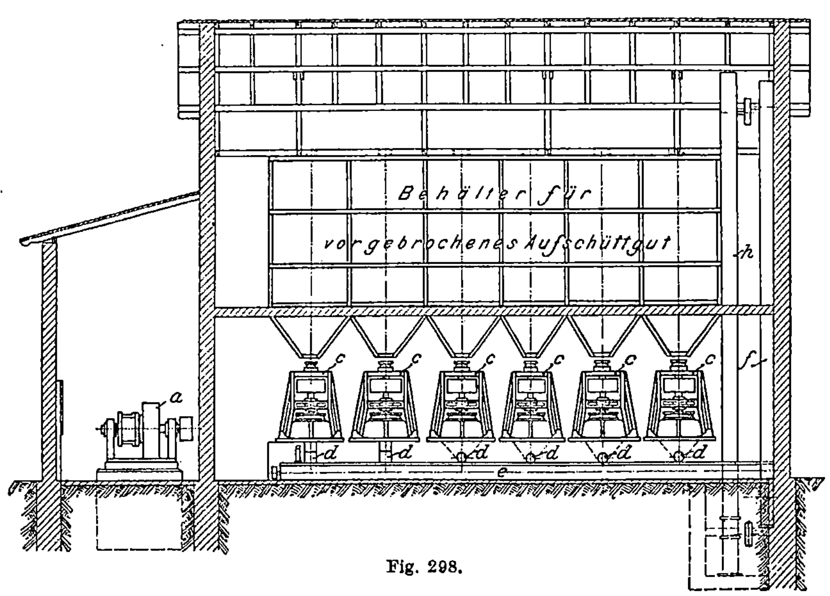

Fig. 298.

bänder a (Fig. 289, 291 und 293), die aus gewölbten, übereinander greifenden Blechbrücken mit Seitenborden bestehen, in die Becherwerke b geschafft. Diese werfen das aus Feinmehl und gröberen Brocken bestehende Gemisch auf schräge, an den Ausläufen der Becherwerke befestigte Sortierroste c (Fig. 289

und 293), die Stücke von etwas unter 15 mm Größe unmittelbar in die Verbund-Windsichter *d* treten lassen, während die gröberen Brocken in Silos fallen und von da durch selbsttätige Aufgabevorrichtungen in die beiden Orion-Mühlen *e* befördert werden. Das Feinmehl aus den Windsichtern fällt in Becherwerke *f* und wird mittels dieser und durch die Schnecken *g* und *h* in die Silos *i* geleitet. Die Überschläge kehren zwecks weiterer Vermahlung in die Orion-Mühlen zurück.

Mit der einen Mahlgruppe sollen zeitweilig auch Zementklinker gemahlen werden, die das eiserne Förderband *o* (Fig. 291) aus der Klinkerhalle heranbringt. Ferner ist Vorkehrung zur Vermahlung einer anderen Klinkerart getroffen, die mittels Kippwagen in den Mühlenraum gefahren und auf dem Steinbrecher *p* vorzerkleinert wird (Fig. 293), um alsdann durch das Becherwerk *q* in zwei Silos *r* gehoben zu werden. Die Entnahme aus diesen geschieht durch Entleervorrichtungen *s* mittels umlaufender Teller, welche die Klinker in die Becherwerke *b* fallen lassen.

Entstäubt wird die ganze Anlage durch zwei Sauglüfter *k*, die die Staubluft in zwei Abscheider *l* (Patent *Winkelmüller*) blasen. Der in diesen abgeschiedene Staub fällt durch Rohre in die Becherwerke *f* und wird ebenfalls in die Mehlsilos geschafft. Zur größeren Sicherheit tritt die Luft aus den Abscheidern noch in Staubkammern *m*, die durch Bretterwände in einzelne Abteilungen zerlegt sind. Die Luft strömt nun durch mit jalousieartig verstellbaren Klappen versehene Öffnungen, die versetzt angeordnet sind, in Zickzacklinien durch die Kammern ins Freie. Der in den Kammern abgesetzte Staub wird durch die Schnecken *n* in die Siloschnecken *g* befördert.

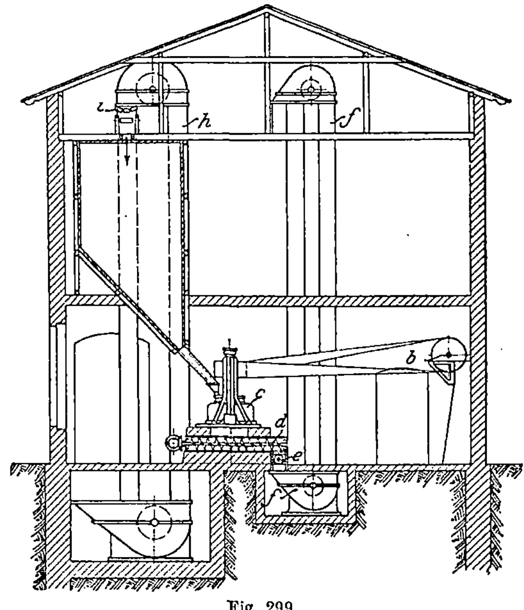

Fig. 299.

In Fig. 294 und 295 ist eine Anlage zur Vermahlung von Drehofenklinkern dargestellt (Leistung 40 Faß = 6800 kg/St.). Sie besteht aus vier Maxecon-Mühlen *a*, zwei Windsichtern *b* und dem nötigen Zubehör an Schnecken und Becherwerken; je zwei Mühlen und ein Windsichter bilden eine Gruppe für sich, die unabhängig von der andern betrieben werden kann. — Der Kraftverbrauch des Ganzen wird mit 150 PS angegeben, was sehr niedrig erscheint.

Gleichfalls aus zwei voneinander unabhängigen Gruppen besteht die Klinkermahlanlage, Fig. 296 und 297. Hier dient die Maxecon-Mühle *a*

zum Vorschroten für die Rohrmühle b; ihr Erzeugnis geht über ein mit Drahtgewebe bespanntes Schüttelsieb c, das den Überschlag in die Maxecon-Mühle
zurückkehren läßt, während das Durchfallende der Ausmahlung in der Rohrmühle zugeführt wird. — In den Skizzen bedeutet noch d, d die Becherwerke,
e, e die Elektromotoren, f, f die Feinmehlschnecken und g, g die Vorratbehälter.

Die Anlage hat elektrischen Gruppenantrieb erhalten; bei einer Stundenleistung von 50 Faß (8500 kg) wird der Kraftverbrauch mit 220 PS angegeben.

Eine Anlage zur Vermahlung von Zementrohmaterial ist durch
die Fig. 298 bis 300 veranschaulicht. Hierin bedeutet a den 250 pferdigen Elektromotor, b die Hauptvorgelegewelle, von der aus jede der sechs Bradley-Mühlen c
mittels Reibungskupplungen in oder außer Betrieb gesetzt werden kann,

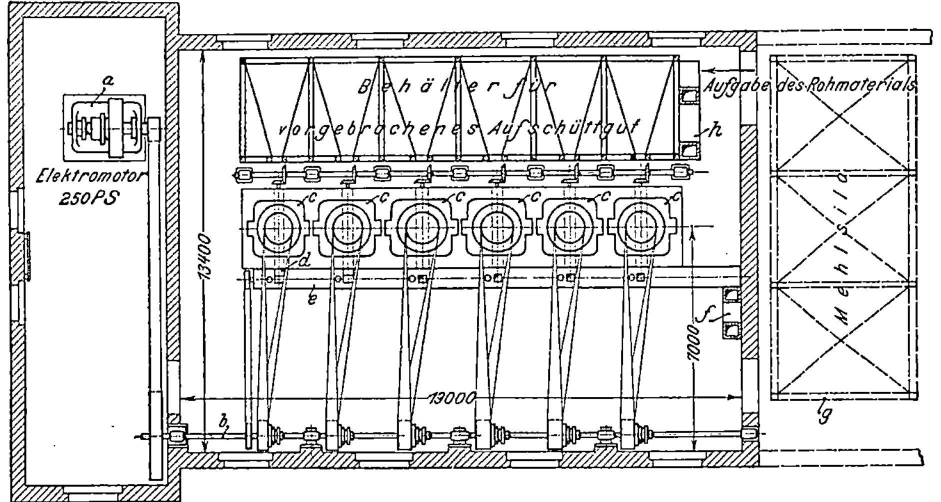

Fig. 300.

d die Austragschnecken, e die Sammelschnecke, f das Mehlbecherwerk, g den
Rohmehlsilo, h das Empfangsbecherwerk und i den Bandförderer, der das
getrocknete und vorgebrochene Gut in die Vorratbehälter verteilt. — Die
Leistung beträgt 21 000 kg/St. mit 18 Proz. Rückstand auf dem Sieb von
4900 Maschen im Quadratzentimeter.

Eine Rohmaterial-Aufbereitungsanlage nach dem Dickschlammverfahren für eine Portland-Zementfabrik, erbaut von G. *Polysius*, Dessau, ist in Fig. 301 im Grundriß dargestellt. Die Rohstoffe, die
hier zur Verarbeitung gelangen, sind harter Kalkstein und Ton. Ersterer
wird in Naßvorschrotmühlen gemahlen, letzterer in Schlämmaschinen auf-
geschlämmt. Die gemeinschaftliche Feinmahlung geschieht in zwei Stahl-
kugelrohrmühlen f_1, f_2 mit Hartgußauspanzerung, deren Erzeugnis einen
Schlamm von etwa 35 Proz. Wassergehalt und mit etwa 10 Proz. Rückstand
auf dem Sieb von 4900 Maschen im Quadratzentimeter darstellt. Dieser
Schlamm wird drei mit je zwei Rührwerken ausgestatteten Behältern m_1

17*

bis m_3 zugeführt, deren Inhalt so bemessen ist, daß der Schlammvorrat für den Ausgleich etwaiger Unterbrechungen in der Rohstoffzufuhr oder von Störungen in der Rohmühle genügt, und mittels der Schnecke s_1, der Kettenschlammpumpe k und zweier weiterer Schnecken s_2 und s_3 in die Vorratbehälter v_1, v_2 über den Drehöfen geleitet. Gleich den Sammelbehältern sind auch die Vorratbehälter mit Rührwerken versehen, um das Absetzen des Schlammes zu verhindern und ihn vor Eintritt in den Ofen ständig durchzumischen.

Die Drehöfen o_1, o_2 sind solche mit erweiterter Sinterzone, haben eine Brenntrommellänge von 43 m bei 2,1 bzw. 2,5 m Durchmesser und werden mit Kohlenstaub beheizt, zu dessen Trocknung und Mahlung eine mit einer besonderen Feuerung versehene Trockentrommel t, eine Vorschrotmühle „Cementor" c und eine Rohrmühle r_3 vorgesehen sind. Die Trockentrommel mündet in eine geräumige Staubkammer, auf die ein Blechschornstein zum Abzug der Brüden aufgesetzt ist. Diese Vorkehrung in Verbindung mit einer ausreichend bemessenen Filteranlage bewirkt ein vollkommen staubfreies Arbeiten der Kohlenstation.

Der Kohlenstaub wird zusammen mit der an den glühenden Klinkern vorgewärmten Verbrennungsluft mittels eines Hochdruckventilators in die Brenntrommeln eingeblasen und dort zur Entzündung gebracht. Ein Zuteilapparat besonderer Bauart gibt den Heizstoff gleichmäßig auf, während dessen Menge durch einen vom Brennerstand aus zu bedienenden Umdrehungsregler nach Bedarf in weiten Grenzen verändert werden kann. Die Abgase der Öfen streichen vor ihrem Eintritt in den Schornstein durch eine Staubkammer, die so groß ist, daß die — bei Dickschlammverfahren ohnehin nicht sehr bedeutenden — Staubmengen sich mit Sicherheit absetzen; sie werden durch Förderschnecken gesammelt und dem Rohschlamm wieder beigemengt.

Zwei „Cementoren" in Verbindung mit zwei Rohrmühlen r_1, r_2 dienen der Klinkervermahlung. Schnecke s_4 fördert das fertige Zementmehl, das vorher über eine selbsttätige Wage gegangen ist, unter dem Anschlußgleise hindurch nach dem in Eisenbeton ausgeführten, aus sechs runden Kammern bestehenden, mit Abzug- und Füllapparaten ausgerüsteten Speicher.

Hervorzuheben ist noch, daß eine aus Reibungskupplungen und Hohlwellen bestehende Einrichtung an der Hauptvorgelegewelle entweder ein gemeinschaftliches oder ein gesondertes Arbeiten der beiden Betriebsdampfmaschinen gestattet und daß Roh- und Klinkermühle unmittelbar von der Hauptvorgelegewelle, dagegen Mischerei, Öfen, Kohlenmühle und Speicher von je einem Elektromotor betrieben werden. —

Die nach dem Entwurf des Verf. und unter seiner Beratung gebaute und von *G. Polysius*, Dessau, vollständig eingerichtete Portlandzementfabrik von *L. Hatschek* in Gmunden ist durch Fig. 302 in einem Längsschnitt, durch Fig. 303 in einem Querschnitt durch das Lagerhaus und durch Fig. 304 im Grundriß veranschaulicht.

Die Rohstoffe, die hier auf trockenem Wege verarbeitet werden, sind harter Kalkstein und ein zäher, steiniger Mergel. Beide werden aus den Vorratschuppen a und b mittels *Bleichert*scher Elektrohängebahnwagen vor

Dickschlämmerei
0 1   5   10   15   20m
Maschinenhaus
Zementmühle
Klinkerlager
Staubkammer
Kohle
zum Speicher

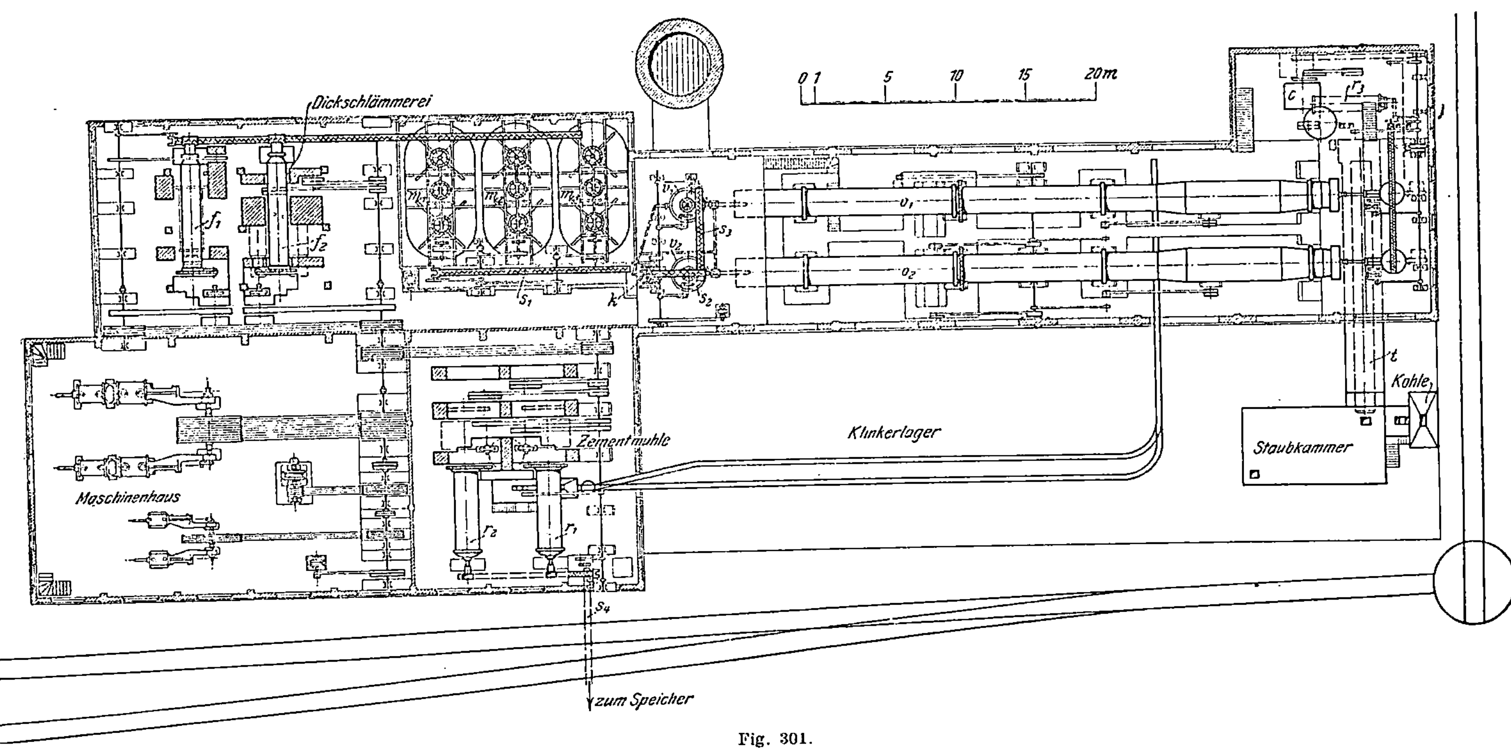

Fig. 301.

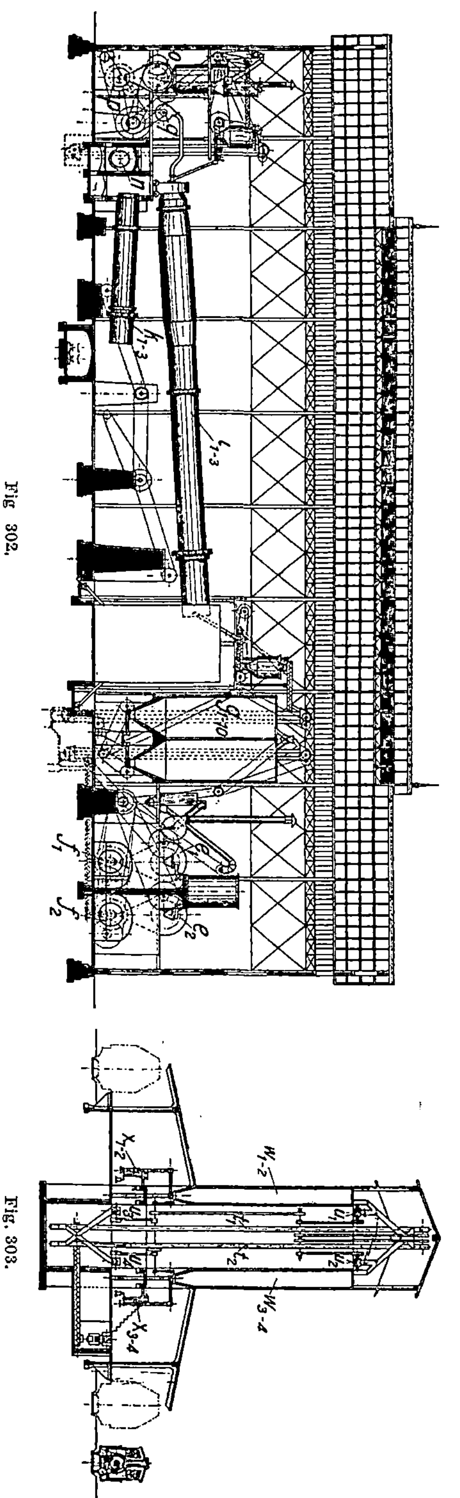

die Steinbrecher c_1 bis c_3 gefahren; die Wagen kippen ihren Inhalt selbsttätig auf *Briart*sche Roste aus, so daß die Brecher nur die groben Stücke zerkleinern, während das kleine Geröll zusammen mit dem Erzeugnis der Brecher von Becherwerken in die drei Trockentrommeln d_1 bis d_3 gehoben und dort mittels der Abgase der Drehöfen einer scharfen Trocknung unterzogen wird. Das getrocknete Rohmaterial gelangt durch weitere Becherwerke in Abstehsilos, unter denen die Wiegevorrichtung angebracht ist, wo das Zusammenwiegen der beiden Komponenten im richtigen Mischungsverhältnis vorgenommen wird. Eine hinter die Wiegestation eingeschaltete Mischtrommel mischt das zusammengewogene Gut vor und gibt es an zwei aus je einem Cementor e_1, e_2, und einer Rohrmühle f_1, f_2 bestehende Mahlsysteme weiter, die die Mischung vollenden und das Gut in Rohmehl von vorgeschriebener Feinheit verwandeln.

Das Rohmehl wird mittels Becherwerken und Schnecken in zehn Eisenbetonsilos g_1 bis g_{10} befördert, die als Vorratkammern und gleichzeitig auch der Nachmischung dienen, falls Änderungen notwendig sind. Von den Rohmehlsilos wird das Rohmehl mittels Doppelschnecken abgezogen, abermals gehoben und in den drei Netzschnekken h_1 bis h_3 mit etwa 8 Proz. Wasser angefeuchtet, um die Staubentwicklung der Öfen zu vermindern.

Die Öfen — i_1 bis i_3 — sind Drehöfen mit erweiterter Sinterzone, die mit Kohlenstaub gefeuert werden; unterhalb der Brenntrommeln sind die Kühltrommeln k_1 bis k_3 angeordnet, aus denen der nur noch mäßig heiße Klinker auf die Schüttel-

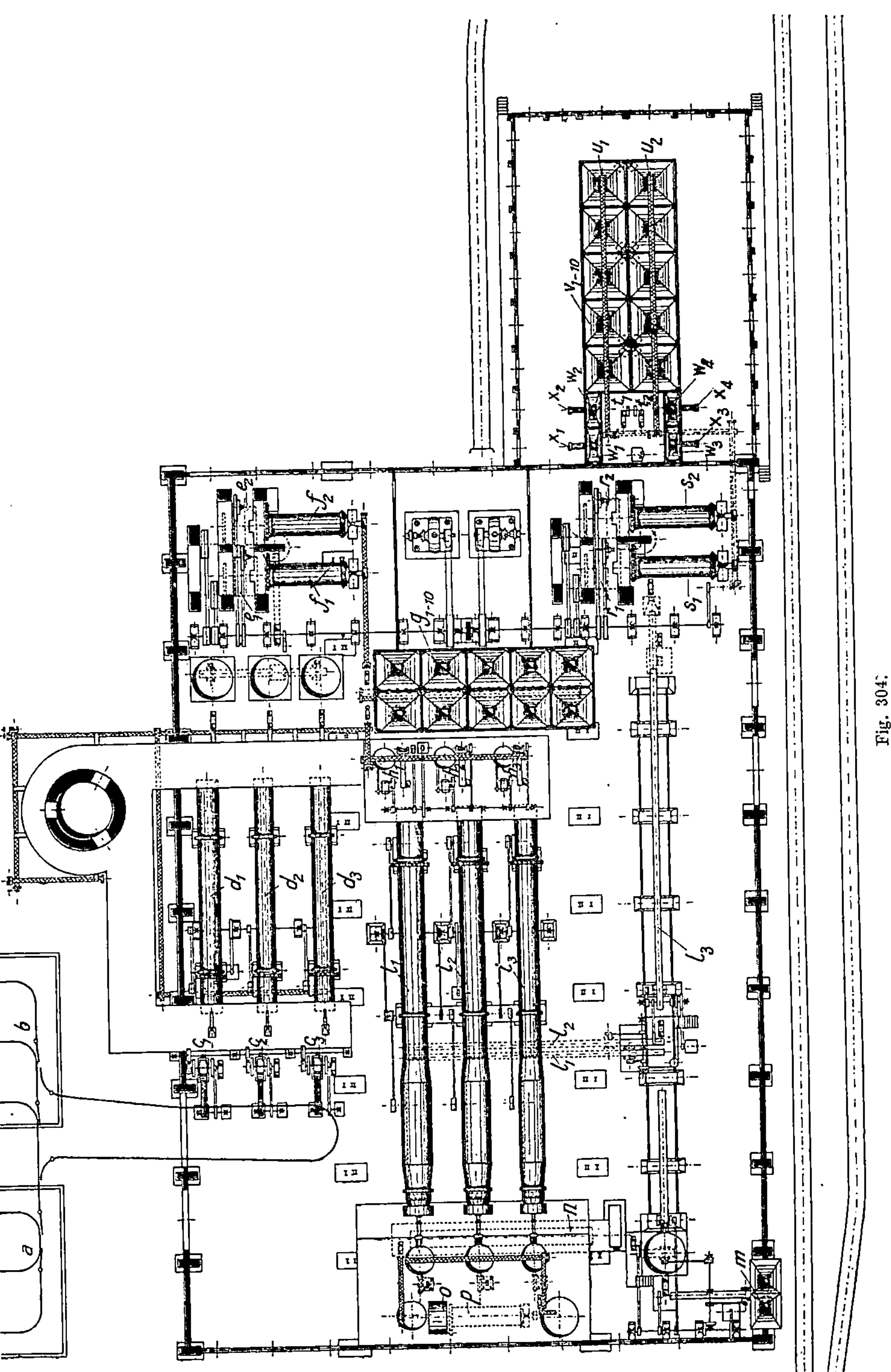

Fig. 304.

rinnen l_1 bis l_2 fällt, die ihn zu einem Becherwerk befördern. Letzteres hebt ihn auf die in beträchtlicher Höhe angebrachte dritte Schüttelrinne l_3, deren Boden mit einer Anzahl Schieber ausgerüstet ist und die den Klinker in der Klinkerhalle auf Haufen schüttet, wo er geraume Zeit lagern kann.

Die Steinkohle wird von den Eisenbahnwagen in Bunker m abgestürzt und mittels Schüttelrinne und Becherwerk in einen eisernen Silo gebracht, von wo aus sie entweder durch eine weitere Schüttelrinne auf das Lager oder durch ein Becherwerk in die mit Planrostfeuerung versehene Trockentrommel n befördert wird. Die getrocknete Kohle wird auf dem Cementor o vor- und auf der Rohrmühle p feingemahlen und der feine Kohlenstaub mittels Hoch-

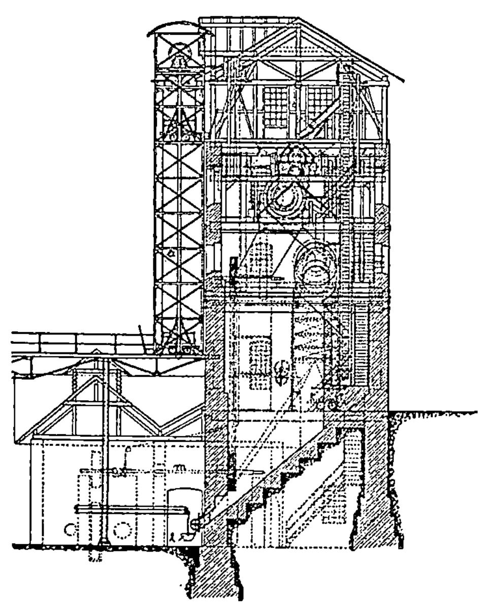

Fig. 306.

druckventilatoren q in die Drehöfen eingeblasen, wo er sich entzündet und die aus der entgegengesetzten Richtung kommende Rohmasse, die bis dahin schon vorgetrocknet und entsäuert ist, zur Sinterung bringt.

Eine im Keller der Klinkerhalle untergebrachte Schüttelrinne, der der Klinker durch Schüttrohre zugeführt wird, die durch Pendelverschlüsse absperrbar gemacht sind, gibt ihn an das Empfangsbecherwerk in der Klinkermühle ab. Diese besteht wieder — gleich der Rohmühle — aus zwei Systemen von Cementoren und Rohrmühlen — r_1, r_2 und s_1, s_2 —, die die Klinker unter Zusatz von 2 Proz. Gips zu einem feinen Pulver vermahlen.

Das fertige Zementmehl geht nunmehr über eine selbsttätige Wage zu den beiden Becherwerken t_1, t_2 in dem aus zehn in Holzpackung konstruierten Zellen bestehenden Silospeicher. Die Becherwerke heben das Zementmehl bis auf das Dachgeschoß und lassen es entweder in die mit einer entsprechenden Zahl von Ablaufrohren und Schiebern versehenen Schnecken u_1, u_2 oder aber in die Packsilos w_1 bis w_4 fallen, um im ersteren Falle die Silozellen v_1 bis v_{10}, im letzteren Falle aber die erwähnten Packsilos zu füllen. Zwei unterhalb der Zellen liegende Schnecken u_3, u_4 führen das aus den ersteren abgezogene Gut den Becherwerken t_1, t_2 wieder zu. Sollen verschiedene Mahlungen durcheinandergemischt werden, so bleiben die Packsilos ausgeschaltet und der Zement nimmt seinen Weg durch die oberen Schnecken wieder in den Speicher — jedoch in eine jeweils andere Zelle — zurück. Soll gepackt werden, so werden die Packsilos gefüllt, und der Zement wird an den Ausläufen der ersteren, die in die Füllschnecken der doppelten selbsttätigen Sackwagen x_1 bis x_4 münden, abgezogen und verpackt. — Rohmühle, Kohlen-

Fig. 305.

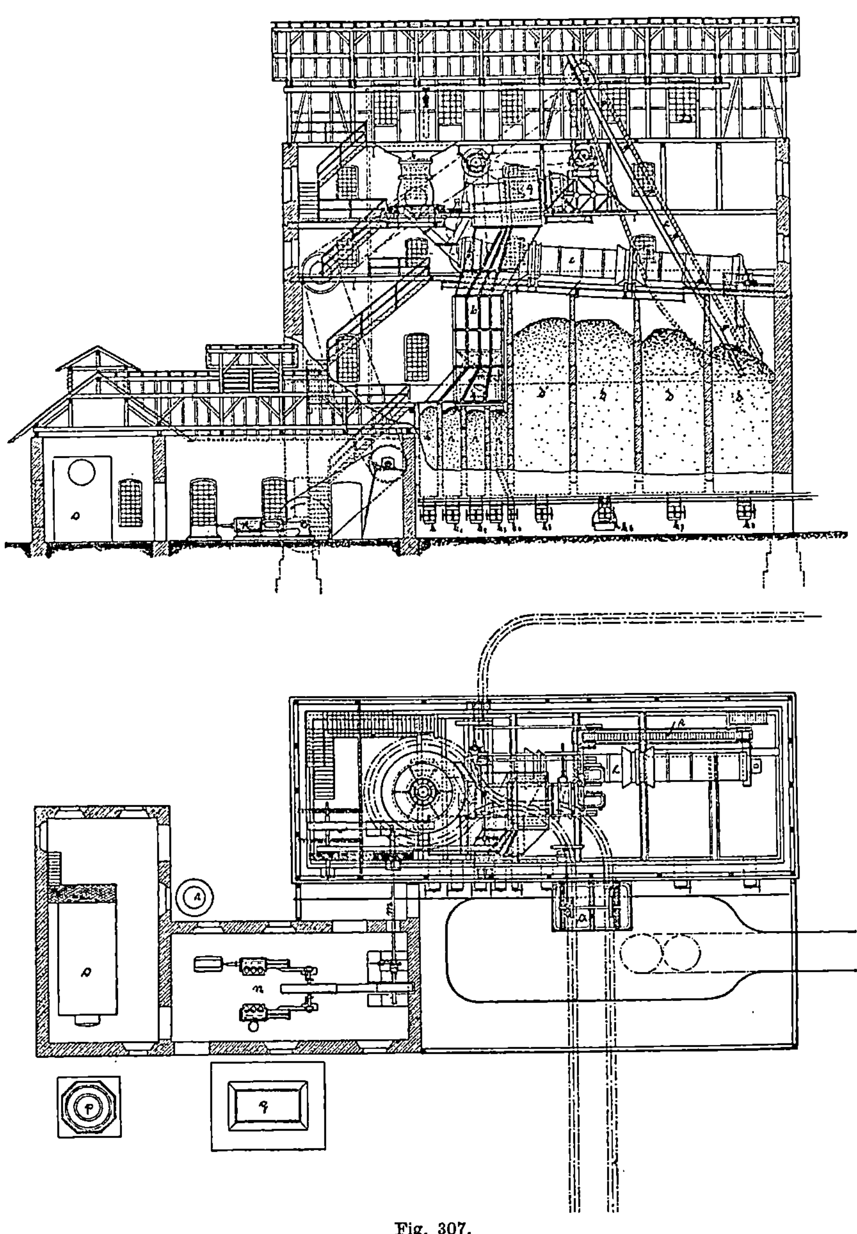

Fig. 307.

mühle, Klinkermühle und Silospeicher sind mit Saugschlauchfiltern von erheblicher Filterfläche ausgestattet, die die Arbeitsräume staubfrei erhalten. —
Der Antrieb erfolgt gruppenweise durch Drehstrommotoren, die zusammen

etwa 1000 PS entwickeln. Die jährliche Leistungsfähigkeit der Anlage beträgt — im Tag- und Nachtbetrieb — 5400 Wagen zu 10 000 kg.

Eine Anlage zur Herstellung von Straßenschotter und Bahnbettungsmaterial, ausgeführt von der *Maschinenbauanstalt Humboldt* in Kalk bei Köln, ist in den Fig. 305 bis 307 im Längsschnitt, Querschnitt und Grundriß dargestellt.

Das auf einer Hochbahnbrücke angefahrene Rohmaterial wird mittels des doppeltrümmigen Vertikalaufzuges a gehoben und dem Kreiselbrecher b aufgegeben. Dessen Erzeugnis gelangt über eine Rutsche nach der auf Tragrollen laufenden Klassiertrommel c, die das Gut nach bestimmten Korngrößen sondert. Stückgröße von 20 bis 45 bzw. von 45 bis 70 mm wird als Straßen- und Bahnschotter in die Silos d eingelagert. Der geringe Anteil der beim Zerkleinern entfallenden Sande in der Größe von etwa 0 bis 7 und 7 bis 20 mm kommt nach den ersten zwei Silozellen i. Die zu großen Stücke gelangen vom Auslauf der Klassiertrommel nach dem Schotterbecherwerk e, das den Überschlag in den Steinbrecher f zur Nachzerkleinerung austrägt. Dieses Becherwerk ist so gebaut, daß seine Becher nicht schöpfen, sondern selbsttätig gefüllt werden. Von dem Nachbrecher wird die Grussiebtrommel g gespeist. Die auf dieser Trommel sich ergebenden Sorten gelangen durch den Trichter und die Rutschen h nach den Silos i, von welchen die zwei ersten Zellen Korn von 0 bis 7 und 7 bis 20 mm aufnehmen, während die beiden letzten Zellen mit Schotter von 20 bis 45 und 45 bis 70 mm gefüllt werden. Durch die Verladeschieber k_1 bis k_8 erfolgt die Verladung in die Wagen der Seilbahn l. Die 100 PS Kraftanlage besteht aus dem Dampfkessel o, Schornstein p, Dampfmaschine n und Kaminkühler q. Die Hauptwellenleitung ist mit m und der Brunnen mit r bezeichnet. — Die Leistungsfähigkeit des Brech- und Sortierwerks beträgt 30 cbm/Std.

Eine Mahlanlage für Drogen, Veilchenwurzeln, Tabakblätter, Zimt u. dgl. in der Bauart der *Alpinen Maschinenfabrik-Gesellschaft*, Augsburg, zeigen die Fig. 308 bis 310.

Das Gut wird dem Einlauftrichter a des Becherwerks b aufgegeben und durch diesen auf die Verteilschnecke c über den vier Perplexmühlen p_1 bis p_4 befördert. Das gemahlene Erzeugnis gelangt mittels Sammelschnecke g und Becherwerk d auf eine Zentrifugalsichtmaschine e, die mit einem Gewebe von 800 Maschen im Quadratzentimeter bespannt ist. Mehl und Überschläge werden unmittelbar am Sichter abgesackt und letztere zwecks nochmaliger Vermahlung nach dem Einlauftrichter a zurückgekarrt.

Die Entstäubungsanlage besteht aus einem Saugschlauchfilter f mit 24 Schläuchen und dem Exhaustor h. Die Verteilschnecke c ist mit einem erhöhten Trog versehen, in den die Absaugrohre der Perplexmühlen und des Becherwerkes b einmünden, so daß sich ein besonderer Staubsammelkanal erübrigt. Der im Filter gesammelte Staub wird dem Becherwerk d beständig zugeschneckt. — Die tägliche Leistung der Anlage beträgt 1500 bis 2000 kg, der Kraftverbrauch etwa 40 bis 45 PS.

Die maschinelle Einrichtung der Kohlenbrechanlage und der Koks-

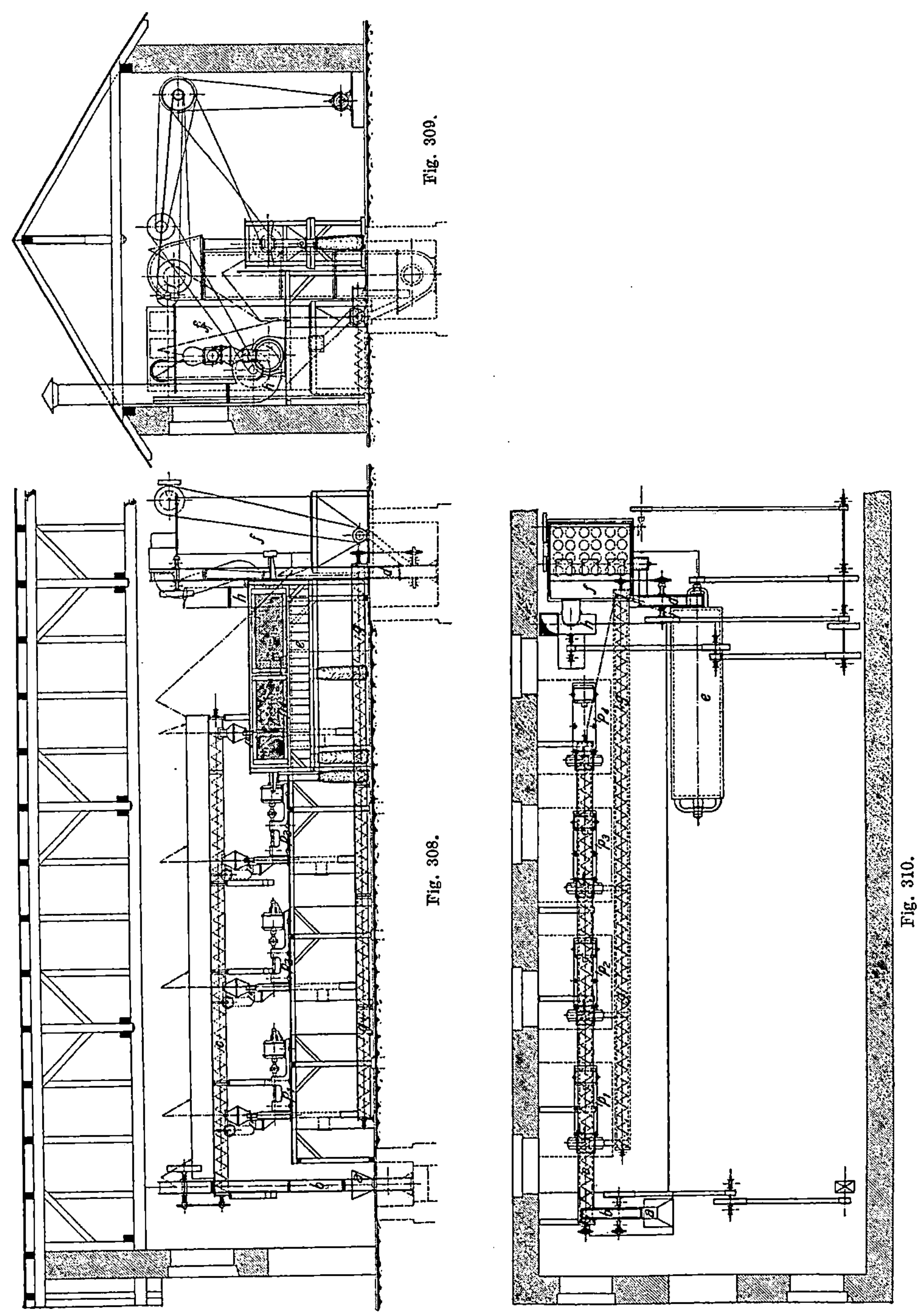

Fig. 309.

Fig. 308.

Fig. 310.

Schwungsieb
Brechwerk
Kokslöschwagen m. Inhalt
2,25
3,95
35 PS
7,00
7,75
Koks-Silos
9,34
5,00
Rüttel-anlage
20 PS
7,00
2,40
10,50
a

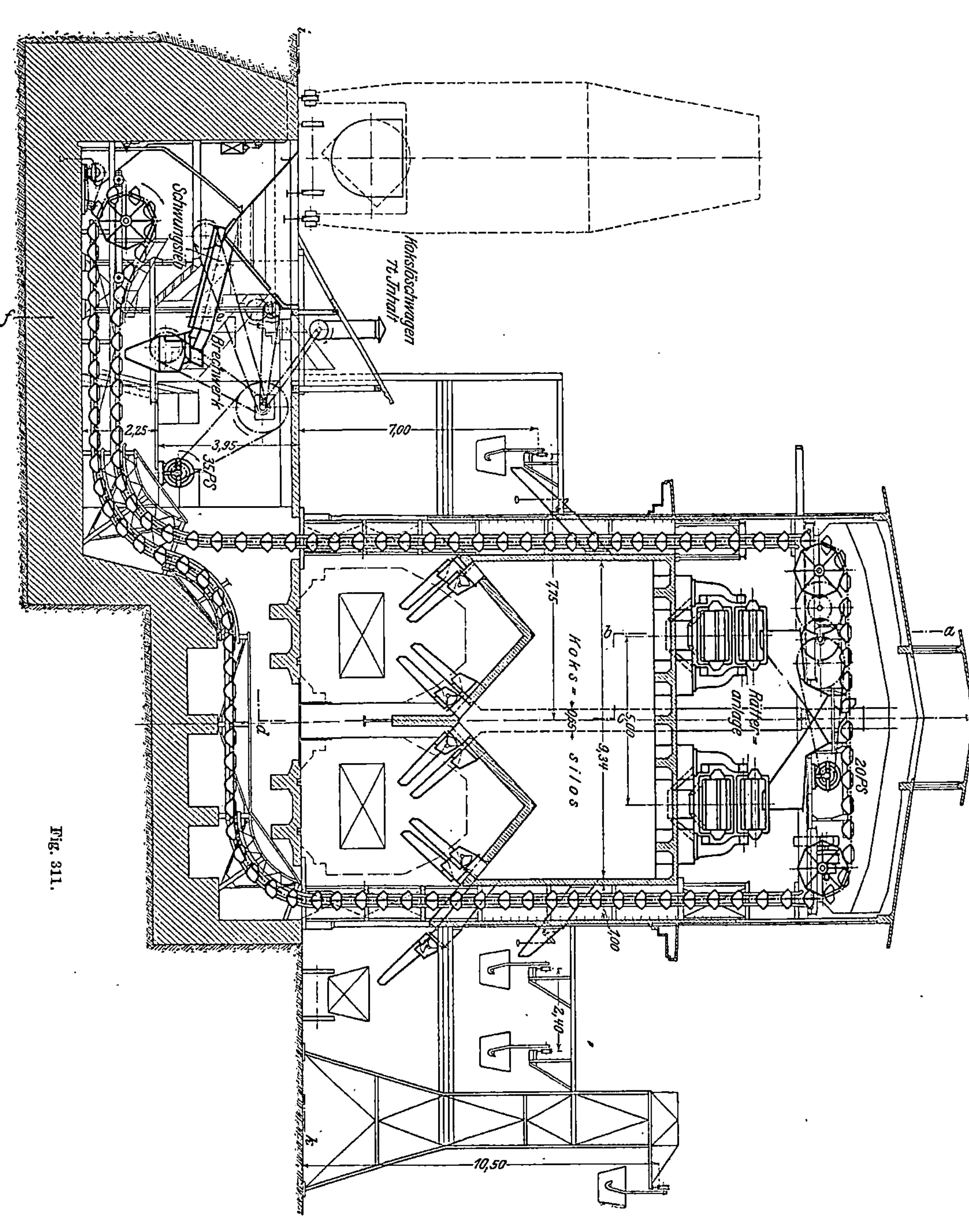

Fig. 311.

aufbereitung des Gaswerkes der Stadt Budapest[1] geht aus den Fig. 311 bis 313 hervor. Erstere ist für 120 t, letztere für 60 t stündlicher Verarbeitung 'bemessen.. Der 'Entwurf stammt von *V. 'Schön*, Budapest,

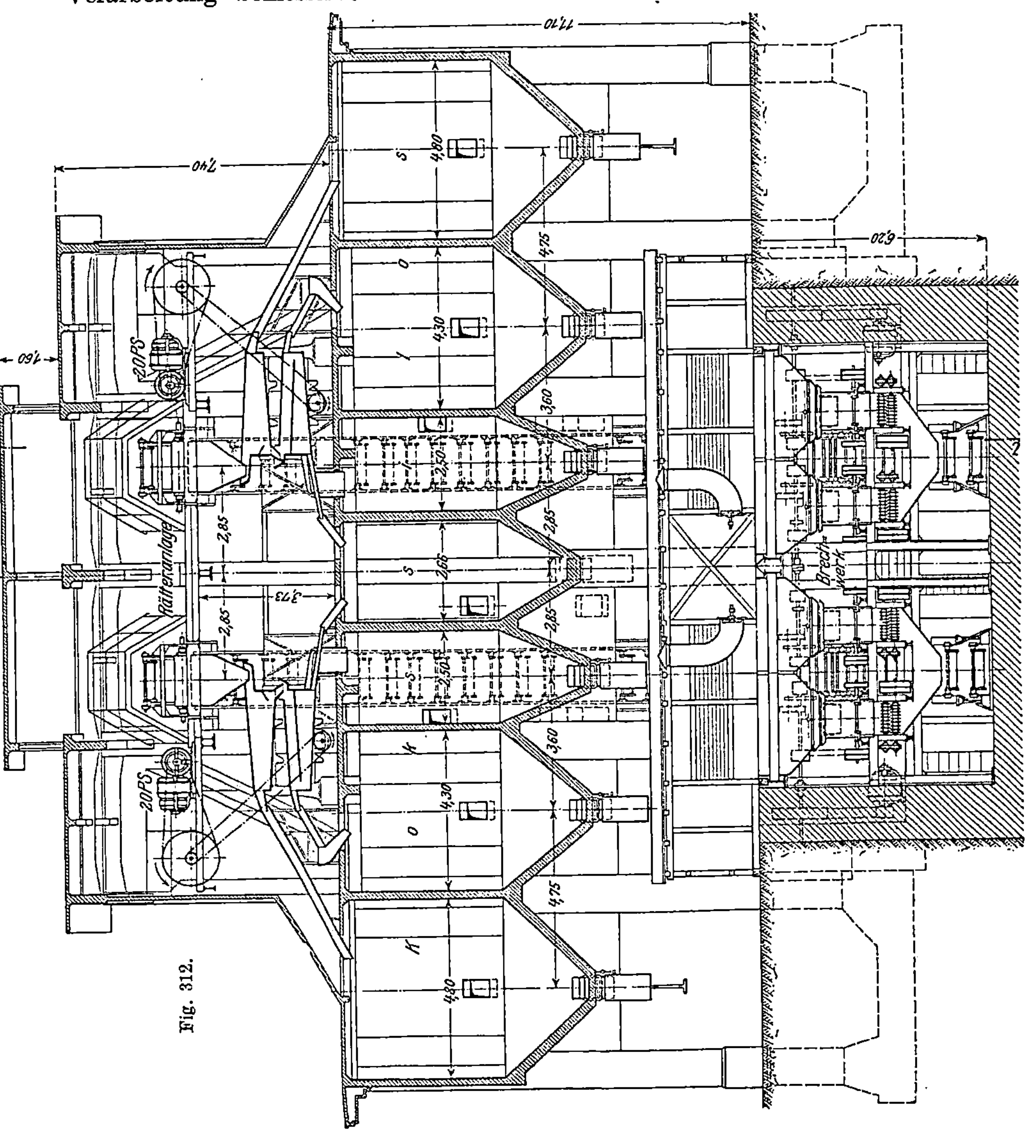

Fig. 312.

die Ausführung von der *Maschinenbau-A.-G. vorm. Breitfeld, Daněk & Co.* in Schlan im Verein mit der *Schlick-Nicholson-Maschinen-, Waggon- und Schiffbau-A.-G.*, Budapest.

Die Kohlenbrechanlage hat die Aufgabe, Stückkohle des Ostrau-Kar-

---

[1] Zeitschrift des Vereins deutscher Ingenieure, Jahrg. 1916, Nr. 24.

winer Reviers auf 70 mm Korngröße zu verkleinern. Sie besteht aus zwei getrennten Anlagen mit je zwei Brechwerken von 60 t Stundenleistung, wovon die eine als Aushilfe dient. Die Stückkohle wird mittels Wagenkipper

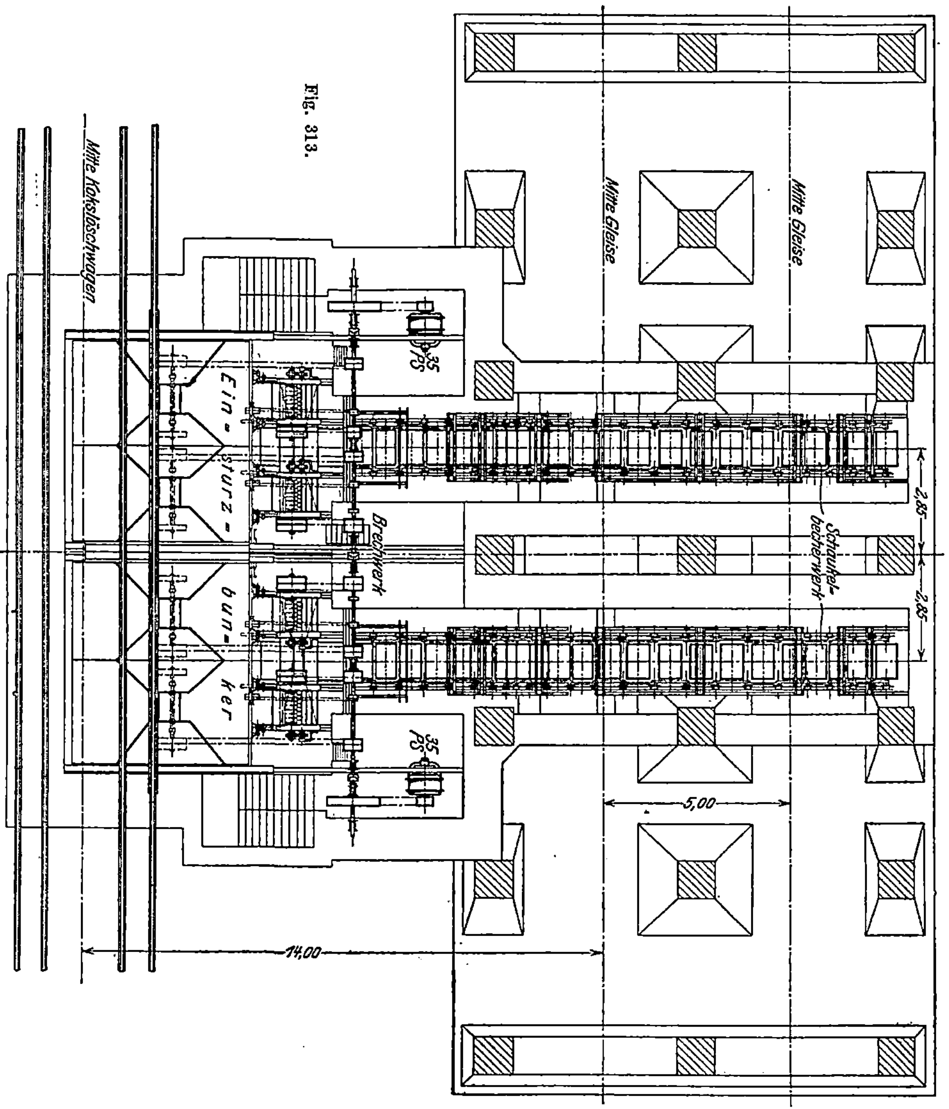

in zwei den Brechanlagen vorgelegte Doppelbunker entleert, aus denen sie durch vier nebeneinander liegende Schieberöffnungen auf die vier Brechwerke gelangt. Diese bestehen aus je einem Aufgabe- und Klassierrost und einem Doppelbrechwerk, Patent *Seltner* (s. S. 164 u. 47). Der erstere bringt die Kohle entsprechend der geforderten Leistung gleichmäßig auf das Doppel-

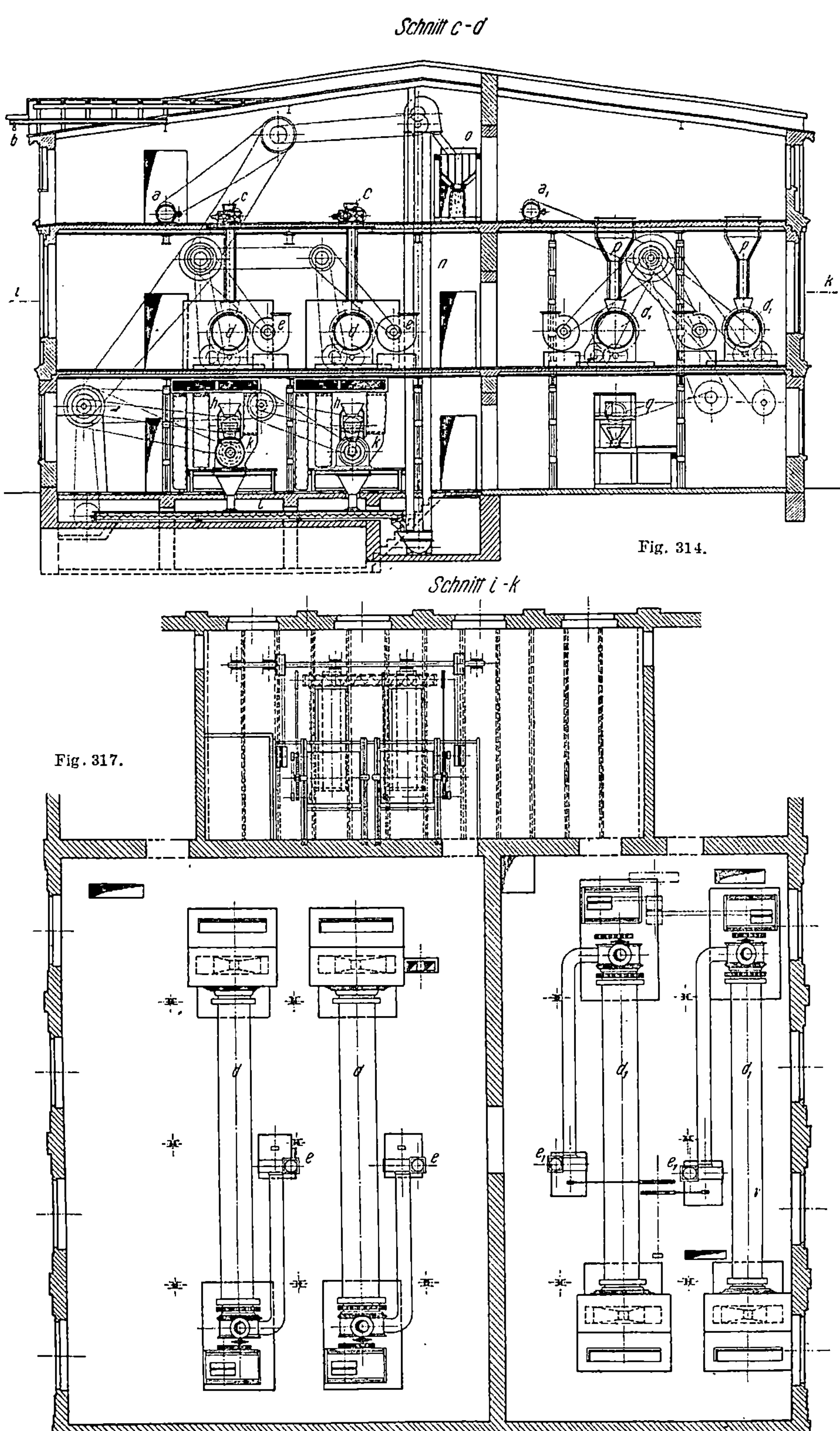

Schnitt c-d
Fig. 314.
Schnitt i-k
Fig. 317.

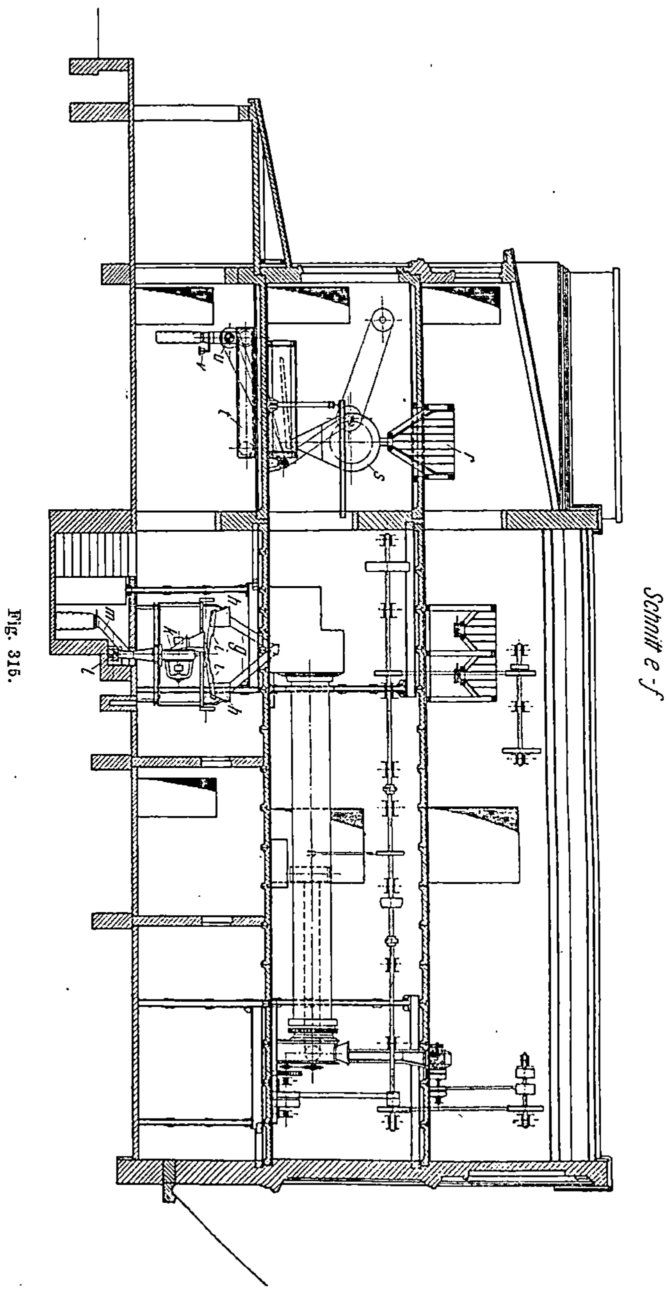

brechwerk, wobei die Kleinkohle unter 70 mm durch die Maschen des Rostes fällt, also einer überflüssigen Weiterzerkleinerung entzogen wird. Dem Doppelbrechwerk wird demnach nur Grobkohle zugeführt, die von ihm stufenweise auf Stücke von gleichfalls etwa 70 mm Korngröße zerkleinert wird.

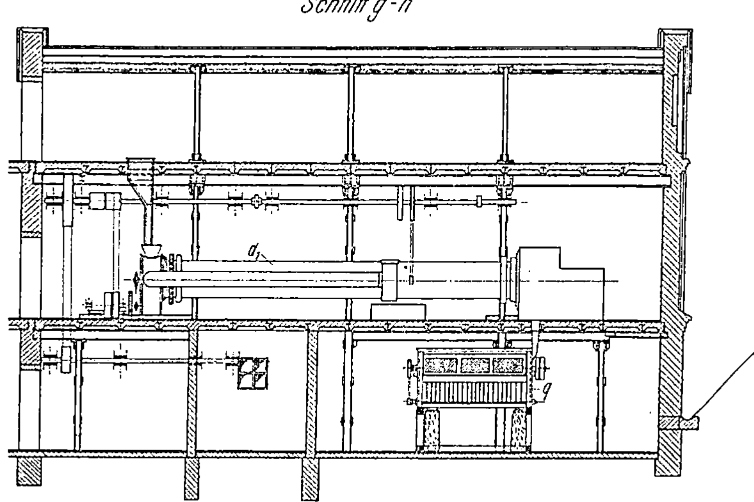

Fig. 316.

Die gebrochene Kohle gelangt gemeinsam mit der vom Klassierrost ausgeschiedenen Kleinkohle auf einen unter dem Brechwerk angeordneten Gurt-
förderer, der sie zwei schräg aufsteigenden unmittelbar in den Kohlenturm
führenden Gurtförderern zuleitet. Jede Brechanlage wird von einem Elektromotor angetrieben. Der Kraftbedarf für den einzelnen Brechersatz beträgt
23 PS, wovon auf den Klassierrost etwa 3 PS entfallen.

Die Koksaufbereitung umfaßt die Kokszerkleinerungs- und die Klassier-
anlage, die gleichfalls aus je zwei Anlagen mit je zwei Apparaten bestehen.
Eine dieser Anlagen dient jeweils zur Aushilfe. Jede der Anlagen hat eine
Normalleistung von stündlich 60 t, so daß den Brech- und Klassieranlagen
je eine Stundenleistung von 30 t zufällt.

Die mit dem Kokslöschwagen von 7 t Fassungsraum herbeigeführten
gelöschten Rohkoks werden in den gleichgroßen Einsturzbunker entleert und
gelangen mittels mechanisch betätigter Aufgebeschieber auf zwei Schwungsiebe,
welche die Kleinkoks unter 60 mm ausscheiden und die Grobkoks auf zwei
Koksbrechwerke bringen.

Diese Zerkleinerungsmaschinen, gleichfalls *Seltner*sche Doppelbrech-
werke, sind für die schneidende Zerkleinerung von Koks auf etwa 60 mm
Korngröße besonders ausgebildet. Die Arbeitsbreite beträgt 900 mm, der
Durchmesser der beiden Walzen 320 mm, die obere Messerwalze macht 60,
die untere 110 Umdrehungen in der Minute. Die Schwungradriemscheibe mit
Bruchsicherungsnabe sitzt unmittelbar auf der unteren Messerwelle. Die
Brechwerkzeuge, Messer und Gegenmesser sind bei dieser Maschine aus
Stahl gefertigt; sie können leicht ausgewechselt und zur Veränderung der
Korngröße verstellt werden. Besonders sei erwähnt, daß bei dieser schnei-
denden Zerkleinerungsart nur sehr wenig Kleinkoks entsteht.

Die von den Brechwerken auf etwa 60 mm zerkleinerten Koks sowie die von den beiden Schwungsieben ausgeschiedenen Kleinkoks gelangen in eine Sammelgosse, aus welcher das Gut mittels eines Aufgebeschiebers einem Schaukelbecherwerk zugeführt und auf die über den Verladetaschen befindliche Rätteranlage gebracht wird. Der Aufgebeschieber wird vom Schaukelbecherwerk derart betätigt, daß jeder Becher eine der Stundenleistung von 60 t entsprechende Füllung erhält. Die Schaukelbecher haben einen Inhalt von 136 l, eine Breite von 1000 mm, die Teilung der Becherkette, die sich mit einer Geschwindigkeit von 330 mm/sek. bewegt, beträgt 750 mm. Die Laschenketten des Becherwerks sind mit durchgehenden Gelenkbolzen ausgerüstet, die an ihren Enden Tragrollen aus Hartguß und selbsttätige Stauffer-Schmierbüchsen haben. Zur Führung der Becher in geraden Teilen und in den schwach belasteten Kurven dienen Stahlschienen, während die stark belasteten Eckpunkte ebenso wie die Antrieb- und Umlenkstelle mit achteckigen Haspelscheiben versehen sind.

Zum Antrieb dient ein Elektromotor, der mittels Riementriebes und dreier gefräster Stirnradvorgelege die Haspelscheiben an dem am stärksten belasteten Eckpunkt in Bewegung setzt. Das letzte doppeltgehaltene Zahnradvorgelege des Antriebes ist unmittelbar mit den achteckigen Haspelscheiben verbunden, wodurch eine Beanspruchung der Hauptwelle auf Verdrehen vermieden wird. Die Umlenkstelle ist in üblicher Weise mit einem Spannwagen ausgestattet, der auch die sich mit dem Wagen bewegende Übergangsführung der Becher trägt.

Die Schaukelbecher enleeren sich auf zwei Rätter, Bauart *Seltner* (s. Fig. 180—182, S. 176, 177), deren Einsturzgosse so eingerichtet ist, daß die Koks durch Stellklappen entweder nur auf einen oder auf beide Rätter gleichzeitig geleitet werden können.

Die Rätter besorgen die Trennung des Gutes nach den gewünschten Korngrößen, und zwar

Grobkoks über 40 mm,
Nuß I-Koks von 25 bis 40 mm,
Nuß II-Koks von 10 bis 25 mm und
Grieß von 0 bis 10 mm.

Die einzelnen Sorten gelangen von dem Rätter mittels Rutschen in die darunter befindlichen, den entsprechenden Mengen angepaßten Verladetaschen, die mittels senkbarer Verladerutschen in die unmittelbar unter den Taschen eingeführten Eisenbahnwagen entleert werden. Auch die Verladung der einzelnen Sorten in untergestellte Landfuhrwerke und in darüber hinweggeführte Hängebahnwagen ist vorgesehen.

Der Antrieb der ganzen Koksaufbereitungsanlage erfolgt gruppenweise durch Elektromotoren; die einzelnen Apparate nebst der zugehörigen Wellenleitung erfordern ungefähr folgenden Kraftaufwand:

ein Schwungsieb . . . . 3 PS
„ Koksbrechwerk . . . . 10 „
„ Schaukelbecherwerk . . . . . . 12 „
„ Rätter . . . . 7,5 „

Zum Schlusse sei noch in den Fig. 314 bis 317 eine Anlage zum Mahlen und Trocknen von Ammonsalpeter — Bauart der *Alpinen Maschinen-fabrik*, Augsburg — sowie zum Trocknen von Säge- oder Bohnenmehl und zum Mischen dieser Materialien in einer Sprengstoff-Fabrik gezeigt, die wie folgt arbeitet.

Die Rohstoffe werden mittels einer Winde a über eine Seilrolle b auf den obersten Boden des Gebäudes gehoben und hier in Säcken gelagert. Der Ammonsalpeter wird darauf durch die Walzenbrecher c vorgebrochen und fällt unmittelbar in zwei Trockenvorrichtungen d, die mit Dampf beheizt werden. Zwei Exhaustoren e saugen die erwärmte Luft durch die Trockner und blasen sie in zwei außerhalb des Gebäudes aufgestellte Zyklone. Aus dem Trockner gelangt der Ammonsalpeter durch zwei Rutschen g, g in zwei Behälter h und wird durch Langschüttler i den beiden Simplex-Perplex-Mühlen k zugeführt. Das Fertiggemahlene endlich fällt in eine Schnecke l und wird von dieser in das Becherwerk n und in den Behälter o geschafft, um aus diesem abgesackt zu werden. — Gegebenenfalls kann man das Material durch Zweigrohre auch unmittelbar absacken.

Das Säge- oder Bohnenmehl wird in die Rümpfe p, p geschüttelt, auf Trocknern d, d gleicher Bauart wie die erwähnten getrocknet und fällt dann unmittelbar in die Siebzylinder q, q. Das genügend Feine wird abgesackt, und die Säcke werden von einer zweiten Winde a_1 wieder auf den obersten Boden des Gebäudes gehoben. Hier wird nun der gemahlene Ammonsalpeter mit dem getrockneten und gesiebten Säge- oder Bohnenmehl in einem bestimmten Verhältnis abgewogen, durch Füllrümpfe r in hölzerne und mit Holzkugeln gefüllte Mischtrommeln s gefüllt und hier innig gemischt.

Aus den Mischtrommeln endlich wird das Gemisch absatzweise entnommen und auf Rüttelsiebe, die mit Bronzegeweben bespannt sind, entleert. Unter den Rüttelsieben ist ein Kratzer t angeordnet, der das fertige Erzeugnis in eine Schnecke n fördert, von welcher es mittels selbsttätiger Wagen abgesackt wird.

Sachregister.